高等职业教育“十四五”规划教材

高等职业教育产教融合新形态系列教材

食品生物化学

肖海峻　夏之云　主编

中国农业大学出版社

·北京·

内 容 简 介

本教材按照高等职业学校食品类专业教学标准对食品生物化学课程教学的基本要求，并结合企业相关岗位对应的职业能力培养目标组织教材内容。主要介绍了糖类、脂类、蛋白质、酶、核酸、维生素、水、矿物质以及生物氧化和物质代谢的相关知识，并配套有实验教学内容。教材配套了相关的视频、图片、PPT 等课程资料和扩展学习内容，有利于学生开展自主学习和课外学习。教材各章均配套了丰富的课后习题，有利于学生检验学习成果和课程考核。本教材适合高等职业院校食品类相关专业学生课程学习使用，也可作为食品行业企业生产人员、技术人员的自学教材和参考书。

图书在版编目(CIP)数据

食品生物化学 / 肖海峻，夏之云主编. —北京：中国农业大学出版社，2020.10(2023.10 重印)
ISBN 978-7-5655-2468-4

Ⅰ.①食…　Ⅱ.①肖…　②夏…　Ⅲ.①食品化学-生物化学-高等职业教育-教材　Ⅳ.①TS201.2

中国版本图书馆 CIP 数据核字(2020)第 217976 号

书　　名　食品生物化学
作　　者　肖海峻　夏之云　主编

策划编辑　郭建鑫　张　蕊　　**责任编辑**　郭建鑫
封面设计　郑　川　李尘工作室
出版发行　中国农业大学出版社
社　　址　北京市海淀区圆明园西路 2 号　　**邮政编码**　100193
电　　话　发行部 010-62818525，8625　　读者服务部 010-62732336
　　　　　编辑部 010-62732617，2618　　出　版　部 010-62733440
网　　址　http://www.caupress.cn　　**E-mail** cbsszs@cau.edu.cn
经　　销　新华书店
印　　刷　涿州市星河印刷有限公司
版　　次　2020 年 12 月第 1 版　　2023 年 10 月第 2 次印刷
规　　格　787×1 092　　16 开本　　19 印张　　470 千字
定　　价　56.00 元

编审人员

主　　编	肖海峻（北京农业职业学院）
	夏之云（日照职业技术学院）
副 主 编	李国平（湖北生物科技职业学院）
	刘颖沙（杨凌职业技术学院）
	王　琢（山东药品食品职业学院）
	李淑红（广东科贸职业技术学院）
参　　编	毕　琳（山东药品食品职业学院）
	谢　虹（山东畜牧兽医职业学院）
	丁文慧（潍坊职业学院食品药品学院）
	王甫力（北京普利智诚生物技术有限公司）
	徐玲玲［迈大食品（山东）有限公司］
审　　稿	杨海莲（中国农业大学）
	邓毛程（广东轻工职业技术学院）
	黄晓梅（福建农业职业技术学院）
	陈肖安（原中央农业广播电视学校）

出版说明

为贯彻落实《国家职业教育改革实施方案》(国发〔2019〕4号,又称“职教二十条”)以及《高等职业学校专业教学标准》等相关文件精神,有效推进产教融合、校企合作,建设一批校企“双元”合作开发的高质量教材,经向行业专家咨询及与有关高等职业院校沟通,借鉴与物化高等职业教育食品类专业教育教学改革成果,中国农业大学出版社开展了“高等职业教育产教融合新形态教材”食品类专业系列教材建设工作。

“高等职业教育产教融合新形态教材”食品类专业系列教材建设是食品类专业高技能人才培养的基础性工作,也是促进社会与经济发展的客观需求。近20年来,随着加入世贸组织,我国食品工业得到了持续与快速的发展,食品工业进入产业升级、调整改革的关键时期,食品产业从数量扩张向质量提升转变。原有的高等职业教育食品类专业教材从内容到表现形式,要满足现代食品工业人才培养的需要,就必须改革创新,在实践中不断探索高等职业教育食品类专业新形态教材建设的新路子,才能为高等职业教育食品类专业高技能人才培养奠定坚实的基础、发挥应有的作用。

“高等职业教育产教融合新形态教材”食品类专业系列教材具有如下特点:

1.精心组织编审队伍。在征集和分析相关高等职业院校的申报材料的基础上,充分考虑不同院校的专业优势及教学创新改革进程及成果等,慎重确定每一教材参加编审的骨干人员,并根据教师提供的编写提纲、编写思路与样章等,由“高等职业教育产教融合新形态教材”食品类专业系列教材编审委员会及专家组遴选组建编写团队。同时,邀请高等职业院校、行业及生产企业的专家参与教材建设,审核编写提纲,后期对书稿进行严格审定。教材编写过程中,作者与审稿人员充分沟通,书稿反复修改,从而确保了教材内容的前瞻性、科学性及对一线岗位的适应性。

2.创新编写体例。本次教材建设重点在食品类专业基础课程和专业核心课程。以“项目引领,任务驱动”作为教材的基本框架,以职业岗位确立典型工作任务,以典型工作任务确定岗位能力需求,以能力需求确定学习项目与任务,突出了实践性、企业案例化与职业化,并与项目紧密关联。内容新颖、趣味性强是本系列教材的一大亮点。对专业基础课程,突破了传统的学科编写体例,参考模块式总体思路设计,创立新的编写体例,使教材既精练又实用,有利于提高学生的学习效果与效率。

3. 突出职业教育特色。教材编写体现了现代职业教育体系教学改革精神，该新形态系列教材将努力体现课程内容与职业标准对接、教学过程与生产过程对接的要求，反映高等职业教育专业课教学与思想政治理论课教学同向同行、职业技能与职业精神培养高度融合的特点，尤其是“项目引领，任务驱动”式教材，每一任务的活动规程，力求按工作任务的环节以表格任务单或实际案例形式进行编写与训练，突出操作环节与质量要求，促进职业技能培养与职业素养的紧密结合，实现教学与职业岗位的“零距离对接”。

4. 新形态信息技术在系列教材中广泛应用。努力对食品类专业教材中的知识点与技能点进行信息化处理，使其表现形式更加多元化，提高智能化水平，突出趣味性与直观性，实现手机终端推送学习，采用微课、视频、动画等展示相关知识、专项实验、任务拓展与测试题答案等内容，充分体现了高等职业教育教材多元化创新的全新特色。

“高等职业教育产教融合新形态教材”食品类专业系列教材基本覆盖了食品智能加工、食品生物技术、食品营养与健康与食品检验检测技术等食品类专业的专业基础课程与专业核心课程。系列教材既充分强调了食品科学的实践性，同时又充分考虑了食品产业与基础理论的有机结合，努力做到每种教材间内容相互补充、相互衔接，构成一个完整的课程体系。系列教材主要作为高等职业教育食品类专业的相关课程教材，也可作为现代食品企业相关技术人员及专业技术工人的培训、参考用书。

“高等职业教育产教融合新形态教材”食品类专业系列教材的顺利出版，是全国近60所高职学院及部分食品企业等共同奋斗的结果。编写过程中所做的许多探索，为进一步推进高等职业教育教材建设的改革与创新提供了有益的经验。我们真诚地希望，以此为契机，进一步有效加强与各高等职业院校及食品企业的交流与合作，不断拓展食品类专业新形态教材合作开发的思路，创新教材开发的模式与服务方式。让我们共同努力，为深化高等职业教育食品类专业教育教学改革与人才培养质量的提高，发挥积极的推动作用。

中国农业大学出版社

2022年2月

前　　言

食品生物化学是食品类专业的重要专业基础课和通用职业能力培训课程，是继续学习相关专业课的前提和基础。本教材按照高等职业学校食品类专业教学标准对食品生物化学课程教学的基本要求，并结合企业相关岗位对应的职业能力培养目标选择教材内容。本书依据食品加工类专业人才培养目标和基本要求，根据专业基础课程教学规律，在编写体例上有所创新，使教材精炼、实用，有利于提高学生的学习效果与效率，较以往传统教材有较大突破。使用本教材，可使学生掌握食品原料的化学组成、结构、功能、理化性质及这些物质在人体内和食品加工贮藏过程中的变化规律。

党的二十大报告提出："强化食品药品安全监管，健全生物安全监管预警防控体系"，并指出"教育、科技、人才是全面建设社会主义现代化国家的基础性、战略性支撑"。教材在"科学史话"及二维码扩展学习中融入思政教育内容，有助于培养学生相关的基本技能、树立食品安全意识、增强工作责任感及团队协作能力。教材注重对学生后续发展必备的自主学习能力、创新能力的培养，为学生进一步学习食品加工与保藏技术提供必要的理论基础，同时也为学生今后从事食品加工、保藏和产品开发奠定坚实的理论基础和技术支持。

本教材由北京农业职业学院食品与生物工程系肖海峻教授和日照职业技术学院海洋工程学院夏之云副教授担任主编并负责全书的统稿。编写的具体分工是：肖海峻负责第一章、第四章和第八章；夏之云负责第十章；李国平负责第十一章；刘颖沙负责第二章；王琢负责第三章；李淑红负责第五章；毕琳负责第六章编写；谢虹负责第七章；丁义慧负责第九章；王甫力负责第二章至第六章的实验部分；徐玲玲负责第七章至第十一章的实验部分。这样从根本上保证了教材内容与食品类企业工作实际相结合，适应食品类企业的用人需要。

中国农业大学食品科学与营养工程学院杨海莲教授、广东轻工职业技术学院食品学院邓毛程教授、福建农业职业技术学院生物技术学院黄晓梅副教授和原中央农业广播电视学校陈肖安等同志对教材内容进行了初审与最终审定，在此一并表示感谢。

由于编者水平有限，加之时间仓促，教材中难免存在错误和不妥之处，衷心希望广大读者提出宝贵意见，以便再版时修订和完善，进一步提高教材质量。

编　者

二〇二三年十月

目　录

第一章
绪　论

【本章引言】

食品生物化学是食品专业的基础课程，也是学习食品加工技术的基础，它对开发食品资源、研究食品工艺、选择食品保藏技术、完善食品质量管理等具有重要作用。通过绪论的学习，学生可以了解和掌握食品生物化学的概念、研究内容及学习方法。

【科学史话】

学科交叉是推动学科发展的动力之一。DNA 双螺旋结构的发现，是物理学家、化学家和生物学家共同智慧的结晶。英国物理学家威尔金斯在 1953 年完成了 DNA 的 X 射线衍射研究，与此同时，沃森与克里克在《自然》杂志上发表论文，确定了 DNA 的分子结构，他们三人于 1962 年获得诺贝尔生理学或医学奖。DNA 双螺旋结构的发现，为进一步阐明遗传信息的储存、传递与表达，揭开生命的奥秘奠定了结构基础。

【学习目标】

1.了解食品生物化学的概念及主要研究内容。

2.掌握食品生物化学的学习方法。

【思维导图】

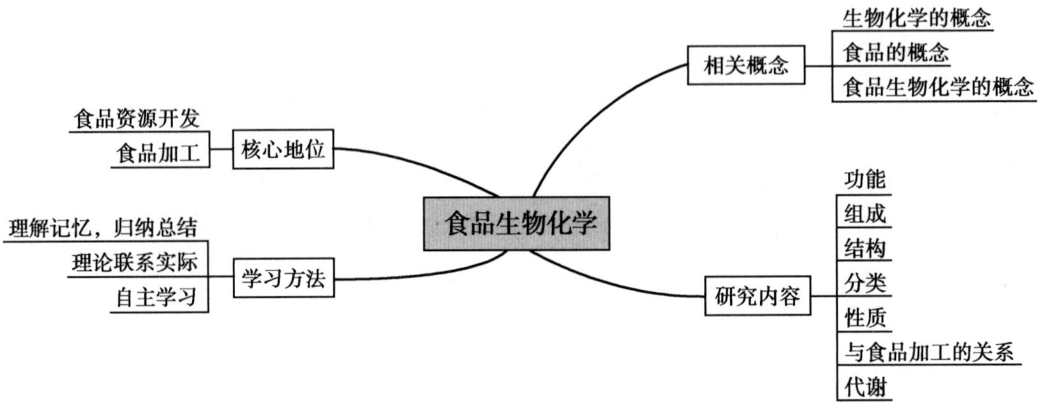

二维码 1-1 第一章课程学习资料

一、生物化学的概念

生物化学是以生物体(包括动物、植物、微生物)为研究对象,运用化学的原理、方法研究物质的组成与结构、结构与功能的关系,以及生物大分子在生命活动中的变化过程与变化规律,从分子水平上阐明生命现象的化学本质的科学。

二、食品生物化学

1.食品生物化学的研究对象

食品是食品生物化学研究的对象,它是指人类为了维持正常生理功能而食用的各类含有营养素的物质。

食品的成分主要分为天然成分和非天然成分两大类,天然成分包括无机成分和有机成分,无机成分如水、矿物质,有机成分如糖类、脂类、蛋白质、核酸和维生素等;非天然成分主要有食品添加剂以及污染物。食品的化学组成如图 1-1 所示。

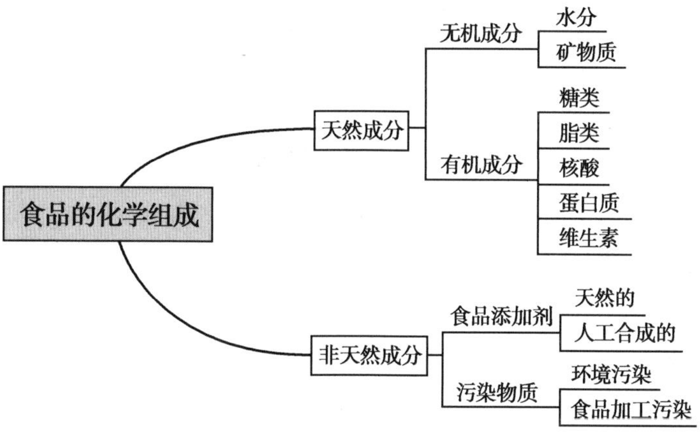

图 1-1 食品的化学组成

2.食品生物化学的研究内容

食品生物化学是生物化学的一个重要分支,其主要研究内容如下:

(1)食品成分的化学组成、结构、性质、功能及结构与功能的关系。

(2)食品成分在生物体内的代谢。通过合成代谢,生物体不断摄取外界环境中的营养物质,进而转化为自身的结构成分,使生物体得以生长、发育、繁殖、修补、更新;而分解代谢又将自身的结构成分不断分解并伴随能量释放,释放的能量供生物体生命活动的需要,同时将其代谢产物排出体外。

(3)食品的营养物质在加工过程中的变化及加工工艺对食品营养质量和感官质量的影响。

三、食品生物化学在食品科学中的地位

食品科学是一门综合性科学,主要以生物学、化学和工程学为基础,食品资源的开发、加工方法的研究等,都必须建立在了解人和食品的化学组成、性质以及食品在生物体系内外发生化学变化规律的基础上,只有这样才能使食品最大限度地满足人体营养的需

要和适应人体的生理特点。因此，食品生物化学在食品科学中占有举足轻重的地位，是食品科学体系中的一门核心课程。

四、食品生物化学的学习方法

1. 明确课程的知识体系结构

食品生物化学课程内容具有深奥、抽象、理论性强、知识体系庞大等特点。学生应通过认真梳理归纳课程知识体系，针对不同的知识点找出其异同点，在理解的基础上加强记忆，同时配合相关习题的训练，可以达到事半功倍的效果。

2. 注重理论联系实际

注意观察生活及食品生产中的事物及问题，发现其中包含的食品生物化学知识，将专业知识融会其中，培养发现问题、分析问题的能力；注重实验操作，在动手实践中理解和掌握食品生物化学的知识、原理，并对实验现象或结果做出合理的解释。

3. 通过网络资源或自主学习食品生物化学课程

充分利用国家精品在线开放课程资源，通过网络、视频自主学习食品生物化学课程。本书也配套了数字资源，读者可以扫描书中二维码获取学习资料。

实验　认知食品生物化学实验室

一、实验目的

(1)了解实验室的规则和要求。

(2)掌握常用玻璃器皿的洗涤及常用洗涤剂种类。

(3)掌握实验数据的记录、处理及实验报告的书写要求。

二、实验室的规则和要求

1. 保持实验室安静整洁

个人物品按规定放置整齐，穿实验服，不许喧哗和打闹，不许在实验室内吃饭或喝水。

2. 爱护实验器材

正确使用实验器材，尽量避免损坏器材，用完仪器后必须复位。器材专用专放，以防交叉污染。使用特殊仪器必须在教师指导下进行，不得随意乱动。使用微量移液器时，必须先熟悉使用方法，玻璃器皿轻拿轻放。

3. 养成良好的实验习惯

实验前，检查仪器设备的完好性，如发现问题及时告知管理人员，提前熟悉实验步骤；实验进行中，操作要严格，一丝不苟；使用危险、有毒物品时严格按要求操作；认真如实地做好实验记录；对结果做出客观的分析，写出实验报告；实验结束后，清洁器材和工作台，彻底清洗试管、烧杯等实验用品，物归原处；实验废弃物放到指定地方，不得随意丢弃。

4. 注意节约和实验室安全

节约试剂、水电，防止浪费；了解实验室安全知识和应对措施。

三、常用玻璃器皿的洗涤

1. 新购买的玻璃仪器的清洗

新购买的仪器，其表面常附着有游离的碱性物质，可先用 0.5% 的去污剂洗刷，再用自来水洗净，然后浸泡在 1%～2% 盐酸溶液中过夜，再用自来水冲洗，最后用去离子水冲洗两次，在 100～120℃ 烘箱内烘干备用。

2. 使用过的玻璃仪器的清洗

先用自来水洗刷至无污物，再用合适的毛刷蘸去污剂(粉)洗刷，或浸泡在 0.5% 的清洗液中超声清洗(比色皿决不可超声清洗)，然后用自来水彻底洗净去污剂，用去离子水洗两次，烘干备用(计量仪器不可烘干)。清洗后器皿内外不可挂有水珠，否则要重洗，若重洗后仍挂有水珠，则需用洗液浸泡数小时(或用去污粉擦洗)后再重新清洗。

3. 常用的清洗液

常用清洗液的配制方法与适用范围见表 1-1。

表 1-1 常用清洗液的配制方法与适用范围

名称	化学成分及配置方法	适用范围	说明
铬酸洗液	用 5～10 g $K_2Cr_2O_7$ 溶于少量热水中，冷却后徐徐加入 100 mL 浓硫酸，搅动，得暗红色洗液，冷却后注入干燥试剂瓶中盖严备用	有很强的氧化性，能浸洗去绝大多数污物	可反复使用，呈墨绿色时表明洗液已失效；成本较高，有腐蚀性和毒性，使用时不要接触皮肤及衣物；用洗刷法或其他简单方法能洗净的不用此法
碱性高锰酸钾洗液	取 4 g 高锰酸钾溶于少量水后，加入 100 mL 10% 的 NaOH 溶液混匀后装瓶备用，洗液呈紫红色	有强碱性和氧化性，能浸洗去各种油污	洗后若仪器壁上面有褐色二氧化锰，可用盐酸或稀硫酸或亚硫酸钠溶液洗去，可反复使用直至碱性及紫色消失为止
磷酸钠洗液	取 57 g Na_3PO_4 和 28.5 g $C_{17}H_{33}$-COONa 溶于 470 mL 水	洗涤碳的残留物	将待洗物在洗液中泡若干分钟后涮洗
硝酸-过氧化氢洗液	15%～20% 硝酸和 5% 过氧化氢混合	浸洗特别顽固的化学污物	易分解，应贮于棕色瓶中，现用现配
强碱洗液	5%～10% 的 NaOH 溶液(或 Na_2CO_3、Na_3PO_4 溶液)	常用以浸洗普通油污	通常需要用热的溶液
	浓 NaOH 溶液	加热后用于除去黑色焦油、硫等	
强酸溶液	稀硝酸	浸洗铜镜、银镜等	洗银镜后的废液可回收 $AgNO_3$
	稀盐酸	除去铁锈、二氧化锰、碳酸钙等	
	稀硫酸	除去铁锈、二氧化锰等	

续表 1-1

名称	化学成分及配置方法	适用范围	说明
有机溶剂	苯、二甲苯、丙酮等	用于浸洗小件异形仪器，如活栓孔、吸管及滴定管的尖端等	成本高，一般不使用

4. 注意事项

(1)清洗液具有高度腐蚀性，操作时必须穿长筒胶靴，戴防酸橡皮手套、围裙和眼镜，以防清洗液溅出引起灼伤。

(2)在配液时还需注意将酸缓慢加入水中，以防酸溅出或使玻璃及陶制容器裂开导致清洗液外泄。

(3)常用清洗液有 75%和 50%两种浓度，应根据实际情况选用。

四、实验报告的书写

1. 实验数据的记录、处理及分析

(1)实验前认真准备。弄清实验原理、操作方法，简明扼要地写出准备报告(准备报告应包括实验原理、简要的操作流程、实验材料的来源及仪器设备的型号、试剂的浓度等)，实验中观察到的现象如实地记录在报告中，若实验中发现的现象与教材中不一致，应尊重客观事实，分析实验成败的原因。

(2)实验过程中要细心。严格遵守操作规程，仔细观察，注意试剂用量一定要准确。

2. 实验报告的书写要求

实验报告一定要如实记录实验过程与结果，并对结果进行分析和总结。实验报告的内容包括标题、目的要求、原理(简要)、主要的试剂与仪器、操作流程、实验结果、讨论。应详细总结实验结果并按时提交实验报告。

学科前沿

现代食品生物化学分析技术

现代常用的食品生物化学分析技术有免疫酶技术、生物传感器分析技术、DNA 芯片分析技术、PCR 分析技术等。

免疫酶技术主要应用于：(1)在食品微生物鉴定中的应用；(2)在食品抗生素及农药残留检测中的应用；(3)在食品毒素检测中的应用。

生物传感器分析技术主要应用于：(1)食物基本成分的快速分析；(2)分析检测食品中农药、抗生素及有毒物质；(3)食品有害微生物的检测；(4)食品新鲜度的评价。

PCR 分析技术主要应用于：(1)转基因食品的检测；(2)食品原料种类的鉴定。

单元小结

食品生物化学是食品专业的基础课程，也是学习食品加工技术的基础，它的主要内容是研究食品成分的组成、结构、性质和加工保藏过程中的化学变化及其在人体内的代谢规律；食品生物化学的学习内容繁多，在学习过程中要注重学习方法，在理解的基础上加强记忆，在记忆的过程中加深理解；注重理论联系实际，重视实验方法的学习。

课后练习

1. 食品生物化学研究的主要内容是什么？
2. 简要说明食品生物化学在食品科学中的地位。

二维码 1-2 第一章课后练习参考答案

第二章
糖　类

【本章引言】

糖类是自然界分布最广的一类有机化合物，是人体重要的能源之一，在人的生命活动过程中起着十分重要的作用。生物体的糖类以单糖、低聚糖、多糖等形式存在。糖是构成生物体内组织的重要物质，细胞核及细胞膜都含有糖的复合物。糖常用于食品加工和贮藏，能改善食品的性状、风味及色泽。因此，掌握糖类的分类、性质及其在加工贮藏过程中的应用具有重要意义。

【科学史话】

欧洲人喜欢甜食，在 19 世纪初，法国曾流行研究用各种水果和其他材料来制造糖。人们最初是从葡萄汁液中分离提取到葡萄糖结晶，葡萄糖的名称由此而来，并一直沿用到现在。1884 年，德国化学家费歇尔开始对糖类化合物进行研究，历经 7 年时间，完全运用化学方法与逻辑推理测定了葡萄糖的结构，被誉为“糖化学之父”。1902 年，费歇尔因合成糖和嘌呤获得诺贝尔化学奖。

【学习目标】

1. 理解糖类化合物的概念、分类。
2. 掌握单糖、低聚糖、多糖的结构及性质。
3. 掌握糖类在食品加工中的应用。
4. 掌握相关糖的提取、制作技术。

【思维导图】

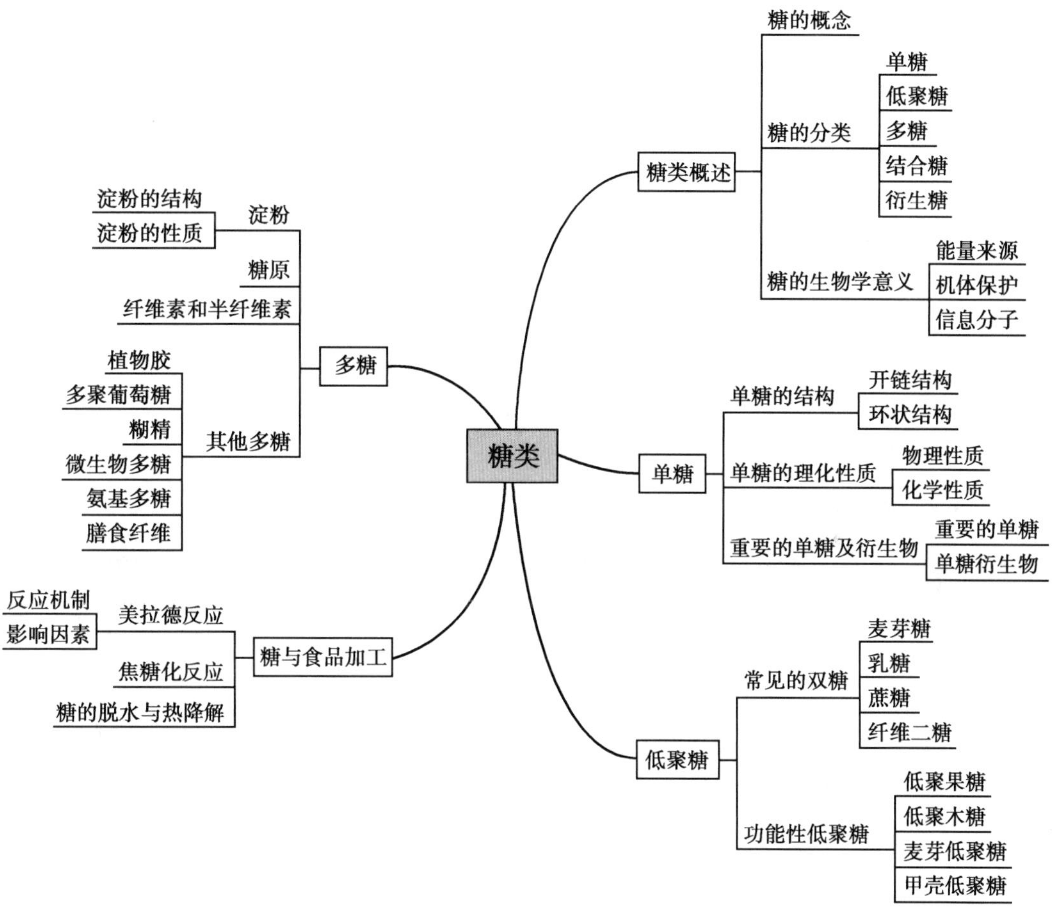

二维码 2-1　第二章课程学习资料

第一节 糖类概述

一、糖类化合物的概念

从组成元素看，糖类化学物主要由 C、H、O 三种元素构成；从结构本质看，糖类是一类多羟基醛或多羟基酮及其缩聚物和衍生物的总称。糖类是生物界最重要的有机化合物之一，也是和发酵工业关系最密切的一类化合物。食品中常见的糖类化合物见表 2-1。

表 2-1 食品中常见的糖类化合物

食品名称	糖类化合物		
	总糖/%	单糖和双糖/%	多糖/%
苹果	14.5	葡萄糖 1.17、果糖 6.04、蔗糖 3.78、甘露糖微量	淀粉 1.5、纤维素 1.0
胡萝卜	9.7	葡萄糖 0.85、果糖 0.85、蔗糖 4.25	淀粉 7.8、纤维素 1.0
洋葱	8.7	葡萄糖 2.07、果糖 1.09、蔗糖 0.89	纤维素 0.71
马铃薯	17.1		淀粉 14、纤维素 0.5
甜玉米	22.1	蔗糖 12～17	纤维素 0.7
蜂蜜	82.3	葡萄糖 28～35、果糖 34～41、蔗糖 1～5	
牛乳	4.9	乳糖 4.9	

二、糖类化合物的分类

根据能否被水解或水解后生成的结构单元数目，糖类化合物可分为单糖、低聚糖、多糖和结合糖。

1. 单糖

单糖是不能被水解为更小分子的糖类，如葡萄糖、果糖，是糖类中最简单的一类，也是构成复杂糖类物质的基本单位。根据羰基在分子中的位置，单糖可分为醛糖和酮糖；根据分子中碳原子的数目，单糖可分为丙糖、丁糖、戊糖、己糖、庚糖等，或称为三碳糖、四碳糖、五碳糖、六碳糖、七碳糖等。在自然界分布广、意义大的是戊糖和己糖。核糖、脱氧核糖属于戊糖，葡萄糖、果糖和半乳糖属于己糖。

2. 低聚糖

低聚糖也叫寡糖，是由 2～10 个单糖分子脱水缩合而成的糖类，按照水解生成单糖分子的数目，可分为二糖、三糖、四糖等。其中以二糖最为重要，存在最为普遍。常见的有蔗糖、麦芽糖和乳糖。

3. 多糖

凡能水解为多个(10 个以上)单糖分子的糖称为多糖。由相同的单糖脱水缩合而成的称为同多糖，如淀粉、纤维素、糖原等；由不相同的单糖缩聚而成的称为杂多糖，如果胶、半纤维素等。

4. 结合糖

结合糖是糖类与非糖物质的结合物，又称为复合糖。结合糖分布广泛，功能多种多样，常见的结合糖有糖胺、糖酸、糖脂、糖蛋白等。

三、糖的生物学意义

1. 作为能源物质

糖是肌体最经济、最容易得到的，也是最重要的能源物质，一般情况下，人体所需能量的70%来自糖的氧化供能。

2. 作为结构成分

糖蛋白和糖脂是细胞膜的重要成分，蛋白聚糖是结缔组织如软骨、骨的结构成分。

3. 参与构成生物活性物质

核酸中含有戊糖，有运输作用的血红蛋白、有免疫作用的抗体、有识别和转运作用的膜蛋白等绝大多数都是糖蛋白；许多酶和激素也是糖蛋白。

4. 作为合成其他生物分子的碳源

糖可用来合成脂类和氨基酸等物质。

第二节 单糖的结构与性质

一、单糖的结构

单糖既能以链状结构形式存在，也能以环状结构形式存在。分子中碳原子数≥3 的单糖因含有不对称碳原子，所以有 *D* 及 *L* 两种构型，天然存在的单糖大多为 *D* 构型。下面以葡萄糖为例说明单糖的结构。

葡萄糖的分子式为 $C_6H_{12}O_6$，其分子中具有一个醛基和5个羟基，其中有4个手征性(不对称)碳原子(图 2-1)。

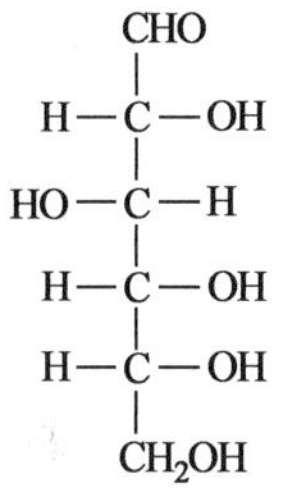

图 2-1 葡萄糖

(一)单糖的开链结构

采用 *D*/*L* 法标记单糖的构型。构型以 *D*-(+)-甘油醛和 *L*-(−)-甘油醛(甘油醛的两种立体异构形式，如图 2-2 所示)作为标准，根据与羰基相距最远的手征性(不对称)碳原子上的羟基方向来确定，如与 *D*-(+)-甘油醛相同(图 2-3)，则为 *D*-型；如与 *L*-(−)-甘油醛相同，则为 *L*-型。也可以以编号最大的手性碳原子上的—OH 在右边的为 *D*-型，—OH 在左边的为 *L*-型。

D-(+)-甘油醛　　*L*-(−)-甘油醛

图 2-2 甘油醛的两种立体异构形式

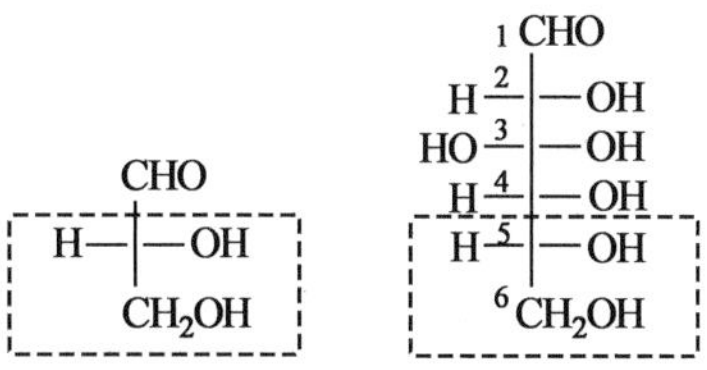

D-甘油醛　　*D*-葡萄糖

图 2-3 *D*-甘油醛与 *D*-葡萄糖

(二)单糖的环状结构

1. 单糖的 α-构型和 β-构型

糖分子中的醛基与羟基作用形成半缩醛时，由于碳氧双键为平面结构，羟基可从平面的两边进攻碳氧双键，所以得到两种异构体：α-构型和 β-构型(图 2-4)。其中，生成的半缩醛羟基与决定单糖构型的羟基在同一侧的为 α-构型；生成的半缩醛羟基与决定单糖构型的羟基分别在两侧的为 β-构型。两种构型可通过开链式相互转化而达到平衡。

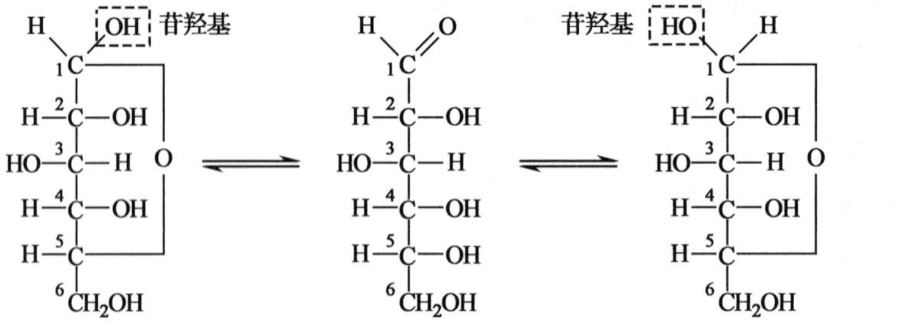

α-D-(+)-葡萄糖(约36%)　D-(+)-葡萄糖(约0.01%)　β-D-(+)-葡萄糖(约64%)

图 2-4　α-构型和 β-构型相互转化

2. 吡喃环和呋喃环

葡萄糖残基可以与 C_5 上的羟基缩合形成六元环(五个碳原子)，称为吡喃环；也可以与 C_4 上的羟基缩合形成五元环(四个碳原子)，称为呋喃环(图 2-5)。葡萄糖的五元环化合物不太稳定，天然葡萄糖多以六元环的形式存在。

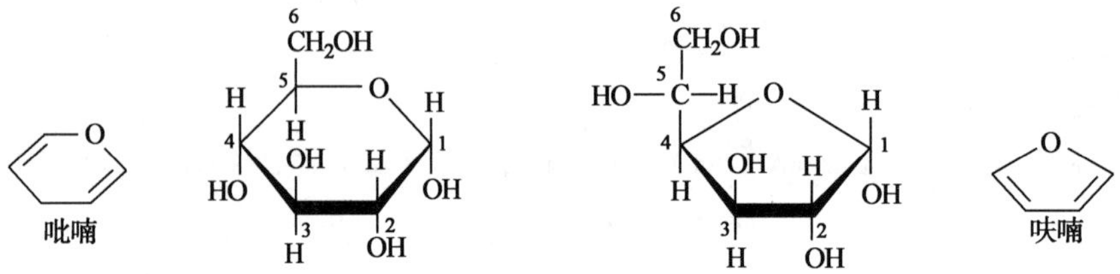

α-D-吡喃葡萄糖　α-D-呋喃葡萄糖

图 2-5　吡喃葡萄糖和呋喃葡萄糖

3. 环状结构的哈沃斯(Haworth)透视式

哈沃斯透视式是最直观的分子结构表示方法，可清楚地反映糖的氧环式结构，其书写步骤如下：

(1)将碳链向右放成水平，使原基团处于左上或右下的位置；

(2)将碳链水平位置弯成六边形状；

(3)以 C_4—C_5 为轴旋转 120°使 C_5 上的羟基与醛基接近，然后成环(因羟基在环平面的下面，它必须旋转到环平面上才易与 C_1 成环)。

糖的哈沃斯结构和吡喃相似，所以，六元环单糖又称为吡喃型单糖。因而葡萄糖名称可用如图 2-6 中的方法表示。

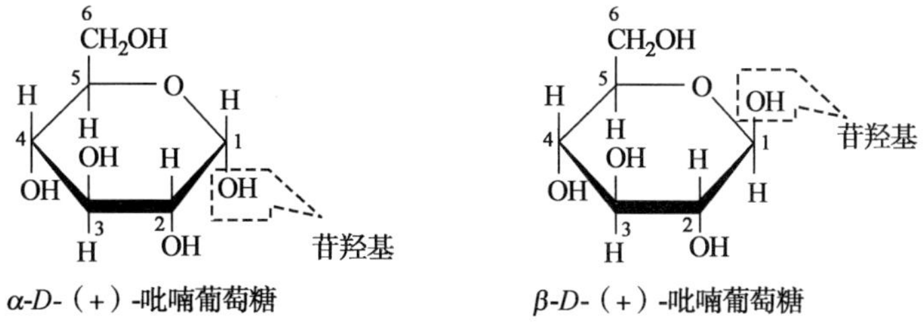

图 2-6 葡萄糖环状结构的哈沃斯式

二、单糖的理化性质

(一)单糖的物理性质

1. 旋光性

几乎所有的单糖(除二羟基丙酮外)及其衍生物都有旋光性。在一定条件下,测定一定浓度糖溶液的旋光性,可通过公式计算其比旋光度,在比旋光度数值前面加“+”号表示右旋,加“−”号表示左旋。每种糖都有特征性的比旋光度(表 2-2),可根据糖的比旋光度鉴别糖的纯度,其计算公式如下:

$$[\alpha]_D^t = \alpha_D^t \times 100/(L \times c)$$

式中:$[\alpha]_D^t$ 是比旋光度,α_D^t 是钠光灯为光源,温度为 t,旋光管长度为 L(dm),浓度为 c(g/mL)时所测得的旋光度。

表 2-2 重要单糖、低聚糖和多糖的比旋光度

单糖	$[\alpha]_D^{20}$	低聚糖和多糖	$[\alpha]_D^{20}$
D-阿拉伯糖	−105°	麦芽糖	+130.4°
L-阿拉伯	+104.5°	蔗糖	+66.5°
D-木糖	+18.8°	软化糖	−19.8°
D-葡萄糖	+52.5°	糊精	+195°
D-果糖	+92.4°	乳糖	+55.4°
D-半乳糖	+80.2°	淀粉	≥+196°
D-甘露醇	+14.2°	糖原	+196°~+197°

2. 相对甜度

甜味的高低程度称为甜度。目前甜度并没有合适的物理或者化学方法加以准确评定,只是利用人的味觉来判定。甜度没有绝对值,一般把蔗糖的甜度设为 1,以此为标准,其他糖类与蔗糖相比,得到的相对甜度如表 2-3 所示。

表 2-3 几种糖的相对甜度

糖的名称	相对甜度	糖的名称	相对甜度
蔗糖	1.0	麦芽糖	0.5
果糖	1.5	乳糖	0.3
葡萄糖	0.7	木糖醇	1.0
半乳糖	0.6	山梨醇	0.5

研究表明，分子结构决定了糖类物质是否具有甜味以及甜味的强弱。单糖、双糖和一些三糖均有甜味，多糖没有甜味。同一种单糖的甜味与其构型有关，此外，糖的甜度还与糖的存在状态及温度等因素有一定的关系。

3. 溶解度

单糖分子的多个羟基提高了其水溶性，各种糖的溶解度随温度的升高而增大；各种糖的溶解度不一样，果糖的溶解度最高，其次是蔗糖、葡萄糖、乳糖等（表 2-4）；单糖不溶于丙酮、乙醚等有机溶剂。

表 2-4 几种糖类在水中的溶解度 g/kg

糖类	温度			
	20℃	30℃	40℃	50℃
果糖	3747.8	4417.0	5386.3	6655.8
蔗糖	1994.0	2143.0	2334.0	2576.0
葡萄糖	876.7	1204.6	1623.8	2437.6

单糖和寡糖在溶解于水的过程中，可以产生过饱和现象。利用这一点可生产夹心食品糖。控制过饱和溶液的冷却速度，使其速度很慢时，则可以产生大而且坚固的结晶，如利用蔗糖制备冰糖就是依据这个原理。

4. 黏度

一般而言，糖的黏度与分子体积大小成正比。如葡萄糖、果糖、糖醇类的黏度较蔗糖低，淀粉糖浆的黏度较高。葡萄糖的黏度随温度升高而增大，蔗糖的黏度则随着温度的升高而减小。

5. 吸湿性和保湿性

吸湿性是指糖类在空气湿度较大的情况下吸收水分的性质。保湿性是指糖类在较低空气湿度时保持水分的性质。糖类的这种性质对于保持食品的柔软性和储存、加工都有重要意义。

6. 结晶性

不同种类的糖，结晶性不同，果糖较难结晶；葡萄糖易结晶，但晶体细小；蔗糖极易结晶，且晶体很大。因此在糖果制造加工时，要注意应用糖类结晶性质上的差别。

7. 渗透压

任何溶液都有渗透压，其渗透压随浓度增高而增大。在相同浓度下，溶质的分子量越小，分子数目越多，渗透压力越大。单糖的渗透压是双糖的两倍。糖液的渗透压力使微生物菌体失水，生长受到抑制，所以糖藏是一种重要的食品保存方法。渗透压越高的糖，对食品保存效果越好。50%的蔗糖溶液(质量分数)能抑制酵母的生长,而要抑制细菌和霉菌生长,则需65%和80%质量分数的蔗糖溶液。

(二)单糖的化学性质

1. 聚合反应

单糖分子在稀酸、较高温度条件下,会发生聚合反应生成二糖、三糖和其他低聚糖。聚合反应受糖类浓度的影响,糖类浓度越高,聚合的程度越大。此外,不同种类的酸对聚合反应的催化能力也不同,实验表明,对葡萄糖来说,盐酸的催化作用最强,其次是硫酸和草酸。

2. 氧化反应

糖分子中含有醛基和酮基,因此具有还原性。单糖与部分低聚糖是还原糖。某些弱氧化剂(如费林试剂)与单糖作用时,单糖的羰基被氧化,氧化铜被还原成氧化亚铜(图2-7)。测定氧化亚铜的生成量即可测知溶液中糖的含量,利用该反应可鉴定还原糖与非还原糖。

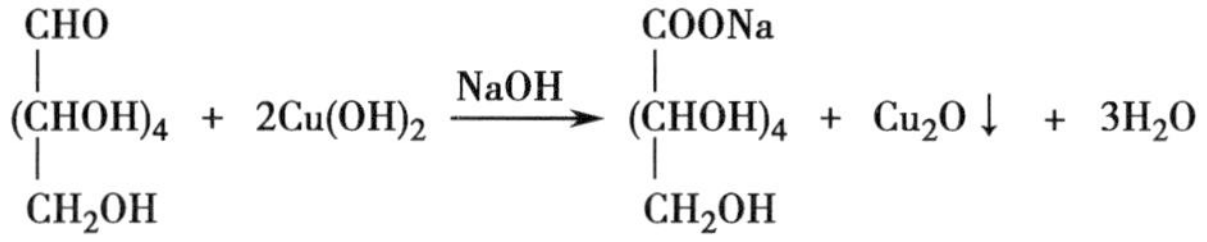

图2-7　糖与费林试剂反应

除了羰基之外,单糖分子中的羟基也被氧化。因氧化条件不同,单糖可被氧化生成不同的产物,以醛糖为例说明醛糖在不同氧条件形成的产物。在弱氧化剂(如溴水)的作用下形成相应的糖酸;在较强氧化剂(如硝酸)的作用下,除了醛基被氧化以外,伯醇基也被氧化成羧基,生成葡萄糖二酸;葡萄糖在酶的作用下,形成糖醛酸(图2-8)。糖醛酸具有很重要的生理意义,它可以和人体中的某些有毒物质、芳香物质和人体内过多的激素结合成苷类而随尿排出体外。

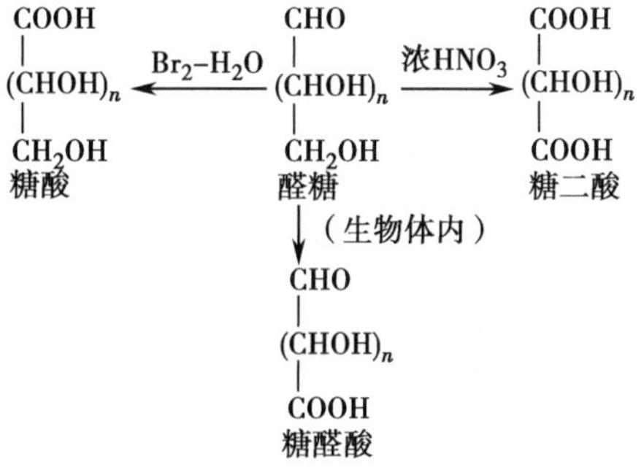

图2-8　醛糖的三种氧化形式

3. 还原反应

单糖分子中的醛基和酮基在还原剂(如Na、$NaBH_4$、H_2)存在的条件下被还原成醇。如葡萄糖被还原成山梨醇(图2-9)。

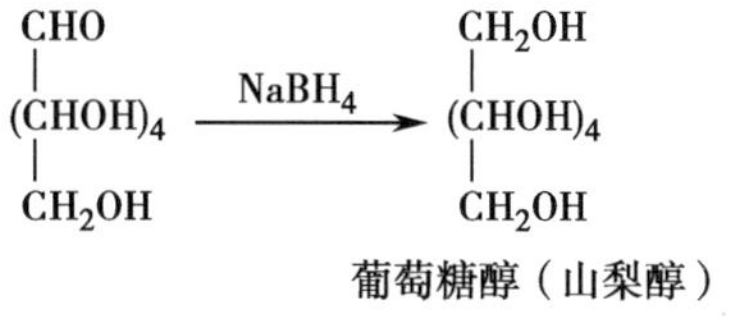

图2-9　葡萄糖被还原成山梨醇

4. 成苷反应

单糖环状结构中的半缩醛(或半缩酮)羟基比其他羧基活泼,容易同醇或酚中的羟基脱水生成缩醛(或缩酮),这一反应叫成苷反应,生成的缩醛(或缩酮)叫作(糖)苷,如β-葡萄糖和甲醇在无水盐酸催化下通过成苷生成β-葡萄糖甲苷(图2-10)。

5. 美拉德反应

在加热条件下,蛋白质、氨基酸中的氨基与糖类中的羰基经缩合、聚合生成黑色素的反应称为美拉德反应,也称羰氨反应,由法国化学家美拉德1912年发现而得名。它是食品在加热

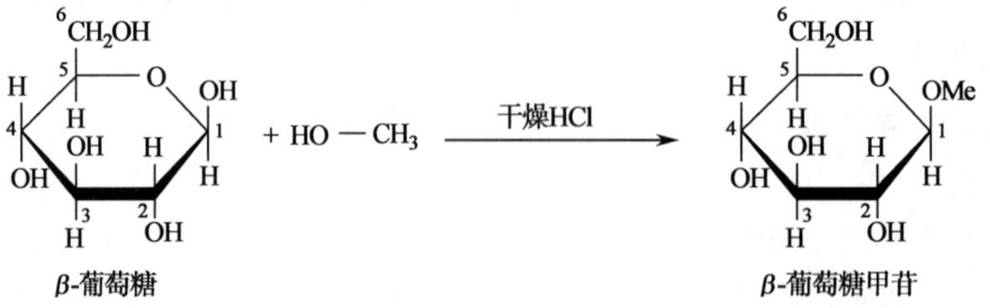

图 2-10　葡萄糖成苷反应

或长期储存后发生褐变的主要原因。

美拉德反应受温度、氧气、水分、金属离子、pH 等因素的影响，控制这些条件可以防止褐变或促进褐变，这在食品加工中具有实际意义。例如，在食品加工过程中，注意控制加热温度和时间，不使反应过度，就能避免产生大量的黑色素，因而也就避免了食品焦黑而且发苦。

6. 焦糖化反应

在没有氨基化合物存在的情况下，糖类加热到熔点以上发生的脱水、降解、缩合、聚合等反应，从而形成黏稠、黑褐色的焦糖，这种反应称为焦糖化反应，焦糖化反应受糖的种类、加热温度、pH、催化剂等因素影响。果糖的熔点最低，在食品烘烤中着色最快；糖液的 pH 不同，其反应速度也不相同，在 pH 为 8 时要比 pH 为 5.9 时快 10 倍；红烧类、拔丝类等菜肴的色变就是利用蔗糖随温度升高而引起的色变。

7. 异构化作用

在碱性水溶液中单糖会发生分子重排，通过烯醇式中间物相互转化，生成不同的产物(图 2-11)。例如 *D*-葡萄糖在稀碱作用下，可得到 *D*-葡萄糖、*D*-甘露糖、*D*-果糖三种差向异构体的平衡混合物。同理，用稀碱处理 *D*-果糖或者 *D*-甘露糖也可得到相同的平衡混合物。

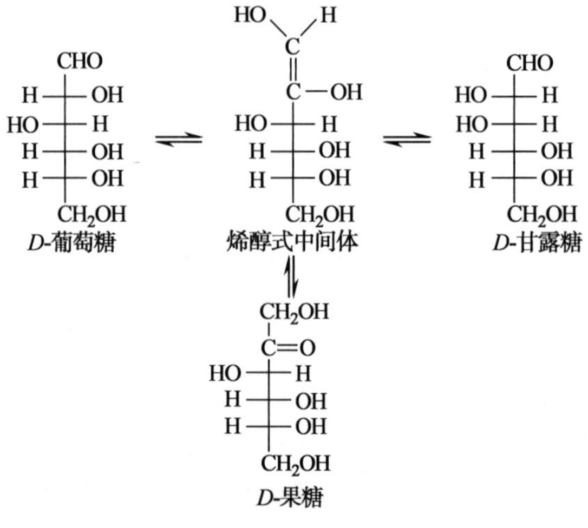

图 2-11　葡萄糖、果糖和甘露糖相互转化

在食品工业上利用葡萄糖可异构化成为果糖的性质来生产高甜度的果葡糖浆；用碱处理淀粉糖浆，使葡萄糖部分异构化生成果糖，形成果糖浆。

8. 单糖与酸的反应

单糖与酸的反应因酸的种类、浓度和温度的不同而不同，如在温热的稀硝酸作用下，醛糖可被氧化为糖二酸；酮糖则发生碳链断裂，生成小分子的二元酸(图 2-12)。

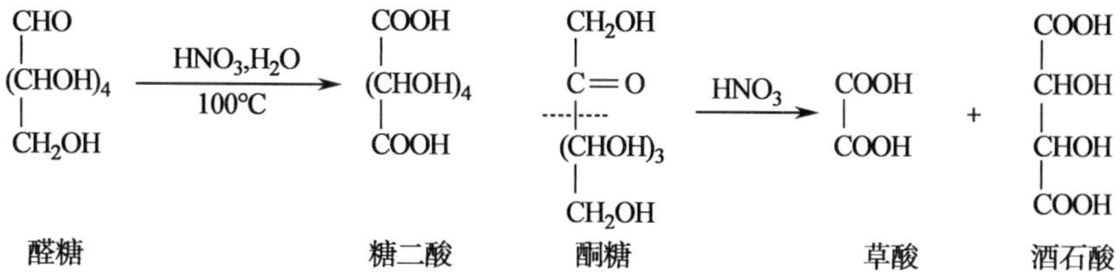

图 2-12 单糖与酸的反应

三、重要的单糖及其衍生物

(一)重要的单糖

1. 丙糖

含 3 个碳原子的单糖称为丙糖，是最简单的单糖，比较重要的丙糖有 D-甘油醛和二羟基丙酮，它们的磷酸酯是糖类代谢的重要中间产物。图 2-13 和图 2-14 分别为 D-甘油醛和二羟基丙酮的结构简式。

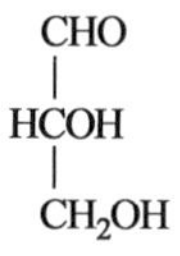

图 2-13 *D*-甘油醛

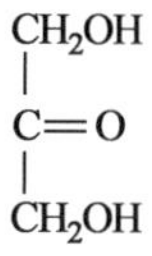

图 2-14 二羟基丙酮

2. 丁糖

含 4 个碳原子的单糖称为丁糖。自然界常见的丁糖有 D-赤藓糖和 D-赤藓酮糖，它们主要存在于藻类、地衣和丝状菌中，丁糖的磷酸酯是糖类代谢的重要中间产物。图 2-15 和图 2-16 分别为 D-赤藓糖和 D-赤藓酮糖的结构简式。

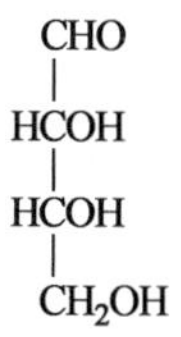

图 2-15 *D*-赤藓糖

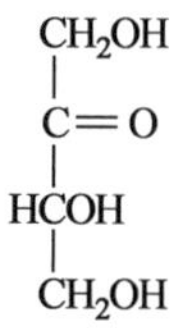

图 2-16 *D*-赤藓酮糖

3. 戊糖

自然界存在的戊糖有 L-阿拉伯糖、D-木糖、D-核糖和 D-2-脱氧核糖等，常见戊酮糖有 D-木酮糖、D-核酮糖，均是糖代谢的中间产物。图 2-17、图 2-18 和图 2-19 分别为 L-阿拉伯糖、D-木糖、D-核糖的结构简式。

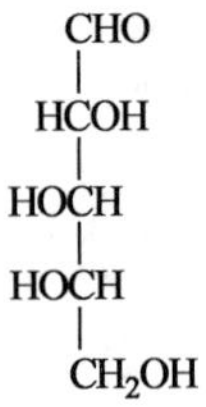

图 2-17 *L*-阿拉伯糖

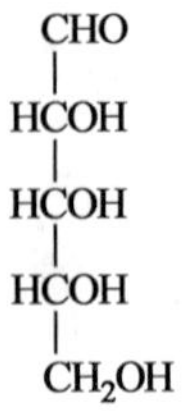

图 2-18 *D*-木糖

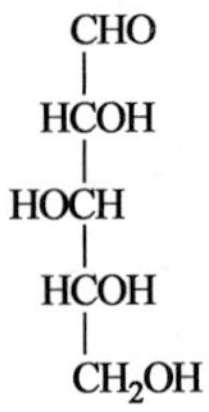

图 2-19 *D*-核糖

(1)*L*-阿拉伯糖。*L*-阿拉伯糖广泛存在于植物界中，是植物分泌的胶黏质及半纤维素等多糖的组成成分，通常由树胶或提取蔗糖以后剩下的甜菜渣加酸水解制取。酵母菌不能使其发酵。

(2)*D*-木糖。*D*-木糖的存在情况与 *L*-阿拉伯糖相同，把麸皮、秸秆、木材、棉籽壳、玉米穗轴等水解即可制得。工业上以玉米穗轴加酸水解大规模生产 *D*-木糖，得率可达 12%。酵母菌不能使其发酵，但类酵母能很好地利用木糖。木糖可以作为生产木糖醇的原料。

(3)*D*-核糖。*D*-核糖是细胞中遗传信息的载体——核酸的组成成分之一。核糖与脱氧核糖以类似于呋喃的结构存在于天然化合物中。

4. 己糖

在生物体中常见的己糖有 *D*-葡萄糖、*D*-果糖、*D*-甘露糖、*D*-半乳糖等几种，其结构简式如下(图 2-20)。

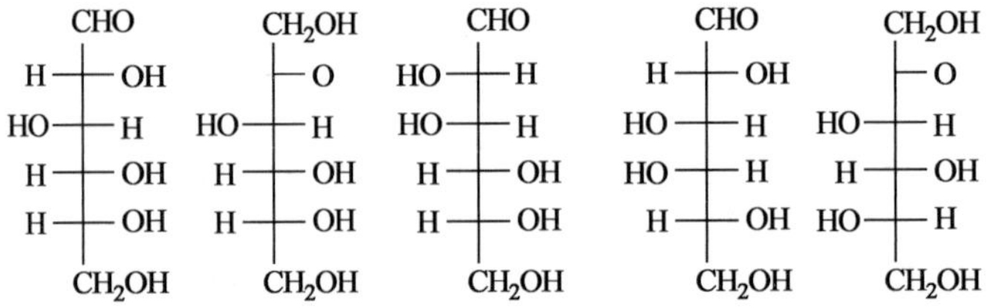

图 2-20 己糖

(1)*D*-葡萄糖。*D*-葡萄糖简称葡萄糖，又名右旋糖。它是自然界分布最广、最丰富的单糖，多以 *D*-型存在。它是人体内最主要的单糖，是糖代谢的中心物质。葡萄糖也存在于人的血液中(389～555 μmol/L)，称作血糖。

在绿色植物的种子、果实及蜂蜜中有游离的葡萄糖。葡萄糖是许多糖如蔗糖、麦芽糖、乳糖、淀粉、糖原、纤维素等的组成单元。蔗糖是由葡萄糖和果糖结合而成的。

葡萄糖可被人体直接吸收而作为营养食品的成分，或者直接食用，也可由静脉直接注射到血液中，供应全身。酵母菌可以发酵利用葡萄糖。

在工业上，以淀粉为原料，用无机酸或酶水解的方法可大量制备葡萄糖。

(2)*D*-果糖。*D*-果糖简称果糖，又名左旋糖。其以游离状态存在于水果和蜂蜜中。果糖是无色结晶，吸湿性很强，是糖类中最甜的糖，甜度是蔗糖的 1.15～1.5 倍。

果糖与葡萄糖同时存在于植物中。在菊科植物中含量尤多，也是动物体易于吸收的糖分，是蜂蜜的糖类成分之一。酵母可使其发酵。

果糖可通过水解菊科植物中富含的菊糖而得到，近年来，科学家用异构化酶成功地在常温常压下使葡萄糖转化为果糖，开辟了果糖生产的新途径。

(3)*D*-甘露糖及 *D*-半乳糖。这两种糖在植物中主要以缩合物形式存在于甘露聚糖及半乳聚糖中，游离存在的很少。甘露聚糖是坚果果壳中的主要成分，用酸水解即得甘露糖。

D-半乳糖与 *D*-葡萄糖结合成乳糖(双糖)，存在于动物乳汁中。少数植物中有游离存在的半乳糖，如常春藤中存在较多，甜菜中也可发现。含有半乳糖的果实经冷冻后可在表面析出半乳糖结晶。在许多胶质多糖中也含有半乳糖。

D-甘露糖可被酵母菌发酵，*D*-半乳糖可被乳糖酵母发酵。

(4)*L*-山梨糖。*L*-山梨糖存在于被细菌发酵过的山梨汁中，现已经证明 *L*-山梨糖是 *L*-山梨醇经醋酸杆菌氧化得到的。因为山梨糖是合成抗坏血酸的重要中间产物，所以在制药工业中有重要意义。工业上先把葡萄糖在加压条件下加氨还原成 *D*-山梨醇，然后在充分供氧的条件下，用弱氧化醋酸杆菌氧化得到 *L*-山梨糖，得率可达 90%。

5. 庚糖

自然界存在的庚糖主要有 *D*-甘露庚酮糖和 *D*-景天庚酮糖，庚糖是自然界中已知碳链最长的单糖。图 2-21 和图 2-22 分别为 *D*-甘露庚酮糖和 *D*-景天庚酮糖的结构简式。

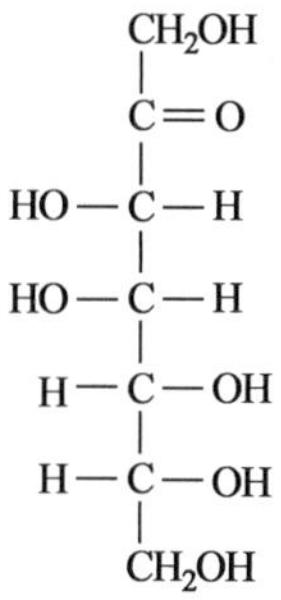

图 2-21 *D*-甘露庚酮糖

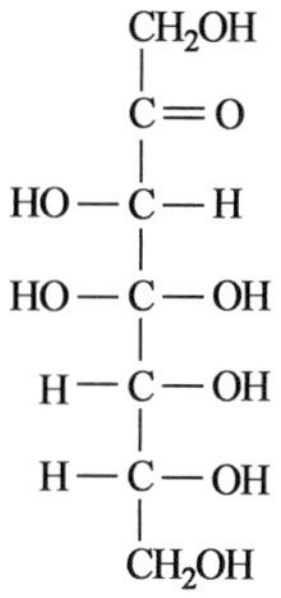

图 2-22 *D*-景天庚酮糖

D-甘露庚酮糖大量存在于樟梨果实中，酵母不能使其发酵，但人体能将它转化成已糖并吸收。*D*-景天庚酮糖大量存在于景天属植物中，酵母不能使其发酵。

(二)单糖的衍生物

1. 糖醇

单糖还原后生成糖醇，山梨醇、甘露醇是广泛分布于植物界的糖醇，在食品工业上，它们是重要的甜味剂和湿润剂。

2. 糖酸

醛糖被氧化后生成糖酸，其中最常见的有葡萄糖醛酸、半乳糖醛酸等，它们是一些胶质多糖的组成单体。

3. 氨基糖

单糖中一个或多个羟基被氨基取代而生成的化合物称为氨基糖。常见的有 *D*-氨基葡萄糖和 *D*-氨基半乳糖。这两种氨基糖都存在于黏多糖、软骨和糖蛋白中。

4. 糖苷

单糖半缩醛羟基与另一个分子(如醇、糖、嘌呤或嘧啶)的羟基、氨基或巯基缩合形成的含糖衍生物称为糖苷，所形成的键称为糖苷键，常见的糖苷键有 O-糖苷键和 N-糖苷键。糖苷由糖与非糖部分组成，糖部分称为糖苷基，非糖部分称为糖苷配基。根据不同的糖，糖苷有葡萄糖苷、果糖苷、阿拉伯糖苷、半乳糖苷、芸香糖苷等。

5. 脱氧单糖

糖的羟基被还原（脱氧）生成脱氧糖。如 *D*-2-脱氧核糖是一种脱氧糖，是构成 DNA 的重要组分。除此之外，*L*-鼠李糖和 6-脱氧-*L*-甘露糖（岩藻糖）都是脱氧糖；人血型物质组分中含有岩藻糖。

6. 糖脂

单糖羟基还可与酸作用生成酯。糖的磷酸酯是糖在代谢中的活化形式。糖的硫酸酯存在于糖胺聚糖中。

7. 糖胺

糖胺是单糖分子中的一个羟基为氨基所代替后生成的衍生物。现在已知的糖胺有 60 种，常以结合状态存在。自然界中存在的都是己糖胺，常见的是 *D*-葡萄糖胺，它存在于几丁质（壳聚糖）和黏液酸中。此外，糖胺是软骨组成成分——软骨酸的水解产物。

第三节 低 聚 糖

低聚糖也称寡糖，是由 2～10 个单糖分子以糖苷键结合而构成的糖，普遍存在于自然界。低聚糖属于小分子化合物，能结晶，可溶于水，有甜味，有旋光性。低聚糖与稀酸共同加热可水解成各种单糖。

按水解后生成的单糖分子数目分为双糖（二糖）、三糖、四糖、五糖、六糖等；按组成低聚糖的单糖分子是否相同，可分为均低聚糖（组成低聚糖的糖基是同种的）和杂低聚糖（组成低聚糖的糖基是不同种的），如麦芽糖属于均低聚糖，蔗糖属于杂低聚糖；按性质，可分为还原性低聚糖和非还原性低聚糖。

一、常见双糖

双糖在自然界中的含量很丰富。在自然界中仅有三种双糖（蔗糖、乳糖和麦芽糖）以游离状态存在，其他以结合状态存在，如纤维二糖。

1. 麦芽糖

麦芽糖，俗称饴糖，大量存在于发芽的谷粒中，特别是麦芽中。它主要作为淀粉和其他葡聚糖的酶促降解的产物存在，在自然界中并不存在天然的麦芽糖。工业上制取麦芽糖的原料是发芽的谷物（主要是大麦芽），通过麦芽糖淀粉酶使淀粉水解得到。

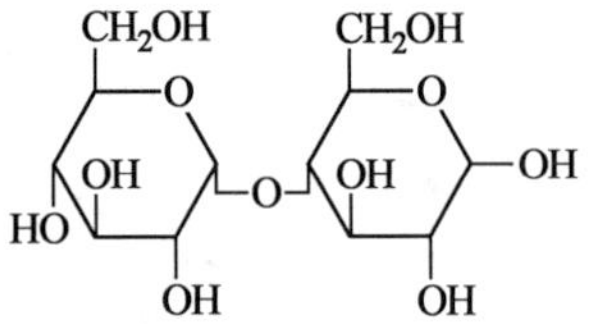

图 2-23 麦芽糖
（α-1，4-糖苷键）

麦芽糖由两分子 α-葡萄糖通过 α-1，4-糖苷键结合而成，结构式如图 2-23 所示。

麦芽糖甜度仅次于蔗糖，有右旋光性和变旋现象，$[\alpha]_D^{20}$ 为 136°，因分子中有游离半缩醛羟基存在，属于还原性双糖。

麦芽糖易被酵母发酵，在焙烤食品中用作膨松剂，可防止烘烤食品干瘪，也可用作冷冻食品的填充剂和稳定剂。麦芽糖在缺少胰岛素的情况下也可以被肝脏吸收，因此其不引起血糖升高，可供糖尿病患者食用。

2. 乳糖

乳糖是哺乳动物乳汁中的主要糖分，牛乳中含 4.5%～5.5%，人乳中含 5.5%～8.0%，是由一分子 β-半乳糖的半缩醛羟基与另外一分子 α-D-葡萄糖分子的羟基反应，以 β-1，4-糖苷键连接而成。乳糖有 α 型和 β 型两种结构，其结构式如图 2-24 所示。

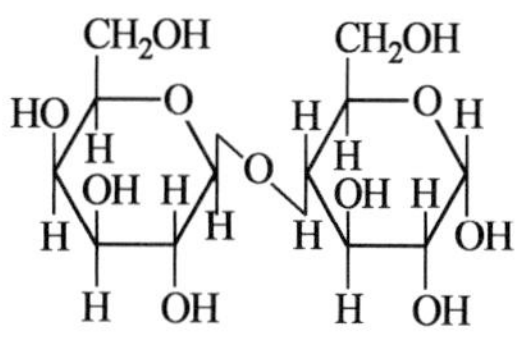

图 2-24 乳糖

乳糖有右旋光性，也有变旋现象，$[\alpha]_D^{20}$ 为＋55.4°，因分子中有游离半缩醛羟基存在，具有还原性。

酵母菌不能发酵乳糖，但乳酸菌可使乳糖发酵产生乳酸，这是酸奶形成的原理。

乳糖能被酸水解，用酸或酶水解产生 1 分子 D-半乳糖和 1 分子 D-葡萄糖。乳糖可被小肠内的乳糖酶水解成 D-葡萄糖与 D-半乳糖，而后被小肠吸收。婴儿一般都可以消化乳糖，成人则不一定。某些成人缺乏乳糖酶，不能利用乳糖，食用乳糖后会恶心、腹痛、腹泻，这就是乳糖过敏(乳糖不耐症)。

乳糖可促进婴儿肠道中双歧杆菌的生长，乳糖还有助于机体中钙的吸收和代谢。

3. 蔗糖

蔗糖在植物界分布广泛，尤其以甘蔗、甜菜中含量最多。它具有较强的甜味，是食品工业中最重要的含能量甜味剂。

蔗糖是由一分子 α-D-葡萄糖和一分子 β-D-果糖通过 α-1，2-糖苷键连接形成的双糖。其结构式如图 2-25 所示。

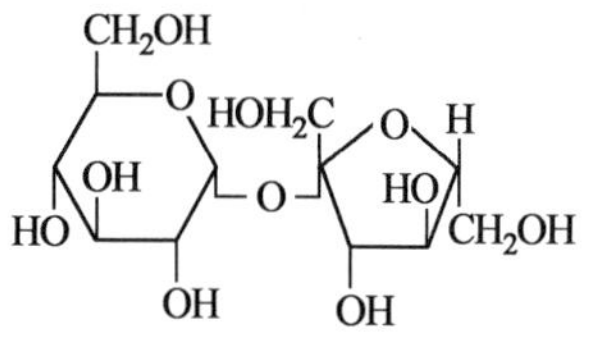
图 2-25 蔗糖
(α，β-1，2-糖苷键)

蔗糖具有右旋光性质，$[\alpha]_D^{20}$ 为＋66.5°，由于分子中不含有半缩醛羟基，所以无还原性，不能还原费林试剂。

蔗糖为白色晶体，很甜，易溶于水，但是较难溶于乙醇，若加热至 160℃，便成为玻璃样的晶体，加热至 200℃时成为棕褐色的蔗糖，它是一种无定形、多孔的固体，有苦味，食品工业中用作酱油、饮料、糖果和面包的着色剂。

4. 纤维二糖

纤维二糖是纤维素的基本构成单位，可由纤维素水解得到，在自然界无游离状态。纤维二糖由 2 分子 β-D-葡萄糖以 β-1，4 糖苷键结合，化学性质类似于麦芽糖，它与麦芽糖的区别是麦芽糖为 α-葡糖苷。纤维二糖结构式如图 2-26 所示。

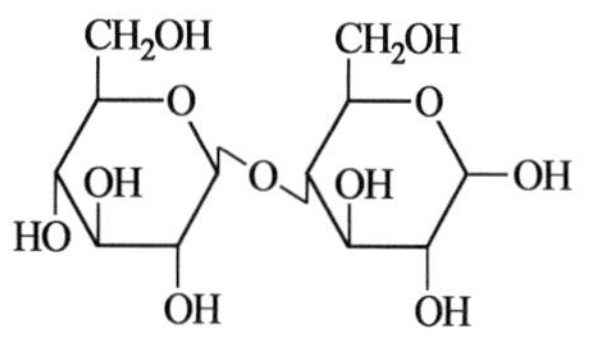
图 2-26 纤维二糖
(β-1，4-糖苷键)

二、功能性低聚糖

功能性低聚糖是指对人、动物、植物具有特殊生理作用的低聚糖，甜度一般为蔗糖的 30%～50%。功能性低聚糖是近年来国际上颇为流行的一类有营养保健功能的糖类，它被誉为“21 世纪食品工业的先导”。它作为功能食品的基料，应用到各种保健营养补品和食品工业中。目前已开发成功的功能性低聚糖主要有以下几种。

1. 低聚果糖

低聚果糖是由蔗糖和果糖结合而成的蔗果三糖、蔗果四糖和蔗果五糖的混合物。它是一种天然活性物质，甜度为蔗糖的 0.3～0.6 倍，属于人体难消化的低热值甜味剂，不会导致肥胖。低聚果糖是水溶性膳食纤维，可促进胃肠功能，是具有调节肠道菌群、促进钙的吸收、调节血脂、抗龋齿等保健功能的新型甜味剂。

2. 低聚木糖

低聚木糖由 2～7 个木糖以 β-1,4-糖苷键连接而成的低聚糖，具有耐热、耐酸及不分解特性，具有双歧杆菌增殖作用，可促进机体对钙的吸收，抗龋齿，在体内代谢不依赖胰岛素，可作糖尿病患者食用的甜味剂。

3. 甲壳低聚糖

甲壳低聚糖呈阳离子性质，在酸性溶液中易成盐。随着游离氨基含量的增加，其氨基特性越显著，是甲壳低聚糖的独特性质。甲壳低聚糖能降低肝脏和血清中的胆固醇；提高肌体的免疫功能，增强机体的抗病和抗感染能力；具有抗肿瘤作用，聚合度为 5～7 的甲壳低聚糖有直接攻击肿瘤细胞的作用，对肿瘤细胞的生长和癌细胞的转移有很强的抑制效果；是双歧杆菌的增殖因子，可增殖肠道内有益菌如双歧杆菌和乳杆菌，还能合成 B 族维生素和维生素 K；可使乳糖分解酶的活性升高以及防治胃溃疡、治疗消化性溃疡和胃酸过多症。

4. 麦芽低聚糖

麦芽低聚糖是一种混合糖，主要由麦芽糖、麦芽三糖至麦芽八糖组成，不含糊精，是由特异的麦芽低聚糖酶作用于淀粉而得到的一种新型营养甜味剂，具有抑制人体肠道有害菌生长繁殖的作用；是功能性食品的一种基料。国际上最近开发的主要低聚糖如表 2-5 所列。

表 2-5 常见的低聚糖及其主要用途

名称	主要用途
蔗糖低聚糖(低聚蔗糖)	防龋齿，促进双歧杆菌增殖
牛乳低聚糖	防龋齿，促进双歧杆菌增殖
半乳糖低聚糖(低聚半乳糖)	促进双歧杆菌增殖
分支低聚糖	防龋齿，促进双歧杆菌增殖
大豆低聚糖	促进双歧杆菌增殖
海藻糖	防龋齿，优质甜味
环状糊精	低热值，防止胆固醇蓄积
龙胆二糖	可以形成包接体
棉籽糖	促进双歧杆菌增殖，提高免疫力

第四节 多 糖

多糖也称多聚糖，是由多个单糖分子脱水缩合而形成的，它是自然界中分子结构复杂的一类高分子物质，广泛存在于动物、植物以及微生物中。自然界中的糖类主要以多糖形式存在。

根据组成成分，多糖分为均一性多糖和不均一性多糖两类。均一性多糖(均多糖或同多糖)是指只由一种单糖或单糖衍生物组成的多糖，如淀粉、糖原、纤维素、几丁质(壳多糖)，它们都是由葡萄糖组成的；不均一性多糖(杂多糖)是指由两种或两种以上的单糖或单糖衍生物组成的多糖，如香菇多糖、半纤维素以及糖胺多糖类(透明质、硫酸软骨素、硫酸皮肤素等)。

一、淀粉

淀粉广泛地存在于植物的种子、块茎和根中，是植物生长期间以淀粉粒形式贮存于细胞中的多糖，也是植物性食物中重要的营养成分，如淀粉在大米中含量为 700～800 g/kg，小麦中为 600～650 g/kg，马铃薯中约为 200 g/kg。

天然淀粉一般含有直链淀粉和支链淀粉两种组分，两者在结构和性质上有一定区别，在淀粉中所占比例随植物品种的不同而不同，一般直链淀粉占 20%～30%，支链淀粉占 70%～80%。如玉米淀粉和马铃薯淀粉中，直链淀粉占 27%和 20%，支链淀粉则分别是 73%和 80%。有些植物如糯米淀粉全部为支链淀粉，而豆类淀粉则全是直链淀粉。两者经酸彻底水解后的最终产物都是 *D*-葡萄糖。淀粉在工业上可用于酿酒和制糖。

(一)淀粉的结构

1. 直链淀粉

直链淀粉是由许多 *D*-葡萄糖残基以 α-1，4-糖苷键依次相连而成的葡萄糖多聚物，其分子量为几万到十几万，平均约为 60 000，相当于 300～400 个葡萄糖分子缩合而成。每个分子中只含一个还原性端基和一个非还原性端基，它是一条不分支的长链。由于直链淀粉的长链在分子内氢键的作用下，卷曲盘旋成长而紧密的螺旋管形，呈左手螺旋，每个螺圈约含 6 个 *D*-葡萄糖单位。这种紧实的结构是与其贮藏功能相适应的。直链淀粉的分子结构如图 2-27 所示。

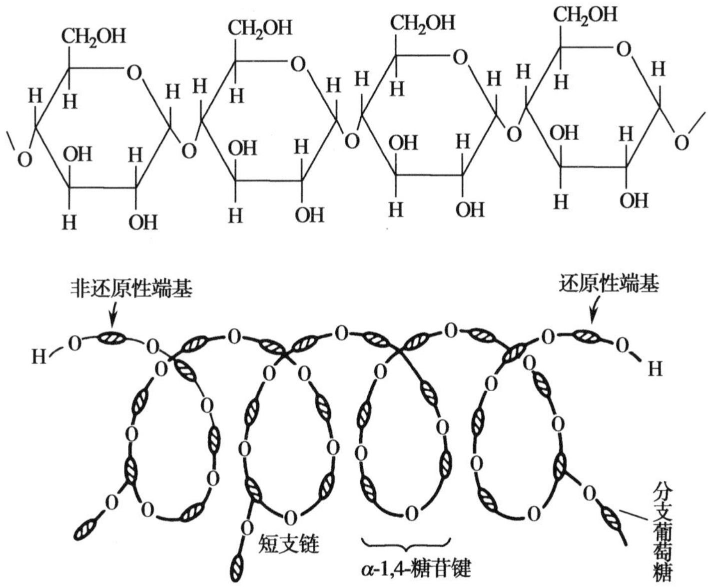

图 2-27　直链淀粉的分子结构

2. 支链淀粉

与直链淀粉相比，支链淀粉具有高度分支性，且所含葡萄糖单位要多很多。支链淀粉的分子量在 20 万以上，可高达$(1\sim6)\times10^6$，含有 1 300 个或更多葡萄糖。它的主链由 *D*-葡萄糖以 α-1，4-糖苷键相连，且每隔 20～25 个葡萄糖单位还有一个以 α-1，6-糖苷键相连的支链。其光吸收范围为 530～555 nm。支链淀粉结构如图 2-28 和图 2-29 所示。

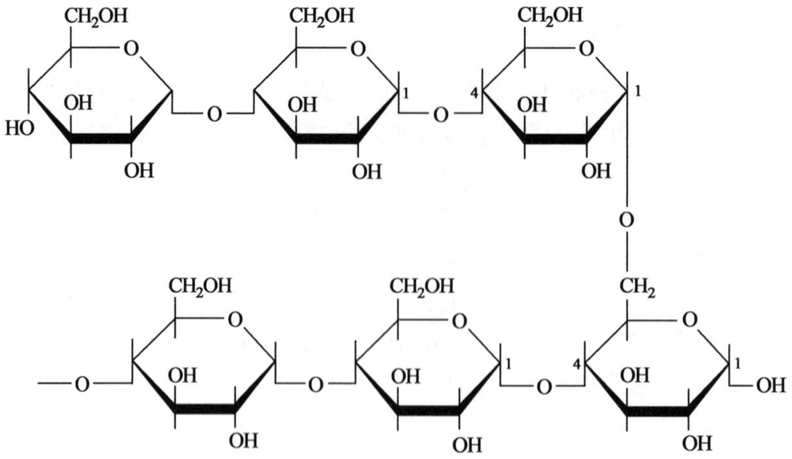

图 2-28 支链淀粉分子的部分结构

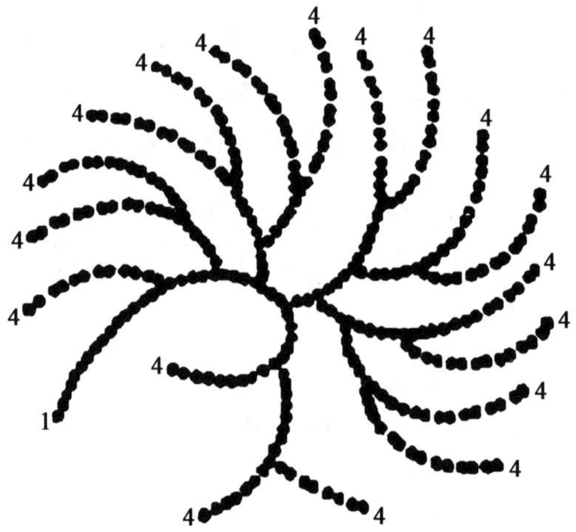

图 2-29 支链淀粉分支状结构示意图

(二)淀粉的性质

淀粉是无味无臭的白色无定形粉末,没有还原性。淀粉有吸湿性,但不溶于冷水及乙醇和乙醚等有机溶剂。

1. 淀粉的溶解性

直链淀粉不溶于冷水,能溶于热水,并在热水中形成溶胶,遇冷后形成硬而黏性不强的凝胶,不再复溶。如将纯直链淀粉加热至 140～150℃,得到的溶胶可制成坚韧的膜,可将其用于包装糖果、药用胶囊,入口即溶。

支链淀粉不溶于水,但它能分散于凉水中形成胶体,在热水中持续加热可形成黏性很大的凝胶,这种凝胶在冷却后也非常稳定。将糯米粉加热后加工成黏性很大的糕团,就是利用了支链淀粉的溶解性。

2.淀粉的水解

淀粉水解后的产物是糊精、麦芽糖、葡萄糖的混合物，称为淀粉糖浆，它是具有甜味的黏稠浆体，在面点制作中经常使用，在烹调中用于上糖色和熏制品的制作。另外，淀粉在干热情况下会部分分解产生糊精，糊精比淀粉容易消化，所以烤馒头片比馒头容易消化。

3.淀粉与碘的显色反应

淀粉中加入碘的酒精溶液后(碘不溶于水而溶于酒精)，碘立即进入直链淀粉的螺旋圈结构内，形成淀粉和碘的复合物，显示出蓝紫色，如果淀粉浓度高，颜色呈近黑色。一般来说，在直链淀粉中加入碘和碘化钾溶液后，立即呈现出深蓝色；而在支链淀粉中加入碘和碘化钾溶液后，则呈紫色或紫红色。

根据碘的显色反应可以确定淀粉的水解程度。依据糊精聚合度的不同，与碘液反应呈现的颜色也不同。当糊精中葡萄糖残基多于60个时呈蓝色，称为淀粉蓝糊精；聚合度在20左右时，呈紫红色、橙红色，称为红糊精；当聚合度小于6时，不能形成复合物，所以也不呈色，称为消色糊精。

4.淀粉的糊化

淀粉颗粒在适当温度下(一般在60～80℃)，能在水中溶胀、破裂，形成半透明的胶体，这种变化称为淀粉的糊化。淀粉发生糊化时的温度称为糊化温度。各种淀粉的糊化温度是不同的，颗粒大的、结构较疏松的淀粉比颗粒小的、结构较紧密的淀粉易于糊化，所需的糊化温度较低。此外，含支链淀粉数量多的也较易于糊化。马铃薯淀粉颗粒大，直链淀粉含量低，其糊化温度为59～67℃，而一般玉米淀粉颗粒小，含直链淀粉比马铃薯多，糊化温度也较高，为64～72℃。

糊化后的淀粉破坏了天然淀粉的结构，有利于人体消化吸收。许多方便食品和膨化食品就是利用淀粉糊化的原理生产而成的，这些方便食品不仅便于食用，而且易于消化吸收。

5.淀粉的老化

糊化后的淀粉在室温或低于室温下放置后，会变得不透明甚至凝结而沉淀，这种现象称为淀粉的老化，淀粉的老化过程是不可逆的，老化后的淀粉，不仅口感变差，消化吸收效率也随之降低。

影响老化的因素：

(1)温度。老化的最适宜温度为2～4℃，高于60℃或低于－20℃都不发生老化。

(2)水分。食品含水量在30％～60％时，淀粉易发生老化现象。

(3)pH。在酸性环境(pH＜4)或碱性条件下，淀粉不容易老化。

(4)表面活性物质。在食品中加入糖脂、磷脂、大豆蛋白等表面活性物质，均有延缓淀粉老化的效果。

(5)膨化处理。食品经膨化后可放置很长时间，而不发生老化现象。

(6)结构。淀粉的老化与淀粉的组成密切相关，含直链淀粉多的淀粉易老化而不易糊化，含支链淀粉较多的淀粉易糊化而不易老化。

一般在食品的加工和烹调中，不希望淀粉老化；但在粉丝、粉皮、龙虾片等的生产中，却需要利用淀粉的老化，因此就要选用含直链淀粉多的淀粉作为原料。如绿豆淀粉中直链淀粉占33％，就是制作粉丝的优质原料。由于绿豆淀粉易于老化，因而产品具有较强的韧性，表面富有光泽，加热后不易破碎，口感好。

二、糖原

糖原是动物体内贮存的多糖，又称为动物淀粉，主要存在于肝脏和肌肉中，因此有肝糖原和肌糖原之分。糖原在体内贮存具有重要意义。肌糖原分解可为肌肉收缩供给能量，肝糖原分解主要维持血糖浓度。当血液中的葡萄糖含量增高时，多余的葡萄糖就转变成糖原贮存于肝脏中；当血液中的葡萄糖含量降低时，肝糖原就分解为葡萄糖进入血液中，以保持血液中葡萄糖的含量稳定；葡萄糖还可以被大脑直接利用。

糖原是葡萄糖多分子缩合物，分子量可高达 1×10^8。在糖原中每隔 8～10 个葡萄糖单位就出现 α-1,6-糖苷键（α-1,6-糖苷键），其结构单位 *D*-葡萄糖间以 α-1,4-糖苷键结合。糖原结构紧密，更适应其贮藏功能。糖原的分支多，分子表面含有大量的非还原性末端（图 2-30），每个非还原性末端既能与葡萄糖结合，又能分解产生葡萄糖，可迅速调整血糖浓度，调节葡萄糖的供求平衡。所以糖原是贮藏葡萄糖的理想形式。

糖原是无定形粉末，溶于热水，溶解后呈胶体溶液状态，糖原水解的最终产物是 *D*-葡萄糖。糖原溶液遇碘呈紫红色，光吸收范围为 430～490 nm。

灰色点为非还原端

图 2-30 糖原的结构及连接方式

三、纤维素与半纤维素

1. 纤维素

纤维素是植物细胞壁结构的主要成分，对植物性食品质地的影响较大，占植物体总质量的 1/3 左右。纤维素也是自然界中储量最丰富的有机物，占植物界碳储量的 50%以上。棉花和亚麻中纤维素占 90%以上。木材中的纤维素常和半纤维素及木质素结合存在。用煮沸的 1% NaOH 处理木材，然后加氯及亚硫酸钠，即可去掉木质素，保留纤维素。

纤维素是由葡萄糖分子以 β-1,4-糖苷键相连而成的直链多糖。纤维素的分子量为 5 万～40 万，每分子含 300～2 500 个葡萄糖残基。

纯净的纤维素是无色、无臭、无味的物质，不溶于水，无还原性。人和动物体内没有纤维素酶，不能分解纤维素。纤维素酶主要存在于微生物中，一些反刍动物可以利用其消化道内的微生物消化纤维素，产生的葡萄糖供自身和微生物共同利用。人的消化道中的淀粉水解酶只能水解 α-1,4-糖苷键，而不能水解 β-1,4-糖苷键，所以纤维素不能作为人的营养物质。但食物中的纤维素能促进肠蠕动，具有通便作用。

纤维素经弱酸水解可得到纤维二糖。在浓硫酸（低温）或稀硫酸（高温、高压）下水解木材废料，可以产生约为原料质量 20%的葡萄糖。天然纤维素在工业上主要用于纺织和造纸，改性纤维素尚有其他用途，可用于制造胶片和薄膜，醋酸纤维素薄膜在生化实验中用作电泳支持物。

2. 半纤维素

半纤维素大量存在于植物的木质化部分中，在细胞壁中与微纤维非共价结合成为细胞壁的基质多糖。属于这类多糖的有木聚糖，包括阿拉伯木聚糖和 4-氧甲基葡糖醛酸木聚糖、葡甘露聚糖、半乳葡甘露聚糖、木葡聚糖和愈疮葡聚糖（β-1，3-葡聚糖）等。半纤维素就是这些多糖的总称。

四、其他多糖

食品中的多糖还包括植物胶、多聚葡萄糖、糊精、微生物多糖、氨基多糖和膳食纤维，每种多糖因其结构不同而具有各自的特点，它们在食品工业中发挥着重要的作用。

（一）植物胶

1. 果胶

果胶是典型的植物多糖，是一种无定形物质，其特点是可形成凝胶和胶冻，在热溶液中溶解，在酸性溶液中遇热形成胶态。

未成熟的果实的细胞含有大量原果胶，它是未成熟的果实组织坚硬的主要原因。随着果实成熟，原果胶水解成可溶于水的果胶，并渗入细胞液内，果实组织变软且具有弹性，最后果胶生成果胶酸。植物的落叶、落花、落果等现象均与果胶酶的变化有关。经稀酸处理，原果胶也能水解形成可溶性果胶和果胶质酸（俗称果胶酸）。果胶广泛用于糖果、饮料、面包、蜜饯、乳制品和制药、化妆品工业。

2. 琼胶

琼胶又称琼脂，俗称洋菜，是红藻类细胞的黏质成分，琼胶不溶于冷水而溶于热水形成溶胶，1%溶液在35～50℃可凝固成坚实凝胶。琼胶不能被人体利用，在食品工业中可作为稳定剂及胶凝剂，如在果冻、果糕中作凝冻剂，在果汁饮料中作浊度稳定剂，在糖果工业中作软糖基料等。还可用于改善冷饮食品的组织状态，提高其凝结力及黏稠度。由于琼胶不能被微生物利用，所以可作为微生物的培养基。

3. 卡拉胶

卡拉胶也称鹿角菜胶或鹿角藻胶，是从红藻中提取的天然多糖植物胶。卡拉胶为白色或淡黄色粉末，无臭、无味。卡拉胶形成的凝胶是热可逆的，即加热凝胶融化成溶液，溶液放冷时，又形成凝胶。卡拉胶的水溶性很好，在70℃开始溶解，80℃则完全溶解。干的粉状卡拉胶很稳定，在中性和碱性溶液中也很稳定，即使加热也不会水解，此外，卡拉胶安全无毒，因而被广泛应用于食品工业、化学工业及生化、医学研究等领域。如生产乳制品、冰激凌、果汁饮料、面包、水凝胶（水果冻）、肉食品、调味品、罐头食品等，可调配成果冻粉、软糖粉、布丁粉、西式火腿调配粉等。此外，卡拉胶在啤酒、果酒生产工艺中作为使酒澄清的助剂。

4. 阿拉伯胶

阿拉伯胶是D-半乳糖、D-葡萄糖醛酸、L-鼠李糖及L-阿拉伯糖组成的混合多糖。在食品工业中，用于糖果中作为结晶防止剂和乳化剂，在乳品中作稳定剂，在食用香精中作驻香剂等。

5. 黄芪胶

黄芪胶是一种很复杂的多糖，有两种成分：一种是占70%的阿拉伯半乳聚糖，另一种是D-半乳糖醛酸、D-木糖、L-岩藻糖组成的聚糖。黄芪胶在水中溶胀，有很高的持水力，可用于蛋黄酱、软糖及冰激凌的制作。

6. 褐藻酸

褐藻酸是海藻中存在的多糖。其改性衍生物褐藻酸丙酯应用更为广泛。

7.其他植物胶

瓜尔豆胶和角豆胶都是由植物种子制得的多糖胶质，其成分都是半乳甘露聚糖，两者均有极强的溶胀持水性能，有很高的黏度，本身没有成为凝胶的能力，但对某些胶质的凝胶有增效作用，在食品工业中做增稠剂。

(二)多聚葡萄糖

研究表明，多聚葡萄糖具有显著的抗癌活性。这类多糖主要是 *D*-葡萄糖相互缩合而成的，对某些实验动物的肿瘤有明显的抑制作用，而且毒性很低。从香菇中分离出的香菇多糖是一种直链多糖，有显著的抗癌活性；由茯苓中分离的茯苓多糖也有明显的抗癌活性。

(三)糊精

糊精中最典型的是环状糊精，其是由淀粉在软化芽孢杆菌或其酶的作用下制得的，在食品中具有以下功能。

(1)改善食品风味。除去大豆制品的豆腥味和苦涩味；使橘子汁苦味减少，消除沉淀；除去乳制品、海产品等的异味。

(2)乳化剂和起泡促进剂。环状糊精与油脂类制成的乳化剂用来加工油脂食品，乳化状态稳定，还具有透明感和可塑性。

(3)香辛料和色素的稳定剂。环状糊精与食用香精形成复合物，可以降低香精的挥发性，此外，含天然色素的食品加入环状糊精可保护色素不褪色。

(4)保护食品的营养成分。用环状糊精与维生素等食品营养强化剂包接成复合物，可防止高温烘烤等因素使之破坏。

(四)微生物多糖

许多微生物在生长过程中会产生一些胶质胞外多糖，已经工业化生产利用的有以下几种。

1.右旋糖酐

右旋糖酐是一种合成的葡萄糖，为重要的血容量扩充剂，用于大量失血后补充血液容量，提高血浆胶体的渗透压，有改善微循环等作用。临床上应用的右旋糖酐的分子量约为 75 000，含有 400～500 个葡萄糖单位，它们主要通过 α-1,6-糖苷键相连接，杂有少量的 α-1,3-糖苷键和 α-1,4-糖苷键相连接的分支。

2.黄杆菌胶(黄原胶)

黄原胶是一种非胶凝的多糖，能溶于冷水和热水，低浓度时具有高的黏度。黄原胶在酸性食品中保持溶解与稳定，具有良好的冷冻与解冻稳定性。黄原胶与瓜尔豆胶具有协同作用，与刺槐豆胶相互作用形成热可逆凝胶。

3.茁霉胶

茁霉胶纯品为无色、无味的白色粉末，重要特性是在大气中不吸湿，却又易溶于水。以其 5%～10%的溶液涂布烘干后可得到薄至 0.01 mm 的薄膜，其抗张力、防湿性均优于淀粉膜，透明、无色、抗油，因而是良好的食品被覆包装材料。

(五)氨基多糖

1.壳聚糖

壳聚糖又称几丁质、甲壳质、甲壳素，是一类低聚合度水溶性氨基多糖。壳聚糖是由 N-乙酰-*D*-葡糖胺以 α-1,4-糖苷键相连而成的直链，其基本结构单元是壳二糖，主要存在于甲壳类(虾、蟹)等动物的外骨骼中。虾壳含15%～30%壳聚糖,蟹壳含15%～20%壳聚糖。

壳聚糖在食品工业中可作为黏结剂、保湿剂、澄清剂、填充剂、乳化剂、上光剂及增稠稳定剂;而作为功能性低聚糖,它能降低胆固醇,提高机体免疫力,增强机体的抗病、抗感染能力,尤其有较强的抗肿瘤作用。工业上多用酶法或酸法水解虾壳或蟹壳来提取壳聚糖。

2. 糖胺聚糖

糖胺聚糖又称黏多糖。黏多糖属于杂多糖。是由特定二糖单位多次重复构成的杂聚多糖,不同糖胺聚糖的二糖单位不同,但一般都由一分子己糖胺和一分子己糖醛酸或中性糖构成,单糖之间以1,3-糖苷键或1,4-糖苷键相连。

黏多糖是结缔组织的主要成分,组织间质及腺体分泌的黏液中均含有,黏多糖是蛋白多糖的主要组分,按重复双糖单位的不同,黏多糖主要包括以下几类:

(1)透明质酸。透明质酸与蛋白质结合,存在于眼球玻璃体、角膜及脐带中。透明质酸具有特殊的保水作用,是目前发现的在自然界中保湿性最好的物质,被称为理想的天然保湿因子。皮肤也含有大量的透明质酸。人类皮肤的成熟和老化过程也随着透明质酸的含量和新陈代谢而变化,它可以改善皮肤的营养代谢,使皮肤柔嫩光滑,去皱,增加弹性,防止衰老,在保湿的同时又是良好的透皮吸收促进剂。

(2)硫酸软骨素。硫酸软骨素存在于大多数结缔组织中,是软骨、腱和骨的主要结构成分。软骨中的软骨黏蛋白是硫酸软骨素与蛋白质结合而成的,已知的硫酸软骨素有a、b、c三种,近年来在临床上用硫酸软骨素治疗肾炎,急性、慢性肝炎,偏头痛,动脉硬化及冠心病等。

(3)硫酸角质素。硫酸角质素是唯一不含糖醛酸单体的黏多糖,又称硫酸角质,与蛋白质形成结合体存在于哺乳类的角膜、椎间板、软骨和动脉中,在多数情况下,硫酸角质素和硫酸软骨素共存。

(4)肝素。肝素是一种比较简单的黏多糖。肝素存在于动物的肝、肺、血管壁、肌肉和肠黏膜等部位。肝素是凝血酶的对抗物质,临床上应用肝素的抗凝血作用来防止某些手术后可能发生的血栓形成及脏器的粘连。

(六)膳食纤维

膳食纤维是不能被人类胃肠道中消化酶所消化,因而不能被人体吸收的多糖,如半纤维素、果胶、琼脂、树胶、海藻多糖等。大多数膳食纤维都是非淀粉类多糖,此外,还包括植物细胞壁中存在的木质素。近年来,某些不被人体分解的抗性淀粉、抗性低聚糖、氨基多糖(甲壳素)也被列入膳食纤维的中。膳食纤维除具有通便和清扫作用以外,还具有预防冠心病和胆结石、防治糖尿病的作用。

第五节　糖类在食品加工和贮藏过程中的变化

食品中糖类物质种类多,含量高,物理性质复杂多样,大多数食品的加工工艺都会涉及对糖类物质的控制和利用。如糖类与蛋白质或胺之间进行的美拉德反应,糖类直接加热进行的焦糖化反应,两者是非酶褐变的重要反应。在某些食品加工和贮藏过程中,糖类物质的脱水和热降解反应也同时发生。

一、美拉德反应

美拉德反应又称羰氨反应，指羰基与氨基缩合，聚合生成类黑素的反应。美拉德反应的最终产物是结构复杂的有色物质，能使反应体系的颜色加深，所以该反应又称为褐变反应。这种褐变反应不是由酶引起的，故属于非酶褐变反应。美拉德反应是食品中经常遇到的反应。

(一)反应机制

美拉德反应一般分为下面几个阶段。

1. 初始阶段

初始反应包括两个过程，即羟氨缩合与分子重排。

(1)羰氨缩合。单糖类物质可以和氨基酸发生羰氨缩合反应而得到希夫碱，希夫碱通过分子内环化转化成稳定的环状结构的产物——糖胺(图 2-31)。

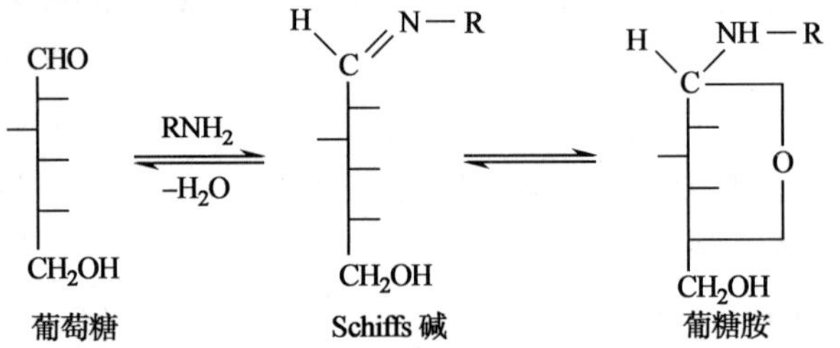

图 2-31 葡糖胺生成过程

(2)分子重排。上步产物葡萄糖胺在酸性条件下可以发生分子重排反应转化为环式果糖胺，例如，葡萄糖与氨基酸或蛋白质中的自由氨基发生美拉德反应，初始阶段的产物为 1-氨基-1-脱氧-2-酮糖(图 2-32)；果糖的产物为 2-氨基-2-脱氧葡萄糖(图 2-33)。

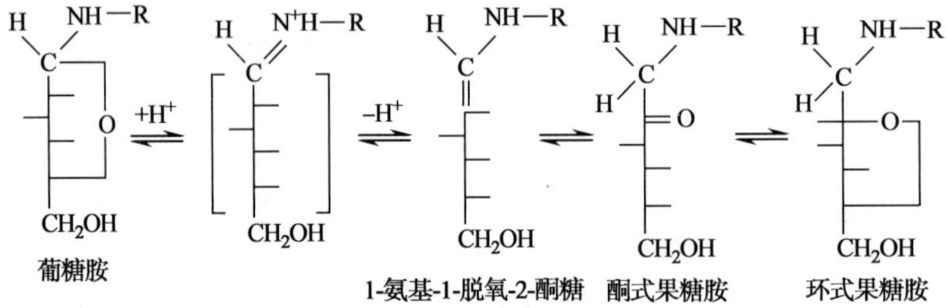

图 2-32 1-氨基-1-脱氧-2-酮糖的生成

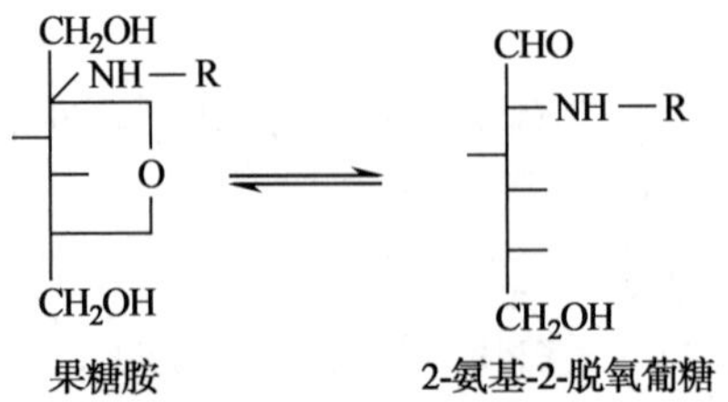

图 2-33 2-氨基-2-脱氧葡萄糖的生成

2. 中期阶段

初期阶段中重排得到的酮式果糖胺在中期阶段主要进行分解。一般通过以下三个途径进行：

(1)在酸性条件下脱水转化成羟甲基糖醛。这种途径要经历 5 步反应，其中 3 步脱水，1 步加水，总的结果是脱去 2 分子水，最后生成环状的产物，其过程见图 2-34。

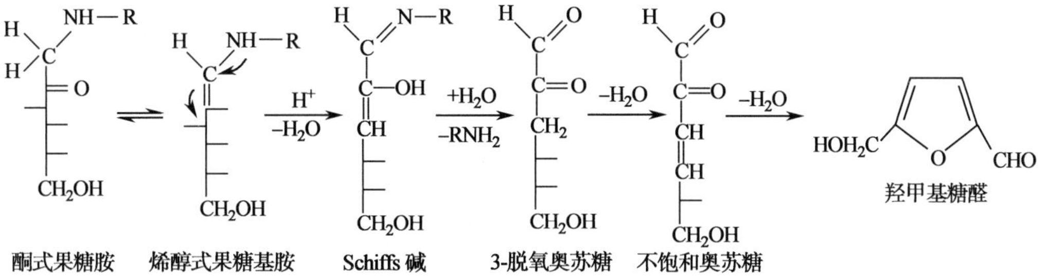

图 2-34 果糖胺在酸性条件下发生反应

(2)在碱性条件下脱去氨基重排形成还原酮。该途径的反应过程见图 2-35。

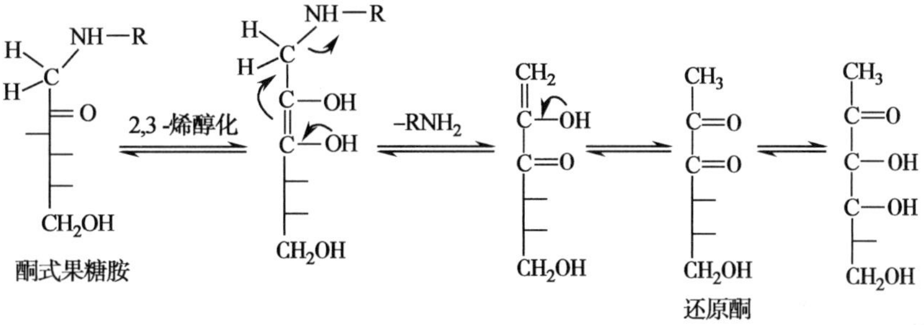

图 2-35 碱性条件下果糖胺生成酮

还原酮是活泼的中间产物，可以继续脱水，也可以与胺类化合物反应，还可分解为较小的分子，如乙酸、丙酮醛、丁二酮等。

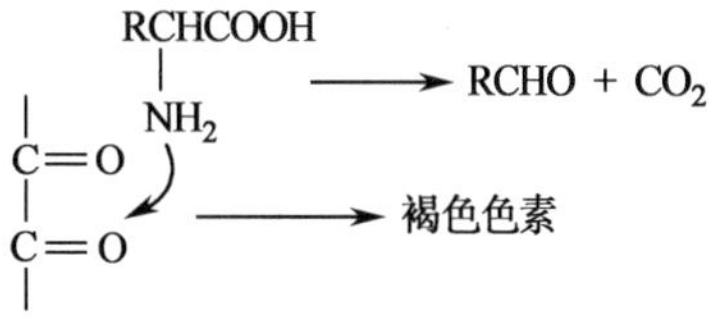

图 2-36 褐色色素的生成

(3)二羰基化合物与氨基酸反应。这是中间阶段一个不完整的途径，即利用前边两个途径中生成的二羰基类中间产物，如第一步中的 3-脱氧奥苏糖、不饱和苏糖、第二步中的还原酮等，与氨基酸类物质发生反应。在此过程中，氨基酸发生脱羧、脱氨，自身转化为少一个 C 的醛类化合物，而二酮接受氨转化为褐色色素(图 2-36)。

3. 末期阶段

以上两个阶段并无深色物质的形成，但可以看出前两个阶段尤其是中间阶段得到的许多产物及中间产物，如糖醛衍生物、二酮类等，仍具有高的反应活性，这些物质可以相互聚合而形成分子量较大的深颜色物质。

总之，美拉德反应生成的产物众多，对食品的风味、色泽等方面有重要的影响。

(二)影响美拉德反应的因素

美拉德反应受到温度、氧气、水分及金属离子等因素的影响。控制这些因素就可以促进或抑制非酶褐变,这对食品加工具有实际意义。

1. 底物

美拉德反应的速度在不同的还原糖中是不同的。在五碳糖中,核糖＞阿拉伯糖＞木糖;在六碳糖中,半乳糖＞甘露糖＞葡萄糖。并且五碳糖的褐变速度大约是六碳糖的10倍;非还原性双糖如蔗糖,因其分子比较大,故反应比较缓慢。

胺类比氨基酸的褐变速度快;对不同的氨基酸来说,碱性氨基酸的褐变速度快;氨基在ε位或在末端者,比在α位者易褐变;蛋白质的褐变速度十分缓慢。

2. pH

美拉德反应在酸、碱环境中均可发生,但在pH≥3时,其反应速度随pH的升高而加快,因此降低pH是控制褐变的较好的方法。

3. 水分

美拉德反应的速度与反应物浓度成正比,在完全干燥的条件下反应难以进行,含水量为10%～15%时,褐变易发生。此外,褐变也与脂肪有关,当含水量超过5%时,脂肪氧化加快,褐变也加快。

4. 温度

美拉德反应受温度影响很大,温度相差10℃,褐变速度相差3～5倍,所以食品加工应尽量避免长时间高温处理,贮藏时也应以低温贮藏为宜。

5. 金属离子

铁和铜会促进美拉德反应,在食品加工处理过程中应避免混入这些金属离子;钙可抑制美拉德反应;钠对褐变没有显著影响。

二、焦糖化反应

糖类加热到熔点以上发生脱水、降解、缩合、聚合等反应,从而形成黏稠、黑褐色的焦糖,这种反应称为焦糖化反应,焦糖化反应受糖的种类、加热温度、pH、催化剂等因素影响。例如,果糖的熔点最低,在食品烘烤中着色最快;当pH为8时要比pH为5.9时的焦糖化反应快10倍。

焦糖化反应可使焙烤或油炸食品具有很好的色泽与风味。在食品工业中用作食品着色剂的焦糖色素就是通过此反应得到的。焦糖色素分三类:第一类是蔗糖在亚硫酸氢铵催化下生成的耐酸焦糖色素,用于可乐饮料、其他酸性饮料、焙烤食品等产品中;第二类是将糖类与铵盐加热,产生红棕色的焦糖色素,用于焙烤食品、糖浆及布丁中;第三类是由蔗糖直接热解产生的红棕色的焦糖色素,应用于啤酒和其他含醇饮料中。

三、糖类的脱水和热降解

糖类的脱水和热降解是食品生产中的重要反应,酸和碱均能催化这类反应。戊糖脱水生成的产物是糠醛,而己糖生成5-羟甲基糠醛和其他产物,如2-羟基乙酰呋喃和异麦芽酚。这些初级产物的碳链裂解可产生其他化学物质,如乙酰丙酸、甲酸、丙酮醇、3-羟基丁酮、二乙酰、乳酸、丙酮酸和乙酸。这些降解产物有的具有挥发性,可产生一定的风味。这类反应在高温下容易进行，生成产物的毒性有待于进一步证明。

在加热时糖类产生了两类反应，在第一类反应中，C—C 键没有断裂，例如，熔化、醛糖-酮糖异构化及分子间与分子内脱水时，产生端基异构化；在另一类反应中，C—C 键发生断裂。对于较复杂的糖类，会产生葡萄糖基转移作用。即 α-D-(1→4)-糖苷键连接糖基的数量随热裂解时间增加而减少，(1→6)-α-或-β-D -甚至(1→2)-β-D-连接方式伴随着产生。

热解反应使 C—C 键断裂，含有 D-葡萄糖和 D-葡萄糖基的糖类都能产生相同的挥发性物质，这表明单糖、低聚糖和多糖裂解时生成的产物没有很大的差别。加热温度超过 100℃ 时生成的挥发性物质主要为挥发性酸、醛、酮、二酮、呋喃、醇、芳香族化合物、一氧化碳和二氧化碳。

学科前沿

低聚糖的抗菌活性

扫描二维码，了解低聚糖的抗菌活性。

二维码 2-2 低聚糖的抗菌活性

实验一 淀粉的水解

一、实验目的

(1)了解淀粉的性质。

(2)掌握淀粉水解的原理与方法。

二、实验原理

1. 淀粉与碘的反应

淀粉与碘作用呈蓝色，是由于淀粉与碘作用形成了碘-淀粉的吸附性复合物，这种复合物是由淀粉分子的每 6 个葡萄糖基形成的 1 个螺旋圈束缚 1 个碘分子，所以当受热或者淀粉被降解，都可以使淀粉螺旋圈伸展或解体，淀粉失去对碘的束缚，使溶液的蓝色消失。

2. 淀粉的水解

淀粉可以在酸催化下发生水解反应，其终产物为葡萄糖，反应过程如下：

$$\underset{\text{淀粉}}{(C_6H_{12}O_5)_m} \rightarrow \underset{\text{糊精}}{(C_6H_{10}O_5)_n} \rightarrow \underset{\text{麦芽糖}}{(C_{12}H_{22}O_{11})} \rightarrow \underset{\text{葡萄糖}}{C_6H_{12}O_6}$$

三、试剂与器材

1. 器材

试管、试管夹、量筒、烧杯、白瓷板、水浴锅。

2. 试剂

0.1%淀粉溶液，10% NaOH 溶液，20% H_2SO_4 溶液，10% Na_2CO_3 溶液，稀碘液，班氏试剂。

3. 班氏试剂的配置

取无水硫酸铜 1.74 g 溶于 100 mL 热水中，冷却后稀释至 150 mL；取柠檬酸钠 173 g，无水碳酸钠 100 g 和 600 mL 水共热，溶解后冷却并加水至 850 mL，然后将 150 mL 硫酸铜溶液倒入混合即成。此试剂可长期使用。

四、操作步骤

1. 淀粉与碘的反应

(1)取少量淀粉于白瓷板孔内，加稀碘液 2 滴，观察颜色。

(2)取 1 支试管，加 6 mL 0.1%淀粉溶液，碘液 2 滴，摇匀，观察颜色变化。另取试管 2 支，将此淀粉溶液均匀分为三等份并编号，然后做如下实验：

1 号管在酒精灯上加热，观察颜色变化，然后冷却，再观察颜色变化情况。

2 号管加几滴 10% NaOH 溶液，观察颜色变化。

3 号管加入几滴乙醇，观察颜色变化。

记载上述实验过程和结果，并解释现象。

2. 淀粉水解

(1)取 100 mL 小烧杯，加入 0.1%淀粉溶液 15 mL、20% H_2SO_4 溶液 5 mL，置水浴锅中水浴加热至溶液呈透明状。

(2)每隔 2 min 取透明液 1 滴于白瓷板上做碘实验，直至不产生颜色反应为止。

(3)取一支试管，加入反应液 1 mL，滴 3～4 滴 10% $NaCO_3$ 进行中和，然后加入班氏试剂 2 mL，水浴加热数分钟。

记录(2)(3)步骤的实验结果，并试解释之。

五、数据记录与分析

(1)观察记录淀粉与碘的反应现象，并解释其原因。

(2)观察记录淀粉水解反应现象，并解释其原因。

六、注意事项

淀粉水解的中间产物糊精(有分子量较大的红糊精和分子量较小的白糊精)，对碘反应的颜色变化是紫色—棕色—黄色，若淀粉水解不彻底，也会有不同的颜色出现。

七、问题与讨论

在淀粉水解实验中，如何判断淀粉是部分水解还是全部水解？

实验二 果胶的提取及其性质

一、实验目的

1. 学会提取果胶的方法。
2. 理解果胶质的有关知识。

二、实验原理

果胶是一种杂多糖，广泛存在于植物的细胞壁中胶层，尤其以果蔬中含量为多。不同果蔬中果胶含量不同，山楂约为 6.6%；苹果为 0.7%～1.5%；南瓜含量较多，为 7%～17%。在果蔬中，尤其是在未成熟的水果和果皮中，果胶多数以原果胶存在，原果胶不溶于水，用酸水解生成可溶性果胶，再进行脱色、沉淀、干燥即得商品果胶。从柑橘皮中提取的果胶是高度酯化的果胶，在食品工业中常用来制作果酱、果冻等食品。

三、试剂与器材

1. 材料

柑橘皮（新鲜）。

2. 器具

恒温水浴锅、布氏漏斗、抽滤瓶、玻棒、纱布、表面皿、精密 pH 试纸或酸度计、250 mL 烧杯、电子分析天平、剪刀、循环水真空泵。

3. 试剂

95%的乙醇，无水乙醇，0.2 mol/L 的盐酸溶液，3 mol/L 的氢氧化钠溶液，活性炭。

四、操作步骤

1. 材料的预处理

称取新鲜柑橘皮 20 g（干的橘子皮为 8 g），用清水洗净后，放入 250 mL 烧杯中，加水 120 mL 并加热至 90℃保温 5～10 min，使酶失活。用水冲洗后切成 3～5 mm 大小的颗粒，用 50℃左右的热水漂洗，直至水为无色且果皮无异味为止。每次漂洗都要把果皮用纱布挤干，再进行下一次漂洗。

2. 抽滤

将处理过的果皮粒放入烧杯中，加入 0.2 mol/L 的盐酸以浸没果皮为度，调节溶液的 pH 为 2.0。加热至 90℃，在恒温水浴中保温 40 min，保温期间要不断地搅动，趁热用垫有纱布的布氏漏斗抽滤，收集滤液。

3. 脱色

在滤液中加入 0.5%的活性炭，加热至 80℃，脱色（如橘皮干净，滤液清澈，也可不脱色）20 min，趁热抽滤。

4. 湿果胶制备

滤液冷却后用 3 mol/L 的氢氧化钠溶液调节 pH 至 3～4，不断搅拌并缓缓地加入 95%乙醇溶液，加入乙醇的量为原滤液体积的1.5倍（使其中乙醇的质量分数达50%）。在加入乙醇的过程中即可看到絮状果胶物质析出，静置20 min后，用纱布过滤得湿果胶。

5. 干果胶制备

将湿果胶转移到100 mL烧杯中，加入30 mL无水乙醇洗涤湿果胶，再用纱布过滤、挤压。将脱水的果胶放入表面皿中摊开，在60～70℃条件下烘干。将烘干的果胶磨碎过筛，得干果胶。

五、数据记录与分析

所得干果胶进一步干燥后称重，计算原料中果胶的质量分数。

六、注意事项

(1)在脱色过程中，如抽滤比较困难，可适当地加入2%的硅藻土作助滤剂。

(2)提取过程中，应在100℃水浴上加热5～10 min，主要是使果胶酶钝化。

(3)滤液可用分馏法回收乙醇。

(4)本例是用酸水解法提取总果胶，若要提取水溶性果胶，可直接用热水提取。

七、问题与讨论

(1)从柑橘皮中提取果胶时，为什么要加热使酶失活？

(2)沉淀果胶除用乙醇外，还可用什么试剂？

(3)在工业上，可用哪些水果蔬菜为原料提取果胶？

实验三　粉丝的制作与感官质量评价

一、实验目的

1. 理解粉丝制作的原理。

2. 掌握粉丝制作的工艺流程。

二、实验原理

向淀粉中加入适量水，加热搅拌糊化成淀粉糊（α-淀粉），再经冷却或冷冻后淀粉糊会变得不透明甚至凝结而沉淀，这种现象称为淀粉的老化。将淀粉拌水制成糊状物，用悬垂法或挤出法成型，然后在沸水中煮沸片刻，令其糊化，捞出冷却（老化）、干燥即得粉丝。

三、试剂与器材

1. 器具

电炉、烧杯、玻璃棒、注射器、白瓷盘、烘箱。

2. 材料和试剂

蒸馏水、红薯淀粉。

四、操作步骤

称取 20 g 红薯淀粉，取出约一半放入烧杯中，加入 10 mL 热开水，进行搅拌，并在搅拌过程中不断地加入剩余部分的红薯淀粉，使其糊化（此过程需将烧杯放在温水中进行），直至红薯淀粉糊均匀无结块且不粘手，将其移入注射器中，挤压红薯淀粉成条状落入沸水锅中，煮沸 3 min，使其糊化。捞出红薯淀粉条用冷水冷却 10 min，再置于烘箱中干燥，即得粉丝。

五、数据记录与分析

将所制得的粉丝，任意选出 5 个产品，编号为 1、2、3、4、5，用加权平均法对 5 个产品进行感官质量评价，结果填于表 2-6 中。

表 2-6 粉丝感官质量评价

编号	颜色（10 分）	气味（10 分）	光泽（10 分）	透明度（20 分）	粗细度（10 分）	嚼劲（20 分）	耐煮性（20 分）	总分（100 分）
1								
2								
3								
4								
5								

六、注意事项

（1）含水量。含水量在 10%以下时，淀粉难以老化；含水量在 30%～60%时，特别是在 40%左右时，淀粉最易老化。

（2）冷冻的速度。糊化的淀粉缓慢冷却时会加重老化，而速冻可降低老化程度。

（3）温度的高低。淀粉老化的最适温度是 2～4℃，60℃以上或－20℃以下就不易老化，当温度恢复至常温，老化仍会发生。

七、问题与讨论

（1）通过本实验，你认为可以采取哪些措施提高粉丝的质量？（可从嚼劲、耐煮性、透明度三个方面加以分析）

（2）通过本实验，请谈谈淀粉的老化机理以及在制备粉丝过程中该如何充分利用其老化的特性。

单元小结

糖类又称为碳水化合物，根据糖类物质的分子结构、能否水解及水解产物，可将糖类分为单糖、低聚糖、多糖、结合糖、衍生糖5类。

单糖是糖类化合物的最小结构单位，有环状结构和开链结构两种结构形式。单糖具有旋光性、甜度高、溶解性好；单糖可以发生聚合反应、氧化还原反应、成苷反应、非酶褐变反应以及与酸或碱反应等。

低聚糖也称寡糖。按性质，低聚糖可分为还原性低聚糖和非还原性低聚糖。功能性低聚糖是具有特殊保健功能的低聚糖，它是近年来国际上颇为流行的一类有营养保健功能的糖类，主要包括低聚果糖、低聚木糖、甲壳低聚糖和麦芽低聚糖等。

多糖也称多聚糖，根据组成分为两大类：均一性多糖和非均一性多糖。自然界中最丰富的均一性多糖是淀粉、糖原和纤维素。天然淀粉一般含有两种组分：直链淀粉和支链淀粉。糖原是动物体内贮存的主要多糖，包括肝脏中的肝糖原和肌肉中的肌糖原。植物细胞特有的成分包括纤维素、半纤维素、木质素等，这三种成分是植物细胞壁的主要成分。食品中还有植物胶、多聚葡萄糖、糊精、微生物多糖、氨基多糖和膳食纤维等其他多糖，在食品生产中具有重要的功能。

糖类与蛋白质或胺之间进行的美拉德反应以及糖类直接加热进行的焦糖化反应，均是非酶褐变的重要反应，在食品工业中应用价值高。在某些食品加工和贮藏过程中，糖类物质的脱水和热降解反应也同时发生。

课后练习

一、判断题

1. 糖类化合物都具有还原性。（　　）
2. 淀粉、糖原和纤维素都能遇碘发生颜色反应。（　　）
3. 糖又称为碳水化合物，是由C、H、O三种元素组成的。（　　）
4. 麦芽糖和乳糖都属于还原性二糖，糖苷键类型也相同。（　　）
5. 淀粉既不溶于冷水也不溶于热水。（　　）

二、选择题

1. 食品中最常见的单糖是（　　）和（　　）。

A. 果糖　　B. 木糖　　C. 葡萄糖　　D. 山梨糖

2. 植物中存在最多的二糖是（　　）。

A. 麦芽糖　　B. 异麦芽糖　　C. 蔗糖　　D. 龙胆二糖

3. （　　）的糖单位间以 α-1,4-糖苷键相连。

A. 麦芽糖　　B. 蔗糖　　C. 乳糖　　D. 纤维素

4. （　　）不能被人体消化酶消化。

A. 淀粉　　B. 纤维素　　C. 糊精　　D. 糖原

5. （　　）是5个碳原子的醛糖。

A. 果糖　　B. 蔗糖　　C. 核糖　　D. 半乳糖

6. 自然界中最甜的糖是（　　）。

A. 蔗糖　　B. 葡萄糖　　C. 果糖　　D. 乳糖

三、简答题

1. 人体是否可以利用纤维素？为什么？
2. 什么叫作淀粉的老化？在食品工艺上淀粉老化有什么用途？
3. 简述美拉德反应的机制及影响因素。

二维码 2-3　第二章
课后练习参考答案

第三章

脂　　类

【本章引言】

脂类是食品中重要的营养成分之一，是生物体内重要的贮存能量的形式。脂类可以提供必需脂肪酸，作为脂溶性维生素载体，并可增加食品的风味。在机体表面的脂类可防止机械损伤、减少热量散发。脂类独特的物理和化学性质对于食品加工十分重要，了解脂类的结构、功能、性质及其在食品加工过程中所发生的变化，具有重要意义。

【科学史话】

2015 年 10 月 5 日，中国中医科学院终身研究员兼首席研究员、女药学家、药物化学家、医学家和教育家屠呦呦以研制新型抗疟药物——青蒿素及其首个衍生物双氢青蒿素，荣获了诺贝尔生理学或医学奖。青蒿素是一种脂质类物质，主要用于治疗疟疾。屠呦呦是首位荣获诺贝尔科学奖的中国内地科学家、首位华裔女性诺贝尔奖得主，这是中国医学界，尤其是中医学界的重大历史性突破，这一荣耀将永远铭刻在中国科技发展史上。

二维码 3-1　青蒿素类抗疟药物发展简史

【学习目标】

1. 理解油脂在食品加工贮藏中的变化。
2. 熟悉脂肪酸的种类及特点。
3. 掌握脂类的概念、分类及生物学意义。
4. 掌握甘油三酯的结构及理化性质。
5. 学会相关的实验技能,理解其中的生化机理。

【思维导图】

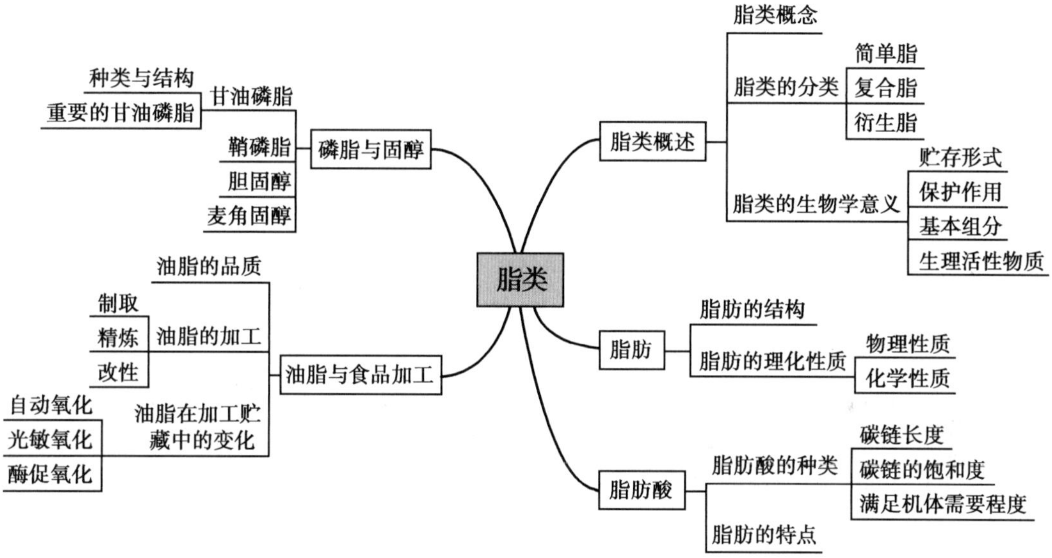

二维码 3-2 第三章课程学习资料

第一节 脂类概述

一、脂类概念

脂类是一类不溶于水而易溶于乙醚、氯仿、苯等有机溶剂的化合物，是油、脂肪、类脂的总称。食物中的油脂主要是油和脂肪，习惯上将室温下呈固态的脂肪称为脂，呈液态的称为油，两者统称为油脂。植物中脂类主要存在于种子或果仁中，动物则主要存在于皮下组织、腹腔、肝以及肌肉的结缔组织中。

组成脂类的元素主要是碳、氢、氧三种，某些脂类化合物含有少量氮、磷及硫。大多数脂类化合物是由脂肪酸与醇所形成的酯及其衍生物，并且参与脂类组成的脂肪酸多为长链一元羧酸，参与脂类组成的醇包括甘油、鞘氨醇、高级一元醇和固醇。

二、脂类的分类

按照水解产物的多少，脂类可分为简单脂、复合脂和衍生脂。

1. 简单脂

由脂肪酸与醇所形成的酯。根据醇的性质，简单脂类又可分为脂肪和蜡。

(1)脂肪。脂肪酸与甘油所形成的酯，又称中性脂肪。

(2)蜡。脂肪酸与高级一元醇所形成的酯。

2. 复合脂

由脂肪酸、醇和其他物质所形成的酯，主要包括磷脂、糖脂和脂蛋白。

(1)磷脂。由脂肪酸、醇、磷酸及一个含氮碱构成，如甘油磷脂、软磷脂、脑磷脂等。

(2)糖脂。糖脂含有糖(半乳糖和葡萄糖)、一分子脂肪酸及神经鞘氨基醇。

(3)脂蛋白。蛋白质与脂类的复合物。

3. 衍生脂

具有一般性质的简单脂与复合脂的衍生物，包括以下几种：

(1)脂肪酸。包括饱和和不饱和脂肪酸。

(2)高级醇类。除甘油以外的高分子量的醇类。

(3)烃类。包括直链烃、类胡萝卜素等饱和及不饱和烃类。

三、脂类的生物学意义

脂类广泛分布于各种生物细胞和组织中，生物学功能多种多样。

1. 脂类是能量的主要贮存形式

脂类是机体贮存能量的主要形式。当摄取的营养物质超过了正常需要量时，多余的部分转变成脂肪并在组织中积累下来；当营养不够时，脂肪分解，供给机体使用。

2. 脂类对生物体具有保护作用

脂类具有维持体温、保护内脏和缓冲外界压力的作用。皮下脂肪可防止体温过多地向外散发，也可以阻止外界热能传导到体内，维持体温恒定；内脏器官周围的脂肪垫有缓冲外力冲击、保护内脏的作用，同时能减少内部器官之间的摩擦。

3. 脂类是生物膜的基本组成成分

生物膜中的脂类成分为磷脂、糖脂和固醇，磷脂和糖脂是大多数生物膜所共有的成分，其中磷脂是主要成分。各种生物膜的骨架大都是由磷脂构成磷脂双分子层，它具备屏障作用，这对维持细胞的结构和功能是很重要的。

4. 脂类是重要的生理活性物质

生物细胞内含有许多重要的生物活性物质，如雄性激素、雌性激素、肾上腺皮质激素等类固醇激素，还有维持人体和动物正常生长所必需的脂溶性维生素 A、维生素 D、维生素 K 和类胡萝卜素等。

第二节　脂　　肪

一、脂肪的结构

从化学结构上看，脂肪是甘油与脂肪酸所形成的酯，即甘油的三个羟基和三个脂肪酸分子的羧基脱水缩合而成的酯，也称为真脂或中性脂肪。油脂的酯化过程如图 3-1 所示。

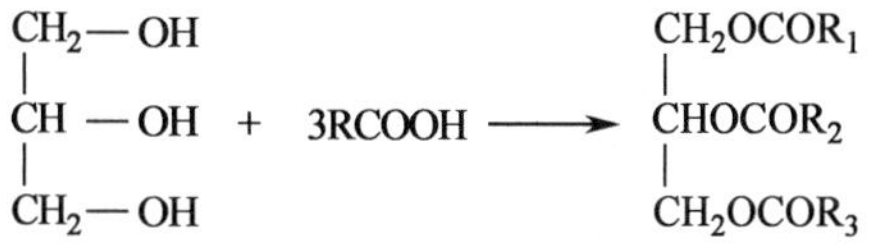

图 3-1　脂肪的酯化过程

若构成甘油酯的三个脂肪酸基（图 3-1 中的 R_1、R_2、R_3）相同，则称为单纯甘油酯，否则称为混合甘油酯，天然油脂多为混合甘油酯。

二、脂肪的理化性质

1. 物理性质

纯净的脂肪是无色、无味、无臭的物质，常因含色素和杂质而呈现不同颜色并具有不同的气味。脂肪是弱极性的化合物，不溶于水，易溶于乙醚、石油醚、汽油、苯、丙酮、氯仿、四氯化碳和酒精等溶剂。

脂肪的相对密度小于 1，一般在 0.86～0.95；脂肪是混合物，所以没有确定的熔点和沸点，只有一定的熔点和沸点范围，脂肪的熔点一般在 40～55℃。

2. 化学性质

（1）水解反应与皂化反应。脂肪能在酸或酶及加热条件下水解为脂肪酸及甘油（图 3-2）；在碱性条件下水解出的游离脂肪酸，与碱结合生成脂肪酸盐（皂）（图 3-3），一般称脂肪的碱性水解为皂化反应。

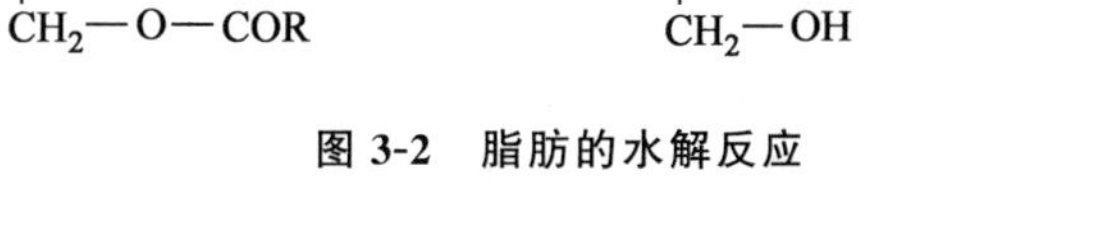

图 3-2　脂肪的水解反应

脂肪的水解反应在酸解条件下是可逆的，即已水解的甘油与游离脂肪酸可再次结合生成一脂肪酸甘油酯或二脂肪酸甘油酯。在碱性条件下水解反应不可逆。

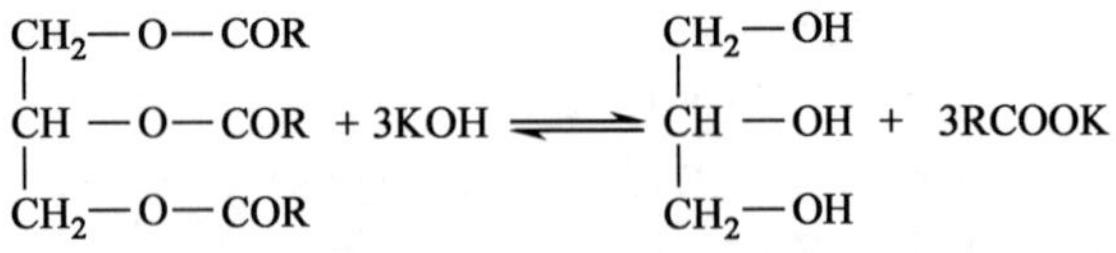

图 3-3　脂肪的皂化反应

(2)加成反应。不饱和脂肪酸在催化剂(如金属镍、铅)存在时,可在不饱和键上加氢或卤素,称为氢化或卤化反应,如图 3-4 所示。

$$-CH=CH- + H_2 \longrightarrow -CH_2-CH_2-$$
$$-CH=CH- + I_2 \longrightarrow -CHI-CHI-$$

图 3-4　脂肪的加成反应

液态油可通过氢化的方法转变为固态脂,食品加工中用到的人造奶油,就是用氢化的方法将液态植物油如豆油、菜籽油等变成固态脂。

(3)氧化与酸败。脂肪及含油食品在贮存过程中,由于化学或生物化学因素的影响,会逐渐劣化甚至丧失食用价值,表现为颜色加深、味变苦涩并产生特殊的气味,这种现象称为脂肪的酸败反应,如图 3-5 所示。

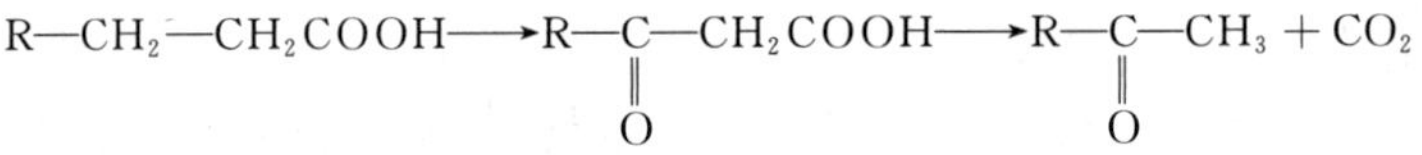

图 3-5　脂肪的酸败反应

天然脂肪长期暴露在空气中会自动氧化,产生酸臭味,如图 3-6 所示。其原因之一是不饱和脂肪酸被空气中的氧所氧化,生成过氧化物并继续分解产生低级醛和羧酸,这些产物具有令人不愉快的气味。饱和脂肪酸也能发生自动氧化,但速度较慢,时间较长。酸败的另一个原因是在微生物作用下,脂肪分解为脂肪酸和甘油,脂肪酸经一系列酶促反应、脱羧后生成具有苦味及臭味的低级酮类。

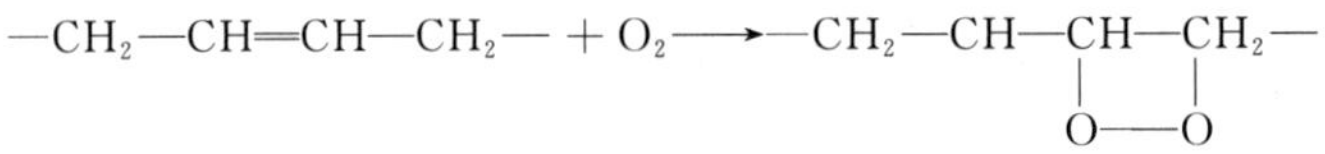

图 3-6　脂肪的氧化反应

第三节　脂　肪　酸

一、脂肪酸的种类

(一)根据碳链长度

(1)短链脂肪酸。其碳链上的碳原子数小于 6。

(2)中链脂肪酸。其碳链上的碳原子数为 6～12,主要成分是辛酸(C_8)和癸酸(C_{10})。

(3)长链脂肪酸。其碳链上的碳原子数大于 12。一般食物所含的脂肪酸大多是长链脂肪酸。

(二)根据碳链饱和度

天然油脂中的脂肪酸有饱和脂肪酸和不饱和脂肪酸两大类,多为偶数碳原子的直链脂肪酸。室温下呈液态的油主要来源于植物,含较多不饱和脂肪酸;呈固态的脂肪主要来源于动物,含较多饱和脂肪酸。一些常见的脂肪酸见表 3-1。

表 3-1 常见的脂肪酸

类别	化学式	系统名称	常用名称
饱和脂肪酸	C_3H_7COOH	正丁酸	酪酸
	$C_5H_{11}COOH$	正己酸	己酸
	$C_7H_{15}COOH$	正辛酸	辛酸
	$C_9H_{19}COOH$	正癸酸	癸酸
	$C_{11}H_{23}COOH$	正十二酸	月桂酸
	$C_{13}H_{27}COOH$	正十四酸	豆蔻酸
	$C_{15}H_{31}COOH$	正十六酸	棕榈酸、软脂酸
	$C_{17}H_{35}COOH$	正十八酸	硬脂酸
	$C_{19}H_{39}COOH$	正二十酸	花生酸
不饱和脂肪酸	$C_{15}H_{29}COOH$	9-十六碳烯酸	棕榈油酸
	$C_{17}H_{33}COOH$	9-十八碳烯酸	油酸
	$C_{17}H_{31}COOH$	9,12-十八碳二烯酸	亚油酸
	$C_{17}H_{29}COOH$	9,12,15-十八碳三烯酸	亚麻酸
	$C_{19}H_{31}COOH$	5,8,11,14-二十碳四烯酸	花生四烯酸
	$C_{21}H_{41}COOH$	13-二十二碳烯酸	芥酸

1. 饱和脂肪酸

饱和脂肪酸是不含双键的脂肪酸,多存在于动物脂肪及乳脂中。植物中富含饱和脂肪酸的有椰子油、棉籽油和可可油。饱和脂肪酸又根据含碳原子数是否大于 10,分为低级饱和脂肪酸和高级饱和脂肪酸。低级饱和脂肪酸常温下是液态,易挥发;高级饱和脂肪酸常温下是固态,常见的有软脂酸、硬脂酸等。

2. 不饱和脂肪酸

含双键的脂肪酸称为不饱和脂肪酸。所有的植物油都是不饱和脂肪酸,呈液态,如花生油、玉米油、豆油、坚果油、菜籽油等。根据不饱和键的数量又可分为单不饱和脂肪酸(仅有一个不饱和键,如豆蔻油酸、棕榈油酸、菜籽油酸)和多不饱和脂肪酸(有两个或两个以上不饱和键,如亚油酸、亚麻酸),不饱和脂肪酸以亚麻酸、亚油酸、油酸最为常见。

现已发现一些多不饱和脂肪酸如 DHA(二十二碳六烯酸)和 EPA(二十碳五烯酸)对人体有特殊的功能。研究表明,DHA 具有健脑功能,对老年性痴呆症、异位性皮炎、高脂血症有疗效;EPA 能使血小板凝聚能力降低、出血后血液凝固时间变长、心肌梗死发病率降低等,此外 EPA 还可降低血液黏度、提高高密度胆固醇(优质胆固醇)的浓度,降低低密度胆固醇(劣质胆固醇)的浓度,EPA 被认为可能对心血管疾病有良好的预防效果。

DHA 和 EPA 主要来源于深海鱼油,如沙丁鱼、鳍鱼等。

(三)根据机体需要

1. 必需脂肪酸

人体能够自身合成大多数脂肪酸,但有几种不饱和脂肪酸是维持人体正常生长所必需的,而人体又不能合成,称为必需脂肪酸,包括亚油酸、亚麻酸和花生四烯酸,亚油酸是最主要的必需脂肪酸。必需脂肪酸必须从食物中获取,最好的来源是植物油,表 3-2 列举了几种食物中亚油酸的含量。

表 3-2 几种食物中亚油酸的含量(质量分数)

油脂	亚油酸含量/%	食品	亚油酸含量/%
棉籽油	55.6	猪肉(瘦)	13.6
豆油	52.6	猪肉(肥)	8.1
玉米胚油	47.8	猪心	24.4
芝麻油	43.7	猪肝	15.0
米糠油	34.0	猪肾	16.8
菜籽油	14.2	猪肠	14.9
茶油	7.4	鸡肉	24.2

2. 非必需脂肪酸

人体可以自身合成,可以不从食物中直接摄取的脂肪酸称为非必需脂肪酸。其主要是饱和脂肪酸,摄入过量会使血脂升高,但是由于其对人体特别是大脑的发育有着不可替代的作用,所以长期摄入不足,势必会影响大脑的发育。

二、脂肪酸的理化性质

脂肪酸是羧基与脂烃基相连的酸。短链脂肪酸是无色液体,有刺激性气味,易溶于水;中链脂肪酸是油状液体,微溶于水,有汗的气味;长链脂肪酸是固体,不溶于水,脂肪酸能与碱作用生成盐,与醇作用生成酯。脂肪酸可用于制造肥皂、合成洗涤剂、润滑剂和化妆品等。

第四节 磷脂与固醇

一、甘油磷脂

甘油磷脂是机体中含量最多的一类磷脂,除构成生物膜外,还是胆汁和膜表面活性物质的组成成分,并参与细胞膜对蛋白质的识别和信号传导。

(一)甘油磷脂的种类及结构

甘油中 C_3 的羟基被磷酸酯化,其他两个羟基被脂肪酸酯化所形成的化合物称为磷脂酸。各类甘油磷脂的结构都是以磷脂酸为基础,磷脂酸再与含有羟基的化合物结合,形成不同的甘油磷脂。

天然甘油磷脂都属于 L-构型(图 3-7),按照国际命名规则,甘油的三个碳原子从上到下依次标成 1、2、3 号,C_1 上的羟基位于右边,通常与饱和脂肪酸发生酯化反应;C_2 上的羟基位于左边,通常与不饱和脂肪酸合成酯;C_3 上的羟基一定与磷酸成酯。

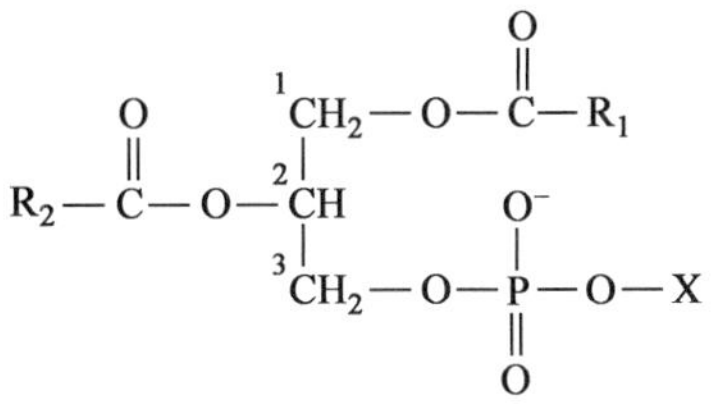

图 3-7 甘油磷脂结构式

(二)几种重要的甘油磷脂

1. 卵磷脂

卵磷脂又称磷脂酰胆碱、胆碱磷脂,是动、植物中分布最广的一种磷脂,在蛋黄中含量最高,有控制动物机体代谢、防止脂肪肝形成的作用。卵磷脂的构成成分包括磷酸、胆碱、脂肪酸、甘油、糖脂等,是白色蜡状物质,极易吸水,可溶于乙醚、乙醇,但不溶于丙酮。由于不饱和脂肪酸易被氧化,所以卵磷脂遇空气迅速变为黄褐色。

卵磷脂可与蛋白质结合,磷脂的脂肪酸残基具有疏水性,胆碱残基具有亲水性,所以磷脂能以一定方向排列在两相界面上,在维持细胞膜的功能上发挥重要作用。卵磷脂在食品加工中主要用作乳化剂、抗氧化剂和营养物质。

2. 脑磷脂

脑磷脂又称磷脂酰乙醇胺、乙醇胺磷脂,是由甘油、脂肪酸、磷酸和乙醇胺组成的一种磷脂。其结构和性质与卵磷脂非常相似,只是结合的碱基不同。脑磷脂结合的碱基有两类:一类是丝氨酸,另一类是乙醇胺(胆胺)。它与血液凝结有关,有加速血液凝固的作用。其在酶作用下失去一个脂肪酸残基后变成溶血脑磷脂。

3. 丝氨酸脑磷脂

丝氨酸脑磷脂又称磷脂酰丝氨酸,由天然大豆榨油剩余物中提取,是细胞膜的活性物质,多存在于大脑细胞中,主要功能是改善神经细胞功能,调节神经脉冲的传导,提高大脑机能,帮助修复大脑损伤。它与卵磷脂、乙醇胺磷脂间可互相转化。

4. 肌醇磷脂

肌醇磷脂又称磷脂酰肌醇,自大豆中提取获得,在肝脏和心肌中多是肌醇磷脂,在脑中多为磷脂酰肌醇磷脂或磷脂酰肌醇 4,5-双磷酸。它是具有极性头和非极性尾的两性脂类,是细胞膜的组分之一。其极性基部分是一个六碳环状糖醇,即肌醇。

5. 缩醛磷脂

缩醛磷脂又称磷脂酰缩醛,为酰甘油磷脂一族,在其 C_1 位上与一个 α,β-不饱和醇以醚键相连,其 C_2 以酯键与脂肪酸相连,C_3 则与磷酸乙醇胺或磷酸胆碱、丝氨酸、肌醇等相连,形成极性头部,缩醛磷脂溶于热乙醇、氢氧化钾溶液,不溶于水,微溶于丙酮或石油醚,存在于脑组织及动脉血管,可能有保护血管的作用。

6. 心磷脂

心磷脂又称二磷脂酰甘油,它由两个磷脂酸中的磷酸基团分别与甘油分子的 C_1、C_3 原子上的羟基成酯所组成,主要存在于细菌细胞膜和真核细胞的线粒体内膜中。心磷脂与大量的线粒体内膜蛋白质,如细胞色素 C 氧化酶等相互作用,可激活某些酶,特别是与氧化磷酸化和 ATP 的产生密切相关。

二、鞘磷脂

鞘磷脂又称为神经鞘氨醇磷脂或神经鞘磷脂，是由鞘氨醇、脂肪酸、磷酸、胆碱等组成的脂类，其分子不含甘油，存在于脑神经组织和红细胞膜中，在神经组织、脾脏、肺及血液中含量较高。鞘磷脂经水解可得到鞘氨醇或二氢鞘氨醇、磷酸、脂肪酸和胆碱等，鞘磷脂是非甘油衍生物，但与甘油磷脂相似，它也有两个非极性尾部和一个极性头部，也是构成生物膜的成分。

三、胆固醇

胆固醇是脊椎动物细胞的重要组分。在神经组织和肾上腺中的含量最高，心脏中含量最低，在肝、肾和皮肤中的含量也相当多。哺乳动物细胞（成熟的红细胞除外）都能合成胆固醇，但合成速率差别很大，肝和小肠是合成的主要场所，动物也能从食物中摄取胆固醇。胆固醇是细胞膜和细胞器膜的组分，红细胞、肝细胞、髓鞘的质膜都含有相当量的胆固醇，它调节生物膜脂质的物理状态，保持膜的流动性。神经髓鞘含有大量胆固醇，它与髓鞘的形成、稳定性和功能都有一定关系。此外，胆固醇还是合成胆汁酸和类固醇激素的前体物质。7-脱氢胆固醇存在于动物皮下，在紫外光照射下能转化成为维生素 D_3。

四、麦角固醇

麦角固醇最初由麦角（麦及谷类患麦角菌病而产生）中分离出而得名，是一种重要的植物固醇。酵母菌、长了麦角的黑麦和小麦中都含有麦角固醇，经紫外线照射后可变成维生素 D_2。

除麦角固醇外，还有豆固醇和谷固醇，它们分别存在于豆类和谷类的油脂中。

第五节 生 物 膜

一切生物细胞的表面都有一层细胞膜，又称质膜。在真核细胞内还存在一整套复杂的膜系构造，包括内质网、高尔基体、线粒体、溶酶体和核膜等膜相结构，其表面的薄膜称为细胞内膜。质膜与细胞内膜的化学组成与基本结构相似，而且彼此联系，故将两者统称为生物膜。

脂类是构成生物膜的基本组成部分。生物膜的脂类成分主要为磷脂、糖脂与固醇，磷脂、糖脂是大多数生物膜的所共有的成分，其中，磷脂是主要成分，各种生物膜的骨架大都是由磷脂构成磷脂双分子层，具备屏障作用，这对维持细胞结构和功能是非常重要的。概括地说，生物膜的功能主要有以下几点。

1. 界膜作用

生物膜像一道围墙，将膜内物质与膜外环境分开，成为一种天然的屏障，起着保护的作用，一旦生物膜遭受破坏，细胞内的物质，特别是蛋白质和核酸将迅速分散，细胞质的溶胶体系将被破坏，各种生化反应不能进行，生命也就终止。生物膜又像一道隔墙，将细胞内各种细胞器局限在某一区域，形成一个个相对独立的内环境和专一的功能区域，使细胞内不同功能的酶系，不是杂乱无章地混合在一起，而是有序地排列在“流水线”上，让生化反应能有条不紊地进行，生命得以持续。

2. 物质运输作用

活细胞为了维持其正常生活，必须要经常和外界进行物质交换，不断吸收养料、排出废物，这种复杂的功能主要是利用了细胞膜的选择性通透，根据物质通过细胞膜的过程分为以下 4 种转运方式。

(1)自由扩散。这种扩散就如同是溶质通过透析袋(一种半透性膜)扩散那样，只要膜两侧的溶质存在浓度差，溶质就从浓度高的一侧扩散到低浓度的一侧，直到两侧浓度相等。这种转运不需要能量，转运的速度也慢。

(2)促进扩散。这种扩散作用要依靠膜上的专一性载体蛋白，其能和被转运物质发生可逆的结合，从而加速转运物的扩散。这种专一的载体蛋白，在膜的一侧对被转运物有识别能力和特异性的亲和力，当它与转运物结合后，就发生载体蛋白的变构和移位作用，同时释放转运物进入膜的另一侧。这种促进扩散不需要能量，也没有起浓缩转运物的作用，只是通过载体蛋白，促进了扩散，减少了物质在膜两侧浓度达到平衡所需的时间。促进扩散传递物质的速度随膜外被转运物质浓度的增加而增大，最后达到饱和。

(3)主动运输。这种运输作用最明显的特点是逆浓度差运输细胞所需的养料，在运输过程中要消耗能量，故又称耗能转运。它与促进扩散相似的是也要通过载体蛋白来完成扩散。主动运输是细胞内重要的物质运输方式，能使细胞内某些物质的浓度远远超过细胞外，而另一些物质的浓度远远低于细胞外，以满足细胞代谢的需要。

(4)基团转运。这也是主动运输的一种，在运输过程中被运输物质通过在膜上发生化学变化，而后进入膜内，如葡萄糖经膜上酶催化形成 6-磷酸葡萄糖后转运到膜内。

3. 能量转换作用

生物能将食物中贮存的化学能通过分解代谢转化为热能、机械能、电能以及和氧化磷酸化反应相偶联，产生含高能磷酸键的 ATP，或者将光能转化为化学能，等等。生物体内这些能量转换过程大多是在各种生物膜上进行的。

细胞内的线粒体具有双层膜(内膜和外膜)。内膜里充满液体称作基质，其中含有各种酶。外膜平滑，内膜向内凹陷形成许多嵴，使内膜表面积大大超过外膜，在内膜上存在按氧化还原电势大小顺序排列的一组传递体，称呼吸链。食物氧化时放出的质子和电子沿呼吸链传递下来，最后质子和氧结合成水。同时，每传递一步都伴有能量的释放，此能量被内膜上存在的 ATP 合成酶复合体收集，贮存在高能化合物 ATP 中，以供生物体内各种活动使用，因此人们称 ATP 为细胞内的“流通货币”，而把合成 ATP 的主要场所线粒体称作“细胞动力站”。

4. 信息传递作用

在细胞膜上有一类特殊分子，它常是膜上的镶嵌蛋白，能选择性地和细胞外环境中的一些活性物质相结合，并使细胞产生相应的效应，以调节代谢、控制遗传或其他生理活动，这种特殊分子称作受体。和受体相结合的活性物质种类很多，如激素、抗原、神经介质、药物等，在生物化学上统称为配体，它代表某些理化“信号”，而膜上受体好比“识别器”。生物细胞依靠膜上受体识别周围环境中的信号，并专一性地接收信号，在细胞内产生某些效应。如多肽激素对体液的调节，通过它与靶细胞(即接受外来刺激而产生影响的细胞)膜上的受体蛋白相结合，引起质膜上腺苷环化酶的激活。这种酶可催化细胞中 ATP 生成环腺苷一磷酸(CAMP)。有人将 CAMP 称作激素的第二信使，它把激素的“信号”带给细胞，再在细胞内引起一系列变化，从而达到调节代谢的作用。

目前，生物膜的研究已成为现代生物学中的重大课题之一，它关系到生命和细胞的起源，细胞的进化，生物的生殖、发育和衰老，激素的作用机理，能量的产生和转换等重大理论问题的探讨，同时也和细胞免疫肿瘤发生机理、某些疾病的病理和防治以及药物设计等实践问题的解决有关。因此，国内外许多生物化学和物理学科的学者被吸引，从各个角度研究生物膜，人们对膜结构和功能的认识将会越来越深入。

第六节　油脂与食品加工

一、油脂的品质

油脂的品质因其组成和性质而不同。在实际生产中通常用皂化值、碘值、酸值、乙酰值、过氧化值、酯值等作为评价油脂质量的指标，这些值分恒值和变值两种，恒值主要说明油脂组成方面的特点，如碘值、皂化值等；变值主要说明油脂的变化情况，如酸值、过氧化值等。

1. 皂化值

1 g 油脂完全皂化时所需要的氢氧化钾的质量(mg)称作皂化值。皂化值的大小与油脂平均分子量成反比，组成油脂的脂肪酸分子量越小，油脂的皂化值越大，油脂的皂化值一般都在200 mg/g 左右。皂化值较大的食用油脂，熔点较低，消化率则较高。肥皂工业中根据油脂的皂化值的大小，可以确定合理的用碱量和配方。

2. 酯值

皂化 1 g 油脂中甘油酯所需要的氢氧化钾的质量(mg)称为酯值。油脂中不含游离脂肪酸时，油脂的酯值与皂化值应该相等。酯值能反映油脂中甘油酯的含量，同时也说明游离脂肪酸存在的情况。一般用油脂的皂化值中减去其酸值，就是该油脂的酯值。

3. 碘值

100 g 油脂吸收碘的质量(g)称为碘值。通过油脂的碘值可以判断油脂中脂肪酸的不饱和程度。碘值大的油脂，其不饱和脂肪酸含量高或不饱和程度高。碘值下降，说明双键减少，油脂发生了氧化。

4. 酸值

中和 1 g 油脂中游离脂肪酸所需的氢氧化钾的质量(mg)称为酸值，表示油脂中游离脂肪酸的数量，可作为检验油脂质量的重要指标。新鲜油脂的酸值很小，随着贮存期的延长和油脂酸败加剧，其酸值随之增大。油脂中游离脂肪酸含量增加，可直接表明油脂新鲜度和质量的下降。

5. 过氧化值

过氧化值是指滴定 1 g 油脂所需要的硫代硫酸钠标准溶液的体积(mL)，或用碘的体积分数表示，用于衡量油脂氧化初期的氧化程度。

二、油脂的加工

(一)油脂的制取

油脂的制取方法有压榨法、熬炼法、溶剂浸出法及机械分离法四种，目前最常用的是压榨法和溶剂浸出法。用上述方法制取的油，称为毛油或粗油。每种方法的适用范围及其工艺特点如下。

1. 压榨法

压榨法通常用于植物油的榨取，有冷榨和热榨两种。

热榨法是将油料种子炒焙后再榨取，炒焙不仅可以破坏种子组织中的酶，而且油脂与组织易分离，故产量较高，产品中的残渣较少，容易保存，气味较香，但颜色较深。

冷榨法中植物种子不加炒焙，所以香味较差，但色泽好。

2. 熬炼法

熬炼法通常用于动物油脂加工。动物组织经高温熬制后，组织中的脂肪酶和氧化酶全部被破坏。经过熬炼后的油脂不会酸败。因此，熬炼法在卫生学上被认为是较完善的加工方法。但熬炼的温度不宜过高，时间不宜过长，否则会使部分脂肪分解，油脂中游离脂肪酸含量增高，且温度过高容易使动物组织焦化，影响产品的感官性状。

3. 浸出法（萃取法）

浸出法利用溶剂提取组织中的油脂，然后再将溶剂蒸馏除去，可得到较纯的油脂。浸出法多用于植物油的提取，油脂中组织残渣很少，产品纯净。

优点：油脂不分解，游离脂肪酸的含量不会增高；残油量仅为 0.5%～1.5%。对含油量低的原料，此法更为有利。

缺点：食油中溶剂不易完全除净，长期食用将对人体造成危害。此外，生产设备费用高。

4. 机械分离法（离心法）

机械分离法利用离心机将油脂分离，主要用于从液态原料中提取油脂，如从奶中分离奶油。另外，在用蒸汽湿化并加热磨碎原料后，可先以机械分离提取一部分油脂，然后再进行压榨，或者当压榨制得的产品中残渣杂质过多时，也可在所得产品中加热水使油脂浮起，然后再以机械法分离上层油脂。

食用油脂加工过程中应尽量防止或减少动植物组织残渣的存留并尽量避免微生物的污染，对浸出法生产的食油要注意溶剂的纯度和溶剂的残留。在实际生产中，应结合设备条件和原料的种类来选择适当的加工方法。一般情况下，动物油脂除奶油外，以熬炼法较好。植物油脂应采用热榨法，最好结合采用机械分离法或浸出法使产品更加纯净。

（二）油脂的精炼

未精炼的粗油脂中含有数量不同的、可产生不良风味和色泽或不利于保藏的物质，这些物质包括游离脂肪酸、磷脂、糖类化合物、蛋白质及其降解产物，其中还有少量水、色素（主要是胡萝卜素和叶绿素）以及脂肪氧化产物，油脂精炼的目的就是除去上述物质，以达到食用油脂的标准。

油脂精炼的基本流程如下：

毛油→脱胶→静置分层→脱酸→水洗→干燥→脱色→过滤→脱臭→冷却→精制油。

以上流程中脱胶、脱酸、脱色、脱臭是油脂精炼的核心工序，一般称为“四脱”，“四脱”的化学原理如下。

1. 脱胶

将毛油中的胶溶性杂质脱除的工艺过程称为脱胶。此过程主要脱除磷脂，如果油脂中磷脂含量高，加热时易起泡沫、冒烟且多有臭味，同时磷脂氧化可使油脂呈焦褐色，影响煎炸食品的风味。

脱胶的基本方法有水化脱胶、酸炼脱胶、吸附脱胶、热聚脱胶及化学试剂脱胶等，油脂工业上应用最为普遍的是水化脱胶和酸炼脱胶，而食用油脂多采用水化脱胶，其基本原理是磷脂及部分蛋白质在无水状态下可以溶于油，但与水形成水合物后则不溶于油。因此在脱胶时向油脂中加入 2%～3%的热水，在 50℃左右搅拌，或通入水蒸气，由于磷脂有亲水性，吸水后比重增大，可以通过沉降或离心分离除去水相，即可除去磷脂和部分蛋白质。

2. 脱酸

脱酸的主要目的是除去毛油中的游离脂肪酸。游离脂肪酸对食用油的风味和稳定性具有很大的影响，可以采用加碱中和的方法除去，加碱的量可以通过测定酸值决定，这一过程称为脱酸、中和或碱炼。

将适量的氢氧化钠与加热的脂肪(30～60℃)混合，并维持一段时间，直到析出水相，可使游离脂肪酸皂化，生成水溶性的脂肪酸盐，分离出的脂肪酸盐可用于制皂。然后用热水洗涤中性油，再静置或离心以除去中性油中残留的皂角。此过程还能使磷脂和有色物质明显减少，其副产物皂角也可以作为生产脂肪酸的材料。

3. 脱色

毛油中含有类胡萝卜素、叶绿素等色素，通常使油脂呈赤黄色，影响油脂的外观甚至稳定性(叶绿素是光敏化剂)，因此需要除去。脱色的方法很多，工业生产中应用最广泛的是吸附脱色法，此外还有加热脱色、氧化脱色、化学试剂脱色等。

油脂的吸附脱色一般是将油加热到一定温度，用吸附剂(活性白土、活性炭等)处理。除了色素之外，其他物质如磷脂、皂化物和一些氧化产物可与色素一起被吸附，最后过滤除去吸附剂。

4. 脱臭

油脂中挥发性异味物质多半是油脂氧化时产生的，因此，需要进行脱臭以除去气味。脱臭通常采用减压蒸汽蒸馏法。将油加热至 220～250℃，通入水蒸气后即可将产生气味的物质除去。此外，通常添加柠檬酸以螯合微量重金属离子。

精炼可使油脂的品质包括色泽、风味或稳定性都明显提高，还能有效清除油脂中某些毒性很强的物质，如花生油中的黄曲霉毒素和棉籽油中的棉酚。但精炼过程也会造成油脂中脂溶性维生素、胡萝卜素和天然抗氧化物质的损失。

(三)油脂的改性

天然油脂因其特有的化学组成和性质，使它们的应用范围受到限制。为了拓展天然油脂的用途，需对这些油脂进行改性，常用的方法有氢化、酯交换和分提。

1. 油脂的氢化

油脂的氢化指的是在镍、铂等催化剂的作用下，使油脂的双键发生加成反应的过程。油脂的氢化分为部分氢化和完全氢化两种方式。

部分氢化是在金属催化剂(Ni 或 Pt)、加压(1.5～2.5 个标准大气压，1 个标准大气压＝101.325 kPa)及加热(125～190℃)条件下，使油脂中的部分双键氢化的反应，在食品工业中用于氢化油(如人造奶油、起酥油)的制造。完全氢化是在 Ni 催化剂作用下，采用更高的压力(8 个标准大气压)和温度(250℃)使油脂双键全部氢化的反应，用于肥皂的工业生产。

氢化是使不饱和的液态脂肪酸加氢成为饱和固态脂肪酸的过程。油脂氢化后其碘值下降，熔点上升，固体脂数量增加，稳定性提高，颜色变浅，风味改变，便于运输和贮存。但油脂氢化后多不饱和脂肪酸含量下降，脂溶性维生素被破坏并且产生对人体健康不利的反式脂肪酸。

2. 酯交换

酯交换是指酯和酸（酸解）、酯和醇（醇解）或酯和酯（酯基转移作用）之间发生的酰基交换反应。酯交换使分子中的脂肪酸重新排列，以适应特定的需要。酯交换可以在分子内进行，也可以在不同分子间进行（图 3-8）。

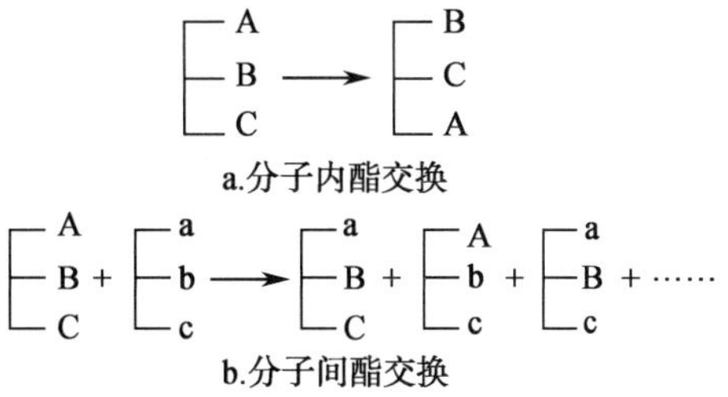

图 3-8 在分子内或不同分子间的酯交换

脂肪的物理特性不仅依赖于组成它的脂肪酸的性质（碳链的长度和不饱和度），还取决于脂肪酸在油脂分子中排列情况。某些天然脂肪酸的排列方式限制了它们在工业上的应用，因此酯交换是提高油脂的稠度和适应性的一种加工方法。

酯交换一般采用甲醇钠作催化剂，通常只需在 50～70℃下，酯和酸、酯和醇、酯和酯在短时间内就能完成酰基交换反应。

在食品工业上，利用酯交换可改变油脂的黏度、结晶性能以及塑性，生产低温下仍能保持清亮的色拉油、稳定性较高的人造奶油及符合熔化要求的硬奶油。例如，猪油的结晶颗粒大，口感粗糙，不适合用于糕点制品，但经过酯交换后，改性猪油可结晶成细小颗粒，稠度改善，熔点和黏度降低，适合作为人造奶油和糖果用油。棕榈油定向酯交换后可制成浊点较低的色拉油，也可以生产稳定性高的人造黄油。

3. 油脂的分提

油脂的分提是指在一定温度下，利用构成油脂的各种脂肪酸的熔点差异及溶解度的不同，将不同油脂组分分离的过程。油脂分提是油脂改性的重要手段之一，其目的主要有两个：一是充分开发、利用固体脂肪，生产起酥油、人造奶油、代可可脂等；二是提高液态油的品质，改善其低温贮藏的性能，生产色拉油等。

目前，工业上油脂分提常用的方法包括干法分提、溶剂分提法、液-液萃取法及界面活性剂分提法等。

（1）干法分提。指在没有有机溶剂存在的情况下，将处于溶解状态的油脂慢慢冷却到一定程度，过滤分离结晶，析出固体脂的方法。

（2）溶剂分提法。适用于组成脂肪酸的碳链长、黏度大的油脂分提。油脂分提所用的溶剂主要有丙酮、己烷、甲乙酮、2-硝基丙烷等。每种溶剂单独使用时各有优缺点，常使用混合溶剂（丙酮-己烷）分提。

（3）液-液萃取法。基于油脂中不同的脂肪酸组分在某溶剂中具有选择性溶解的特性，经萃取将分子量低、不饱和程度高的组分与其他组分分离，然后进行溶剂蒸脱，从而达到分提目的的一种工艺。

（4）表面活性剂分提法。在油脂冷却结晶后，添加表面活性剂，改善油与脂的界面张力，借助脂与表面活性剂间的亲和力促使脂在表面活性剂水溶液中悬浮，从而促进晶、液分离。

三、油脂在食品加工贮藏中的变化

油脂在食品加工和贮藏期间，由于空气中的氧、光照、微生物、酶和金属离子等的作用，会产生不良风味和气味、降低食品营养价值，甚至产生有毒化合物，使食品失去价值。但在某些情况下(如陈化的干酪或某些油炸食品)，油脂的适度氧化对风味的形成是必需的。因此，油脂的氧化和抗氧化是食品生物化学的研究重点之一。

(一)自动氧化

油脂自动氧化反应是油脂氧化变质的主要原因。油脂自动氧化是自由基(具有未成对电子的原子或基团)的反应历程，其特征如下：光和产生自由基的物质能催化油脂自动氧化；凡能干扰自由基反应的物质一般都抑制自动氧化反应的速度；当油脂为纯物质时，自动氧化反应存在较长的诱导期，反应的初期产生大量的氢过氧化物。

1. 不饱和油脂的自动氧化

不饱和油脂易发生游离基自动氧化反应，以 RH(H 为亚甲基上的氢，R 为烷基自由基)代表不饱和脂肪为例，其反应历程如下。

(1)引发(诱导)。油脂中的不饱和脂肪酸，受到光、热、金属离子和其他因素的作用，在邻近双键的亚甲基(α-亚甲基)上脱氢，产生自由基(R·)，该反应过程一般表示如下：

$$RH \xrightarrow[\text{热、光、酶}]{\text{活化}} R\cdot + H\cdot$$

由于自由基的引发通常所需活化能较高，必须依靠催化才能生成，所以这一步反应相对较慢。有人认为，光照、金属离子或氢过氧化物分解可引发氧化的开始；但近来有人认为，组织中的色素(如叶绿素、肌红蛋白)作为光敏化剂，单线态氧作为其中的催化活性物质从而引发氧化的开始。

(2)链传递。R·自由基与空气中的氧结合，形成过氧化自由基(ROO·)，而过氧化自由基又从其他脂肪酸分子的α-亚甲基上夺取氢，形成氢过氧化物(ROOH)，同时形成新的 R·自由基，如此循环下去，使大量的不饱和脂肪酸氧化，由于链传递过程所需活化能较低，故此阶段反应进行很快，油脂氧化进入显著阶段，此时油脂吸氧速度很快，增重加快，并产生大量的氢过氧化物。

$$R\cdot + O_2 \longrightarrow ROO\cdot$$
$$ROO\cdot + RH \longrightarrow ROOH + R\cdot$$
$$ROOH \xrightarrow{\text{分解}} ROH + RCHO + RCOR'$$

(3)终止。各种自由基和过氧化自由基互相聚合，形成环状或无环的二聚体或多聚体等非自由基产物，至此，反应终止。

$$ROO\cdot + ROO\cdot \longrightarrow ROOR + O_2$$
$$ROO\cdot + R\cdot \longrightarrow ROOR$$
$$R\cdot + R\cdot \longrightarrow R{-}R$$

2. 饱和脂肪的自动氧化

与不饱和脂肪不同，饱和脂肪的自动氧化无双键的α-亚甲基参与，不易形成碳自由基，然而，由于饱和脂肪酸常与不饱和脂肪酸共存，它很容易受到由不饱和酸产生的氢过氧化物的氧化而生成氢过氧化物，饱和酸的自动氧化主要在—CO_2H 的邻位上进行。

$$R—R_1CH_2—CO_2R_2 \xrightarrow{ROOH} \underset{\displaystyle |\atop \displaystyle OOH}{R_1CH}—CO_2R_2 + RH$$

在脂肪氧化过程中，氢过氧化物是不稳定的化合物，易发生分解而重新生成游离基，再进一步氧化生成各种低分子化合物。这些低分子的醛、酮、酸有不好闻的臭味。同时，不饱和脂肪酸在氧化过程中，在形成低分子化合物的同时也生成一些聚合物。

(二)光敏氧化

光敏氧化是在光的作用下(不需要引发剂)不饱和脂肪酸与氧(单线态)之间发生的反应。光所引起的直接作用是提供能量使三线态的氧变为活性较高的单线态氧。但在此过程中需要更容易接受光能的物质首先接受光能，然后将能量转移给氧，将此类物质称为光敏剂。食品中具有大共轭体系的物质，如叶绿素、血红蛋白等可以起光敏剂的作用。

(三)酶促氧化

油脂在酶参与下所发生的氧化反应，称为酶促氧化。通常所称的酮型酸败，也属酶促氧化，是由某些微生物繁殖时所产生的酶(如脱氢酶、脱羧酶、水合酶)的作用引起的。其氧化产生的最终产物酮酸和甲基酮具有令人不愉快的气味，故称为酮型酸败。

1. 脂肪氧合酶催化的反应

脂肪氧合酶专一性催化具有(顺，顺 1,4-二烯)结构的多不饱和脂肪酸发生氧化反应，如亚油酸。脂肪氧合酶催化的反应，其反应机理和产物均和自动氧化相同，只不过无须自由基作为引发剂，也不是链反应而已。

2. β-氧化反应

油脂通过 β-氧化反应的酸败，一般是由微生物引起的，其本质和脂肪酸 β 氧化分解的过程是一致的。过程中有酮酸或甲基酮产生，这是酸败油脂产生异味的主要原因。

3. 氢过氧化物的反应

氢过氧化物既可以通过分解反应，也可以通过聚合反应而进一步发生变化。通过过氧键的断裂，得到烷氧自由基，进一步反应可以得到小分子的醛、酮、羧酸等化合物。氢过氧化物的聚合可以有不同的形式和过程，可以是氢过氧化合物的聚合，也可以是产生氢过氧化物的过程中不同自由基的聚合，还可以是氢过氧化物分解产物的聚合。

(四)影响油脂氧化速率的因素

1. 脂肪酸的组成

油脂中的饱和脂肪酸和不饱和脂肪酸都能发生氧化反应，但饱和脂肪酸的氧化需要较特殊的条件，所以油脂中所含的不饱和脂肪酸比例越高，则越容易发生自动氧化；油脂中游离脂肪酸含量增加时，会加快油脂氧化的速度。几种脂肪酸的相对氧化速度如表 3-3 所列。

2. 温度

高温能促进自由基的生成，也可以促进氢过氧化物的进一步变化，所以降低温度可以延缓油脂的自动氧化。

表 3-3 油脂的不饱和程度与相对氧化速度的关系

脂肪酸种类	双键数量	诱导期/h	相对氧化速度
硬脂酸	0	—	1
油酸	1	82	100
亚油酸	2	19	1 100
亚麻酸	3	1.3	2 500

3. 水分活度

水分活度对油脂自动氧化的影响比较复杂。过高或过低的水分活度都可以加速氧化过程。水分较低时，增加了油脂与氧的接触，有利于氧化的进行；当水分增加时，溶氧量增加，氧化速度也加快。实验表明，当水分活度控制在 0.3～0.4 时，食品中油脂的氧化速度最低。值得指出的是，冷冻食品常常存在油脂的氧化，这是由于在冷冻状态下食品中的水分以冰晶形式析出，使油脂失去水膜的保护。

4. 氧气

氧在油脂的自动氧化中起着很关键的作用。空气中氧的分压越大，油脂的自动氧化速度越快。但当氧的分压增加到一定值后，自动氧化的速度将保持不变。因此，为了阻止油脂及含脂食品的氧化变质，最普遍的方法是避免食品与氧气接触，采取真空或充 N_2 的包装方式。

5. 金属离子

金属离子(如 Fe、Cu、Mn 等元素的离子)可以加速氧化过程，因此，油脂在加工时要尽可能避免混入金属元素离子，包装时应用塑料或玻璃容器，避免用金属容器灌装。

6. 抗氧化剂

抗氧化剂是指能防止或延缓油脂或食品的氧化变质、提高食品稳定性的物质、抗氧化剂主要通过抑制自由基的生成和终止链式反应以达到抑制氧化反应的作用。常用的抗氧化剂有天然的和合成的两种。天然抗氧化剂主要有维生素 E、β-胡萝卜素、茶多酚等；合成抗氧化剂主要有没食子酸丙酯(PG)、丁基羟基茴香醚(BHA)、二丁基羟基甲苯(BHT)和特丁基对苯二酚(TBHQ)等。

在实际应用中，常将几种抗氧化剂按照一定的比例混合使用，可提高抗氧化效果。需要注意的是，抗氧化剂只能阻碍氧化作用，延迟油脂开始氧化的时间，但不能改变已经氧化酸败的结果。所以，应尽早使用抗氧化剂以尽早地切断氧化反应链。

7. 光和射线

自由基的产生需要能量，光及射线能提高自由基的生成速度，促进油脂的自动氧化，因此，油脂及其制品在保存时应注意避光，可采用透气性低的有色或遮光的包装材料。

8. 表面积

油脂的氧化速率与它和空气接触的表面积成正比。所以，当表面积与体积比例增大时，降低氧分压虽可以适当降低氧化速率，但效果不显著。在水包油型的乳浊液中，氧化速率与氧向油相中的扩散速率有关。

知识拓展

油脂的热变性及其应用

油脂经高温或长时间加热后，其色泽变深，黏度增大，易发烟，这是由于油脂发生了热变性，即在高温条件下，油脂发生热聚合、热氧化分解、水解和缩合等化学反应，并产生有毒、有害的物质。长期食用这样的油脂会影响人体健康，甚至引发肿瘤。

油脂加热到200～300℃的高温时，增稠速度极快，主要就是油脂发生了热聚合作用。热聚合作用可发生在同一油脂分子内的不饱和双键之间，也可发生在不同油脂分子的不饱和双键之间，反应生成环状的、有毒的低级聚合物，使油脂的稠度增加，颜色变黑。此外，油脂在高温无氧条件下会发生热分解，生成丙烯醛、酸、酮和二氧化碳等小分子产物。油脂热分解的程度与加热温度有关。

为了减弱油脂的热变性，在方便面、油条、麻花、快餐食品等油炸加工时，油温不宜超过180℃，且需要监控油炸用油的质量（如定时测定煎炸油的酸价、过氧化值等），并循环过滤除去油渣，避免煎炸油的反复使用，必要时更换新油。目前，有的方便面企业宣传非油炸更健康，有的油条加工业者宣传拒绝复炸油的使用，以吸引消费者，取得了不错的效果。

日常炒菜时，油脂加热温度过高，超过油脂燃点后，会引起油脂燃烧，可采用加锅盖隔氧方式灭火。切勿采用泼水的方式灭火，因为水遇到高温油脂会汽化，使得油脂溢出，火势更大，容易造成人员灼伤。

学科前沿

多不饱和脂肪酸的生理功能

扫描二维码，了解多不饱和脂肪酸的生理功能。

二维码3-3　多不饱和脂肪酸的生理功能

实验一　脂肪碘值的测定

一、实验目的

（1）理解脂肪碘值测定的原理，熟悉测定方法。

（2）掌握脂肪碘值测定的意义。

二、实验原理

油脂中的不饱和脂肪酸碳链上的不饱和键可与卤素（Cl_2、Br_2、I_2）发生加成反应。其中Cl_2和Br_2与油脂的加成反应最快，但常伴有取代和氧化等副反应。因此，常用碘与不饱和脂肪酸的加成反应来评价油脂中不饱和脂肪酸的含量。在一定条件下，每 100 g 油脂所吸收的碘的质量(g)被称为该油脂的碘值。油脂中不饱和脂肪酸含量越高，其碘值越高。

碘与油脂发生加成反应的速度慢，常用韦氏试剂（氯化碘的乙酸溶液）进行碘值的测定。将油脂溶于试剂中，加入韦氏试剂，油脂与韦氏试剂发生加成反应。

$$CH_3(CH_2)_mCH{=}CH(CH_2)_nCOOH + ICl \longrightarrow CH_3(CH_2)_m\ CHI{-}CHCl(CH_2)_nCOOH$$

随后加入碘化钾和水。加成反应后多余的氯化碘将与碘化钾反应生成碘。用硫代硫酸钠滴定碘。根据硫代硫酸钠的用量，计算出碘值。

$$ICl + KI \longrightarrow KCl + I_2$$

$$I_2 + 2Na_2S_2O_3 \longrightarrow 2NaI + Na_2S_4O_6$$

三、试剂与器材

1. 材料

油脂（动物油或植物油）。

2. 器具

电子天平、碘瓶、移液管、量筒、滴定管。

3. 试剂

(1)100 g/L 碘化钾溶液。

(2)0.5%可溶性淀粉溶液。

(3)0.1 moI/L 硫代硫酸钠标准溶液。

(4)油脂溶剂，环己烷与冰乙酸混合，体积比为 1∶1。

(5)韦氏试剂，称取 5 g 一氯化碘溶于 300 mL 冰乙酸，冰乙酸中不得含有还原物质。也可直接向试剂公司购买韦氏试剂。

四、操作步骤

1. 加成反应过程

(1)选取洁净、干燥的碘瓶 4 支，分别编号。

(2)向每个碘瓶中加入油脂溶剂 20 mL，然后准确称量 0.200 0 g 油脂加入 1 号和 2 号碘瓶，充分摇匀。用移液管向上述瓶中分别加入韦氏试剂 25 mL，并立即盖严瓶塞。为防止碘挥发，可在瓶口滴几滴碘化钾溶液。将碘瓶放于暗处反应 1～2 h，其间可轻摇碘瓶，以促进充分反应。反应完全后，向各碘瓶中分别加入 20 mL 碘化钾溶液和 20 mL 的蒸馏水，见表 3-4。

表 3-4 油脂碘值的测定中加成反应

试剂	碘瓶			
	1 号	2 号	3 号	4 号
油脂溶剂/mL	20	20	20	20
油脂/g	0.2	0.2	0	0
韦氏试剂/mL	25	25	25	25

2.滴定过程

用相同的方法滴定样品瓶和空白瓶。用标定过的 0.1 mol/L 硫代硫酸钠标准溶液滴定，直到变为碘的浅黄色。加入数滴 0.5%可溶性淀粉溶液继续滴定。滴定过程中摇动碘瓶，溶液蓝色消失即为滴定终点。记录滴定每个碘瓶所用标准硫代硫酸钠的用量(mL)。

0.1 moI/L 硫代硫酸钠标准溶液的滴定：取结晶硫代硫酸钠 50 g，溶在煮沸后冷却的蒸馏水(无 CO_2 存在)中。添加硼砂 7.6 g 或氢氧化钠 1.6 g(硫代硫酸钠溶液在 pH 9～10 时最稳定)。稀释到 2 000 mL 后用标准 0.1 mol/L 碘酸钾溶液按下法标定。准确量取 0.1 mol/L 碘酸钾溶液 20 mL、10%碘化钾溶液 10 mL 和 1 mol/L 硫酸 20 mL 混合均匀。以 1%淀粉溶液作指示剂，用硫代硫酸钠溶液进行标定。按下面所列反应式计算硫代硫酸钠溶液浓度后，用水稀释至 0.1 mol/L。

$$KIO_3+5KI+3H_2SO_4 \longrightarrow 3K_2SO_4+3I_2+3H_2O$$
$$I_2+2Na_2S_2O_3 \longrightarrow 2NaI+Na_2S_4O_6$$

五、实验数据记录与分析

$$W=\frac{(V_t-V_{ck})\times c\times 12.69}{m}$$

式中：W 为碘含量 g/100 g；V_t 为滴定样品时所用的标准硫代硫酸钠溶液的体积(mL)；V_{ck} 为滴定空白时所用标准硫代硫酸钠溶液的体积(mL)；c 为标准硫代硫酸钠的浓度(mol/L)；m 为样品质量(g)。

六、注意事项

在韦氏试剂配制时，使用的冰乙酸不能含有还原性物质，其鉴定方法：取冰乙酸 2 mL，加入 10 mL 蒸馏水稀释，加入 1 mol/L 高锰酸钾 0.1 mL，其呈现的颜色在 2 h 内保持不变，说明溶液中无还原性物质。若褪色，说明有还原物质存在。

七、问题与讨论

固体脂肪与液体油脂的碘值有何不同？这说明了什么问题？

实验二 鸡蛋中卵磷脂的提取及鉴定

一、实验目的

(1)掌握卵磷脂提取与鉴定的原理和方法。

(2)加深对卵磷脂性质的了解。

二、实验原理

卵磷脂为细胞膜的一种组成物质，也是生物体代谢的一种能量源。除此之外，卵磷脂还是多种酶的激活剂，可以控制动物体内脂肪代谢，防止脂肪肝的形成。另外，卵磷脂还可用作乳化剂、抗氧化剂和营养添加剂。卵磷脂在动、植物中广泛存在，在大豆中含量约为2.0%，在卵黄中含量高达8%～10%。卵磷脂易溶于乙醇、乙醚、氯仿等有机溶剂，不溶于丙酮，可采用95%乙醇提取蛋黄中的卵磷脂。卵磷脂中的胆碱在碱性条件下可分解成三甲胺，三甲胺有特异的鱼腥味。这一性质可以作为鉴定卵磷脂的依据之一。

三、实验材料、器材与试剂

1. 材料

鸡蛋。

2. 器具

电子天平，恒温水浴锅，漏斗及其他常用玻璃器具。

3. 试剂

95%乙醇，10%氢氧化钠，氯仿，丙酮。

四、实验步骤

1. 卵磷脂的制备

取鸡蛋一枚，从两端打孔，让蛋清流出后，将蛋黄转移到小烧杯中。称取2.000 g蛋黄于另一小烧杯中，加入15 mL 95%乙醇，搅拌，在50℃提取5～10 min，冷却，过滤，滤液即为卵磷脂粗提液。将粗提液置于已知重量的小烧杯中，70℃恒温水浴加热，将乙醇蒸发完全，获得黄色油状物(脂肪与卵磷脂的混合物)。待冷却后，将黄色油状物溶于5 mL氯仿中。待完全溶解之后，加入15 mL丙酮，卵磷脂将析出。

2. 卵磷脂的鉴定

将上述步骤中获得的卵磷脂放入干燥、洁净的试管中，加入10%氢氧化钠2 mL，于沸水浴中加热。卵磷脂的胆碱基水解产生了胆碱。胆碱在氢氧化钠的作用下，产生具有鱼腥味的三甲胺，以此鉴定卵磷脂。

五、注意事项

本实验中的乙醇、丙酮均为易燃药品，实验过程中要注意安全。

六、问题与讨论

(1)卵磷脂具有哪些重要的生理功能?

(2)查阅资料，简述其他的卵磷脂提取方法。

实验三　油脂皂化值的测定

一、实验目的

(1)掌握油脂皂化值测定的原理和方法。

(2)加深对油脂性质的了解，加深对油脂氧化裂变性质的了解。

二、实验原理

油脂在酸、碱和酶的作用下会发生水解反应，生成一分子甘油和三分子脂肪酸。油脂的水解是可逆的，如果在过量碱的催化下，水解所产生的脂肪酸与碱作用生成盐而使水解反应完全。产物脂肪酸钠盐是合成肥皂的主要成分，因此，油脂在碱性溶液中的水解叫皂化。完全皂化 1 g 油脂所需 KOH 的质量(mg)称为皂化值。各种油脂都有各自特定的皂化值，油脂的皂化值和其分子量成反比(亦与所含脂肪酸分子量成反比)。由皂化值可以推测油脂中所含甘油酯的平均分子量，也可用于检验油脂的质量。

三、实验材料

脂肪(猪油、豆油、棉籽油等植物油)。

四、器材与试剂

1. 器具

电热恒温水浴锅、电子分析天平、烧瓶(250 mL)、酸式滴定管(50 mL)、碱式滴定管(50 mL)、移液管(25 mL)、球形冷凝管。

2. 试剂

(1)0.1 mol/L 的氢氧化钠的乙醇溶液。配好后以 0.100 0 mol/L 的 HCl 标准液标定，准确调整其浓度至 0.100 mol/L。

(2)0.100 mol/L 的 HCL 标准溶液。取浓盐酸(分析纯，相对密度 1.19)8.3 mL，加蒸馏水稀释至 1 000 mL，此溶液约为 0.1 mol/L，需标定。

(3)70%乙醇。取 95%乙醇 70 mL，加蒸馏水稀释至 100 mL。

(4)1%酚酞指示剂。称取酚酞 1 g，溶于 100 mL 95%的乙醇中。

二维码 3-4　0.100 mol/L 的 HCl 标准溶液的标定方法

五、操作步骤

1. 样品处理

用电子分析天平，准确称取脂肪约 0.5 g，置于 250 mL 烧瓶中，加入 0.100 mol/L 氢氧化钠的乙醇溶液 50 mL(普通乙醇中含有少量醛类，配制溶液时易显色，故应除去醛类)，再加几粒玻璃珠，安装好回流装置。

2. 皂化

将烧瓶及冷凝管置于沸水浴内加热回流 30～60 min，至烧瓶内的液体澄清、无油珠出现为止，表明脂肪完全皂化，停止加热。皂化过程中，若乙醇被蒸发，可酌情补充适量 70%的乙醇。

3. 滴定

皂化完毕，冷却至室温，加 1%的酚酞指示剂 2 滴，以 0.100 mol/L HCl 溶液滴定剩余的碱(滴定所用 0.100 mol/L HCl 的量太少，可用微量滴定管)，记录盐酸用量。

4. 结果处理

做空白试验，除不加脂肪外，其余操作同上，记录空白试验所消耗盐酸的量。按下式计算皂化值。

$$皂化值=\frac{c(V_1-V_2)\times 56.1}{m}$$

式中：V_1 为空白试验所消耗的 0.100 mol/L HCl 的体积(mL)；V_2 为样品滴定所消耗的 0.100 mol/L HCl 的体积(mL)；c 为 HCl 的浓度，即 0.100 mol/L；m 为脂肪质量(g)；56.1 为 KOH 的摩尔质量(g/mol)。

六、注意事项

(1)实训中所用玻璃器皿一定要干燥、洁净，以免影响测定结果。

(2)皂化反应要完全，否则测定值不准确。

七、问题与讨论

(1)测定皂化值有何意义？

(2)影响油脂皂化值测定准确性的因素有哪些？

单元小结

油脂和类脂化合物是广泛存在于生物体的重要天然有机物，它们是维持生命活动不可缺少的物质。油脂是动植物油和脂肪的总称，类脂化合物通常是磷脂、蜡和固醇化合物等。油脂和类脂化合物由于某些物理性质类似于脂肪，因此把它们统称为脂类化合物。

由于油脂的来源、加工过程、所含脂肪酸的种类及比例不同，脂质表现出不同的气味、色泽、熔点、烟点、闪点、结晶特性等物理性质。食用油脂，含脂肪食品在加工和贮藏期间，由于空气中的氧、光照、微生物、酶和金属离子等的作用，会发生氧化，产生不良风味和气味、降低食品营养价值。油脂的氧化包括酶促氧化、自动氧化和光敏氧化。油脂氧化是食品变质的主要原因之一。氢过氧化物是油脂氧化的主要初始产物，是不稳定的，一旦形成就立即分解，其产生的小分子物质具有令人不愉快的气味，导致油脂酸败。脂肪酸的组成及含量、氧气、水分等因素均会影响脂质的氧化速率。

除了氧化，在加工和贮藏中油脂还会由于高温、辐射、油炸等发生其他化学变化。油脂的特征值包括油脂的酸值、皂化值、碘值、过氧化值等。通过油脂的特征值可以鉴定油脂的种类及品质。

在油脂加工中，为了达到某种目的，需要对油脂进行精炼及改性，以提高油脂品质或其应用范围。

课后练习

一、判断题

1. 酸值指中和 1 g 油脂中所含全部游离脂肪酸和结合脂肪酸所需氢氧化钾的质量。(　　)
2. 测定油脂的过氧化值，所得值越大，可判断油脂越新鲜。(　　)

3. 牛乳是油包水型的乳浊液。(　　)

4. 猪油的不饱和度比植物油低,故猪油可保存的时间比植物油长。(　　)

5. 天然油脂没有确定的熔点和凝固点,而仅有一定的熔化或凝固温度范围。(　　)

二、单项选择题

1. 天然脂肪主要是以(　　)甘油形式存在。

A. 一酰基　　B. 二酰基　　C. 三酰基　　D. 一羧基

2. 脂肪酸的系统命名法,是从脂肪酸的(　　)端开始对碳链的碳原子编号,然后按照有机化学中的系统命名方法进行命名。

A. 羧基　　B. 碳链甲基　　C. 双键　　D. 共轭双键

3. 氢化会使油脂(　　)。

A. 熔点降低　　B. 抗氧化性降低　　C. 色泽变浅　　D. 固体变液体

4. 食品店出售的冰激凌含有氢化油,氢化油是以多种植物油为原料制得的,制作氢化油时发生的是(　　)。

A. 水解反应　　B. 聚合反应　　C. 加成反应　　D. 氧化反应

5. 酸败的油脂往往具有(　　)。

A. 胺臭味　　B. 芳香味　　C. 酒味　　D. 哈喇味

三、简答题

1. 卵磷脂等硬脂具有乳化、抗氧化等作用,那么油脂精炼加工中为什么要去除磷脂(脱胶)呢?

2. 油脂的精制有哪几个步骤?精制的目的是什么?

3. 脂类的生物学意义有哪些?

二维码 3-5　第三章课后练习参考答案

第四章

蛋　白　质

【本章引言】

蛋白质是食物的主要营养成分之一，除了为人体提供必需的氨基酸和构成其他含氮物质所需的氮源外，蛋白质在决定食物的色、香、味及结构等特征上也有重要作用。因此，了解蛋白质的组成、结构、性质、功能及其在加工过程中所发生的变化具有重要意义。

【科学史话】

1959 年，中国科学院上海生物化学研究所、中国科学院上海有机化学研究所和北京大学化学系联合开展用化学方法合成胰岛素的研究。1965 年 9 月 17 日，中国科学院完成了结晶牛胰岛素的全合成，中国成为第一个人工合成蛋白质的国家。这一天无疑是值得我们铭记，值得我们骄傲的！

【学习目标】

1.熟悉氨基酸结构、分类和理化性质。

2.掌握蛋白质理化性质、功能性质及其在食品加工中的应用。

3.理解蛋白质的分离纯化原理,学会蛋白质分离纯化的操作流程。

【思维导图】

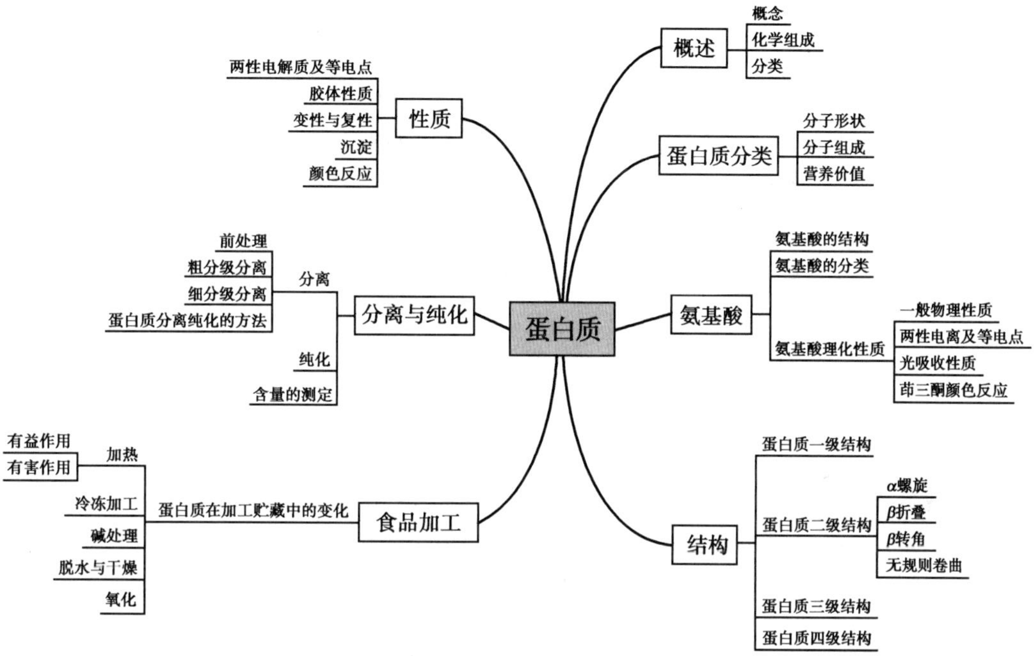

二维码 4-1 第四章课程学习资料

第一节 蛋白质概述

一、蛋白质的概念及化学组成

(一)蛋白质的概念

蛋白质是生物细胞中含量最丰富、功能最多的生物大分子,也是生物体的基本组成成分之一,在维持正常的生命活动中具有重要作用,如具有生物催化功能的酶蛋白,调节代谢反应的激素蛋白(胰岛素),具有运动功能的收缩蛋白(肌球蛋白),具有运输功能的蛋白(血红蛋白),具有防御功能的蛋白(免疫球蛋白),贮存蛋白(种子蛋白)和保护蛋白(毒素)等。有些蛋白质还具有抗营养性质,如蛋白酶抑制剂。总之,正常机体的基本生命活动都和蛋白质息息相关,没有蛋白质就没有生命。

蛋白质是一种重要的产能营养素,能提供人体所需的氨基酸。蛋白质是食品的主要成分,鱼、禽、肉、蛋、乳等是优质蛋白质的主要来源。蛋白质还对食品的质构、风味和加工产生重大影响。

(二)蛋白质化学组成

构成蛋白质的基本元素有碳、氢、氧、氮四种,有些蛋白质还含有硫、磷和一些金属元素。在不同蛋白质样品中,氮的含量较为恒定,约为16%,凯氏定氮法就是根据这一原理进行蛋白质含量的测定,先测定出氮的含量,再计算出蛋白质的含量,即蛋白质含量=氮含量×6.25,式中6.25即16%的倒数,为1 g氮代表的蛋白质质量(g)。

二、蛋白质的分类

(一)按分子形状分

1. 球状蛋白

球状蛋白外形近似球体,多溶于水,大都具有活性,如酶、转运蛋白、蛋白激素、抗体等。球状蛋白的长度与直径之比一般小于10(图4-1)。

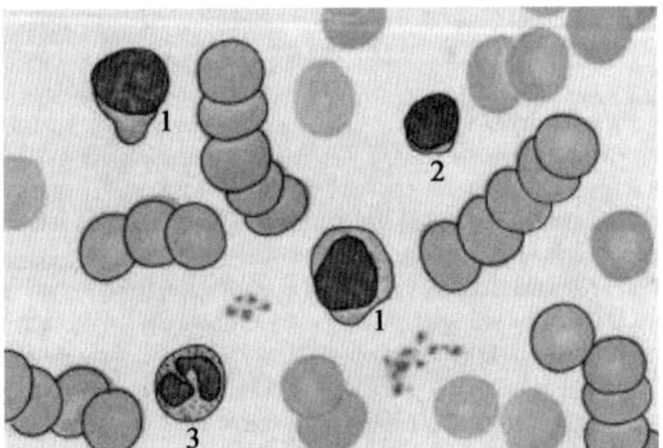

图4-1 球状蛋白

2. 纤维状蛋白

纤维状蛋白外形细长,分子量大,大都是结构蛋白,如胶原蛋白、弹性蛋白、角蛋白等。纤维蛋白按溶解性可分为可溶性纤维蛋白与不溶性纤维蛋白。前者如血液中的纤维蛋白原、肌肉中的肌球蛋白等,后者如胶原蛋白、弹性蛋白、角蛋白等结构蛋白。

(二)按分子组成分

1. 简单蛋白

简单蛋白完全由氨基酸组成,不含非蛋白成分。根据溶解性的不同,可将简单蛋白分为清蛋白、球蛋白、组蛋白、精蛋白、谷蛋白、醇溶蛋白等。

2. 结合蛋白

结合蛋白由蛋白质和非蛋白成分组成,后者称为辅基。根据辅基的不同,可将结合蛋白分为核蛋白、脂蛋白、糖蛋白、磷蛋白、血红素蛋白、黄素蛋白和金属蛋白等。

(三)按照蛋白质营养价值分

1. 完全蛋白

完全蛋白是一类优质蛋白质,所含氨基酸种类齐全、含量充足、比例适当,不但能维持人体健康,还能促进儿童生长发育,如乳类中的酪蛋白、乳白蛋白,蛋类中的卵白蛋白、卵磷蛋白,肉类中的白蛋白、肌蛋白等。

2. 半完全蛋白

半完全蛋白所含必需氨基酸种类齐全,但有些氨基酸的含量不能满足人体需要,比例不适当,这类蛋白质虽然可以维持生命,但不能促进生长发育,如小麦中的麦胶蛋白所含赖氨酸很少,相比人体所需相差很多。食物中所含氨基酸与人体所需相比有很大差距的某一种或几种氨基酸叫限制性氨基酸。

3. 不完全蛋白

不完全蛋白质所含必需氨基酸种类不全,不能提供人体所需的全部必需氨基酸,这种蛋白质既不能维持生命,也不能促进生长发育,如玉米中的玉米胶蛋白、动物结缔组织和肉皮中的胶原蛋白等。

第二节 氨 基 酸

一、氨基酸的结构

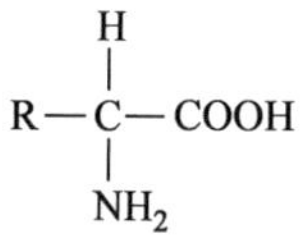

图 4-2 氨基酸结构通式

组成蛋白质的基本单位是氨基酸,参与组成蛋白质的天然氨基酸只有 20 种(表 4-1),大多数氨基酸(脯氨酸除外)都有一个氨基和一个羧基连在 α-碳原子上,因而称为 α-氨基酸,连接在 α-碳原子上的还有一个氢原子和一个可变的侧链,称为 R 基,各种氨基酸的区别就在于 R 基不同,其结构通式如图 4-2 所示。

表 4-1 蛋白质中氨基酸的名称、缩写和结构式

名称	缩写(符号)	结构	pI	名称	缩写(符号)	结构	pI
丙氨酸 Alanine	Ala (A)	$H_2N-CH(CH_3)-COOH$	6.02	苯丙氨酸 Phenylalanine	Phe (F)	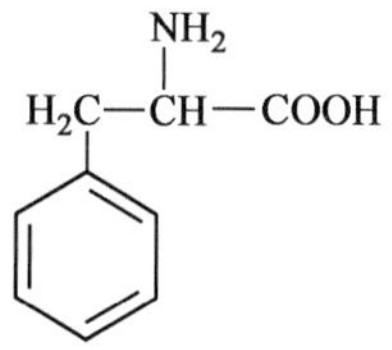	5.48
半胱氨酸 Cysteine	Cys (C)	$H_2N-CH(CH_2-SH)-COOH$	5.02	甘氨酸 Glycine	Gly (G)	$H_2N-CH(H)-COOH$	5.97
天冬氨酸 Aspartic	Asp (D)	$H_2N-CH(CH_2-COOH)-COOH$	2.97	组氨酸 Histidine	His (H)	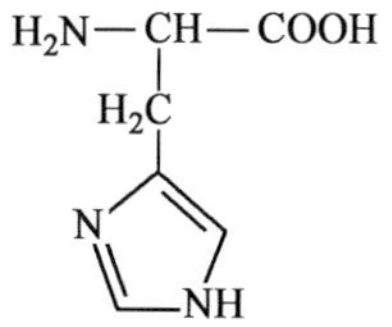	7.59

续表 4-1

名称	缩写（符号）	结构	pI	名称	缩写（符号）	结构	pI
谷氨酸 Glutamic	Glu （E）	H_2N—CH—COOH | CH_2 | H_2C | COOH	3.22	异亮氨酸 Isoleucine	Ile （I）	H_2N—CH—COOH | CH—CH_3 | CH_2 | CH_3	6.02
赖氨酸 Lysine	Lys （K）	H_2N—CH—COOH | $(CH_2)_4$ | NH_2	9.74	精氨酸 Arginine	Arg （R）	H_2N—CH—COOH | $(CH_2)_3$ | NH | C=O | NH_2	10.76
亮氨酸 Leucine	Leu （L）	H_2N—CH—COOH | CH_2 | CH—CH_3 | CH_3	5.98	丝氨酸 Serine	Ser （S）	H_2N—CH—COOH | CH_2 | OH	5.68
蛋氨酸 Methionine	Met （M）	H_2N—CH—COOH | $(CH_2)_2$ | S | CH_3	5.75	苏氨酸 Threonine	Thr （T）	H_2N—CH—COOH | CH—OH | CH_3	6.53
缬氨酸 Valline	Val （V）	H_2N—CH—COOH | CH—CH_3 | CH_3	5.97	脯氨酸 Proline	Pro （P）	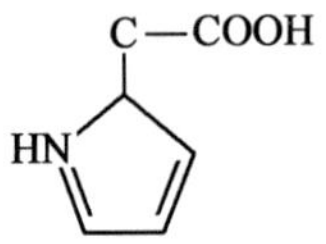	6.30
天冬酰胺 Asparagine	Asn （N）	H_2N—CH—COOH | CH_2 | C=O | NH_2	5.41	谷氨酰胺 Glutamine	Gln （Q）	H_2N—CH—COOH | CH_2 | CH_2 | C=O | NH_2	5.65
色氨酸 Tryptophan	Trp （W）	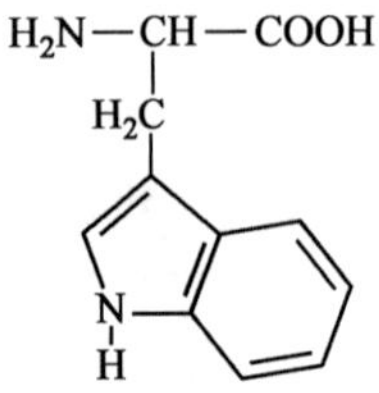	5.89	酪氨酸 Tyrosine	Tyr （Y）	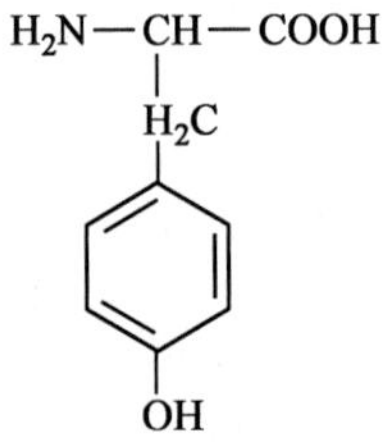	4.66

从结构通式可见，构成蛋白质的 α-氨基酸除甘氨酸外，其他氨基酸都含有不对称碳原子，因此都具有旋光性。氨基酸常用三个字母的简写符号表示，有时也使用单字母表示，主要用于表示较长的多肽链中的氨基酸序列(表 4-1)。

二、氨基酸的分类

1. 根据侧链 R 基结构

可分为脂肪族氨基酸、芳香族氨基酸和杂环族氨基酸 3 类，其中最多的是脂肪族氨基酸。

2. 根据侧链 R 基的极性

(1)非极性氨基酸。这一组有 8 种氨基酸(丙氨酸、缬氨酸、亮氨酸、异亮氨酸、苯丙氨酸、色氨酸、甲硫氨酸、脯氨酸)，其特点是侧链 R 基极性小，多为烃基，具有疏水性，在水中溶解度比较小。

(2)极性氨基酸。包含 7 种氨基酸(丝氨酸、苏氨酸、酪氨酸、半胱氨酸、天冬酰胺、谷氨酰胺和甘氨酸)，比非极性氨基酸容易溶于水。

(3)带负电荷的氨基酸(酸性氨基酸)。包含天冬氨酸和谷氨酸两种，每个氨基酸 R 基上都有一个羧基，在 pH 7.0 左右时完全解离，带负电荷。

(4)带正电荷的氨基酸(碱性氨基酸)。在 pH 7.0 左右时，R 基团带有一个正电荷的碱性氨基酸，包括赖氨酸、精氨酸和组氨酸。

3. 根据侧链基团的酸碱性

(1)酸性氨基酸。有 2 种：天冬氨酸和谷氨酸。这两种氨基酸侧链 R 基含有羧基。

(2)碱性氨基酸。有 3 种：精氨酸，侧链含有胍基；组氨酸，侧链含有咪唑基；赖氨酸，侧链含有氨基。

(3)中性氨基酸。有 15 种，在 20 种氨基酸中，除酸性和碱性氨基酸外，其余都是中性氨基酸，在其侧链中不含酸性或碱性基团。

三、氨基酸的理化性质

1. 一般物理性质

α-氨基酸为白色晶体，每种氨基酸都有特殊的结晶形状，可以用来鉴别各种氨基酸；除胱氨酸和酪氨酸外，都能溶于水中，除脯氨酸和羟脯氨酸外，其余的氨基酸不溶于乙醇、乙醚、氯仿等有机溶剂，故用乙醇可以使氨基酸从其溶液中沉淀析出。氨基酸结晶的熔点较高，一般在 200～300℃；氨基酸及其衍生物具有一定的味道，如酸、甜、苦、咸等。

2. 两性电离和等电点

氨基酸是两性电解质，氨基酸分子中既含有碱性的氨基($—NH_2$)，又含有酸性的羧基(—COOH)。氨基酸的电离方式及带电状态取决于其所处溶液的酸碱度。在某一 pH 条件下，使氨基酸电离成阳离子和阴离子的数量相等，分子的净电荷数为零，此时溶液的 pH 称为该氨基酸的等电点(pI)。当溶液的 pH＜pI 时，氨基酸带正电荷；当 pH＞pI 时，氨基酸带负电荷(图 4-3)。

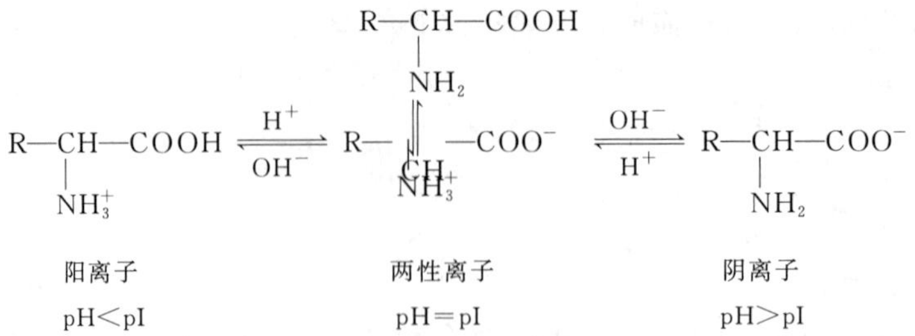

图 4-3　氨基酸的两性电离

氨基酸达到等电点时，氨基酸的溶解度最小，容易沉淀。因而利用调节等电点的方法，可以制备某些氨基酸，如谷氨酸的生产，就是将发酵液的 pH 调节到 3.22（谷氨酸的等电点）而使大量谷氨酸沉淀析出。

3. 光吸收性质

各种氨基酸在可见光区都没有光吸收；在紫外光区，色氨酸、酪氨酸和苯丙氨酸有光吸收，其最大吸收波长分别是 279 nm、278 nm、259 nm（图 4-4）。许多蛋白质中色氨酸和酪氨酸的总量大体相近，因此，通过测定蛋白质溶液在 280 nm 的吸光度，可以方便、快速地估测其中的蛋白质含量。

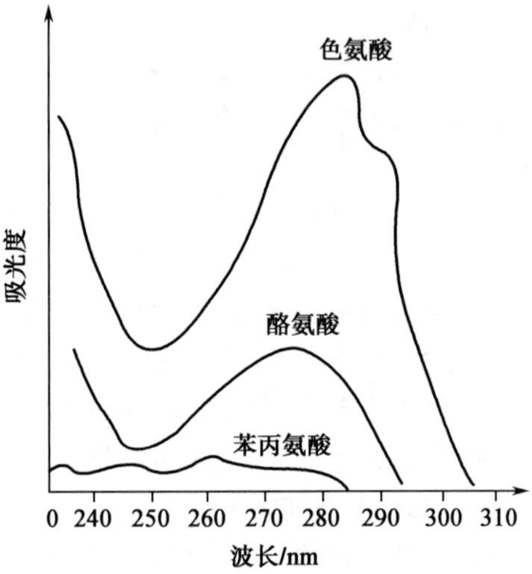

图 4-4　芳香族氨基酸的紫外吸收光谱

4. 茚三酮反应

茚三酮在微酸性溶液中与氨基酸加热，生成紫色化合物。茚三酮反应可用于氨基酸的定性与定量分析。

第三节　蛋白质的结构

各种氨基酸通过肽键连接成多肽链，蛋白质是由一条或一条以上的多肽链按特殊方式折叠盘绕，组合成具有完整生物活性的大分子。随着肽链数目、氨基酸组成及其排列顺序的变化，形成了结构和功能各异的蛋白质。

蛋白质是生物大分子，结构比较复杂，可分为一级、二级、三级和四级结构。一级结构描述的是蛋白质的线性结构，即共价连接的氨基酸残基的序列，又称初级或化学结构。二级以上的结构称空间结构或构象。

一、蛋白质的一级结构

（一）肽键与肽链

1. 肽键

肽键是由一个氨基酸的 α-COOH 和相邻的另一个氨基酸的 α-NH_2 脱水形成的酰胺键（—CO—NH—）（图 4-5），反应产物称为肽。肽键是蛋白质结构中的主要化学键，此共价键较稳定，不易受破坏。

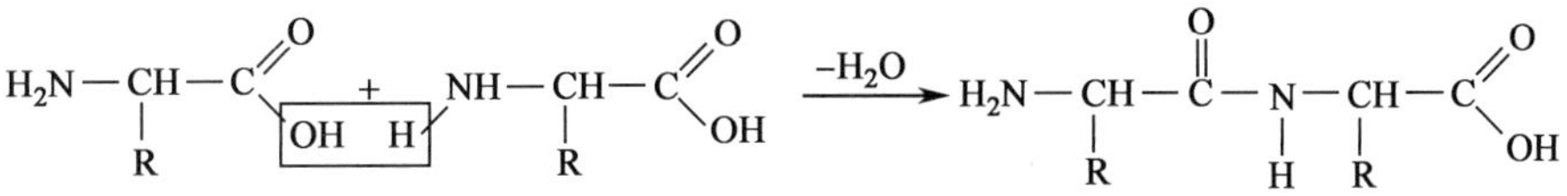

图 4-5 酰胺键的形成

2. 肽链

两个氨基酸通过肽键形成的产物称为二肽，形成二肽后，在一端仍然有一个游离的氨基，另一端有一个游离的羧基，可与另一分子氨基酸缩合生成三肽，如此反应可继续进行，少数氨基酸（小于 10 个氨基酸）相连而成的肽称为寡肽，多个氨基酸相连而成的称为多肽。肽链中的氨基酸分子因失去部分基团得以形成肽键，故称为氨基酸残基。多肽链有两端，有自由氨基的一端称为氨基末端或 N-端，有自由羧基的一端称为羧基末端或 C-端（图 4-6）。

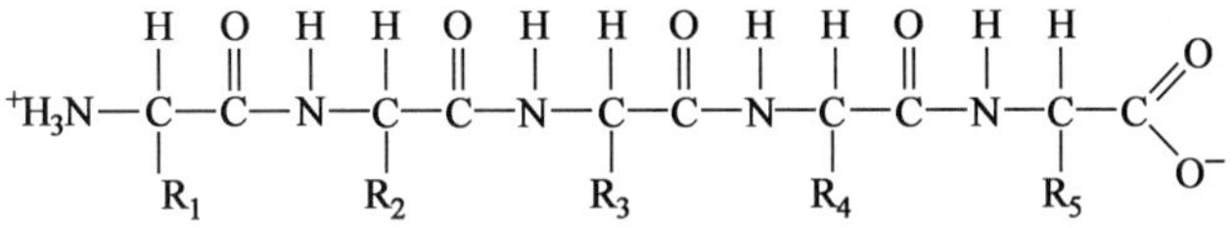

图 4-6 氨基酸 N 端和 C 端

肽链命名的习惯写法是游离的 α-氨基在左，游离的 α-羧基在右，在氨基酸之间用连接号“-”表示肽键，以脑啡肽（五肽）为例，可写成 Tyr-Gly-Gly-Phe-Met。

（二）二硫键

除肽键外，一级结构中主要的化学键还包括二硫键（图 4-7）。

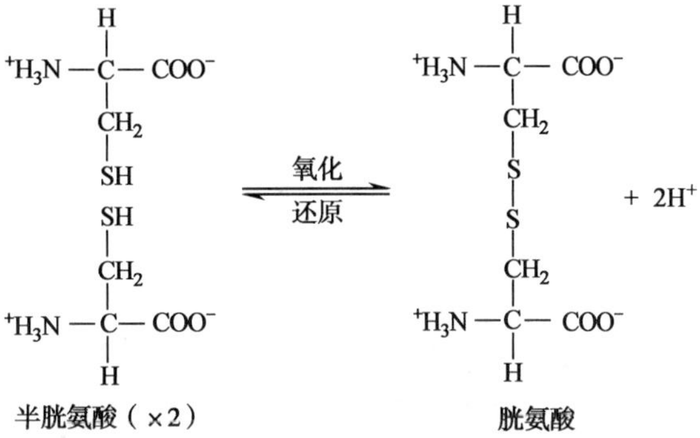

图 4-7 两个半胱氨酸残基生成胱氨酸残基

1953 年，英国科学家 F. Sanger 首先测定了胰岛素的一级结构，有 51 个氨基酸残基，由一条 A 链和一条 B 链组成，分子中共有 3 个二硫键，其中两个在 A、B 链之间，另一个在 A 链内。牛胰岛素的基本结构如图 4-8 所示。

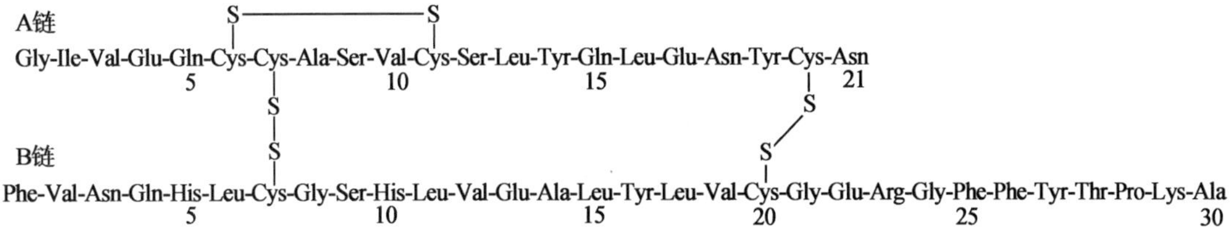

图 4-8 牛胰岛素的基本结构

二、蛋白质的二级结构

（一）肽平面的概念

20 世纪 30 年代末，L. Panling 和 R. B. Corey 应用 X 射线衍射分析法分析测定了某些氨基酸和寡肽的晶体结构，研究证实，肽键的键长在单键和双键之间，因肽键不能自由旋转而使参与肽键的 6 个原子共同处于同一平面，称为肽键平面，又称肽单元(图 4-9)。

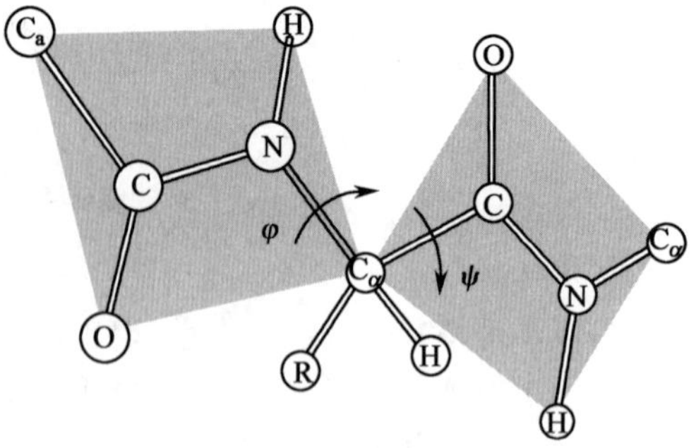

图 4-9　肽键平面

C—N 键长为 0.132 nm，比相邻的单键(0.147 nm)短，而较 C=N 双键(0.128 nm)长，有部分双键的性质，不能自由旋转。肽键平面上各原子呈顺反异构关系，肽键平面上的 O、H 以及 2 个 α-碳原子为反式构型。

主链中的 C_α—C 和 C_α—N 单键可以旋转，其旋转角 φ、ψ 决定了两个相邻的肽键平面相对关系。由于肽键平面的相对旋转，使主链可以以非常多的构象出现。事实上，肽链在构象上受到很大限制，因为主链上有 1/3 不能自由旋转的肽键，另外主链上有很多侧链 R 的影响。蛋白质的主链骨架由许多肽键平面连接而成。

(二)蛋白质二级结构的类型

蛋白质的二级结构是指多肽链中主链原子的局部空间排布，即构象，但不涉及侧链部分的构象。蛋白质二级结构主要包括 α 螺旋、β 折叠、β 转角和无规则卷曲 4 种形式，氢键是维持蛋白质二级结构的主要次级键。

1. α 螺旋

α 螺旋是最常见的一种二级结构(图 4-10)，其结构特点如下：

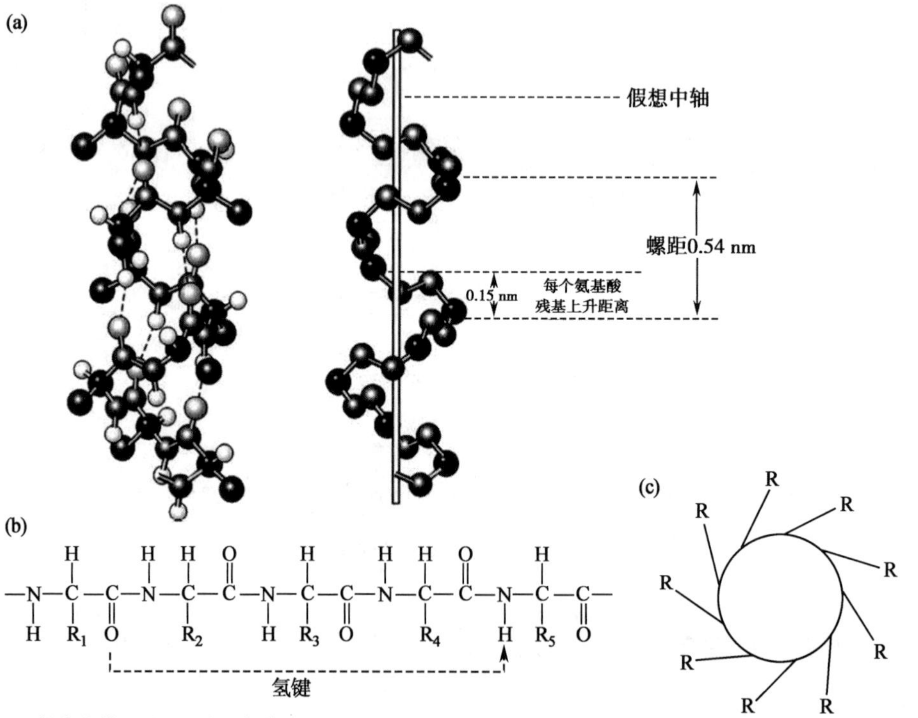

(a)α 螺旋的模型图；(b)在 α 螺旋中，残基的 C=O 基是以氢键连接到残基(n+4)的 N—H 基上；(c)α 螺旋的横截面观，显示螺旋外侧的氨基酸侧链(R 基团)的位置

图 4-10　多肽链折叠成 α 螺旋

(1)多肽链的主链围绕一个中心轴螺旋上升，每圈包含 3.6 个氨基酸残基，螺距约 0.54 nm，每个氨基酸残基上升 0.15 nm。

(2)氢键是维系 α 螺旋的主要作用力。

(3)螺旋的走向绝大部分是右手螺旋，残基侧链伸向柱状螺旋的外侧。R 基团的大小、荷电状态及形状均对 α 螺旋的形成及稳定有影响。

2. β 折叠

两个以上肽段平行排布并以氢键相连所形成的结构称为 β 折叠(图 4-11)，其结构特点如下：

(1)由若干条肽段或肽链平行或反平行排列组成片状结构。

(2)主链骨架伸展呈锯齿状。

(3)借相邻主链之间的氢键维系。

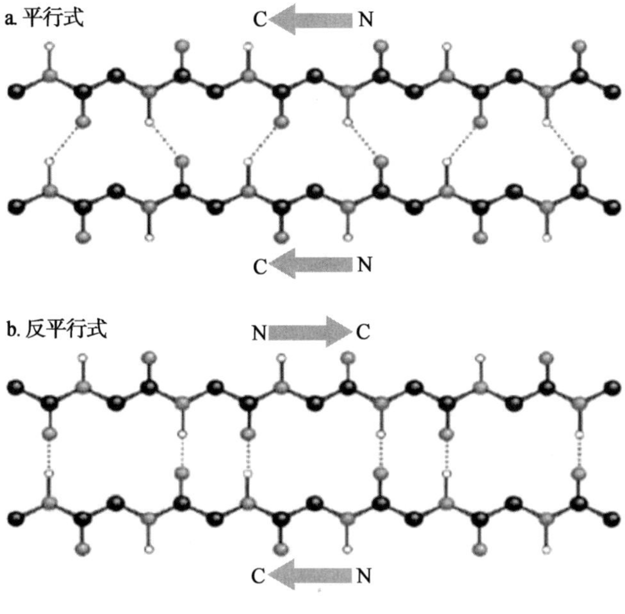

图 4-11　β 折叠中多肽链的折叠

3. β 转角

此结构出现于肽链 180°的转角部位。β 转角通常由 4 个氨基酸残基构成，由第一个氨基酸的羰基氧与第四个氨基酸的氨基的氢之间形成氢键，以维持转折结构的稳定。β 转角的结构较特殊，常出现于球蛋白的表面，多含脯氨酸和甘氨酸(图 4-12)。

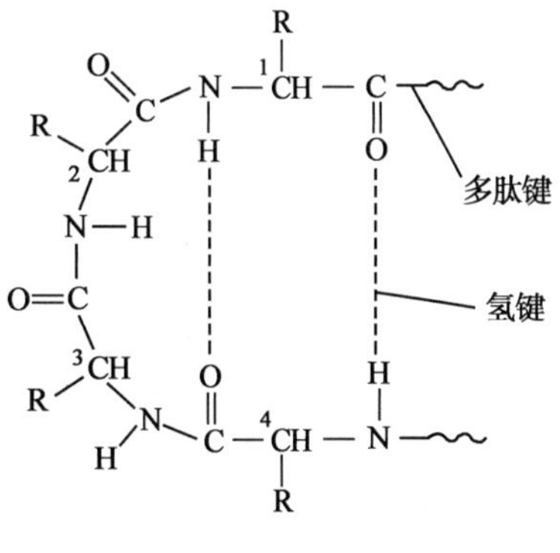

图 4-12　β 转角中多肽链的折叠

4. 无规卷曲

多肽链中不在常见二级结构之列的区域称为无规卷曲。一个典型球蛋白中超过 50%的肽链属于无规卷曲。

三、蛋白质的三级结构

蛋白质的三级结构是指蛋白质分子或亚基内所有原子的空间排布，也就是一条多肽链的完整的三维结构。如己糖激酶的结构(图 4-13)。研究证明具有三级结构的蛋白质才具有生物学功能，三级结构一旦被破坏，蛋白质的生物学功能便丧失。

二维码 4-2 维持蛋白质三级结构的化学键

稳定蛋白质三级结构的因素是侧链基团的相互作用生成的各种次级键，有氢键、离子键(盐键)、疏水作用、范德华力等非共价键和由两个半胱氨酸巯基共价结合而成的二硫键。

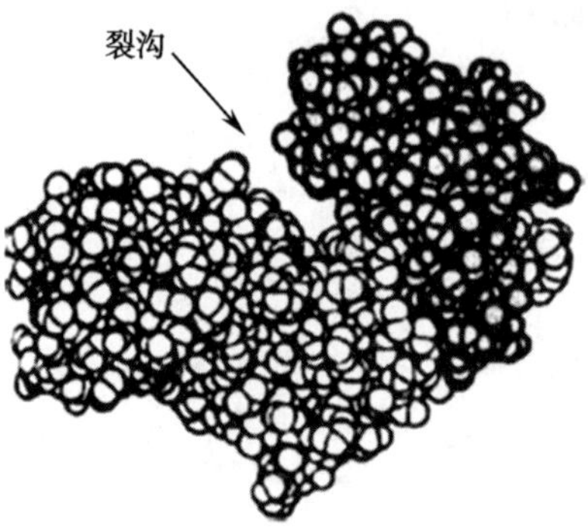

图 4-13 己糖激酶三级结构

四、蛋白质的四级结构

蛋白质的四级结构是指由两个或连个以上具有独立三级结构的多肽链依靠次级键缔合而成的复杂结构。每条具有独立三级结构的多肽链单位称为亚基。四级结构涉及各亚基间的空间排布及相互作用状态。维持四级结构的作用力主要是氢键、离子键、疏水作用及范德华力等。四级结构的蛋白质具有复杂的生物学功能，当四级结构的蛋白质解聚成亚基时，其生物学功能便丧失。

第四节 蛋白质的性质

一、蛋白质两性解离及等电点

蛋白质分子中 N-端有自由的氨基，C-端有自由的羧基，其与氨基酸一样具有酸、碱两性。此外，肽链上多种氨基酸残基的 R 侧链还有许多可以离子化的基团，它们中有些可以结合氢离子成为带正电荷的基团，有些能解离出氢离子成为带负电荷的基团。这种两性解离过程和带电状态取决于溶液的 pH。当溶液在某一特定的 pH 条件下，蛋白质分子所带的正电荷数与负电荷数相等，即净电荷数为零，此时蛋白质分子在电场中不移动，这时溶液的 pH 即为该蛋白质的等电点(pI)。当某种蛋白质溶液的 pH 大于 pI 时，该蛋白质带负电荷，反之，则带正电荷。

蛋白质在溶液中解离成带电颗粒，在电场中可以向电荷相反的电极移动，这种现象称为电泳。各种蛋白质的可解离基团的种类、数目、解离程度不同，在指定 pH 溶液中所带电荷不同，且它们的分子量大小、颗粒的大小和形状各不相同，因此在电场中的移动方向和速度各不相同。根据这一原理，科学家开发了许多用于蛋白质分析和分离的电泳技术，如自由界面电泳、纸上电泳、薄膜电泳、凝胶电泳(聚丙烯胺、淀粉、琼脂等凝胶作为支持物)、等电聚焦电泳等。蛋白质在等电点时溶解度最小，易从溶液中析出，可以利用这一性质进行蛋白质的分离提纯。制备凝固型酸奶就是利用等电点原理，把 pH 调节到 4.7 左右，即酪蛋白的等电点，使酪蛋白凝固析出。

二、蛋白质的胶体性质

蛋白质是高分子化合物，其分子量很大，通常在 1 万以上，可以达到数百万至数千万，在溶液中形成颗粒的大小为 1～100 nm，达到胶体颗粒的范围。蛋白质分子表面有许多极性基团，亲水性极强，在水溶液中能与水起水合作用。因此，蛋白质水溶液具有亲水胶体的性质。

蛋白质形成的亲水胶体颗粒具有两个稳定因素，一个是蛋白质表面的水化层，这是由于蛋白质颗粒表面大多为亲水基团，可吸引水分子，在颗粒表面形成较厚的水化膜，将蛋白质颗粒分开，不致相聚沉淀，另外一个因素是蛋白质胶粒表面可带有同种电荷，因同种电荷相斥，使蛋白质颗粒难以相互聚集从溶液中沉淀析出。去除这两个稳定因素(如调节溶液 pH 至等电点和加入脱水剂等)，蛋白质便容易凝集析出。

蛋白质溶液具有胶体溶液的性质，如溶液扩散慢、黏度大、不能透过半透性膜等。蛋白质的胶体性质也是某些蛋白质分离、纯化方法的基础。例如，透析法是利用蛋白质不能透过半透膜的性质以除去蛋白质溶液中的无机盐等小分子物质。

三、蛋白质的变性与复性

受某些物理或化学因素的影响，蛋白质的空间结构被破坏，从而导致其理化性质、生物活性改变的现象称为蛋白质的变性。变性的实质是蛋白质的天然构象受到破坏，涉及二、三、四级结构改变，二硫键和各级次级键破坏，但一级结构不变，无肽键断裂。变性后的蛋白质溶解度降低，黏度增加，吸光度升高，易被蛋白酶水解。

引起蛋白质变性的因素很多种，常见的有高温、高压、乙醇等有机溶剂、重金属离子及生物碱试剂等。天然蛋白质或等电点状态变性的蛋白质经加热煮沸，可变为较坚固的凝块，这称为蛋白质的凝固作用。蛋白质的变性与凝固已有许多实际应用，如豆腐就是大豆蛋白质的浓溶液通过加热加盐而成的蛋白质固体。在急救重金属盐(如氯化汞)中毒的病人时，可给患者吃大量乳品或蛋清，其目的就是先利用乳品或蛋清中的蛋白质在消化道中与重金属离子结合成不溶解的变性蛋白质，从而阻止重金属离子被吸收，再设法将沉淀物从胃肠中洗出。

当蛋白质变性程度不高，可在消除变性因素条件下使蛋白质恢复或者部分恢复其原有的构象和功能，称为复性。如果变性因素作用剧烈，蛋白质变性过甚，不可能发生复性，则称为不可逆变性。

四、蛋白质的沉淀

使蛋白质分子凝集而从溶液中析出的现象称为蛋白质沉淀。沉淀出的蛋白质有时是变性的，但在实验室条件下，如低温和使用温和的沉淀剂，可以得到不变性的蛋白质沉淀物。

1. 盐析

加入大量的中性盐如硫酸铵、硫酸钠、氯化钠、硫酸镁等，可使蛋白质从水溶液中沉淀析出，这种沉淀蛋白质的方法叫盐析法。如血浆中清蛋白在饱和硫酸铵溶液中可沉淀，而球蛋白则在半饱和硫酸铵溶液中就可沉淀。混合蛋白质溶液可用不同的盐浓度使其分别沉淀，这种分别沉淀的方法称为分段盐析。用盐析法沉淀出的蛋白质不变性，因此盐析是分离制备蛋白质或蛋白类生物制剂的常用方法。

2. 有机溶剂沉淀蛋白质

甲醇、乙醇、丙酮等有机溶剂，因其与水的亲和力比蛋白质强，故能迅速而有效地破坏蛋白质胶体的水膜，从而使蛋白质沉淀出来。

3. 重金属盐

重金属离子如 Cu^{2+}、Hg^{2+} 等可与蛋白质结合成盐而沉淀。在 pH 大于蛋白质等电点 pI 时，蛋白质呈负离子，易与重金属离子结合成盐。

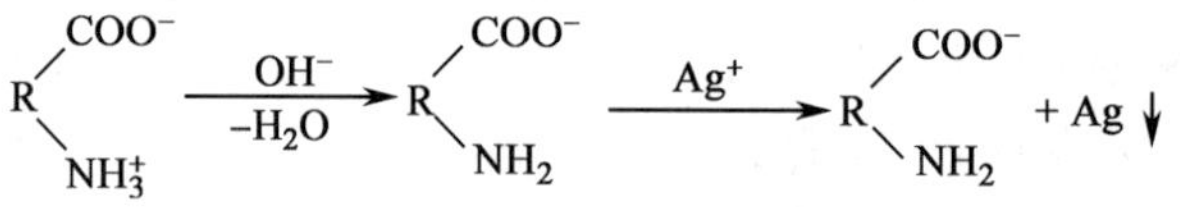

4. 酸类沉淀蛋白

三氯乙酸、过氯酸、钨酸等可与蛋白质正离子结合，形成不溶性盐而沉淀。当溶液的 pH 小于蛋白质等电点时，蛋白质带正电荷，易与酸根负离子结合成盐，从溶液中析出。在生物样品分析时，常用酸处理以制备无蛋白滤液。

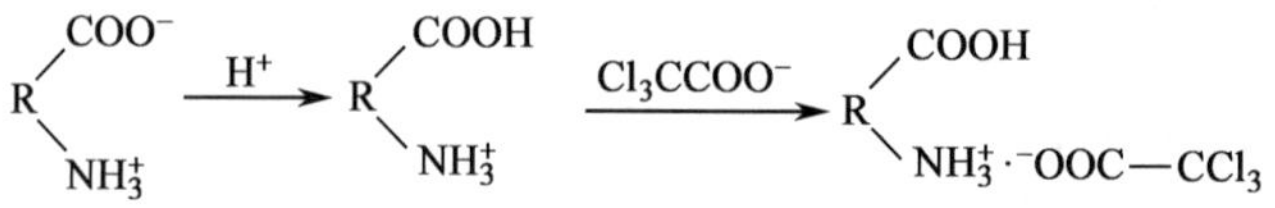

5. 热凝固沉淀蛋白质

蛋白质受热变性后，在有少量盐类存在或将 pH 调至等电点，则很容易发生凝固沉淀。原因可能是变性蛋白质的空间结构解体，疏水基团外露，水膜被破坏，同时失去了带电状态等而发生絮结沉淀。

五、蛋白质的颜色反应

某些试剂可与蛋白质分子中肽链或特殊氨基酸残基发生显色反应，产生的有色物质量与蛋白质浓度相关，可用来定性或定量测定蛋白质，如双缩脲试剂、酚试剂、考马斯亮蓝、茚三酮等显色反应。

1. 双缩脲反应

蛋白质分子与碱性铜溶液中的 Cu^{2+} 形成紫红色配合物的反应，称为双缩脲反应。碱性铜溶液称为双缩脲试剂。该反应可用于蛋白质和多肽的定性、定量测定，也可用于蛋白质水解程度的测定。

2. 酚试剂反应

在碱性条件下，蛋白质分子中酪氨酸、色氨酸等残基与酚试剂（磷钼酸-磷钨酸化合物）作用，产生蓝色物质。利用该反应，可对蛋白质含量进行测定，其灵敏度比双缩脲试剂法高100倍。

3. 茚三酮反应

在pH为5～7的溶液中，蛋白质与茚三酮共热可使溶液呈蓝紫色。

第五节 蛋白质的分离纯化与测定

一、蛋白质的分离纯化

（一）分离纯化蛋白质的一般程序

分离纯化蛋白质的一般程序可以分为前处理、粗分级分离和细分级分离三步。

1. 前处理

分离纯化某一蛋白质，首先，要把蛋白质从原来的组织或细胞中以溶解的状态释放出来，并保持其原来的天然状态，避免其失去生物活性。为此，动物材料应先剔除结缔组织包括脂肪组织；种子材料应先去壳和种皮以免受到单宁物质的污染，油料种子用有机溶剂如乙醚脱脂。然后，根据不同情况选择适当的方法，将组织或细胞破碎。动物组织可用电动捣碎机、匀浆机或超声处理破碎。植物组织由于具有细胞壁，一般要与石英砂或玻璃粉和缓冲液一起研磨破碎。细菌细胞的破碎常用超声、研磨或溶菌酶处理等。组织和细胞破碎以后，选择适当的缓冲液把目的蛋白质提取出来。细胞碎片等不溶物可离心或过滤除去。

如果所提取的蛋白质主要集中在细胞核、染色体、核糖体或细胞质中，可先利用差速离心方法将它们分开，收集该细胞组分作为下一步纯化的材料，这样可以一次性除去很多杂蛋白，使纯化工作简化。如果所要蛋白质是与细胞膜或膜质细胞器结合的，则必须利用超声波或去污剂使膜结构解聚，然后用适当的介质提取。

2. 粗分级分离

取得蛋白质提取液后，需选用一套适当的方法，将所要的蛋白质与其他杂蛋白分离开。一般这一步的分级分离用盐析、等电点沉淀和有机溶剂分离等方法。这些方法的优点是简便、处理量大，既能除去大量杂质，又能浓缩蛋白质溶液。有些蛋白质提取液不适于用沉淀或盐析法浓缩，则可采用超声过滤或凝胶过滤层析等方法浓缩。

3. 细分级分离

细分级分离即制品的纯化。制品经粗分级分离后，一般体积较小，杂蛋白质大部分已被除去，可用凝胶过滤层析、离子交换层析、吸附层析以及亲和层析等方法纯化；必要时还可采用凝胶电泳和等电聚焦进一步纯化，但电泳法主要用于纯度分析。

（二）蛋白质分离纯化的主要方法

根据蛋白质分子的大小、溶解度、电荷、吸附性等特性，可完成蛋白质的分离纯化。依据蛋白质分子大小不同，常用透析、超滤、密度梯度离心等方法进行分离；依据溶解度差异，可采用等电点沉淀、盐溶、盐析、有机溶剂沉淀等方法进行分离；依据蛋白质所带电荷的不同，可采用电泳和离子交换层析等方法进行分离。

二、蛋白质含量的测定与纯度鉴定

在蛋白质分离提纯过程中，常常需要测定蛋白质的含量和检查某一蛋白质的纯度。蛋白质含量测定的方法有凯氏定氮法、双缩脲法、考马斯亮蓝染色法、紫外吸收法等。不同的测定方法，其原理不同，优缺点也不同。

蛋白质制品纯度的鉴定通常采用电泳分析、沉降分析、扩散分析等方法进行。纯度较高的蛋白质，在一系列不同 pH 条件下进行电泳时，都以单一的泳动速度移动，在界面移动电泳中，它的电泳图谱只有一个峰。同样地，在沉降分析中，纯度较高的蛋白质，在离心力的影响下以单一的沉降速度运动，沉降速度由其分子的大小和形状决定。

第六节　蛋白质在食品加工和贮藏中的变化

一、加热

在食品加工中，热处理对蛋白质的影响较大，影响因素包括加热时间、温度、湿度以及有无还原性物质等。

1.蛋白质热加工处理后的有益作用

(1)改善其营养价值。蛋白质在热处理后发生热变性，有利于人体的消化和吸收。这是由于在适宜的加热条件下，蛋白质变性使原来折叠部分的肽链松散，容易受到消化酶的作用，从而提高消化率。另外，热加工对植物性食物中蛋白质成分的抗营养素(如胰蛋白酶抑制物和凝血素等)具有破坏作用，可提高食物的蛋白质效价。

(2)有利于食品塑型和提升强度。在食品加工中具有塑型作用的营养成分有糖类、高熔点脂类、蛋白质以及其他物质。大多数蛋白质在热处理后，只有达到凝固程度后才能起到食品的骨架作用，赋予食品应有的形态和强度。如饼干、面包中的面筋蛋白、糖果中的发泡剂(植物蛋白、鸡蛋蛋白和明胶)、肉糜罐头中的肌肉蛋白和胶原蛋白等。

(3)赋予食品各种优美的色、香、味。赖氨酸、精氨酸、色氨酸、苏氨酸和组氨酸等，在热处理中很容易与葡萄糖、果糖、乳糖等还原糖发生羰氨反应，即美拉德反应，使产品带有金黄色至棕褐色的焙烤特有色泽，这在糖果、焙烤食品、熏制食品等的热加工过程中有广泛应用。

(4)抑制有害酶活性，从而提高食品品质。热烫或蒸煮能使酶失活，防止食品产生不应有的颜色，也可防止风味质地变化和维生素的损失。食品中天然存在的大多数蛋白质毒素或抗营养因子均可通过加热使之变性和钝化，消除不良影响。

2.蛋白质过度热处理后的有害作用

(1)引起含硫蛋白质的分解。含硫蛋白质在热加工处理时温度太高则易发生分解，产生硫化氢等硫化物，如在罐头生产中由于硫化物的腐蚀，使罐头内壁产生黑斑，影响感官质量。

(2)降低蛋白质效价。过度热加工处理，可使蛋白质中的氨基酸发生氧化反应，破坏其结构，造成人体吸收氨基酸不均衡，导致蛋白质效价降低。

(3)产生有毒物质。过度热加工处理，使部分氨基酸分解后产生有毒物质，如鱼、肉等烧焦后的提取物，其致突变性比 3,4-苯并芘高 1 万倍；有些热解产物可致癌。

二、冷冻加工

采用冰冻和冷冻方式贮藏食品，能抑制微生物的繁殖和降低酶活性，从而延缓或防止蛋白质的腐败。

冰冻肉类时，肉组织受到一定程度的破坏。解冻时间过长，会引起蛋白质降解；而且水和蛋白质的结合状态被破坏，代之以蛋白质和蛋白质之间的相互作用，形成不可逆的蛋白质变性。这些变化导致蛋白质持水力丧失，如解冻以后鱼体变得既干且韧，鱼肉的风味变坏。

冷冻使蛋白质变性的程度主要与冻结速度有关，冻结速度越快，水结晶越小，挤压作用也越小，变性程度就越小。食品工业根据这原理通常采用快速冷冻法，以避免蛋白质变性，保持食品原有的风味。

三、碱处理

对食品进行碱处理，尤其是与热处理同时进行，对蛋白质的营养价值影响很大。在碱处理的过程中，还可以使精氨酸、胱氨酸、色氨酸、丝氨酸和赖氨酸发生构型变化，由 *L* 型转变为 *D* 型，营养价值降低。

四、脱水与干燥

食品经过脱水干燥后，便于贮存和运输。但干燥时，如温度过高、时间过长，会使蛋白质中的结合水受到破坏，引起蛋白质的变性。这会使食品的复水性降低，硬度增加，风味变劣。最好的干燥方法是冷冻真空干燥，使蛋白质的外层水化膜和蛋白质颗粒间的自由水在低温下结冰，然后在高真空下升华除去水分而达到干燥保存的目的。利用真空干燥法，不仅蛋白质变性极少，还能保持食品原来的色、香、味。高含水量蛋白质溶液用真空浓缩或喷雾干燥，产物在较低温度下脱水，比板式或滚筒干燥法效果更好。

五、氧化

食品工业中常常使用一定量的氧化剂来进行杀菌、漂白和去毒。如使用过氧化氢、过氧乙酸和过氧化苯甲酰等作为“冷灭菌剂”和漂白剂，用于食品贮藏、无菌包装系统的包装容器杀菌，面粉、乳清粉、鱼浓缩蛋白等的漂白，含黄曲霉素的谷物、豆类、种子壳皮可以用过氧化氢脱毒。这些过氧化物和氧化剂在高温下会导致蛋白质的氨基酸残基发生氧化反应和交联反应，使蛋白质的营养价值降低，失去食用价值，甚至产生有害物质。

学科前沿

蛋白质纯度的检测方法

蛋白质的纯度是指在一定条件下的相对均一性。蛋白质纯度的标准主要取决于测定方法的检测极限，用低灵敏度的方法证明是纯的样品，改用高灵敏度的方法则可能证明其是不纯的，因此在确定蛋白质纯度时，应根据要求选用多种不同方法从不同角度去测定其均一性。常见的检测蛋白质纯度的方法有以下几种：

(1)层析法。用分子筛或离子交换层析检查样品时，如果样品是纯的，应显示单一的洗脱峰；若样品是酶类，层析后则显示恒定的比活性。

(2)电泳法。用 PAGE 检查样品时呈现单一区带，表明样品在电荷和质量方面是均一的；SDS-PAGE 在检测纯度上也很有应用价值，能说明蛋白质在分子大小上的均一程度，该方法只适用于单链多肽和具有相同亚基的蛋白质；等点聚焦电泳用于纯度鉴定，能表明蛋白质在等电点方面的均一性。

(3)免疫化学法。免疫学技术是鉴定蛋白质纯度的有效方法，其根据抗原与抗体反应的特异性，可用已知抗体检测抗原或已知抗原检测抗体。常用的方法有免疫扩散、免疫电泳、双向免疫电泳和放射免疫分析等，放射性免疫是一种超微量的特异分析方法，灵敏度很高，可达纳克至皮克水平。

实验一　蛋白质的两性解离性质和等电点测定

一、实验目的与要求

(1)掌握蛋白质的两性解离性质。

(2)熟练掌握测定蛋白质等电点的基本方法。

二、实验原理

蛋白质是由氨基酸组成的生物大分子。虽然大多数的 α-氨基和 α-羧基以肽键结合，但仍有 N 末端的氨基和 C 末端的羧基存在，同时侧链上还有一些可解离基团。因此，蛋白质和氨基酸一样是两性电解质。调节蛋白质溶液的 pH，可使蛋白质带上正电荷或负电荷；在某一 pH 时，其分子中所带的正电荷和负电荷相等，此时溶液中蛋白质以兼性离子形式存在。在外加电场中蛋白质分子既不向正极移动也不向负极移动，此时溶液的 pH 称为该蛋白质的等电点，蛋白质的溶解度最小。不同的蛋白质，因氨基酸的组成不同有不同的等电点。

三、实验材料、试剂与仪器

1. 试剂

(1)0.5%酪蛋白溶液。0.5 g 酪蛋白，先加入几滴 1 mol/L 的 NaOH 使其湿润，用玻璃棒搅拌研磨使成糨糊状，逐滴加入 0.01 mol/L 的 NaOH 使其完全溶解后定容到 100 mL。

(2)酪蛋白乙酸钠溶液。将 0.25 g 酪蛋白加 5 mL 1 mol/L 的 NaOH 溶解，然后加 20 mL 蒸馏水使其完全溶解后，再加入 5 mL 1 mol/L 的乙酸，混合后转入 50 mL 的容量瓶内，加水到刻度，混匀备用(pH 应为 8～8.5)。

(3)0.01%的溴甲酚绿溶液。将 0.005 g 溴甲酚绿溶解于 50 mL 含有 0.29 mL 1 mol/L NaOH 的水中。该指示剂在 pH 3.8 时为黄色，pH 5.4 时为蓝色。

(4)0.02 mol/L 的 HCl 溶液。将 0.8 mL 浓盐酸用蒸馏水稀释到 480 mL 即可。

(5)0.02 mol/L 的 NaOH 溶液。将 0.08 g NaOH 溶解于 30 mL 水中，最终定容至 100 mL。

(6)0.1 mol/L 的乙酸溶液。将 1 mol/L 乙酸 5 mL 加水至 50 mL。

(7)0.01 mol/L 的乙酸溶液。将 0.1 mol/L 乙酸 5 mL 加水至 50 mL。

(8)1 mol/L 的乙酸溶液。1 mL 冰醋酸(17 mol/L)加水到 17 mL 即可。或者吸取 99.5%乙酸(相对密度 1.05)2.875 mL,加水至 50 mL。

(9)1 mol/L NaOH 溶液。称取 4 g NaOH 溶解于 30 mL 水中,定容到 100 mL。

(10)0.01 mol/L NaOH 溶液。称取 0.04 g NaOH 溶解于 30 mL 水中,定容到 100 mL。

2.器具

试管、试管架、水浴锅、电子天平、滴管、移液管(1 mL、2 mL、5 mL)、pH 试纸等。

四、操作步骤

1.蛋白质的两性反应

(1)取一支干净的试管,加入 1 mL 0.5%的酪蛋白溶液,5~7 滴 0.01%的溴甲酚绿溶液,充分混合,观察溶液的颜色并解释原因(蓝色)。

(2)逐滴加入 0.02 mol/L 的 HCl,随加随摇动试管,直到出现明显的沉淀为止,用精密 pH 试纸测溶液的 pH,观察溶液的颜色变化。

(3)继续加入 0.02 mol/L 的 HCl,观察沉淀的变化和溶液颜色的变化。

(4)逐滴加入 0.02 mol/L 的 NaOH 到上面的溶液中,使溶液的 pH 接近中性,观察沉淀是否形成并说明原因。

(5)继续滴加 0.02 mol/L 的 NaOH,观察沉淀的变化(沉淀又会消失,溶液的颜色发生变化)。

2.酪蛋白等电点的测定

(1)取 9 只试管分别编号 1~9(表 4-2)。

(2)按表 4-2 向每管中加入试剂。注意每种试剂加完后,要振荡试管。

(3)试剂全部加完后,静置 20 min。

(4)观察每管内溶液的浑浊度,用“-”“+”“++”“+++”“++++”表示沉淀的多少。

(5)判断酪蛋白的 pI。

表 4-2 酪蛋白等电点的测定

试管号	蒸馏水/mL	1 mol/L 的 HAc/mL	0.1 mol/L 的 HAc/mL	0.01 mol/L 的 HAc/mL	0.5%酪蛋白醋酸钠溶液/mL	溶液最终的 pH	沉淀多少
1	2.4	1.6	—	—	1	3.5	
2	3.2	0.8	—	—	1	3.8	
3	—	—	4.0	—	1	4.1	
4	2.0	—	2.0	—	1	4.4	
5	3.0	—	1.0	—	1	4.7	
6	3.5	—	0.5	—	1	5.0	
7	1.5	—	—	2.5	1	5.3	
8	2.75	—	—	1.25	1	5.6	
9	3.38	—	—	0.62	1	5.9	

五、数据记录与分析

1.蛋白质的两性反应

把酪蛋白的反应现象和原因填在表 4-3 中。

表 4-3 酪蛋白的两性反应的现象和原因

0.5%的酪蛋白溶液	现象	原因
加入溴甲酚绿指示剂 5～7 滴		
加入 0.02 mol/L 的盐酸溶液		
继续加入 0.02 mol/L 的盐酸溶液		
滴入 0.02 mol/L 的氢氧化钠溶液中和后		
继续滴加 0.02 mol/L 的氢氧化钠溶液		

2.酪蛋白等电点的测定

把酪蛋白等电点的测定结果填写在表 4-4 中。

表 4-4 酪蛋白等电点的测定结果

反应时间	3.5	3.8	4.1	4.4	4.7	5.0	5.3	5.6	5.9
0 min									
10 min									
20 min									

根据观察的结果，确定酪蛋白的等电点(浑浊现象显著或静止后沉淀最多，上部溶液变得最清亮的一管的 pH，即为酪蛋白的等电点)。

六、注意事项

(1)本实验要求各种试剂的浓度和加入量必须相当准确，除了需要精心配制试剂以外，实验中应严格按照定量分析的操作进行。为了保证实验的重复性，可事先按照上述的比例配制成大量的 9 种不同 pH 的乙酸溶液，实验时分别准确吸取 4 mL 该溶液，再各自加入 1 mL 0.5%的酪蛋白乙酸钠溶液。

(2)酪蛋白乙酸钠溶液每加一管后，应立即摇匀，勿在 9 支试管全部加完后再摇。

七、问题与讨论

(1)何谓蛋白质的等电点？为什么在等电点时蛋白质的溶解度最低？

(2)本实验中，根据蛋白质的何种性质测定其等电点？

(3)测定蛋白质等电点为什么应在缓冲液中进行？

实验二 蛋白质的透析

一、实验目的

(1)掌握透析的基本原理。

(2)掌握透析基本操作方法。

二、实验原理

蛋白质是生物大分子物质，不能通过透析膜，而小分子物质(如离子)可以自由通过，在分离提纯蛋白质的过程中，常利用透析的方法使蛋白质与其中夹杂的小分子物质分开，达到分离提纯的目的。

三、试剂与器材

1. 材料

蛋白质的氯化钠溶液：3个除去卵黄的鸡卵蛋清与700 mL水及300 mL饱和氯化钠溶液混合后，用数层干纱布过滤。

2. 试剂

10% HNO_3 溶液，1% $AgNO_3$ 溶液，10% NaOH 溶液，1% $CuSO_4$ 溶液，双缩脲试剂。

3. 器具

透析管或玻璃纸，烧杯，玻璃棒，电磁搅拌器，试管及试管架。

四、操作步骤

1. 装样

向透析管中装入10～15 mL蛋白质溶液(或将蛋白质溶液装入玻璃纸后扎成袋形)。

2. 透析

将透析管或袋放入盛有蛋白质体积10倍以上的蒸馏水的烧杯中(透析袋系于一横放在烧杯上的玻璃棒上)。在烧杯底部放一个转子，缓慢搅拌以促进溶液交换。约1 h后，自烧杯中取水1～2 mL，加10%HNO_3 溶液数滴使溶液呈酸性，再加入1% $AgNO_3$ 溶液1～2滴，检查氯离子的存在。从烧杯中另取1～2 mL水，做双缩脲试验，检查是否有蛋白质存在。

3. 检查透析效果

不断更换烧杯中的蒸馏水(约30 min换1次，并用磁力搅拌器不断搅动蒸馏水)以加速透析过程。数小时后从烧杯的水中不再检出氯离子，此时停止透析并检查透析管或透析袋内容物是否有蛋白质或氯离子存在。

五、注意事项

(1)透析袋不能装太满，并使其适当排出空气。

(2)将装好样品的透析袋悬于大烧杯中部。

(3)透析停止后，透析袋中将出现球蛋白沉淀现象，这是因为球蛋白不溶于纯水的缘故。

六、数据记录与分析

将透析过程中的检验结果填入表4-5中。

表 4-5 蛋白质透析效果检查表

透析时间	加入 1% $AgNO_3$ 溶液后的现象	双缩脲反应情况	备注
1 h			
2 h			
3 h			
数小时后			
透析停止后			

七、问题与讨论

(1)透析前的蛋白质-NaCl 混合液中的 Cl^- 是否可以用硝酸银溶液来检测？
(2)双缩脲反应检测蛋白质的原理是什么？

实验三 豆腐的制作

一、实验目的

(1)理解并掌握葡糖酸内酯作为凝固剂在豆腐生产中的应用。
(2)掌握豆腐制作的工艺及感官评价。

二、实验原理

葡糖酸内酯水解形成葡糖酸，可能使豆浆中的蛋白质溶液凝固。葡糖酸内酯遇水会水解，但在室温下(30℃以下)进行的很缓慢，加热之后则会迅速水解。

三、试剂与器材

1. 材料
黄豆。
2. 器具
磨浆机(或组织捣碎机)、电磁炉(带锅)、大烧杯、温度计、纱布、保鲜盒、电子天平。
3. 试剂
葡糖酸内酯。

四、操作步骤

1. 参考配方
大豆 100 g、水约 600 g、葡糖酸内酯 0.25%～0.3%。
2. 工艺流程
原料→浸泡→水洗→磨制分离→煮浆→冷却→混合→灌装→加热成型→冷却→成品。
3. 操作要点
(1)浸泡。按 1∶4 添加泡豆水，水温 17～25℃，pH 在 6.5 以上，浸泡时间 6～8 h。

(2)水洗。用自来水清洗浸泡的大豆，去除浮皮和杂质，降低泡豆的酸度。

(3)磨制。用磨浆机磨制水洗的泡豆，磨制时每千克原料豆加入 50～55℃ 的热水 3 000 mL。

(4)煮浆。煮浆使蛋白质发生热变性，煮浆温度要求达到 95～98℃，保持 2 min；豆浆的浓度 10%～11%。

(5)冷却。葡糖酸内酯在 30℃以下不发生凝固作用，为使它能与豆浆均匀混合，把豆浆冷却至 30℃。

(6)混合。葡糖酸内酯的加入量为豆浆的 0.25%～0.3%，先与少量凉豆浆混合溶化后加入混均，混匀后立即灌装。

(7)灌装。把混合好的豆浆注入包装盒内，每袋重 250 g，封口。

(8)加热凝固。把灌装的豆浆盒放入锅中加热，当温度超过 50℃后，葡糖酸内酯开始发挥凝固作用，使盒内的豆浆逐渐形成凝块。加热的水温为 85～100℃，加热时间为 20～30 min，之后立即冷却，以保持豆腐的形状。

五、数据记录与分析

豆腐的感官质量标准是白色或淡黄色，具有豆腐特有的香气和滋味，块型完整硬适中，质地细嫩，有弹性，无杂质。依据上述标准对所做豆腐进行评价分析。

六、注意事项

(1)葡糖酸内酯的最大用量 3.0 g/kg。

(2)葡糖酸内酯先溶于水后再加入豆浆。

七、问题与讨论

(1)加热对于大豆蛋白由溶胶转变为凝胶有何作用？

(2)制作内酯豆腐的两次加热各有什么作用？

单元小结

蛋白质是食品的主要成分，对食品的色、香、味、组织结构和加工性状均有重大影响。氨基酸是蛋白质组成的基本结构单位，不同的氨基酸之间通过肽键结合起来形成多肽链，构成蛋白质的一级结构，在此基础上，多肽链进一步折叠、卷曲形成蛋白质的空间结构。

蛋白质是一种两性电解质，具有等电点，当蛋白质溶液的 pH 达到等电点时，蛋白质的溶解度最小。水化膜和带有同种电荷是蛋白质在水溶液中稳定的因素。一定浓度的蛋白质溶胶在某些条件下能够发生胶凝作用形成凝胶，蛋白质形成凝胶的性质在许多食品的制备中起着重要作用。此外，食品在加工和贮藏过程中，常常需要加热、冷却、干燥及用化学试剂处理，这些处理常常引起蛋白质的变化，这也是在进行食品加工贮藏过程中需要注意的问题。

课后练习

一、判断题

1. 蛋白质的一级结构决定它的高级结构。(　　)
2. 蛋白质的空间结构就是它的三级结构。(　　)
3. 盐析法可使蛋白质沉淀，但引不起变性，所以常用于蛋白质的分离制备。(　　)
4. 蛋白质分子的亚基就是蛋白质的结构域。(　　)
5. 构成蛋白质的 20 种氨基酸都是必需氨基酸。(　　)

二、单选题

1. 测得某一蛋白质样品的氮含量为 1 g，此样品约含蛋白质(　　)。
   A. 2.00 g　　B. 2.50 g　　C. 6.25 g　　D. 3.00 g
2. 维持蛋白质二级结构的主要化学键是(　　)。
   A. 盐键　　B. 疏水作用　　C. 肽键　　D. 氢键
3. 蛋白质变性后，以下不正确的是(　　)。
   A. 生物活性丧失　　B. 不易被蛋白酶水解
   C. 黏度增加　　D. 吸收光谱发生改变
4. 蛋白质所形成的胶体颗粒，在(　　)条件下不稳定。
   A. 溶液的 pH 大于 pI　　B. 溶液的 pH 小于 pI
   C. 溶液的 pH 等于 pI　　D. 溶液的 pH 等于 7
5. 蛋白质分子组成中不含有(　　)。
   A. 半胱氨酸　　B. 蛋氨酸　　C. 瓜氨酸　　D. 丝氨酸

三、简答题

1. 蛋白质沉淀的方法有哪些？
2. 简述蛋白质分离纯化的常用方法。
3. 蛋白质在加工和贮藏过程中可能发生哪些变化？

二维码 4-3　第四章
课后练习参考答案

第五章

酶

【本章引言】

生物体内绝大多数代谢反应都是由酶来催化完成的。食品加工过程中如何保持食物的色、香、味和结构是很重要的问题，因此加工过程中要避免产生剧烈的化学反应。酶由于反应条件温和、专一性强、本身无色无味、反应容易控制等特点，适宜用于食品加工，并给传统的食品工业带来了发展新思路。酶已广泛应用于食品原料开发、品质改良、工艺改造等食品工业领域。随着研究的不断深入，酶正在以其独特的优势取代传统的化学试剂，并且越来越多地用于食品工业。酶工业已成为中国最具发展前景的新兴产业之一。

【科学史话】

人们对酶的认识来源于长期的生产和科研实践。1833 年，佩延从麦芽糖的水抽提物中沉淀出一种可促进淀粉水解成可溶性糖的对热不稳定的物质，人们开始认识到生物细胞中可能存在一种类似催化剂的物质。1878 年，库尼首先将其称为 enzyme。1896 年，德国学者巴克纳兄弟发现，用石英砂磨碎的酵母细胞或无细胞滤液与酵母细胞一样，也可将一分子葡萄糖转化为乙醇和 CO_2。1926 年，美国科学家 Sumner 得到脲酶的结晶，并指出酶是蛋白质。1930 年 Northrop 等得到了胃蛋白酶、胰蛋白酶和胰凝乳蛋白酶的结晶，并进一步证明了酶是蛋白质。

1982 年以后，科学家陆续发现某些 RNA 和 DNA 也具有酶的催化功能，使人们进一步认识到酶不都是蛋白质。1982 年，美国 T. Cech 等发现四膜虫的 rRNA 前体能在完全没有蛋白质的情况下进行自我加工，证明 RNA 有催化活性，并命名这一类酶为 ribozyme(核酶)。1995 年，Cuenoud 等发现有些 DNA 分子也具有催化活性。

【学习目标】

1.理解某种酶的命名规则。

2.理解酶催化作用的特点及影响因素。

3.掌握各种食品中酶的重要作用。

4.通过对酶学知识的学习，能够在食品加工中充分发挥有利的酶的作用，消除不利的酶的影响。

5.掌握酶分离提取的操作要点。

【思维导图】

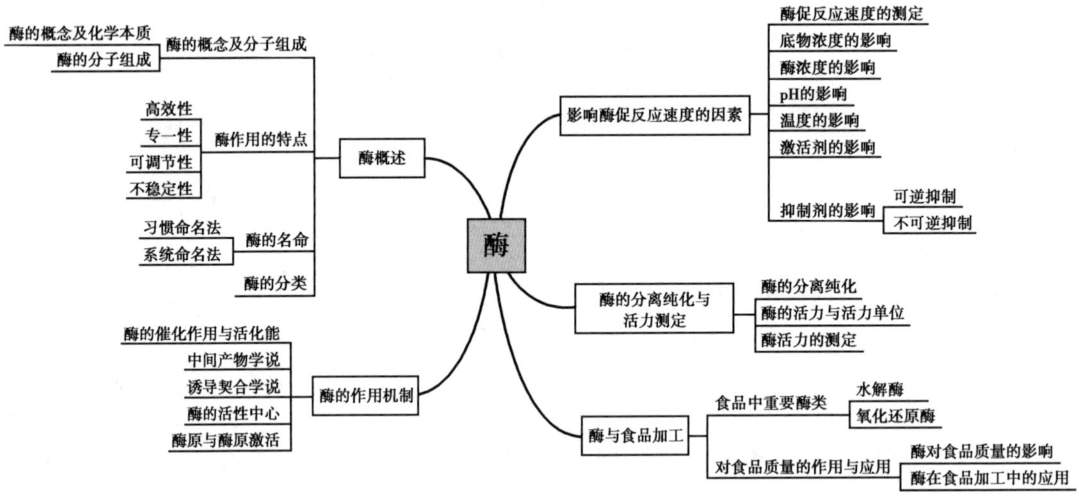

二维码 5-1　第五章课程学习资料

第一节 酶 概 述

一、酶的概念及分子组成

1. 酶的概念及化学本质

酶是一类由活性细胞产生的、具有高催化效率和高度专一性的生物催化剂，简单来说，酶是一类由活性细胞产生的生物催化剂。绝大多数酶由蛋白质组成，少数由核酸(RNA)组成，后者称之为核酶。酶所催化的反应称为酶促反应，酶促反应中被酶催化的物质称为底物，而反应后生成的物质称为产物。

2. 酶的分子组成

根据酶的组成成分，可分为单纯酶和结合酶两类。

(1)单纯酶。这类酶只有蛋白质，没有其他成分。水解酶一般属于单纯酶，这些酶的活性仅仅取决于蛋白质的结构，例如脲酶、蛋白酶、淀粉酶、酯酶、核糖核酸酶等。

(2)结合酶(复合酶)。结合酶包括蛋白质部分(酶蛋白)和非蛋白质部分，非蛋白部分即酶的辅助因子，两者结合称全酶。酶蛋白和辅助因子单独存在均无催化活性，只有两者结合为全酶才有催化活性。酶蛋白决定酶的专一性，辅助因子起运输转移电子、原子或某些功能基团的作用。

酶的辅助因子包括金属离子和小分子有机化合物。辅助因子分辅酶和辅基两大类。辅酶与酶蛋白以非共价键形式结合，结合疏松，可以用透析或超滤方法除去；辅基与酶蛋白以共价键形式结合，结合紧密，不易用透析或超滤方法除去。

二、酶作用的特点

酶具有一般催化剂的特性，只能改变反应速度，不改变化学平衡，并在反应前后本身不变。但酶作为生物催化剂，与一般的无机催化剂相比又具有以下特点。

1. 高效催化性

酶的催化效率比非催化反应高 $10^8 \sim 10^{20}$ 倍，比一般催化剂高 $10^7 \sim 10^{13}$ 倍。例如，用 1 mol 离子铁催化时，每秒可分解 6×10^{-4} mol H_2O_2，而用 1 mol 过氧化氢酶催化时，每秒可分解 6×10^6 mol H_2O_2。

2. 高度特异性

一种酶仅作用于一种或一类化合物，或一定的化学键，催化一种或一类化学反应并产生一定产物的特性，称为酶的特异性或专一性。

酶对底物的特异性通常分为以下几种：

(1)绝对专一性。有的酶只作用于一种底物产生一种特定结构的产物，称为绝对专一性。如果底物分子有任何细微的变化，酶便不起作用。如脲酶，只能催化尿素水解成 NH_3 和 CO_2，而不能催化甲基尿素水解。

(2)相对专一性。一种酶可作用于一类化合物或一种化学键，这种不太严格的专一性称为相对专一性。如脂肪酶不仅能水解脂肪，也能水解简单的酯类；磷酸酶对一般的磷酸酯都有作用，无论是甘油的还是一元醇或酚的磷酸酯均可被其水解。

(3)立体异构专一性。酶对底物的立体构型的特异要求，称为立体异构专一性。如 α-淀粉酶只能水解淀粉中的α-1,4-糖苷键,不能水解纤维素中的β-1,4-糖苷键;L-乳酸脱氢酶的底物只能是L-乳酸,而不能是D-乳酸。酶的立体异构专一性表明,酶与底物的结合,至少存在三个结合点。

3.酶活性的可调节性

酶的催化活性受多方面的调节和控制。细胞内酶的调节和控制方式主要有两大类,第一大类是酶浓度的调节,通过诱导和抑制酶的合成或者降解完成;第二大类是酶活性调节,主要通过酶的化学修饰、抑制物和激活剂的调节作用、代谢物对酶的反馈调节、酶的别构调节以及神经体液因素的调节等方式完成。这些调控保证酶在体内新陈代谢中发挥恰如其分的催化作用,使生命活动中的种种化学反应都能够有条不紊、协调一致地进行。

4.酶活性的不稳定性

酶是活细胞产生的生物大分子,对环境条件极为敏感,一般要在常温、常压、合适的pH条件下进行酶促反应。凡是使生物大分子变性的因素,如强酸、强碱、有机溶剂、重金属盐、高温、高压、紫外线、剧烈振荡等都可能使酶变性而失去其催化活性。

三、酶的命名

1.习惯命名法

(1)根据作用底物来命名,如淀粉酶、蛋白酶等。

(2)根据所催化的反应的类型命名,如脱氢酶、转移酶等。

(3)前两个原则结合起来命名,如丙酮酸脱羧酶、蛋白水解酶、乳酸脱氢酶等。

(4)根据酶的来源或其他特点来命名,如胃蛋白酶、胰蛋白酶、唾液淀粉酶等。

2.系统命名法

国际生物化学会酶学委员会(Enzyme Commission,EC)规定了一套系统的命名法,即每种酶的名称应当明确标明酶的底物及催化反应的性质,如果一种酶催化两个底物,则用":"将之分开。例如对催化下列反应酶的命名:

$$\text{ATP}+D\text{-葡萄糖}\xrightarrow{\text{酶}}\text{ADP}+D\text{-葡萄糖-6-磷酸}$$

该酶的正式系统命名是"ATP:葡萄糖磷酸转移酶",表示该酶催化从ATP中转移一个磷酸到葡萄糖分子上的反应。该法比较烦琐,但比较严格,多在较为正式的文献资料中使用。

四、酶的分类

国际生物化学会酶学委员会根据酶所催化的反应类型和机理,把酶分成6大类:

(1)氧化还原酶类。主要是催化氢的转移或电子传递的氧化还原反应。

$$AH_2+B \rightleftharpoons A+BH_2$$

(2)转移酶类。催化化合物中某些基团的转移。

$$A\text{—}X+B \rightleftharpoons A+B\text{—}X$$

(3)水解酶类。催化加水分解作用。

$$AB+H_2O \rightleftharpoons AOH+BH$$

(4)裂解酶类。催化非水解性地除去基团而形成双键的反应或逆反应。

①裂解 C—C 键：

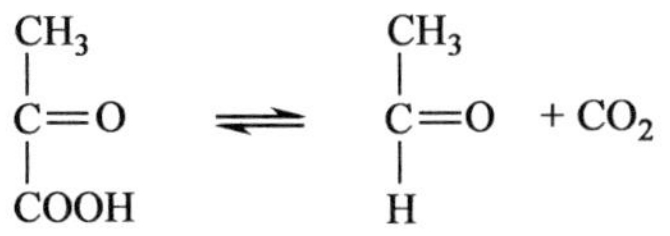

②裂解 C—O 键：

③裂解 C—N 键：

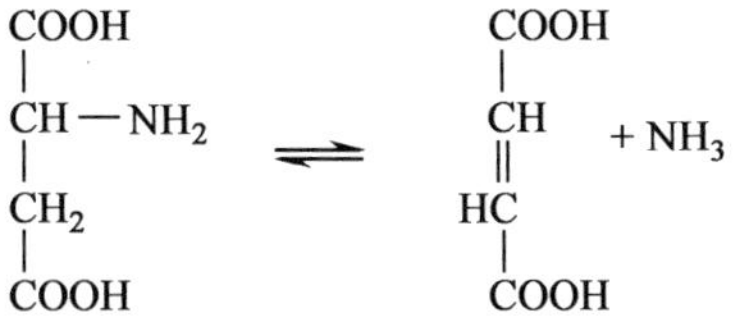

(5)异构酶。催化各种异构体之间的互变。

$$A \rightleftharpoons B$$

(6)合成酶类。催化有 ATP 参加的合成反应。

$$A+B+ATP \rightleftharpoons A—B+ADP+Pi$$

第二节　酶的作用机制

一、酶的催化作用与活化能

任何化学反应只有当反应物分子超过一定的能阈，成为活化状态后，才能发生变化，形成产物。这种使低能分子达到活化状态的能量称为活化能。酶与催化剂的催化作用主要是降低反应所需活化能，以至相同的能量能使更多的分子活化，从而加速反应的进行。例如，脲酶可使尿素水解反应的活化能由 136 kJ/mol 降到 46 kJ/mol，使反应速度提高 10^{14} 倍。

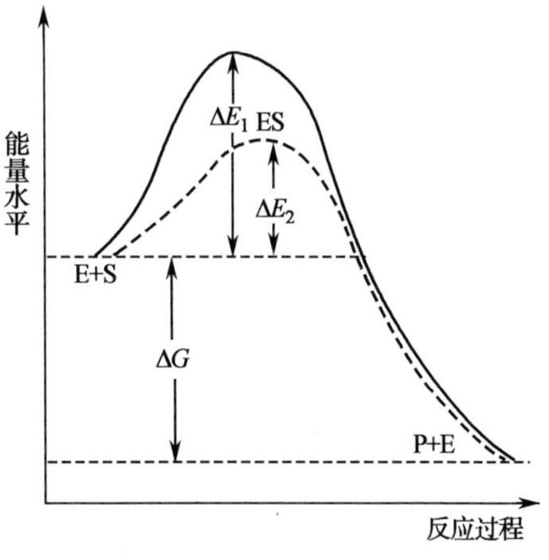

图 5-1　酶通过形成 ES 复合物降低活化能

二、中间产物学说

Henri 和 Wurtz 提出了中间产物学说。该学说认为当酶催化某一化学反应时，酶(E)与底物(S)结合生成不稳定的中间物(ES)，再分解成产物(P)并释放出酶，该反应可用下式表示：

$$E+S \rightleftharpoons ES \rightleftharpoons E+P$$

通过该过程使反应沿一个低活化能的途径进

行，降低反应所需活化能(图 5-1)，所以能加快反应速度。

三、诱导契合学说

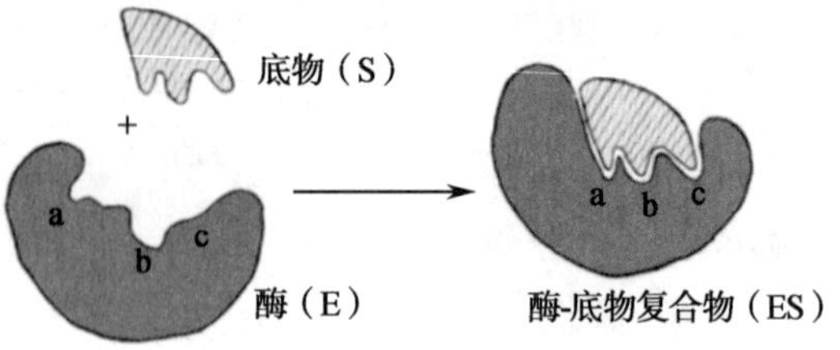

图 5-2 酶的构象变化

1958 年，D. Koshland 提出诱导契合学说，该学说认为，当酶分子与底物接近时，酶受底物诱导而发生有利于结合底物的构象变化，同时底物构象也发生改变，酶与底物互补契合，进行反应(图 5-2)。诱导契合学说解释了酶的专一性机理。并且近年来 X 射线晶体结构分析的实验结果支持了这一学说，证明酶是一种具有高度柔性、构象动态变化的分子，酶与底物结合时确有显著的构象变化。

四、酶的活性中心

酶活性中心或活性部位是指与底物直接结合并使之转变为产物的特定区域。对于不需要辅因子的酶来说，活性中心通常是一级结构上相距甚远，通过肽链的折叠、盘绕而在三维结构上比较靠近的少数几个氨基酸残基或这些残基上某些基团(图 5-3a)；对于需要辅因子的酶来说，辅因子或辅因子上的一部分结构往往就是活性中心的组成部分。

酶活性中心通常有两个功能部位：一个是结合部位负责识别并结合特定的底物，此部位决定酶的底物专一性；另一个是催化部位，负责促使底物发生化学变化，此部位决定酶的催化效率。底物通过各类次级键与活性中心结合(图 5-3b)。

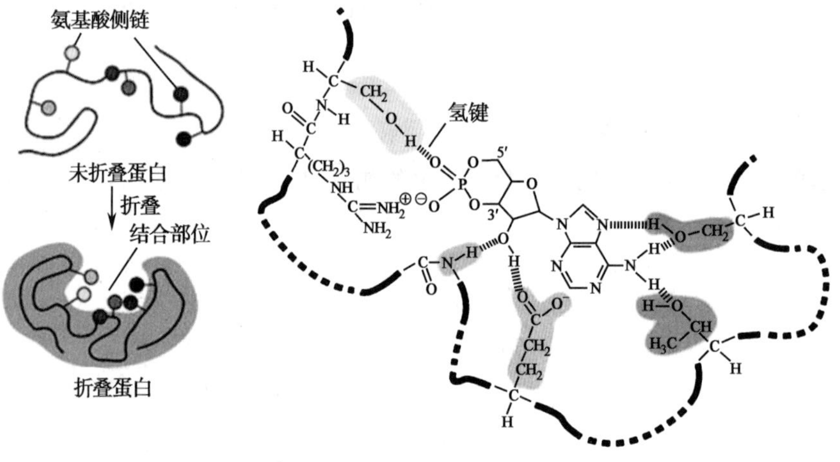

a. 活性中心的结构　　　　b. 底物与活性中心结合

图 5-3 酶活性中心示意图

五、酶原与酶原激活

有些酶在细胞内合成时或初分泌时，没有催化活性，这种不具生物活性的酶的前体称为酶原。酶原经蛋白水解酶专一作用后，构象发生变化，形成酶的活性部位，使酶具有活性，这个活化过程称为酶原的激活。酶原激活实际上是酶的活性中心形成或暴露的过程。

很多种酶，例如胃蛋白酶、胰蛋白酶、胰糜蛋白酶、羧基肽酶、弹性蛋白酶、凝血酶等，在它们初分泌时都是以无活性的酶原形式存在，在一定条件下才转化成相应的酶(图 5-4)。

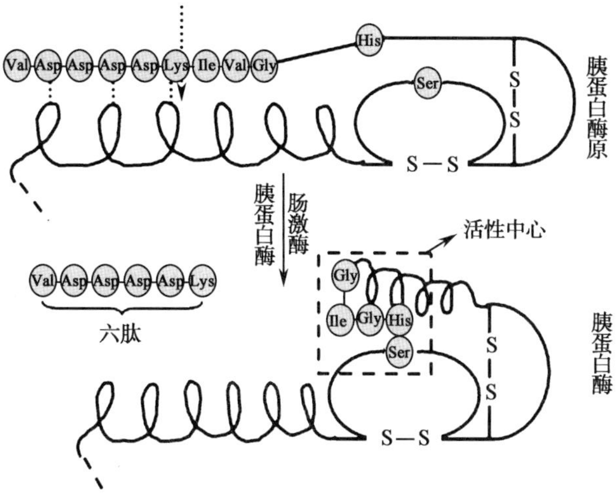

图 5-4 胰蛋白酶原的激活过程

酶以酶原的形式合成和分泌，然后激活，具有重要的生理意义。例如，由胰腺分泌的几种蛋白酶原，必须经在肠道内经过激活之后才能水解蛋白质，这样保护了胰腺细胞不受蛋白酶的破坏，否则，将会引起产生剧痛而又危及生命的急性胰腺炎。又如，血液中虽有凝血酶原，却不会在血管中引起大量凝血，妨碍血液循环，这是因为凝血酶原没有激活成凝血酶之故。当创伤出血时，大量凝血酶原被激活成凝血酶，从而促进了血液凝固，堵塞伤口，防止大量流血。

第三节 影响酶促反应速度的因素

研究酶促反应速度及各种因素对酶促反应速度的影响是酶促反应动力学的主要内容。主要包括酶浓度、底物浓度、pH、温度、激活剂和抑制剂等对酶促反应速度的影响。

一、酶促反应速度的测定

酶促反应速度可用单位时间内底物的减少量或产物的生成量来表示。一般在测定酶促反应速度时，最好选择在初始底物被消耗 5%以内时，测定产物的生成量，即反应的初速度。这是因为酶促反应开始不久，产物的生成量几乎与时间成正比；随着时间的延长，底物减少和产物的增加会增加逆反应速度，产物的抑制作用及时间延长也会影响酶活力，故产物生成量不再与时间成正比(图 5-5)。

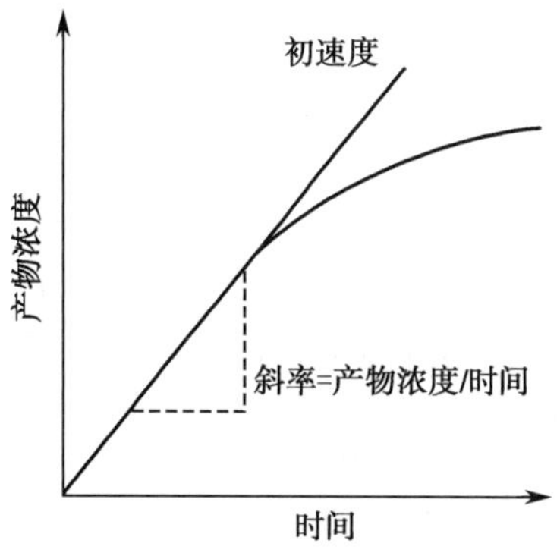

图 5-5 酶促反应的速度曲线

据图 5-5 可以看出，酶促反应的起始阶段，反应速度(曲线斜率)几乎维持恒定，但随着时间的延长，曲线逐渐变得平缓，斜率改变，反应速度降低，此时的反应速度已不能代表酶的催化活性。

二、酶促反应速度的影响因素

(一)底物浓度对酶促反应速度的影响

酶促反应速度 v_0 与底物浓度[S]的关系如图 5-6 所示。在底物浓度较低时,酶未被底物饱和,酶促反应速度随底物浓度增加而升高,表现为一级反应;随着底物浓度持续增加,酶逐渐被底物饱和,酶促反应速度和底物浓度不再成正比,表现为混合级反应;当底物浓度继续增加并到一定值时,酶已被底物所饱和,酶促反应速度不再增加,达到最大值(v_m),此时,酶促反应速度与底物浓度无关(再增加底物浓度,反应速度不再增加),表现为零级反应。v_0-[S]曲线为双曲线。Henri 和 Wurtz 根据上述内容提出了中间产物学说。

(二)酶浓度对酶促反应速度的影响

在一定的温度和 pH 条件下,当底物浓度大大超过酶的浓度时,即反应液中底物浓度足以使酶饱和的情况下,增加酶浓度可以提高反应速度,此时酶的浓度与反应速度呈正相关关系(图 5-7)。

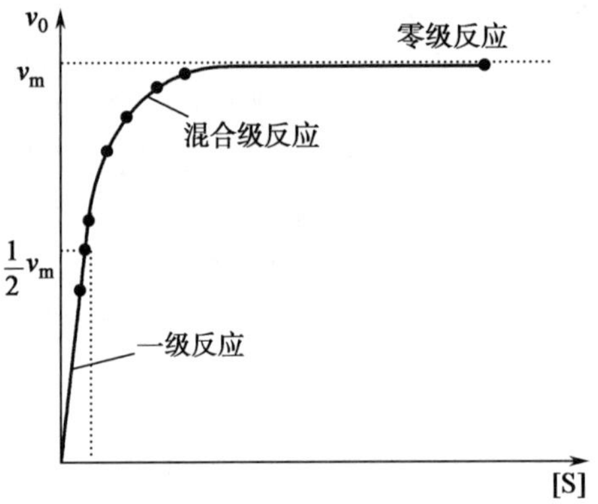

图 5-6　底物浓度对酶促反应速度的影响

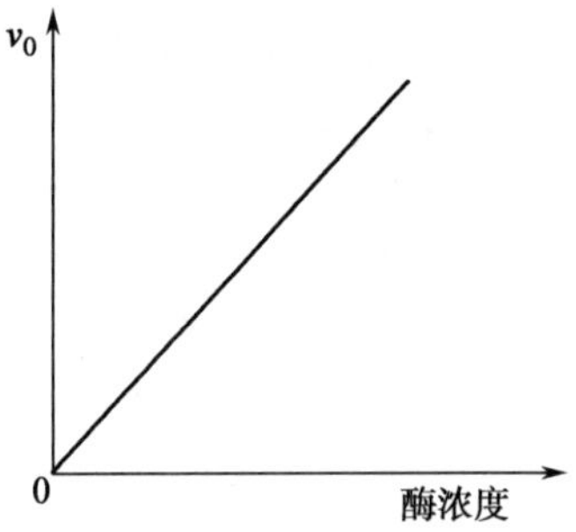

图 5-7　酶浓度对反应速度的影响

(三)pH 对酶促反应速度的影响

由于酶活性极易受到环境 pH 的影响,因此酶只在一定 pH 范围内有活性。在此范围内,酶促反应速度随 pH 升高而增加,直到最大,然后开始降低,大多数酶的 v_0-pH 曲线是钟形曲线(图 5-8)。反应速度达到最大时的溶液 pH,称为酶的最适 pH。低于或高于最适 pH,酶活性均降低。

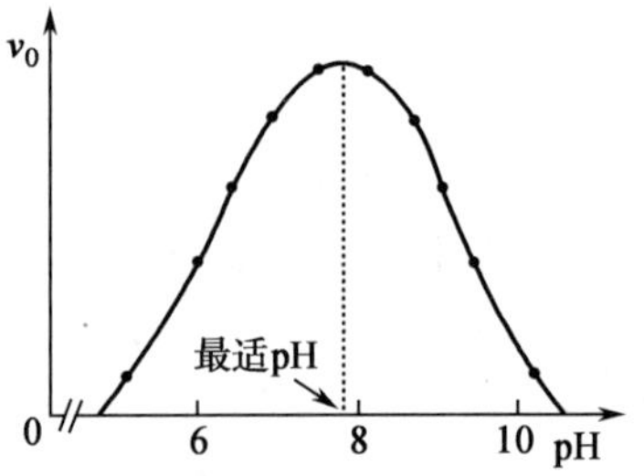

图 5-8　pH 对酶促反应速度的影响

每一种酶在一定条件下都有它的最适 pH,其受到底物的种类和浓度、缓冲液的种类和浓度、酶的纯度、反应的温度和时间等因素的影响。一般来说,动物酶最适 pH 一般在 6.5～8.0;植物与微生物酶多在 4.5～6.5。也有例外,如胃蛋白酶最适 pH 为 1.5,肝精氨酸酶为 9.8,这些酶的 v_0-pH 曲线形状不是典型的钟形,而是半钟形或其他形状。测定酶活力时,应选用适宜的缓冲液,以保持酶的最大活性。

pH 主要通过影响酶分子的空间构象、酶分子的解离状态和底物的解离，从而影响酶的活性或酶与底物的结合，进而影响反应速度。

(四)温度对酶促反应速度的影响

温度是酶促反应速度重要影响因素之一。在一定温度范围内，酶促反应的速度随温度升高而加快，当温度增加到一定程度时，酶促反应速度达到最大值。如果温度进一步增加，则酶促反应速度反而随温度上升而急剧降低(图 5-9)。在一定条件下，酶促反应速度最大时的温度称为酶的最适温度。

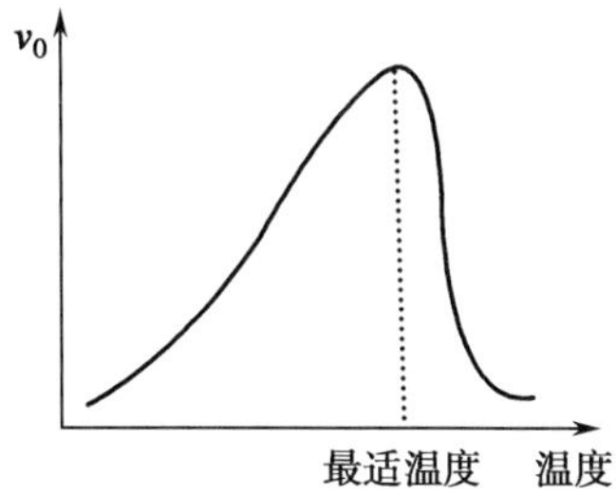

图 5-9 温度对酶促反应速度的影响

温度对酶促反应速度的影响有两个方面：一方面，温度升高，反应速度增加，这与一般化学反应相同；另一方面，由于酶是蛋白质或 RNA，易受热变性，有活性的酶减少，使酶促反应速度随温度上升而降低。酶促反应最适温度实际上是上述两方面综合作用的结果。

不同来源的酶的最适温度不同。温血动物来源的酶最适温度一般在 35～40℃，植物酶多在 40～50℃，微生物酶最适温度差别较大。一些耐高温的酶具有重要的应用价值，如 Taq DNA 聚合酶最适温度为 70℃，被广泛用于聚合酶链式反应。另外，同一种酶在不同条件下最适温度也不同，它受到酶的纯度、底物、激活剂、抑制剂以及作用时间等因素的影响。

(五)激活剂对酶促反应速度的影响

凡能提高酶活力的物质称为激活剂。有些酶的激活剂是金属离子，包括 Cu^{2+}、Mg^{2+}、Zn^{2+}、K^+、Na^+ 等；有些酶的激活剂是 Cl^-、Br^-、I^- 等无机阴离子，如唾液淀粉酶需要 Cl^- 激活，羧肽酶需要 Zn^{2+} 激活，DNA 需要 Mg^{2+} 激活。这些离子的存在能起到维持酶分子的构象和使活性中心稳定的作用，从而提高酶活性。有些酶的激活剂是小分子有机化合物，如半胱氨酸、还原型谷胱甘肽、抗坏血酸等，它们能使酶分子的二硫键还原成有活性的巯基，从而提高酶活性；金属螯合剂乙二胺四乙酸(EDTA)，能去除酶分子中的重金属杂质，从而解除重金属离子对酶的抑制作用，有的酶还需其他酶蛋白激活

激活剂的作用是相对的，一种酶的激活剂对另外一种酶而言很可能起抑制作用；此外有些离子激活剂之间可以相互替代，而有些之间产生拮抗作用，即一种离子的加入干扰另一种离子的作用，如 Mg^{2+} 激活的酶常被 Ca^{2+} 所抑制；有些离子在浓度低时起激活作用，浓度高时则起抑制作用。

(六)抑制剂对酶促反应速度的影响

凡是引起酶活性降低或完全失活，但并不引起酶变性的物质称为酶的抑制剂。根据抑制剂与酶作用过程是否可逆，可将抑制作用分为不可逆抑制和可逆抑制两大类。

1. 不可逆抑制

抑制剂以共价键形式与酶分子的功能基团结合，从而抑制酶活性，用透析、超滤等物理方法不能去除抑制剂而使酶活性恢复，称为不可逆抑制作用，这种抑制剂称为不可逆抑制剂。不可逆抑制剂的种类很多，常见的有有机磷杀虫剂、有机汞化合物、有机砷化合物、一氧化碳、氰化物、路易氏气、重金属离子等剧毒物质。例如，有机磷杀虫剂可特异性地与胆碱酯酶的活性

中心——丝氨酸的羟基集合，使酶失活（图 5-10），乙酰胆碱不能被胆碱酯酶水解而大量积累，从而引起一系列的神经中毒症状甚至导致死亡。又如，路易氏气等，可与酶的—SH 结合而使酶失活（图 5-11）。

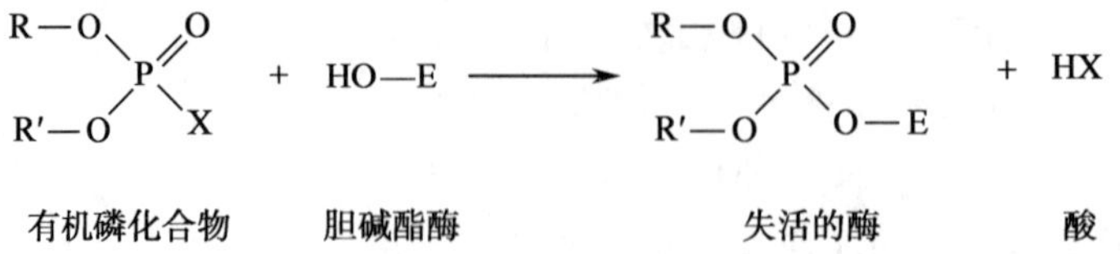

图 5-10　有机磷与胆碱酯酶结合

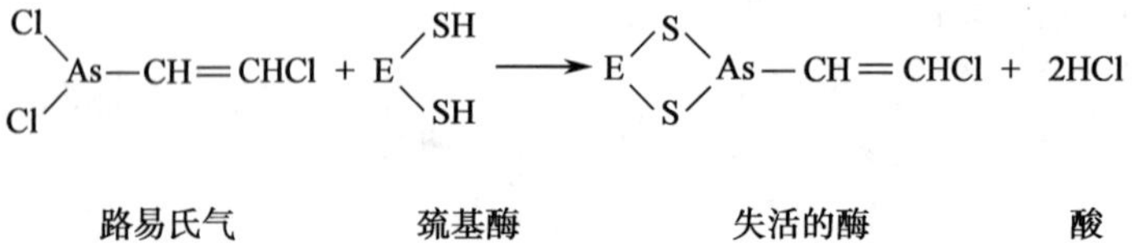

图 5-11　路易氏气与巯基酶的结合

2. 可逆抑制

抑制剂以非共价键形式与酶结合，并可用透析或过滤等物理方法除去抑制剂而使酶活性恢复，这种抑制方式叫作可逆抑制作用。根据抑制剂与底物的关系，可逆抑制可分为以下三种类型。

（1）竞争性抑制。某些抑制剂的化学结构与底物相似，因而能与底物竞争与酶活性中心结合，从而影响底物与酶正常结合的现象，称为竞争性抑制。其作用过程如图 5-12 所示。

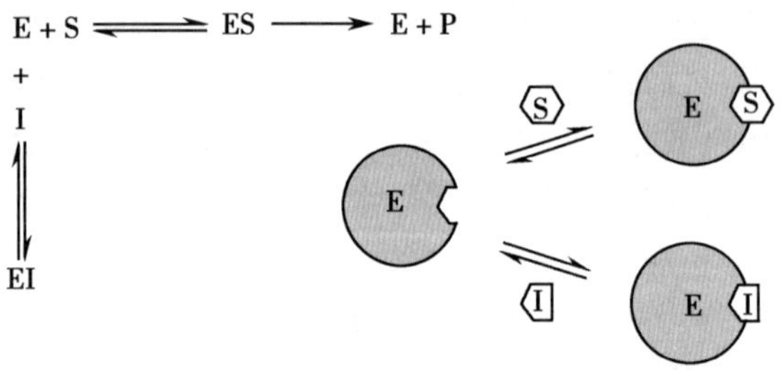

图 5-12　酶的竞争性抑制作用

由于抑制剂与酶形成的 EI 不能生成产物 P，正常的酶促反应速度下降，由于抑制剂与酶的结合也是可逆的，所以可以通过加入大量底物，提高底物的竞争力来消除竞争性抑制剂的抑制作用，使酶促反应速度接近或达到最大值。

（2）非竞争性抑制。非竞争性抑制剂的结构与底物的结构不相似，两者没有竞争，只是底物与抑制剂同时在酶的不同部位与酶结合，生成酶、底物、抑制剂三者的复合物（ESI），由于该复合物不能生成产物，从而使酶催化活性受到抑制。非竞争性抑制作用可用图 5-13 表示。

非竞争性抑制剂与酶活性中心以外的部位结合，其结构与底物相差很大，因此与底物互不排斥与竞争，所以不能用增加底物浓度的方法来消除非竞争性抑制。

由于酶与底物结合后可再与抑制剂结合，也可结合抑制剂后再结合底物，所以抑制剂存在

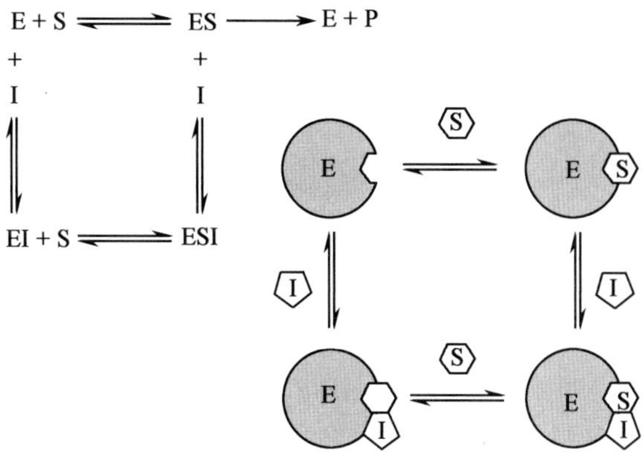

图 5-13 酶的非竞争性抑制作用

下的酶促反应的中间产物有 ES、EI 和 ESI。

(3)反竞争性抑制。抑制剂不与酶直接结合,而是与酶与底物结合形成的 ES 复合物结合,形成 ESI 复合物,此复合物不能转变为产物(图 5-14)。底物与酶的结合改变了酶的构象,使其更易结合抑制剂。由于这种情况与竞争性抑制作用相反,因此称为反竞争性抑制作用。有反抑制剂存在的酶促反应的中间产物有 ES 和 ESI。

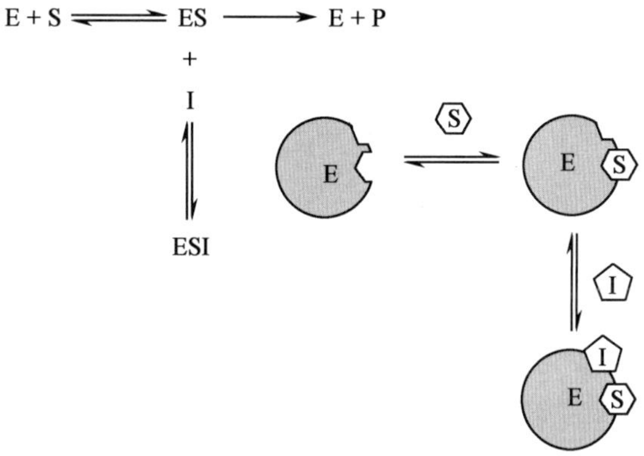

图 5-14 酶的反竞争性抑制作用

第四节 酶的分离纯化与活力测定

一、酶的分离纯化

在工业上大多采用微生物发酵法来获得大量的酶制剂,然后通过盐析法、有机溶剂沉淀法、吸附法等方法进行分离纯化。

1. 酶分离纯化的一般过程

(1)选材。通常应选取酶含量高的材料。

(2)破碎细胞。方法包括机械破壁、化学破壁、酶破壁、温度破壁等。

(3)抽提。在缓冲液条件下进行。

(4)去核酸、去多糖。

(5)纯化。采取适当方法提取蛋白质。

(6)保存。低温干燥保存。

2.注意事项

基于酶的特殊性,在提纯过程中要注意以下几点。

(1)全部操作在低温(0～4℃)下进行。

(2)在分离提纯过程中,不能剧烈搅拌。

(3)在提纯溶剂中加一些保护剂,如少量 EDTA、少量 β-巯基乙醇。

(4)在分离提纯过程中要不断测定酶活力和蛋白质浓度,从而求得比活力,还要计算总活力。

二、酶的活力和活力单位

1.概念

酶活力是指酶催化一定化学反应的能力,通常用最适条件下酶所催化的化学反应的速度来衡量。酶促反应的速度越快,表示酶的活力越高。

2.酶活力的表示法

酶活力的大小用酶活力单位来表示,常用的酶活力单位有 3 种。

(1)IU。在标准条件(25℃、最适 pH、最适底物浓度)下,酶在 1 min 内转化 1 μmol 底物所需的酶量叫作 1 个酶的活力单位(IU),这种单位是由国际生物化学会酶学委员会 1961 年规定的。

(2)Kat。指在最适条件下,酶在 1 s 内转化 1 mol 底物所需的酶量叫作 1 个酶活力单位(1 Kat)。Kat 与 IU 的换算:

$$1\ \text{Kat}=60\times10^{6}\ \text{IU};1\ \text{IU}=16.67\times10^{-9}\ \text{Kat}$$

这是 1972 年由国际生物化学会酶学委员会规定的一种单位。

(3)自定义的活力单位。习惯上或测定时把酶使用的反应速度的单位定义为酶的活力单位。有的甚至直接用测得的物理量,如以单位时间内消光度的变化表示酶活力单位。这种方法简单方便,省去了许多计算,但只能用于酶活力的相对比较。

3.比活力

比活力指每毫克酶蛋白所含的酶活力单位数,计算公式如下:

$$\text{比活力}=\frac{\text{酶活力单位}}{\text{酶蛋白质量}}$$

比活力是反映酶制剂纯度的一个常用指标。比活力越大,表示酶越纯。

三、酶活力的测定方式

酶活力的测定方法有分光光度法、荧光法、同位素法、电化学法等。

酶活力测定一般包括两个阶段:首先在一定条件下,酶与底物反应一段时间;然后测定反应液中底物或产物的消耗量或生成量。

酶活力测定一般经历如下几个步骤:选择适宜的一定浓度的底物;确定酶促反应的条件;

将一定量的酶液和底物溶液混合；反应到一定时间(因要测定酶促反应初速度)，取出反应液以终止反应；测定产物的生成量。

测定酶活力时应注意几点：

(1)应测定反应初速度。

(2)酶的反应速度一般用单位时间内产物的增加量来表示。

(3)测酶活力时应使反应温度、pH、离子强度和底物浓度等因素保持恒定。

(4)测定酶反应速度时，应使[S]远大于[E]。

第五节　酶与食品加工

一、食品中重要的酶类

(一)水解酶

催化底物发生水解反应。如淀粉酶、蛋白酶、核酸酶、脂肪酶等。

1. 淀粉酶

凡催化淀粉水解的酶，称为淀粉酶。淀粉酶是糖苷水解酶中最重要的一类酶。按作用方式的不同，可将淀粉酶分为四类：α-淀粉酶、β-淀粉酶、葡萄糖淀粉酶和脱支酶。

(1)α-淀粉酶。存在于动物、植物和微生物中。在发芽的种子、人的唾液、动物的胰脏内含量较高。现在工业上已经能利用枯草杆菌、米曲霉、黑曲霉等微生物制备高纯度的α-淀粉酶。

结构特点：天然的α-淀粉酶分子中都含有一个结合得很牢固的Ca^{2+}，Ca^{2+}起着维持酶蛋白最适宜构象的作用，从而使酶具有高的稳定性和最大的活力。

作用特点：α-淀粉酶是一种内切酶，随机水解α-1，4-糖苷键，不能水解α-1，6-糖苷键。水解直链淀粉时迅速使其降解成低聚糖，然后把低聚糖分解成终产物麦芽糖和葡萄糖。水解支链淀粉时终产物是葡萄糖、麦芽糖和一系列含有α-1，6-糖苷键的极限糊精或异麦芽糖。由于α-淀粉酶能快速地降低淀粉溶液的黏度，使其流动性加强，故又称为液化酶。

(2)β-淀粉酶。存在于高等植物的种子中，大麦芽内尤为丰富。少数细菌和霉菌中也含有此种酶。

作用特点：外切酶，只能水解β-1，4-糖苷键。作用时从淀粉分子的非还原性末端开始，依次切下一个个麦芽糖单位，并将切下的α-麦芽糖转变成β-麦芽糖。β-淀粉酶在催化支链淀粉水解时，因为它不能断裂β-1，6-糖苷键，也不能绕过支点继续作用于β-1，4-糖苷键，因此，β-淀粉酶分解淀粉是不完全的，β-淀粉酶作用的终产物是β-麦芽糖和分解不完全的极限糊精。

适宜条件：β-淀粉酶的热稳定性普遍低于α-淀粉酶，但比较耐酸。

(3)葡萄糖淀粉酶。来源于微生物的根霉、曲霉等。

作用特点：外切酶，能水解α-1，4-糖苷键、α-1，6-糖苷键和α-1，3-糖苷键，但对后两种键的水解速度较慢。作用时从非还原性末端开始逐次切下一个个葡萄糖单位，当作用于淀粉支点时，速度减慢，但可切割支点。因此，葡萄糖淀粉酶作用于直链淀粉或支链淀粉时，终产物均是葡萄糖。工业上用葡萄糖淀粉酶来生产葡萄糖，所以也称此酶为糖化酶。

适宜条件：最适 pH 为 4～5，最适温度在 50～60℃。

(4)脱支酶。存在于许多动植物和微生物中。

作用特点：水解淀粉和糖原分子中 α-1,6-糖苷键，有普鲁兰酶和异淀粉酶之分。

2. 蛋白酶

动物、植物和微生物中都可以提取蛋白酶，其也是食品工业中重要的一类酶。按照来源，可分为动物蛋白酶、植物蛋白酶和微生物蛋白酶三大类；按照作用方式，分为内肽酶和外肽酶两大类；按照最适 pH 的不同，可分为酸性蛋白酶、碱性蛋白酶和中性蛋白酶；按照其活性中心的化学性质，分为丝氨酸蛋白酶（酶活性中心含有丝氨酸残基）、巯基蛋白酶（酶活性中心含有巯基）、金属蛋白酶（酶活性中心含金属离子）和酸性蛋白酶（酶活性中心含羧基）。

(1)动物蛋白酶。存在于人和哺乳动物的消化道，如胃蛋白酶、胰蛋白酶、胰凝乳蛋白酶、弹性蛋白酶和羧肽酶。

胃黏膜细胞分泌的胃蛋白酶，可将各种水溶性蛋白质分解成多肽；胰腺分泌的胰蛋白酶、胰凝乳蛋白酶、弹性蛋白酶和羧肽酶等内肽酶和外肽酶，可将多肽链水解成寡肽和氨基酸；小肠黏膜能分泌氨肽酶、羧肽酶和二肽酶等，将小分子肽分解成氨基酸。人体摄取的蛋白质就是在消化道中这些酶的综合作用下被消化吸收的。胃蛋白酶、胰蛋白酶、胰凝乳蛋白酶等先分别以无活性前体的酶原形式存在，在消化道需经激活后才具有活性。

在动物组织细胞的溶酶体中有组织蛋白酶，最适 pH 为 5.5 左右。当动物死亡之后，随组织的破坏和 pH 的降低，组织蛋白酶被激活，可将肌肉蛋白质水解成游离氨基酸，使肌肉产生优良的肉香风味。但从活细胞中提取和分离组织蛋白酶很困难，限制了它的应用。

在哺乳期小牛的第四胃中还存在一种凝乳酶，是由凝乳酶原激活而成，pH 为 5 时可被已有活性的凝乳酶催化而激活，在 pH 为 2 时主要由胃酸激活。随小牛长大，由摄取母乳改变成青草和谷物时，凝乳酶逐渐减少，而胃蛋白酶增加。凝乳酶也是内肽酶，能使牛奶中的酪蛋白凝聚，形成凝乳，可用来制作奶酪等。

特点：动物蛋白酶由于来源少，价格昂贵，所以在食品工业中的应用不甚广泛。胰蛋白酶主要应用于医药上。

(2)植物蛋白酶。主要包括木瓜蛋白酶、无花果蛋白酶和菠萝蛋白酶（均已被大量应用于食品工业）。

特点：都属巯基蛋白酶、内肽酶，对底物的特异性都较宽。

木瓜蛋白酶（番木瓜胶乳中），在 pH 为 5 时稳定性最好，pH$<$3 或 pH$>$11 时会很快失活。该酶的最适 pH 虽因底物不同而不同，但一般在 5～7。与其他蛋白酶相比，木瓜蛋白酶的热稳定性较高。

无花果蛋白酶存在于无花果胶乳中，在新鲜的无花果中含量可高达 1%左右。在 pH 为 6～8 时最稳定，但最适 pH 很大程度上取决于底物。若以酪蛋白为底物，活力曲线在 pH 为 6.7 和 9.5 两处有峰值；以弹性蛋白为底物时，最适 pH 为 5.5；底物为明胶时，最适 pH 为 7.5。

菠萝汁中含有很丰富的菠萝蛋白酶，从果汁或粉碎的茎中都可提取到，其最适 pH 为 6～8。

(3)微生物蛋白酶。细菌、酵母菌、霉菌等微生物中都含有多种蛋白酶，是生产蛋白酶制剂的重要原料。生产用于食品和药物的微生物蛋白酶的菌种主要是枯草芽孢杆菌、黑曲霉、米曲霉三种。

随着酶科学和食品科学研究的深入发展，微生物蛋白酶在食品工业中的用途将越来越广泛，如在肉类的嫩化，尤其是牛肉的嫩化上应用微生物蛋白酶代替价格较贵的木瓜蛋白酶，可达到更好的效果。

3.果胶酶

果胶酶是能水解果胶类物质的一类酶的总称，主要存在于高等植物和微生物中。

根据作用底物的不同分为果胶酯酶、聚半乳糖醛酸酶和果胶裂解酶3种类型。

(1)果胶酯酶。存在于植物及部分微生物种类里，能催化果胶脱去甲酯基生成聚半乳糖醛酸链和甲醇的反应。

适宜条件：不同来源的果胶酯酶最适pH不同，霉菌来源的果胶酯酶适应酸性条件，细菌来源的果胶酯酶适应偏碱性条件，植物来源的果胶酯酶适应中性条件。

不同来源的果胶酯酶的热稳定性也有差异。例如，霉菌果胶酯酶在pH为3.5时，50℃加热0.5 h，酶活力无损失，当温度提高到62℃时，酶基本上全部失活。而番茄和柑橘果胶酯酶在pH为6.1时，70℃加热1 h，酶活力也只损失50%。

对食品加工的影响：在一些果蔬的加工中，若果胶酯酶在环境因素下被激活，将导致大量的果胶脱去甲酯基，从而影响果蔬的品质。生成的甲醇也是一种对人体有毒害作用的物质，尤其视神经对其特别敏感。在葡萄酒、苹果酒等果酒的酿造中，由于果胶酯酶的作用，可能会引起酒中甲醇的含量超标，因此，果酒的酿造过程中，应先对水果进行预热处理，使果胶酯酶失活以控制酒中甲醇的含量。

(2)聚半乳糖醛酸酶。这是一种能降解果胶酸的酶，根据对底物作用方式不同可分两类：一类是随机水解果胶酸(聚半乳糖醛酸)的苷键，这是聚半乳糖醛酸内切酶(多存在于高等植物、霉菌、细菌和一些酵母中)；另一类是从果胶酸链的末端开始逐个切断苷键，这是聚半乳糖醛酸外切酶(多存在于高等植物和霉菌中，在某些细菌和昆虫中也有发现)。

聚半乳糖醛酸酶来源不同，它们的最适pH也稍有不同，大多数内切酶的最适pH在4.0～5.0，大多数外切酶最适pH在5.0左右。

聚半乳糖醛酸酶的外切酶与内切酶，由于作用方式不同，对果蔬品质影响或果汁处理效果也有差别。例如，同一浓度果胶液，内切酶作用时，只要3%～5%的果胶酸苷键断裂，黏度就下降；而外切酶作用时，则要10%～15%的苷键断裂才使黏度下降50%。

(3)果胶裂解酶。这是内切聚半乳糖醛酸裂解酶、外切聚半乳糖醛酸裂解酶和内切聚甲基半乳糖醛酸裂解酶的总称。以在霉菌中存在为主，在植物中尚无发现。

果胶裂解酶是催化果胶或果胶酸的半乳糖醛酸残基的C_4—C_5位上的氢进行反式消去作用，使糖苷键断裂，生成含不饱和键的半乳糖醛酸。

4.脂肪酶

脂肪酶存在于含有脂肪的组织中。植物的种子里含脂肪酶，一些霉菌、细菌等微生物也能分泌脂肪酶。

其最适pH常随底物、脂肪酶纯度等因素而有不同，但多数最适pH为8～9，也有部分偏酸性。微生物分泌的脂肪酶最适pH在5.6～8.5。脂肪酶的最适温度也因来源、作用底物等条件不同而有差异，大多数在30～40℃。也有某些食物中脂肪酶在冷冻到－29℃时仍有活性。盐对脂肪酶的活性也有一定影响，对脂肪具有乳化作用的胆酸盐能提高酶活力，重金属盐一般具有抑制脂肪酶的作用，Ca^{2+}能活化脂肪酶并可提高其热稳定性。

脂肪酶能催化脂肪水解成甘油和脂肪酸，但是对水解甘油三酯的酯键位置具有特异性，首先水解1,3位酯键生成甘油单酯后，再将第二位酯键在非酶异构后转移到第一位或第三位，然后经脂肪酶作用完全水解成甘油和脂肪酸。

脂肪酶只作用于油-水界面的脂肪分子，增加油水界面面积能提高脂肪酶的活力，所以，在脂肪中加入乳化剂能大大提高脂肪酶的催化能力。

(二)氧化还原酶

氧化还原酶能催化底物进行氧化还原反应。如多酚氧化酶、脂氧合酶、葡糖氧化酶、乳酸脱氢酶、琥珀酸脱氢酶、细胞色素氧化酶、过氧化氢酶、过氧化物酶等。

1. 多酚氧化酶

存在于各种植物和微生物中。在果蔬食物中，多酚氧化酶分布于叶绿体和线粒体中，但也有少数植物，如马铃薯块茎中几乎所有的细胞结构中都有多酚氧化酶分布。

多酚氧化酶的最适 pH 常随酶的来源不同或底物之不同而有差别，但一般在 pH 4～7。不同来源的多酚氧化酶的最适温度也有不同，一般在 20～35℃。在大多数情况下，从细胞中提取的多酚氧化酶在 70～90℃下热处理，短时间就可发生不可逆变性。低温也影响多酚氧化酶活性。较低温度可使酶失活，但这种酶的失活是可逆的。

阳离子洗涤剂、Ca^{2+}等能活化多酚氧化酶。抗坏血酸、二氧化硫、亚硫酸盐、柠檬酸等都对多酚氧化酶有抑制作用，苯甲酸、肉桂酸等有竞争性抑制作用。

2. 脂氧合酶

脂氧合酶存在于植物中。各种植物的种子，特别是豆科植物的种子中脂氧合酶含量丰富，尤其以大豆中含量最高。

作用特点：脂氧合酶对底物具有高度的特异性，它作用的底物脂肪，在其脂肪酸残基上必须含有一个顺，顺 1,4-戊二烯单位（$—CH═CH—CH_2—CH═CH—$）。必需脂肪酸的亚油酸、亚麻酸、花生四烯酸都含有这种单位，所以必需脂肪酸都能被脂氧合酶所利用，特别是亚麻酸更是脂氧合酶的良好底物。

存在于番茄、豌豆、香蕉、黄瓜等果蔬中的脂氧合酶，为这些果蔬带来了良好的风味。可是脂氧合酶在很多情况下又能损害一些食品的质量，例如能直接或间接地导致肉类的酸败、对食品中一些维生素的破坏、减少食品中不饱和脂肪酸的含量和使高蛋白食品产生不良风味等。

3. 葡糖氧化酶

葡糖氧化酶最初从黑曲霉和灰绿曲霉中发现，米曲霉、青霉等多种霉菌都能产生葡糖氧化酶，但在高等动物和植物中还尚未发现。

葡糖氧化酶是一种需氧脱氢酶，在有氧条件下催化葡糖的氧化，利用该酶促反应可以除去葡萄糖或氧气。反应式如下：

$$\text{葡萄糖} + O_2 \longrightarrow \text{葡萄糖酸} + H_2O_2$$

4. 过氧化氢酶

过氧化氢酶从微生物中提取，能分解过氧化氢。食品中葡糖氧化酶催化葡萄糖氧化时生成过氧化氢，由于这种成分的强氧化性，它会导致食品的品质不稳定，而且会降低食品的食用安全性。所以，它在食品中的含量应当越低越好。

5. 过氧化物酶

过氧化物酶存在于所有高等植物中，也存在牛奶中。过氧化物酶通常含有一个血红素作为辅基，催化以下反应：

$$ROOH+AH_2 \longrightarrow H_2O+ROH+A$$

当 ROOH 被还原时，AH_2 即被氧化。AH_2 可以是抗坏血酸盐、酚、胺类或其他还原性强的有机物。这些还原剂被氧化后大多能产生颜色，因此可以用比色法来测定过氧化物酶的活性。

由于过氧化物酶具有很高的耐热性，可以作为考查热烫处理是否充分的指示酶。

6. 风味酶

对风味物前体转化为风味物起关键催化作用的专一性酶被称为风味酶。

常见的风味酶有蒜氨酸酶、葡萄糖硫苷酶、脂氧合酶和 S-烷基-*L*-半胱氨酸亚砜断裂酶，它们分别是蒜氨酸转变为蒜素、芥子苷转变为异硫氰酸酯、亚麻酸转变为黄瓜醛和香菇酸转变为香菇精反应中关键的效应酶。

二、酶对食品质量的影响与应用

（一）酶对食品质量的影响

1. 脂肪酶对食品质量的影响

含脂食品如牛奶、奶油、干果等产生的不良风味，主要来自脂肪酶的水解产物（水解酸败），水解酸败又能促进氧化酸败。

食品加工中脂肪酶作用后释放一些短链的游离脂肪酸（丁酸、己酸等），当它们浓度低于一定水平时，会产生好的风味和香气，如牛乳和干酪的酸值分别为 1.5 和 2.5 时，就会有好的风味，如果酸值大于 5，则产生陈腐气味、苦味或者类似山羊的膻味。

利用特异性脂肪酶可以用廉价的脂原料生产奶油。

脂肪酶不仅在食品工业中用途广泛，在绢纺、皮革脱脂等轻化工及医药工业上也有重要应用。

2. 脂氧合酶对食品质量的影响

脂氧合酶在一些条件下可提高某些食品的质量，例如，在面粉中加入含有活性的脂氧合酶的大豆粉，由于脂氧合酶的作用，使得面筋网络更好地形成，从而较好地改善了面包的质量；做成面条，可使产品洁白，口感滑润。

此外，由于脂氧合酶耐受低温能力强，因此低温下贮藏的青豆、大豆、蚕豆等最好先经热烫处理，使脂氧合酶钝化，否则易造成质量变劣。在加工豆奶时，将未浸泡的脱壳大豆在 80～100℃的热水中研磨 10 min 左右，也可去除因脂氧合酶作用产生的豆腥味等。显然，控制食品加工时的温度是使脂氧合酶失活的有效方法。

3. 过氧氢酶对食品质量的影响

过氧化物酶具有很高的耐热性，可以作为考查热烫处理是否充分的指示酶。

从营养和风味方面来看，过氧化物酶也是很重要的，如过氧化物酶能催化维生素 C 氧化而破坏其生理功能；能催化不饱和脂肪酸的过氧化物裂解，产生不良气味的羰基化合物，同时破坏食品中的许多其他成分；还能催化类胡萝卜素漂白和花青色脱色。

4. 风味酶对食品质量的影响

水果和蔬菜中的一些风味化合物是由风味酶直接或间接地作用于风味前体，然后转化生成的。当植物组织保持完整时，并无强烈的芳香味，因为酶与风味前体是分隔开的，只有在植物组织破损后，风味前体才能转变为有气味的挥发性化合物。

另一些风味物质是经过贮藏和加工过程而生成的。例如，香蕉、苹果或梨在生长过程中并无风味，甚至在收获期也不存在，直到成熟初期，由于生成少量乙烯的刺激而发生了一系列酶促变化，风味物质才逐渐形成。

(二)酶在食品加工中的应用

在食品加工中充分发挥有利的酶的作用，消除不利的酶的影响，酶工业已成为中国最具发展前景的新兴产业之一。

1. 淀粉酶在食品加工中的应用

淀粉酶在食品工业上应用很广泛。淀粉酶制剂是最早实现工业化生产和产量最大的酶制剂品种，约占整个酶制剂总产量的50%以上，被广泛应用于食品、发酵及其他工业中。如淀粉酶用于在酿酒、味精等发酵工业中水解淀粉；在面包制造中为酵母提供发酵糖，改进面包的口感；用于除去啤酒中的淀粉浑浊；利用葡萄糖淀粉酶可直接将低黏度麦芽糊精转化成葡萄糖，然后再用葡萄糖异构酶将其转变成果糖，提高甜度等。目前，商品淀粉酶制剂最重要的应用是用淀粉制备麦芽糊精、淀粉糖浆和果葡糖浆等。

2. 蛋白酶在食品加工中的应用

动物蛋白酶由于来源少，价格昂贵，所以在食品工业中的应用不甚广泛。胰蛋白酶主要应用于医药领域。

植物蛋白酶常用于肉的嫩化和啤酒的澄清。特别是木瓜蛋白酶的应用，很久以前民间就有用木瓜叶包肉，使肉更鲜嫩、更香的经验。现在这些植物蛋白酶除用于食品工业外，还可作为助消化剂用于医药领域。细菌、酵母菌、霉菌等微生物中都含有多种蛋白酶，是生产蛋白酶制剂的重要来源。

随着酶科学和食品科学研究的深入发展，微生物蛋白酶在食品工业中的用途将越来越广泛。在肉类的嫩化，尤其是牛肉的嫩化上应用微生物蛋白酶代替价格较贵的木瓜蛋白酶，可达到更好的效果。微生物蛋白酶还被用于啤酒制造以节约麦芽用量，但啤酒的澄清仍以木瓜蛋白酶较好，因为它有很高的耐热性，经巴氏灭菌后，酶活力仍存在，可以继续作用于灭菌后形成的沉淀物，以保证啤酒的澄清。在酱油的酿制中添加微生物蛋白酶，既能提高产量，又可改善质量。除此之外，还常用微生物蛋白酶制造水解蛋白胨用于医药，以及制造蛋白胨、酵母浸膏、牛肉膏等。细菌性蛋白酶还常用于日化工业，添加到洗涤剂中，以增强去污效果，这种加酶洗涤剂对去除衣物上的奶斑、血斑等蛋白质类污迹的效果很好。

3. 果胶酶在食品加工中的应用

如在苹果汁的提取中，应用果胶酶处理的果汁具有澄清和淡棕色的外观，如果用直接压榨法生产的苹果汁不经果胶酶处理，则表现为混浊，感官性状差，商品价值受到较大影响。

经果胶酶处理生产葡萄汁，不但感官质量好，而且能大大提高葡萄的出汁率。

柑橘汁的色泽和风味依赖于果汁中的混浊成分，混浊是由果胶、蛋白质构成的胶态不沉降的微小粒子形成的。若橘汁中果胶酶不失活，其会导致柑橘汁中的果胶分解，橘汁沉淀、分层，品质严重下降。因此，柑橘汁加工时必须先热处理，使果胶酶失活。

在番茄汁的生产中，用热打浆法可以很快破坏果胶酶的活性，有利于保证产品质地均匀。

在水果罐头加工中，切开的果块先经热烫是一种钝酶措施，其中包括钝化果胶酶以防止果肉在罐藏过程中过度软化。

在提取植物蛋白时，常使用果胶酶处理原料，以提高蛋白质的得率。总之，果胶酶在食品贮藏加工中的应用越来越广。

4. 葡糖氧化酶在食品加工中的应用

用葡糖氧化酶酶促反应可以除去葡萄糖或氧气。例如，葡糖氧化酶可用在蛋品生产中以除去葡萄糖而防止引起产品变色；又可减少土豆片中的葡萄糖，从而使油炸土豆片产生金黄色而不是棕色。

葡糖氧化酶还常用于除去封闭包装系统中的氧气以抑制脂肪的氧化和天然色素的降解。例如，螃蟹肉和虾肉浸渍在葡萄糖氧化酶和过氧化物酶的混合溶液中可抑制其颜色从粉红色变成黄色。

光催化反应生成的过氧化物会破坏橘子汁、啤酒和酒中的风味物并产生异味，也可以用葡糖氧化酶减少容器顶隙氧气而加以克服。

商品葡糖氧化酶试剂中常含有过氧化氢酶，在商品试剂的葡糖氧化酶-过氧化氢酶体系中，葡糖氧化酶能吸收氧而形成葡萄糖酸和过氧化氢，而过氧化氢酶能催化过氧化氢分解成水和氧。总反应如下：

$$\text{葡萄糖}+\frac{1}{2}O_2 \xrightarrow[\text{过氧化氢酶}]{\text{葡糖氧化酶}} \text{葡萄糖酸}$$

5. 过氧化氢酶在食品加工中的应用

过氧化氢酶主要用于降低食品中过氧化氢的含量。例如，用过氧化氢可对牛乳进行巴氏灭菌，经过处理的牛乳比较稳定，灭菌后，过剩的过氧化氢可用过氧化氢酶消除。

知识拓展

生物酶在食品工业中的应用

1. 制糖工业及淀粉加工

常用于制糖及淀粉加工的是果胶酶、α-淀粉酶、葡聚糖酶、β-淀粉酶和葡萄糖异构酶等，其中应用较多的是果胶酶、葡聚糖酶和 α-淀粉酶。果胶酶是分解果胶质的一类含多种酶的复合酶，可以特异性地水解果胶类物质，达到澄清的效果；α-淀粉酶是一种内切酶，可以无差别地切断 α-1,4-糖苷键，既作用于直链淀粉，也作用于支链淀粉；α-淀粉酶可有效降解混合汁中的淀粉，避免由于淀粉含量过高引起的酸性絮凝物增加的现象，使溶液黏度迅速下降；α-葡聚糖酶是能将大分子葡聚糖水解为葡萄糖等小分子的生物酶，有内切酶和外切酶两种，内切葡聚糖酶的水解效果优于外切酶；葡萄糖异构酶，又称木糖异构酶，指的是能将醛糖异构化为相应酮糖的异构酶，可进行葡萄糖的异构化反应，用于生产果葡糖浆，以代替蔗糖。

2. 乳制品加工

凝乳酶、乳糖酶、蛋白酶、脂肪酶和乳过氧化物酶是乳制品加工中最常用的几种酶。凝乳酶可以将液态奶变为近固态的干酪；乳糖酶可以将牛奶中的乳糖水解，给乳糖不耐受人群带来福音；蛋白酶和脂肪酶能加速干酪成熟并能改善干酪性质；乳过氧化物酶能反应去除过氧化氢，延长产品保质期，其在羊乳的保鲜上有显著效果。到目前为止，乳过氧化物酶保鲜法是公认的最理想的保鲜方法。

奶酪被称为干酪，含有非常丰富的营养成分，将为国人进一步改善膳食结构、增强体质起到重要作用。为了满足人们日益增长的对高品质乳品的需求，应开发适合国人消费的特色奶酪，在奶酪加工中加入各种各样的酶，使奶酪更加美味。

3. 果汁和饮料加工

在果汁的生产加工中，通过加入酶可以在果汁生产中起到澄清、提高果汁的出汁率、降低非酶褐变和测定果汁中有机酸含量的作用。在果汁和饮料加工过程，α-淀粉酶、糖化酶、蛋白酶、由果胶酶、葡聚糖酶和淀粉酶按一定比例配制而成的复合酶、葡糖氧化酶应用较多。例如，采用双酶法（高温 α-淀粉酶和糖化酶）作用于玉米汁，改善玉米饮料存贮过程中易产生沉淀的现象；利用柠檬苦素脱氢酶、柠檬苦素裂解酶、柠檬苦素脱氧酶、诺米咻脱氢酶、诺米咻脱氧酶脱除橙柑橘汁的柠碱苦味；多种蛋白酶作用于核桃蛋白中，使蛋白质水解为多肽，制造蛋白多肽产品。

4. 肉制品加工

肉类是人体每日摄入能量的主要来源，随着人们生活水平的提高，人们对肉类的要求不仅仅是人体能量的需求，更在口感、新鲜以及健康安全方面有了更高的追求。酶作为一种高效的生物催化剂，在肉制品的宰前及加工运输中起到了非常大的作用，其中蛋白酶、转谷氨酰胺酶、内源酶、溶菌酶等作用尤为明显，逐渐取代化学制剂，成为肉制品加工过程中不可或缺的一部分。宰前因素对结缔组织的数量、分布和类型会产生各种影响，宰后肌肉内所含的蛋白酶类活力发生了变化，会大大影响肉类的嫩度。在宰前注射酶，经血液循环后扩散全身，酶在肉类中静止，在烹饪时温度达到酶的最适温度时进行催化使肉类膨胀率提高，增加吸水量，改变组织结构，进而使肉类得到嫩化，提高口感。

转谷氨酰胺酶可以催化蛋白质发生胶联，使蛋白质分子量变大，改变其功能特性。转谷氨酰胺酶对酪蛋白的胶凝能力优于大豆蛋白，转谷氨酰胺酶是新型蛋白质功能改良剂，能够提高肉制品的弹性和产品的嫩度，可以取代磷酸盐的作用。在火腿肠类食品中添加转谷氨酰胺酶可以增加酪蛋白的胶凝，从而提高其口感、风味、组织结构和营养性；内源酶较外源酶，体系更为复杂，影响其活性的因素较多，故近些年多研究外源酶，使肉制品的营养成分分解，从而达到嫩化肉质、形成独特风味等目的。

5. 啤酒生产

啤酒是以麦芽为原料，经糖化发酵而成的酒精饮料，麦芽中含降解原料生成可发酵性物质所需的各种酶类，主要为淀粉酶、蛋白酶、β-葡聚糖酶、纤维素酶和核酸分解酶。合理使用生物酶不仅能显著提高啤酒的质量，还能降低生产成本。木瓜蛋白酶、耐高温的 α-淀粉酶、乙酰乳酸脱羧酶、脯氨酸内切酶在啤酒生产过程中有着不同程度的应用。将木瓜蛋白酶作用于原料麦芽蛋白质，可以防止蛋白质与多酚结合而产生沉淀，有较好的过滤效果，从而提高啤酒的稳定性，一定程度上可澄清啤酒，且不影响啤酒的口味特性。有研究表明，用 0.8 mg/L 木瓜蛋白酶可使啤酒的浑浊度降低 68.75%，同时可增加啤酒泡沫。将耐高温的 α-淀粉酶和 α-乙酰乳酸脱羧酶作用于辅料的糊化过程，耐高温的 α-淀粉酶可以很好地将淀粉液化，α-乙酰乳酸脱羧酶能加快乙酰的还原速度，在一定程度上可降低成品啤酒中的双乙酰含量。

6. 调味品加工

调味品，是能增加菜肴的色、香、味，促进食欲，有益于人体健康的辅助食品。酶制剂在酿造调味品行业中已有应用，酶制剂有助于改良甜酱、酱油、食醋、腐乳等调味品生产中的工艺流程，使用酶制剂取代传统生产过程中的“制曲”工序，能改善产品品质和环境卫生，具有广阔的应用前景。

学科前沿

微生物酶技术在食品保鲜中发展前景广阔

20世纪60年代初期，美国分析学家便提出将微生物酶用于物质检验的方法，起初只是通过微生物酶与电极相结合测定底物含量，这一方法具备极强的专一性，能够将特定物质从混合物中分离出来，并对此物质展开检测与分析。微生物酶具备极强的实用性与较快的催化速度，并且能够与电极结合，不同微生物酶在不同食物中的反应也不相同。例如，葡萄糖微生物酶能够检测食物中的葡萄糖，大大降低食品监测工作难度，对于食品加工品质与安全性有极大裨益。现阶段，部分食物含有亚硝酸盐这一物质，这一物质会对人体造成较大损害，而细胞壁溶菌酶能够快速且准确地检测食物中的亚硝酸盐，保证食品质量安全。

食品生产商通常采用化学添加的方法进行食品保鲜，用化学添加剂往往能保鲜2～3周，并不能从根源上解决食品口味与质量问题，而微生物酶技术则能在保质期不变的情况下，提升食品品质、口感、味道等，满足人们对于食品的需求。现如今，微生物酶技术在谷物类食品、果蔬类食品、肉类食品加工保鲜中均有应用，常见微生物酶制剂如葡萄糖氧化酶、溶菌酶、谷氨酰胺转氨酶都在食品保鲜中开始了应用。日后，微生物酶在食品保鲜中的应用将会愈加广泛，更多的微生物酶制剂将投入到食品保鲜当中，改善食品品质，同时延长食品可贮存时间，并且为新食品开发提供重要依据。但是微生物酶保鲜技术在现阶段尚处于起步状态，其在实际应用中仍然存在问题，例如酶菌株使用安全性、酶制剂生产成本过高、适用范围、添加酶制剂后对口感与质量的影响等仍需进一步加强研究。伴随着生物技术与基因工程的不断发展，微生物酶技术也发生了重大变化，微生物酶在食品保鲜中广泛应用，主要是其具备无毒、无污染、专一性强、不损害食品品质且催化效率较高等特点。凭借这些优势，微生物酶技术必然会在食品保鲜这一方面拥有更为广阔的应用前景。（引自陈龙，2020）

实验一　环境条件对酶活性的影响

一、实验目的

（1）理解酶活性测定的实验原理。

（2）掌握温度、pH、激活剂和抑制剂对酶活力的影响并理解其生物学意义。

二、实验原理

酶是生物活细胞产生的具有高度特异性和高效催化能力的生物催化剂，酶对环境条件极为敏感，酶活性常受到温度、pH、激活剂和抑制剂等因素的影响。通常在一定pH和温度范围内酶才表现出活力，表现最高活力时的pH、温度分别称为最适pH和最适温度。酶活力通常受某些物质的影响，凡能提高酶活力的物质，都称为激活剂；有些物质能降低酶活力，称为抑制剂。低浓度的Cl^-离子能增加淀粉酶的活性，是它的激活剂。Cu^{2+}等金属离子能降低淀粉酶活性，是淀粉酶的抑制剂。

淀粉在唾液淀粉酶的作用下发生水解，淀粉经过一系列被称为糊精的中间产物，最后生成麦芽糖和葡萄糖，加入碘液后呈现的颜色可指示淀粉的水解程度。

水解过程：淀粉→紫色糊精→红色糊精→麦芽糖＋葡萄糖。

颜色变化：蓝色→紫色→红色→淡黄色(碘本身颜色)。

酶催化具有高度专一性，淀粉酶只对淀粉起作用，而蔗糖酶只水解蔗糖。淀粉、蔗糖与糊精无还原性或还原性很弱，对班氏试剂呈阴性反应；麦芽糖、葡萄糖、果糖是还原糖，与班氏试剂共热后生成红棕色氧化亚铜沉淀。

三、试剂与器材

1. 器材

滴管、烧杯、试管与试管架、恒温水浴锅、脱脂棉、漏斗、纱布、白瓷板、电炉。

2. 试剂

(1)0.5%淀粉溶液。称取 0.5 g 可溶性淀粉，加入少量冷水调成糊状，再加入煮沸的 1%的 NaCl 溶液稀释至 100 mL，要求新鲜配制，冰箱保存。

(2)碘液。称取 2 g 碘化钾溶于 5 mL 蒸馏水中，再加 1 g 碘，待碘完全溶解后，加蒸馏水 295 mL，混合均匀后贮于棕色瓶内。

二维码 5-2 磷酸缓冲液的配制方法

(3)班氏(Benedict)试剂。

(4)配制 pH 为 5、6.8 和 8 的磷酸缓冲液。

(5)1% NaCl 溶液(w/v)。

(6)1% $CuSO_4$ 溶液(w/v)。

(7)2%蔗糖溶液。蔗糖是典型的非还原糖。

(8)蔗糖酶液。取 1 g 新鲜酵母放入研钵中，加入少量石英砂和蒸馏水，研磨 10 min 左右，用蒸馏水稀释至 50 mL，静置片刻后过滤，滤液即为蔗糖酶提取液。

四、实验步骤

1. 唾液淀粉酶应用液的制备

每人取一个干净的饮水杯，先用蒸馏水漱口，然后口含 20 mL 蒸馏水，做咀嚼动作 2～3 min，以分泌较多的唾液，然后吐入小烧杯中，将数人的唾液稀释液混合在一起用脱脂棉过滤，即得清澈的淀粉酶溶液。

取一块干净的白瓷板，进行如下操作(表 5-1)。

表 5-1 唾液淀粉酶应用液的制备

	管号						
	1	2	3	4	5	6	7
蒸馏水/mL	2	2	2	2	2	2	2
唾液/滴	2	2	2	2	2	2	2
0.5%淀粉溶液/mL	2	2	2	2	2	2	2
碘液/滴	1	1	1	1	1	1	1

加唾液时，只在第 1 穴中加入 2 滴新制备的唾液，将之与穴中的蒸馏水混匀后，取出 2 滴加入第 2 穴，待混匀后又从第 2 穴中取出 2 滴加入第 3 穴。如此继续操作，直到从第 6 穴中取出 2 滴弃去。待穴中颜色呈红棕色时，即可依据该穴中唾液的稀释度来稀释制备的唾液，并用稀释好的唾液进行下面的实验。

2. 温度对酶活性的影响

(1)取 3 支试管，按表 5-2 进行操作。

表 5-2　温度对酶活性的影响

试剂	管号		
	1	2	3
0.5%淀粉溶液/mL	5	5	5
pH 6.8 磷酸缓冲液/mL	0.5	0.5	0.5
稀释唾液/mL	0.5	0.5	0.5
不同温度的水	冰水	37℃的水	沸水

将各管中的试剂加好后混匀，然后及时在上述温度下分别处理。

(2)在干净的比色板上，于各孔穴中分别滴加 2 滴碘液。

(3)每隔 1 min 从第 2 支试管中取反应液 1 滴，与比色板孔穴中的碘液混合，观察颜色的变化。

(4)待第 2 支试管中的反应液与比色板孔穴的碘液混合后颜色不再发生变化时，取出试管，并将在沸水浴中处理的试管用冷水冷却，然后向各试管中加碘液 1～3 滴。

摇匀后观察并记录各管颜色，比较管中淀粉水解程度，说明温度对酶活性的影响。

3. pH 对酶活性的影响

(1)取 3 支试管，编号后按表 5-3 进行操作。

表 5-3　pH 对酶活性影响的观察

试剂	管号		
	1	2	3
0.5%淀粉/mL	2	2	2
pH 5.0 缓冲液/mL	2	0	0
pH 6.8 缓冲液/mL	0	2	0
pH 8.0 缓冲液/mL	0	0	2
稀释唾液/滴	10	10	10

摇匀后，将各管置于 37℃水浴中处理。

(2)每隔 1 min 从 pH 6.8 的试管中取出 1 滴反应液于比色板上，随后滴加稀碘液 1 滴，观察其颜色变化。

(3)待颜色呈棕色时，向各管中加稀释碘液 1～3 滴，观察各管颜色，比较各管中淀粉水解的程度，解释 pH 对酶活性的影响。

4. 激活剂与抑制剂对酶活性的影响

(1)取 3 支试管，按表 5-4 进行操作。

表 5-4 激活剂与抑制剂对酶活性影响的观察

试剂	管号		
	1	2	3
0.5%淀粉/mL	3	3	3
pH 6.8 缓冲液/mL	0.5	0.5	0.5
1% NaCl/mL	0	1	0
1% $CuSO_4$/mL	0	0	1
蒸馏水/mL	1	0	0
稀释唾液/mL	1	1	1

(2)将各管摇匀后，一起放入 37℃水浴中保温；

(3)每隔 1 min 从第 1 支试管中取出 1 滴反应液滴于比色板上，随后滴加稀碘液 1 滴于此反应液中，观察其颜色的变化；

(4)待加碘后颜色呈棕色时，取出 3 支试管，分别加入稀碘液 1～3 滴，观察、比较各管颜色的深浅，并解释之。

5. 酶的专一性

(1)取 2 支试管，按照表 5-5 进行操作。

表 5-5 酶的专一性观察

试剂	管号	
	1	2
0.5%淀粉/mL	2	0
蔗糖液/mL	0	2
稀释唾液/mL	1	1

(2)将试管放入 37～40℃水浴锅中，保温 10 min 左右，取出后向各管中加入班氏试剂 1 mL，放入沸水中煮数分钟，观察现象。

五、注意事项

(1)加唾液时，只在第一穴中加 2 滴新制备的唾液，将之与该穴中的蒸馏水混匀后，取出 2 滴加入第 2 穴中。待混匀后从第 2 穴中取出 2 滴加入第 3 穴。如此继续操作，直到从第 6 穴中取出 2 滴弃去。待穴中颜色呈红棕色时，即可依据该穴中唾液的稀释度稀释制备唾液试样，并用稀释好的唾液进行下面的实验。

(2)在向白瓷板的孔穴内依次加完蒸馏水、稀释好唾液并且加完淀粉溶液之后，加入碘液之前，应放置 5 min。

(3)为确保实验的效果，加入试剂时宜在冰浴条件下进行。

(4)加唾液时应从第 1 管开始依次进行，前后管之间相隔时间 5～7 s。

六、问题与讨论

(1)观察各实验结果的颜色变化,说明温度、pH、激活剂、抑制剂对反应速度有何影响,为什么?

(2)分析酶专一性实验结果,说明酶作用的专一性?

实验二 酶促褐变的抑制

一、实验目的

(1)熟悉果蔬酶促褐变的原理。

(2)通过果蔬加工中热烫等处理方法和加异抗坏血酸钠等护色实验,初步掌握果蔬加工中护色的常用方法。

二、实验原理

新鲜绿色蔬菜如果在酸性条件下加工,由于脱镁反应的发生,绿色消失,叶绿素变成褐色的脱镁叶绿素。如果在弱碱性条件下热烫,则叶绿素的酯结构部分水解生成叶绿酸(盐)、叶绿醇和甲醇,叶绿酸盐为水溶性,仍呈鲜绿色,而且比较稳定。

绿色果蔬或某些浅色果蔬,在加工过程中易引起酶促褐变,使产品颜色发暗。为保护果蔬原有色泽,往往先在弱碱性条件下进行短时间的使酶钝化的热烫处理,从而达到护色的目的。

果蔬加工中,往往采用热烫钝化、控制酸度、加抗氧化剂(如异抗坏血酸钠)、加化学药品(如二氧化硫、焦亚硫酸钠)来抑制酶的活性,并通过隔绝氧等方法来防止和抑制酶促褐变。

三、试剂与器材

1. 器材

烧杯、微波炉、电热鼓风干燥箱。

2. 实验材料

绿色青菜、苹果、马铃薯。

3. 试剂

1%～5%愈疮木酚(或联苯胺)、3%过氧化氢、1%邻苯二酚、焦亚硫酸钠、异抗坏血酸钠、柠檬酸、氢氧化钠、盐酸。

四、操作步骤

1. 观察酶促褐变

(1)马铃薯人工去皮,切成 3 mm 厚的圆片,取一片切片滴 2～3 滴 1.5%的愈疮木酚(或联苯胺)再滴 2～3 滴过氧化氢,由于马铃薯中过氧化物酶的存在,愈疮木酚与过氧化氢经酶作用,脱氢而产生褐色的络合物。

(2)苹果人工去皮,切成 3 mm 厚的圆片,滴 1%邻苯二酚(或用邻苯三酚 2~3 滴),由于多酚氧化酶存在,而使原料变成茶褐色或深褐色的络合物。

2. 防止酶促褐变

(1)热烫或高温可以使氧化酶类丧失活性,生产中利用热烫防止酶促褐变,将马铃薯片投入沸水中,待再次沸腾计时,每隔 1 min,取出一片马铃薯用 1.5%愈疮木酚和 3%过氧化氢滴在切面上,观察其变色的速度和程度,直到不变色为止,将剩余马铃薯投入冷水中及时冷却。

(2)不同化学试剂防止酶褐变:各种不同的化学试剂可降低 pH 和减少溶解氧,均可抑制氧化酶类活性,将切片的苹果分别取 3~5 片(块)投入到 0.4%柠檬酸溶液、0.4%亚硫酸氢钠溶液、0.4%抗坏血酸溶液中护色 20 min,取出沥干,另取 50 mL 水作对照。用 1.5%愈疮木酚和 3%过氧化氢滴在切面上,观察其变色的速度和程度。

3. 比较不同 pH 条件下,蔬菜热处理后的色泽变化

绿色青菜洗净后分成 3 份,分别编号,于沸水中(pH 分别为 4、7、9)各热烫 1~2 min。分别捞起沥干,在微波炉中进行干燥。取出自然冷却后,放在滤纸上。观察不同 pH 条件下脱水青菜的色泽。

4. 隔氧试验

用不锈钢刀切取苹果、马铃薯 6 小片,4 片浸入一杯清水中,2 片置于空气中,10 min 后,观察记录现象,之后,又从杯中取出 2 片置于空气中,10 min 后再观察比较。

五、注意事项

产品加工过程中应注意避免抗氧剂残留超标。

六、讨论题

(1)土豆变色的原因是什么?

(2)果蔬护色的方法有哪些? 简述果蔬护色的原理。

实验三　大蒜中 SOD 的提取及酶活力测定

一、实验目的

(1)通过超氧化物歧化酶(SOD)的分离提取,掌握有机溶剂沉淀蛋白质的原理。

(2)掌握细胞破碎的方法及 SOD 的作用。

二、实验原理

在大蒜蒜瓣和悬浮培养的大蒜细胞中含有较丰富的 SOD,通过组织或细胞破碎后,可用 pH 8.2 的磷酸盐缓冲液提取,提取液可用低浓度的氯仿-乙醇沉淀杂蛋白,离心后去除杂蛋白沉淀得 SOD 粗酶液,再用丙酮将其沉淀析出,溶解后用热处理法进一步沉淀杂蛋白,离心得到 SOD 酶液。

采用邻苯三酚自氧化法来测定 SOD 的酶活性。邻苯三酚在碱性条件下,能迅速自氧化,释放出 O_2^-,生成有色的中间产物。反应开始后反应液先变成黄棕色,几分钟后转绿,几小时

后又转变成黄色，这是生成的中间物不断氧化的结果。本实验中测定的是邻苯三酚自氧化过程中的初始阶段。中间物的积累在滞留 30～45 s 后，与时间呈线性关系，一般线性时间维持在 4 min 内，中间物在 320 nm 波长处有强烈光吸收，当有 SOD 存在时，由于它能催化 O_2^- 与 H^+ 结合生成 O_2 和 H_2O_2，从而阻止了中间物的积累，因此，通过计算就可求出 SOD 的酶活性。

三、试剂与器材

1. 器材

高速冷冻离心机及离心管；紫外分光光度计及其石英比色皿；恒温水浴锅；电子天平；烧杯、量筒、容量瓶、试剂瓶；擦镜纸、吸水滤纸；试管及试管架；吸量管；研钵；制冰机；1.5 mL 微量离心管。

2. 试剂

(1)新鲜蒜瓣。

(2)0.05 mol/L、pH 8.2 的磷酸盐缓冲液。

(3)氯仿-乙醇混合溶剂。氯仿∶无水乙醇＝3∶5(体积比)。

(4)丙酮。用前预冷至 4～10℃。

(5)10 mmol/L HCl。

(6)邻苯三酚。用 10 mmol/L HC1 将邻苯三酚配制成 50 mmol/L 的溶液。

(7)碎冰。

四、操作步骤

1. 组织和细胞破碎

称取大蒜蒜瓣 5 g 左右，将其切成小块，置于研钵中研磨，使组织或细胞破碎。

2. SOD 的提取

将上述破碎的组织或细胞，加入 2～3 倍体积(约 10 mL)的 0.05 mol/L、pH 8.2 的磷酸盐缓冲液，继续研磨搅拌 20 min，使 SOD 充分溶解到缓冲液中，然后用离心机在 4℃条件下 8 000 r/min 离心 15 min(或 10 000 r/min 离心 10 min)，弃沉淀，得粗提液。用量筒准确测量粗提液体积，留样 0.5 mL 于 3 号管。

3. 有机溶剂除杂蛋白

留样后剩余的粗提液中加入 0.25 倍体积的氯仿-乙醇混合溶剂搅拌 15 min，8 000 r/min 离心 15 min(或 10 000 r/min 离心 10 min)，去杂蛋白沉淀，得粗酶液。用量筒准确测量粗酶液体积，从中留样 0.5 mL 于 4 号试管。

4. 有机溶剂沉淀 SOD，加热除杂

将上述留样后剩余的粗酶液中加入等体积的冷丙酮，混匀后置冰浴中放置 15 min，8 000 r/min 离心 15 min(或 10 000 r/min 离心 10 min)，弃上清液，得 SOD 沉淀。将 SOD 沉淀溶解于 1 mL 0.05 mol/L(pH＝8.2)的磷酸盐缓冲液中，于 55～60℃下热处理 15 min 去除不耐热的杂蛋白，11 000 r/min 离心 10 min，弃沉淀，得到 SOD 酶液。准确测量 SOD 酶液体积，从中留样 0.5 mL 于 5 号试管。

5.SOD 活力测定

(1)邻苯三酚自氧化速率的测定。在 1 号和 2 号试管中按表 5-6 所列加入磷酸盐缓冲液,25℃下保温 20 min,然后加入 25℃预热过的邻苯三酚(空白管用 10 mmol/L HCl 代替邻苯三酚),迅速摇匀,立即倾入比色杯中,以 1 号空白管调零,在 320 nm 波长处测定 2 号对照管的光密度,每隔 1 min 读数一次,共计时 4 min,要求自氧化速率控制在 0.07 OD/min 左右(可通过增减邻苯三酚的加入量实现)。

表 5-6 邻苯三酚自氧化速率的测定试剂取量表

试剂	1(空白)	2(对照)	最终浓度/(mmol/L)
磷酸盐缓冲液/mL	4.5	4.5	50
HCl/mL	0.01	0	
邻苯三酚溶液/mL	0	0.01	0.1

(2)酶活性的测定。酶活性的测定按表 5-7 加样,操作与测定同邻苯三酚自氧化速率,也以 1 号空白管调零,加入 25℃预热过的邻苯三酚后,迅速摇匀,立即测定,控制在 0.035 OD/min 左右(可根据酶活性大小适当增减酶样品液的加入量,并同时调整磷酸盐缓冲液量,保持反应液总体积为 4.5 mL)。

表 5-7 SOD 酶活性测定试剂取量表

试剂	3	4	5	最终浓度/(mmol/L)
磷酸盐缓冲液/mL	4.4	4.4	4.4	50
粗提液/mL	0.1	0	0	
SOD 酶液/mL	0	0.1	0.1	
邻苯三酚溶液/mL	0.01	0.01	0.01	0.1

五、实验数据记录与分析

1.酶活性单位的定义

在 1 mL 反应液中,将抑制邻苯三酚自氧化速率达 50%时的酶量定义为一个活性单位。要求每分钟抑制邻苯三酚自氧化速率控制在 35%~65%,并可按照比例计算酶活力。

2.酶活性的计算公式

$$\text{酶活力(IU/mL)}=\frac{\dfrac{A-B}{A}\times 100\%}{50\%}\times\text{反应液总体积}\times\frac{\text{样品液稀释倍数}}{\text{样品液体积}}$$

式中:A 为邻苯三酚自氧化速率;B 为样液抑制邻苯三酚自氧化速率。

$$\text{总活力(IU)}=\text{单位体积酶活力(IU/mL)}\times\text{酶液总体积(mL)}$$

$$\text{回收率}=\text{每一步反应的总活力}/\text{第一步反应的总活力}\times 100\%$$

六、注意事项

(1)丙酮一定要预冷,并尽量在较低温度下(常于冰浴中)充分混匀后沉淀,并于低温下

(4℃)离心，以防蛋白质变性。

(2)在分离提取 SOD 分别得到粗提液、粗酶液和 SOD 酶液的每一步要留样测定酶活，以便测定每步的总活力以计算回收率。计算总活力时要注意考虑留样体积。

(3)邻苯三酚自氧化过程中一般在 4 min 的范围内，颜色加深与时间呈线性关系。因此邻苯三酚加入后要迅速测定光密度值，最好在 45 s 内完成加样并开始第一次测定，否则会影响实验结果。用邻苯三酚自氧化法测定 SOD 酶活力时应在线性时间内进行测定才能保证结果的准确性。

七、问题与讨论

(1)超氧化物歧化酶对人体有何生物学意义?

(2)有机溶剂能沉淀超氧化物歧化酶所根据的原理是什么?

(3)在碱性环境中邻苯三酚的颜色为什么会逐渐加深?

单元小结

酶是对特异底物具有高效催化作用的生物催化剂(蛋白质或核酸分子)，绝大多数酶都是由蛋白质组成的。生物体内绝大多数代谢反应几乎都是由酶来催化完成的，高效性、高度的特异性(专一性)、酶活性的不稳定性、酶的活性与酶量具有可调节性是酶的催化特性，它通过降低反应的活化能达到高效性，这是由于酶先与底物结合成不稳定的中间复合物，然后生成产物并释放出酶，而这些功能又与酶的空间结构和活性中心的形成密切相关。酶的本质是蛋白质(核酸)，因此酶促反应受到温度、pH、酶的浓度、底物的浓度、激活剂和抑制剂等的影响；食品加工中重要的酶有淀粉酶、蛋白酶、脂肪酶、多酚氧化酶、过氧化物酶等，这些酶在食品加工业中发挥重要的作用。

课后练习

一、单项选择题

1. 下列关于酶的叙述，哪项是正确的?(　　)

A. 生物体内所有具有催化活性的物质都是酶　　B. 所有的酶都含有辅基或辅酶

C. 大多数酶的化学本质是蛋白质　　D. 都具有立体异构特异性

E. 能改变化学反应的平衡点并加速反应的进行

2. 酶具有下列哪种能量效应?(　　)

A. 增加反应活化能　　B. 降低反应活化能

C. 增加产物的能量水平　　D. 降低反应物的能量水平

E. 降低反应的自由能变化

3. 在酶促反应中，决定反应特异性的是(　　)。

A. 无机离子　　B. 溶液 pH　　C. 酶蛋白　　D. 辅酶　　E. 辅助因子

4. 下列有关辅酶与辅基的论述，错误的是(　　)。

A. 辅酶与辅基都是酶的辅助因子

B. 辅酶以非共价键与酶蛋白疏松结合

C. 辅基常以共价键与酶蛋白牢固结合

D. 不论辅酶或辅基都可以用透析或超滤的方法除去

E. 辅酶和辅基的主要差别在于它们与酶蛋白结合的紧密程度不同

5. 酶原没有活性是因为(　　)。

A. 缺乏辅酶或辅基　　B. 活性中心未形成或未暴露

C. 酶原是普通的蛋白质　　D. 是已经变性的蛋白质

E. 酶蛋白亚基不全

二、多项选择题

1. 影响酶促反应速度的因素有(　　)。

A. 抑制剂　　B. 激活剂　　C. pH　　D. 温度　　E. 底物浓度

2. 下列常见的抑制剂中,哪些是不可逆性抑制剂?(　　)

A. 有机磷化合物　　B. 汞离子　　C. 磺胺类药物　　D. 氰化物　　E. 含砷化合物

3. 有关酶和辅酶叙述正确的是(　　)。

A. 所有的酶都由酶蛋白和辅酶组成　　B. 同一种辅酶可与不同的酶蛋白结合

C. 酶蛋白和蛋白酶含义相同　　D. 多数辅酶与 B 族维生素有密切关系

E. 辅酶与酶蛋白结合不牢固,可以用透析或超滤的方法除去

4. 酶原激活的生理意义在于(　　)。

A. 避免活性酶过多而浪费酶蛋白　　B. 避免对细胞进行自身消化

C. 为了保证酶能在特定部位发挥作用　　D. 为了保证细胞能产生更多更好的酶

E. 利于在体内贮备酶

5. 关于酶的活性中心,下列哪些是正确的?(　　)

A. 必需基团一定在酶的活性中心上

B. 活性中心区域仅占据整个酶分子体积的很小一部分

C. 含催化基团和结合基团

D. 具有与底物结合并使之转变成产物的能力

E. 酶活性中心以非共价键与底物结合形成酶-底物复合物。

三、问答题

1. 简述酶原激活的机理及生理意义。

2. 简述温度对反应速度的影响。

3. 金属离子作为辅助因子的作用有哪些?

4. 试列举食品中常见的酶,并简述其对食品质量的影响以及其在食品加工中的应用。

二维码 5-3　第五章课后练习参考答案

第六章

核　　酸

【本章引言】

核酸是生命有机体的基本组成物质之一，是重要的生物大分子，从高等的动、植物到简单的病毒都含有核酸。核酸是遗传的物质基础，是遗传信息的载体。核酸分为脱氧核糖核酸(DNA)和核糖核酸(RNA)。核酸目前主要用于保健品、饮料、奶粉等食品生产中。因此，研究食品中的核酸、核苷酸及其理化性状，对食品的科学加工和保藏具有重要意义。

【科学史话】

中国学者洪国藩于 1982 年提出了非随机的有序 DNA 测序新策略，对 DNA 测序技术的发展做出了重要贡献。凭借先进的 DNA 测序技术及其他基因分析手段，人类正在进行一项以探明自身基因组全部核苷酸顺序为目标的宏伟计划——人类基因组图谱制作计划。据称，此项计划的实现，将对全人类的健康产生无止境的影响。我国于 1999 年 9 月积极参加到这项研究计划中，承担其中 1%的任务，即人类 3 号染色体短臂上约 3 000 万个碱基对的测序任务。中国因此成为参加这项研究计划的唯一的发展中国家。

【学习目标】

1. 了解核酸的概念、分类及化学组成。
2. 理解核酸的理化性质。
3. 掌握核酸在食品加工和食品检测中的作用。
4. 学会核酸提取分离及含量测定技术。

【思维导图】

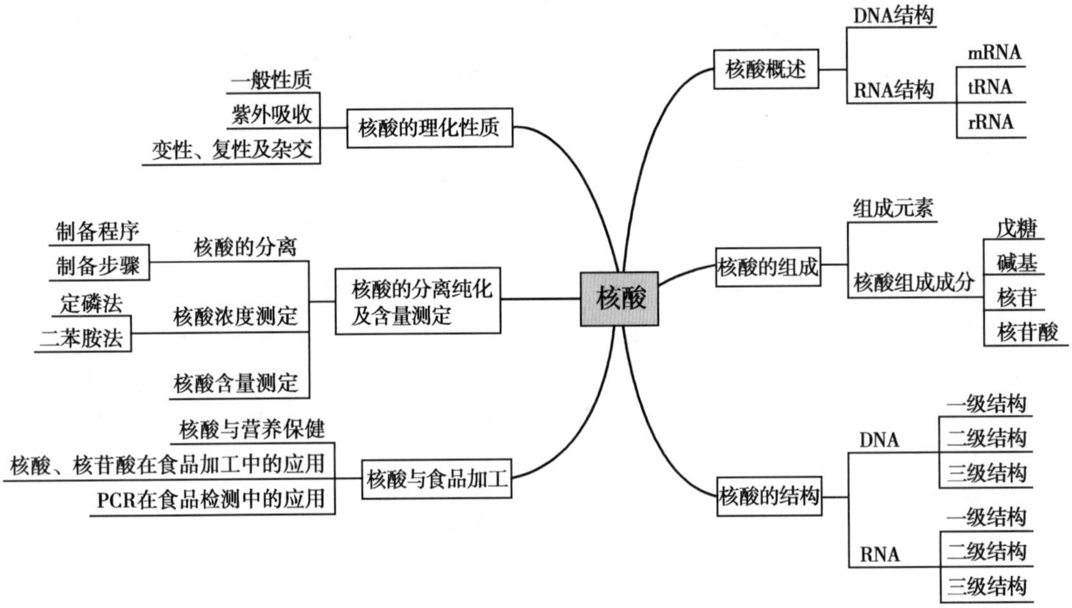

二维码 6-1　第六章课程学习资料

第一节　核 酸 概 述

核酸是重要的生物大分子，是生命活动的重要物质基础。从高等动植物到简单的病毒都含有核酸，它在生物的个体生长、发育、繁殖、遗传和变异等生命活动中起着重要作用。根据核酸的化学组成，可以把核酸分为两类：

1. 脱氧核糖核酸(DNA)

DNA 是遗传信息的贮存和携带者，是生物的主要遗传物质。在真核细胞内，DNA 主要分布在细胞核内，占总量的 98%以上。不同生物的细胞核中的 DNA 含量差异很大，但同种生物的体细胞核中的 DNA 含量是相同的，而性细胞 DNA 仅为体细胞 DNA 含量的一半。此外，少量的 DNA 还存在于线粒体、叶绿体中。

原核细胞没有明显的细胞核结构，DNA 存在于称为类核的区域，也没有与之结合的染色质蛋白，每个原核细胞只有一个染色体，每个染色体含一个双链环状 DNA 分子。原核细胞染色体外还存在能够进行自主复制的遗传单位，称为质粒。

2. 核糖核酸(RNA)

核糖核酸主要参与蛋白质的合成，它主要存在于细胞质中，少量存在于细胞核中。病毒中 RNA 本身就是遗传信息的储存者，在植物中还发现了一类比病毒还小的多的侵染性致病因子称为类病毒，它是不含蛋白质的 RNA 分子。

RNA 根据其生理功能和结构分为转运 RNA(tRNA)、信使 RNA(mRNA)和核糖体 RNA (rRNA)3 种。

(1)转运 RNA。约占 RNA 总量的 15%，其功能是在蛋白质合成中起着转运氨基酸作用。每种氨基酸都有其相应的一种或几种 tRNA，同一生物中，携带同一种氨基酸的不同 tRNA 称作“同工受体 tRNA”。

(2)信使 RNA。在蛋白质合成时作为指导蛋白质合成的模板，决定肽链中的氨基酸排列顺序。mRNA 在细胞中含量较少，占总 RNA 的 3%～5%，mRNA 寿命短，很容易降解，是细胞内最不稳定的一类 RNA。

(3)核糖体 RNA。它与多种蛋白质结合形成核糖体，为蛋白质合成提供场所。rRNA 是细胞内含量最多的一类 RNA，占 RNA 总量的 80%左右。原核生物的 rRNA 分为 3 类：5S rRNA、16S rRNA 和 23S rRNA。真核生物的 rRNA 分 4 类：5S rRNA、5.8S rRNA、18S rRNA 和 23S rRNA(S 为颗粒物质在超速离心场中的沉降速率的单位，沉降速率可间接反映物质分子量的大小)。

第二节　核酸的组成

一、核酸的组成元素

核酸的组成元素为碳、氢、氧、氮和磷，一般不含硫，磷的含量比较稳定，一般为 9%～10%，其中，生物 DNA 平均含磷量为 9.2%，RNA 的平均含磷量为 9.0%，核酸的平均含磷量为 9.1%，即 1 g 磷相当于 11 g 核酸。因此，通过测定生物样品中核酸的含磷量，就可以计算出样品的核酸含量。

二、核酸的组成成分

核酸的基本组成单位是核苷酸。核酸是由几十个乃至几千万个核苷酸聚合而成。核酸经酶作用可水解为核苷酸，核苷酸可进一步被水解成核苷和磷酸，核苷还可进一步水解，产生戊糖和含氮碱基。也可以说，核苷酸由含氮碱基、戊糖及磷酸三种成分组成。

（一）戊糖

核酸分子中的戊糖有两种：*D*-核糖和 *D*-脱氧核糖。核糖中的 2-OH 脱氧后形成脱氧核糖。为区别于碱基上的原子编号，核糖上的碳原子编号的右上方都加上“′”来表示，如 1′和 3′就表示核糖上的第 1 个和第 3 个碳原子，如图 6-1 所示。

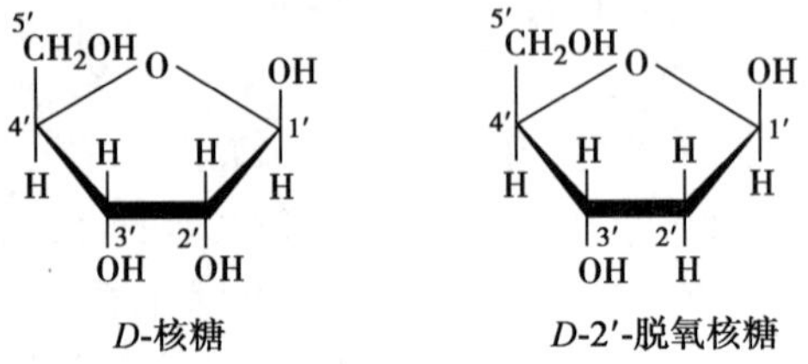

图 6-1　核糖与脱氧核糖

（二）碱基

核酸中的碱基主要是嘌呤碱基和嘧啶碱基两种。

1. 嘌呤碱基

核酸中常见的嘌呤碱基有两类：腺嘌呤（Adenine，A）和鸟嘌呤（Guanine，G），如图 6-2 所示。

2. 嘧啶碱基

常见的嘧啶碱基有三类：胞嘧啶（Cytosine，C）、尿嘧啶（Uracil，U）、胸腺嘧啶（Thymine，T），如图 6-3 所示。

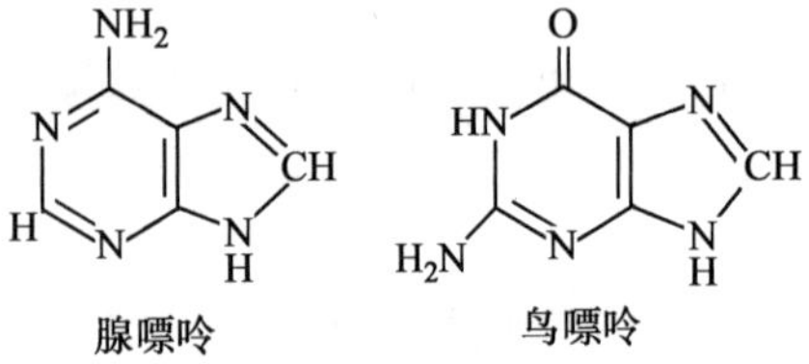

图 6-2　嘌呤碱基

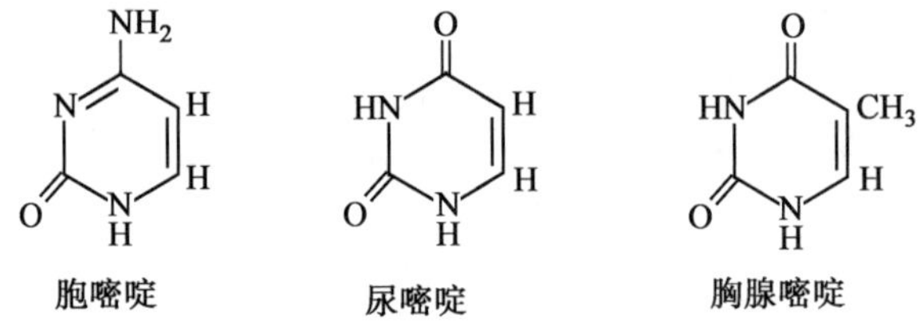

图 6-3　嘧啶碱基

3. 稀有碱基

核酸中含量很少的碱基，称为稀有碱基（或修饰碱基）。常见的稀有嘧啶碱基有 5-甲基胞嘧啶、5，6-二氢尿嘧啶；常见的稀有嘌呤碱基有 7-甲基鸟嘌呤、N^6-甲基腺嘌呤等。tRNA 中含有较多的稀有碱基。

（三）核苷

核苷由一个戊糖（核糖或脱氧核糖）和一个碱基（嘌呤或嘧啶碱）缩合而成。RNA 中的核苷称核糖核苷，共有 4 种，它们分别由腺嘌呤、鸟嘌呤、胞嘧啶和尿嘧啶与核糖构成腺苷、鸟苷、胞苷和尿苷，如图 6-4 所示。DNA 中的核糖 2′-OH 上的氧被脱掉，由它与碱基缩合形成的核苷称为脱氧核糖核苷，也有 4 种，它们分别是脱氧腺苷、脱氧鸟苷、脱氧胞苷和脱氧胸苷

(图 6-5),两类核酸的核苷组成见表 6-1。

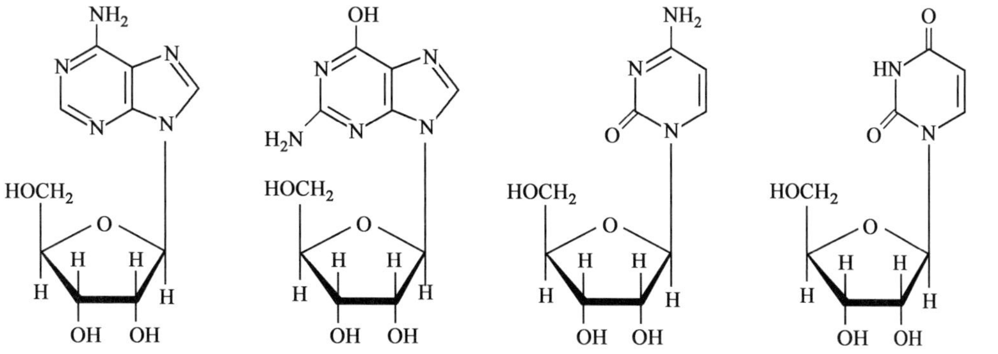

腺嘌呤核苷（腺苷） 鸟嘌呤核苷（鸟苷） 胞嘧啶核苷（胞苷） 尿嘧啶核苷（尿苷）

图 6-4 核糖核苷

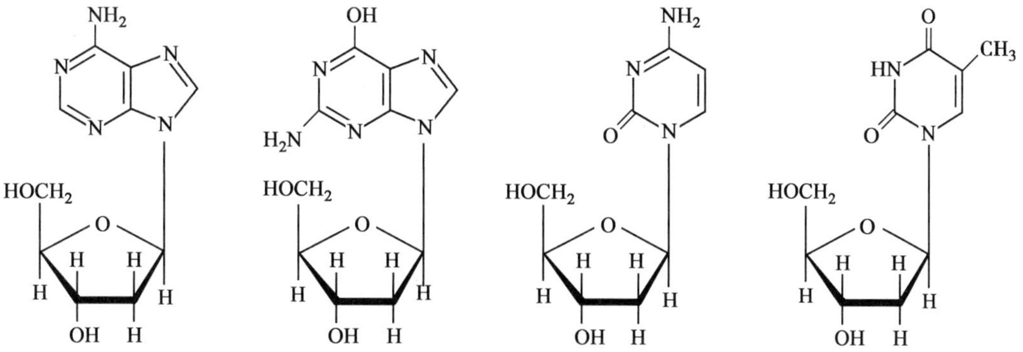

脱氧腺苷 脱氧鸟苷 脱氧胞苷 脱氧胸苷

图 6-5 脱氧核糖核苷

表 6-1 两类核酸的碱基组成

核酸	主要碱基	核糖
DNA	腺嘌呤(A)、鸟嘌呤(G)、胞嘧啶(C)、胸腺嘧啶(T)	*D*-2′-脱氧核糖
RNA	腺嘌呤(A)、鸟嘌呤(G)、胞嘧啶(C)、尿嘧啶(U)	*D*-核糖

(四)核苷酸

核苷酸是由核苷中戊糖的 5′-OH 与磷酸缩合而成的磷酸酯,它们是构成核酸的基本单位。根据核苷酸中戊糖的不同将核苷酸分成两大类,即核糖核苷酸和脱氧核糖核苷酸,前者是构成 RNA 的基本单位,后者是构成 DNA 的基本单位。天然核酸中,DNA 主要由脱氧腺苷酸(dAMP)、脱氧鸟苷酸(dGMP)、脱氧胸苷酸(dTMP)、脱氧胞苷酸(dCMP)4 种脱氧核糖核苷酸组成(图 6-6)。RNA 主要由腺苷酸(AMP)、鸟苷酸(GMP)、尿苷酸(UMP)、胞苷酸(CMP)4 种核糖核苷酸组成(图 6-7)。

DNA 和 RNA 核苷酸组成及其符号缩写见表 6-2。DNA 和 RNA 基本化学组成的比较见表 6-3。

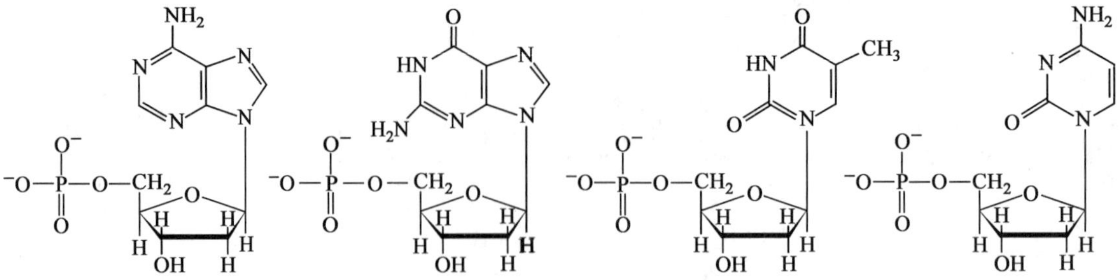

脱氧腺苷酸 (dAMP)　脱氧鸟苷酸 (dGMP)　脱氧胸苷酸 (dTMP)　脱氧胞苷酸 (dCMP)

图 6-6　脱氧核糖核苷酸

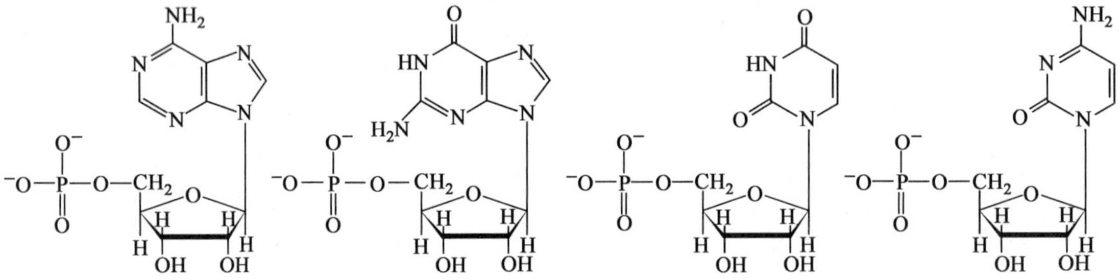

腺苷酸 (AMP)　鸟苷酸 (GMP)　尿苷酸 (UMP)　胞苷酸 (CMP)

图 6-7　核糖核苷酸

表 6-2　DNA 和 RNA 核苷酸组成及其缩写

碱基	RNA	DNA	碱基	RNA	DNA
腺嘌呤(A)	腺苷酸(AMP)	脱氧腺苷酸(dAMP)	尿嘧啶(U)	尿甘酸(UMP)	
鸟嘌呤(G)	鸟苷酸(GMP)	脱氧鸟苷酸(dGMP)	胸腺嘧啶(T)		脱氧胸苷酸(dTMP)
胞嘧啶(C)	胞苷酸(CMP)	脱氧胞甘酸(dCMP)			

表 6-3　DNA 和 RNA 的基本化学组成比较

比较项目	DNA	RNA
基本组成单位	脱氧核苷酸	核糖核苷酸
链的条数	两条	一条
五碳糖的种类	脱氧核糖	核糖
碱基的种类	A、G、C、T	A、G、C、U
分布场所	主要在细胞核	主要在细胞质
遗传信息	绝大多数生物	部分病毒

核苷酸分子含有一个磷酸基,故统称为核苷一磷酸。但 5′-核苷酸的磷酸基都可进一步磷酸化生成核苷二磷酸和核苷三磷酸。例如,5′-腺苷酸,又称腺苷一磷酸(AMP),进一步磷酸化

生成腺苷二磷酸(ADP)和腺苷三磷酸(ATP),其结构式如图 6-8 所示。ADP 和 ATP 都是高能磷酸化合物。

二磷酸核苷和三磷酸核苷广泛存在于细胞内,参与许多重要的代谢过程。例如,ATP 是体内能量的直接来源和利用形式,在代谢中发挥重要作用。UTP 参与糖原的合成,CTP 参与磷脂的合成,GTP 参与蛋白质的生物合成等。此外,某些核苷酸还是一些辅酶的组成成分。例如,辅酶 NAD^+、辅酶 $NADP^+$、辅酶 FAD、辅酶 A 等的结构中,都含有腺苷酸。

在生物细胞中还普遍存在一类环状核苷酸。如 3′,5′-环状腺苷酸(cAMP)、3′,5′-环状鸟苷酸(cGMP)等,其中以 cAMP 研究得最多,其结构式如图 6-9 所示。

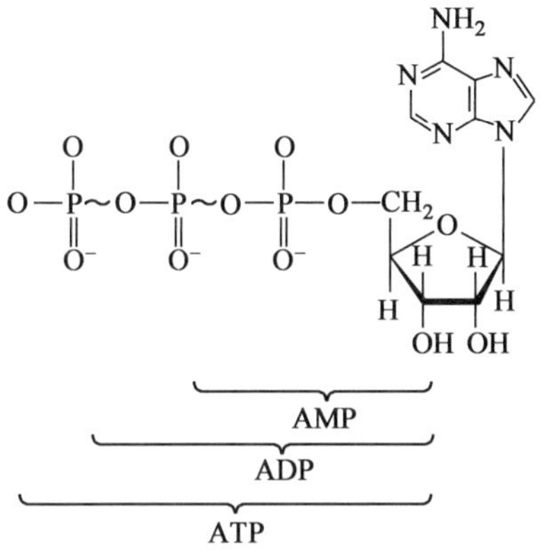

图 6-8 AMP、ADP 与 ATP

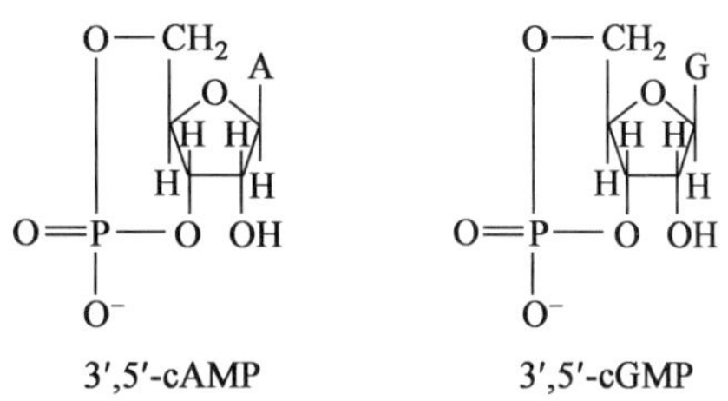

图 6-9 环状核苷酸

目前已知,许多激素通过 cAMP 而发挥其功能,所以 cAMP 被称为激素(第一信使)作用中的第二信使,cGMP 可能也是第二信使。另外,cAMP 也参与大肠杆菌中 DNA 转录的调控。

第三节 核酸的结构

一、核酸中核苷酸的连接方式

核酸分子中核苷酸的连接方式为一个核苷酸戊糖 3′碳上的羟基与下一个核苷酸戊糖 5′碳上的磷酸脱水缩合成酯键,此键称 3′,5′-磷酸二酯键。许多核苷酸借助 3′,5′-磷酸二酯键连接成长的多核苷酸链,称多核苷酸,即核酸。

在链的一端为核苷酸戊糖 5′碳上连接的磷酸,称为 5′磷酸末端或 5′末端;链的另一端为核苷酸戊糖 3′碳上的自由羟基,称为 3′羟基末端或 3′末端。链内的核苷酸由于其戊糖 5′碳上的磷酸和戊糖 3′碳上的羟基均已参与 3′,5′-磷酸二酯键的形成,故称为核苷酸残基。

二、DNA 的分子结构

(一)一级结构

DNA 是由 dAMP、dGMP、dCMP、dTMP 四种脱氧核苷酸组成的多核苷酸链。DNA 的一级结构是指在其多核苷酸链中各个核苷酸之间的连接方式、核苷酸的种类、数量以及核苷酸的排列顺序。生物的遗传信息就存储于 DNA 的核苷酸序列中。DNA 的一级结构如图 6-10 所示。

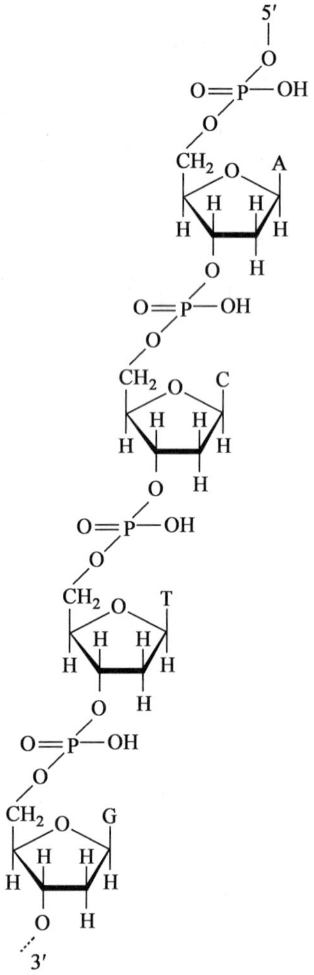

图 6-10 DNA 的一级结构

从图 6-10 可以看出，DNA 的主链骨架是由脱氧核糖、磷酸不断重复构成，所不同的只是碱基不同，为方便起见，常常以碱基的排列顺序替代核苷酸的排列顺序，而且有时候直接用 A、T、C、G 等替代脱氧腺苷酸、脱氧胸苷酸、脱氧胞苷酸、脱氧鸟苷酸。

DNA 的一级结构可用简化式表示，如图 6-11 所示。

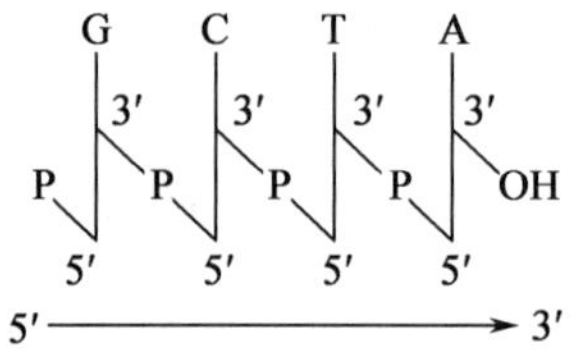

图 6-11 DNA 的简化结构

式中 G、C、T、A 分别代表不同的碱基，竖线代表脱氧核糖的肽链，P 代表磷酸，斜线代表磷酸二酯键，斜线与竖线的交点分别代表脱氧核糖中的戊糖 3′碳原子和 5′碳原子位置。也可写成 5′-GCTA-3′。按规定，书写 DNA 的顺序总是从 5′末端到 3′末端，5′末端在左侧，3′末端在右侧。

DNA 的碱基组成有如下特点：

(1)具有种的特异性。

(2)没有器官和组织的特异性。

(3)在同种 DNA 中腺嘌呤和胸腺嘧啶的物质的量相等，即 $n(A)=n(T)$；鸟嘌呤和胞嘧啶的物质的量相等，即 $n(G)=n(C)$；因此嘌呤碱基的总物质的量等于嘧啶碱基的总物质的量，即 $n(A+G)=n(T+C)$。

(4)年龄、营养状况、环境的改变不影响 DNA 的碱基组成。

(二)二级结构

1953 年，Watson 和 Crick 根据 Wilkins 和 Franklin 拍摄的 DNA X 射线照片(DNA 有 0.34 nm 和 3.4 nm 两个周期性变化)以及 Chargaff 等对 DNA 的碱基组成的分析(A＝T，G＝C，A＋G＝C＋T)，推测出 DNA 是由两条相互缠绕的链形成。Watson-Crick 双螺旋结构模型如图 6-12 所示。

B-DNA 分子双螺旋结构要点如下：

(1)两条反向平行的多核苷酸链形成右手螺旋。一条链为 5′→3′，另一条为 3′→5′。

(2)碱基在双螺旋内侧，A 与 T，G 与 C 配对，A 与 T 形成两个氢键，G 与 C 形成三个氢键(图 6-13)。糖基-磷酸基骨架在外侧。表面有一条大沟和一小沟。

(3)螺距为 3.4 nm，含 10 个碱基对(bp)，相邻碱基对平面间的距离为 0.34 nm。螺旋直径为 2 nm。

(4)氢键维持双螺旋的横向稳定。碱基对平面几乎垂直螺旋轴，碱基对平面间的疏水堆积力维持螺旋的纵向稳定。

(5)碱基在一条链上的排列顺序不受限制。遗传信息由碱基序列所携带。

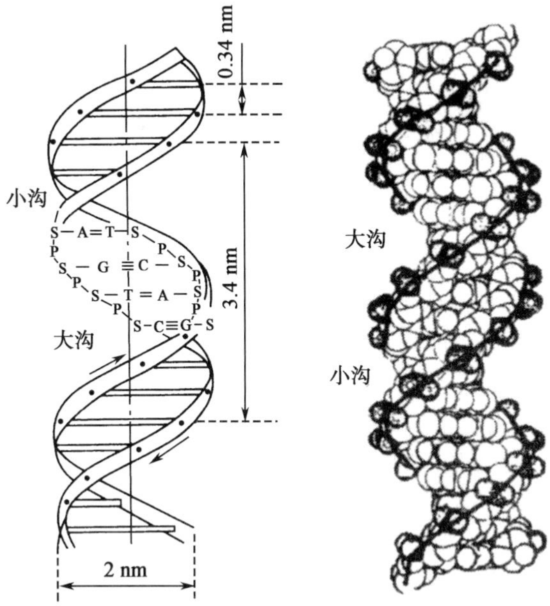

图 6-12 B-DNA 分子双螺旋结构模型

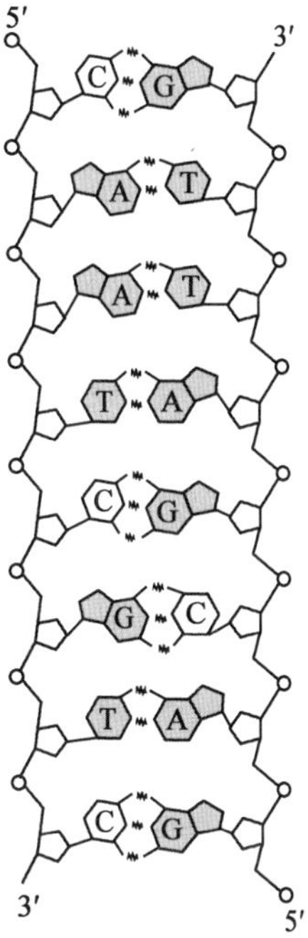

图 6-13 互补碱基间氢键示意图

(6)DNA 构象有多态性。

(三)三级结构

DNA 双螺旋进一步盘曲所形成的空间构象称 DNA 的三级结构。某些病毒、细菌、真核生物线粒体和叶绿体的 DNA 是环形双螺旋，再次螺旋化形成超螺旋；在真核生物细胞核内的 DNA 是很长的线形双螺旋，通过组装形成非常致密的超螺旋结构。

二维码 6-2 DNA 的三级结构

三、RNA 的分子结构

(一)RNA 的一级结构

RNA 的基本组成单位是 AMP、GMP、CMP 和 UMP 四种核苷酸。和 DNA 一样，核苷酸之间通过 3′,5′-磷酸二酯键相连形成多核苷酸链。RNA 的缩写式与 DNA 相同，通常从 5′端向 3′端延伸。

RNA 通常以单链形式存在，比 DNA 分子小得多，由数十个至数千个核苷酸组成。RNA 链可以回折且通过 A 与 U,G 与 C 配对形成局部的双螺旋，不能配对的碱基则形成环状突起，这种短的双螺旋区和环称为发夹结构。

(二)RNA 的二级结构

天然 RNA 并不像 DNA 那样都是双螺旋结构，而是单链线形分子。只有局部区域为双螺旋结构，这些双链结构是由于 RNA 单链分子通过自身回折使得互补的碱基对相遇，形成氢键结合而成的，同时形成双螺旋结构，不能配对的区域形成突环(Loop)。一般来说，双螺旋区约占 RNA 分子的 50%。

1. tRNA 的二级结构

细胞内 tRNA 的种类很多，每一种氨基酸都有其相应的一种或几种 tRNA。tRNA 的二级结构都呈三叶草形(图 6-14)，双螺旋区构成了叶柄，突环区好像是三叶草的三片小叶。由于双螺旋结构所占比例甚高，tRNA 的二级结构十分稳定。三叶草形结构由氨基酸臂、二氢尿嘧啶环、反密码环、额外环和 TΨC 环 5 个部分组成。

二维码 6-3 tRNA 的二级结构

2. rRNA 的二级结构

rRNA 约占细胞总 RNA 含量的 80%，是分子量高、代谢稳定的 RNA。主要功能是与多种蛋白质组成核糖体，是蛋白质合成的场所。核糖体含有大约 40%的蛋白质和 60%的 RNA，在结构上可分离为大、小两个亚基。

(三)RNA 的三级结构(以 tRNA 为例)

tRNA 的二级结构再折叠形成三级结构。科学家应用高分辨率的 X 射线衍射证明 tRNA 具有倒 L 形的三级结构(图 6-15)。

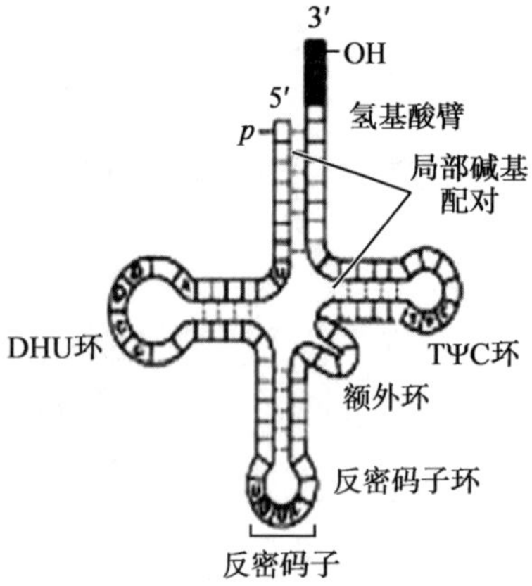

图 6-14 tRNA 三叶草形二级结构模型(引自何国庆，2016)

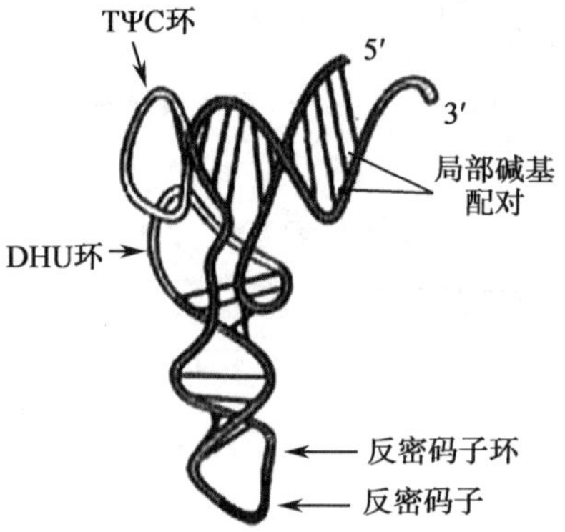

图 6-15 tRNA 三级结构(引自何国庆，2016)

第四节 核酸的理化性质

一、核酸的一般理化性质

DNA 分子量很大，一般在 $10^6 \sim 10^{12}$，为白色絮状物。RNA 分子量较小，一般在 $10^4 \sim 10^5$，为白色粉末。DNA 和 RNA 都是极性化合物，微溶于水，而不溶于乙醇、乙醚、氯仿等有机溶剂。因此常用 70%的乙醇从溶液中沉淀核酸。它们的钠盐比其酸易溶于水，RNA 钠盐在水中的溶解度可达 4%。

DNA 分子具有双螺旋结构，分子长度可达几厘米，但直径只有 2 nm，分子极为细长，因此极稀的 DNA 溶液，黏度也极大。RNA 分子比 DNA 分子短很多，因此 RNA 的黏度比 DNA 的黏度小。

二、核酸的紫外吸收性质

嘌呤碱与嘧啶碱具有共轭双键，使碱基、核苷、核苷酸和核酸在 240～290 nm 的紫外波段有一强烈的吸收峰，最大吸收值在 260 nm 附近，吸光度以 A_{260} 表示，可用紫外分光光度计加以定量及定性测定。其紫外吸收值大小可作为核酸变性、复性的指标。DNA 的紫外吸收光谱如图 6-16 所示。

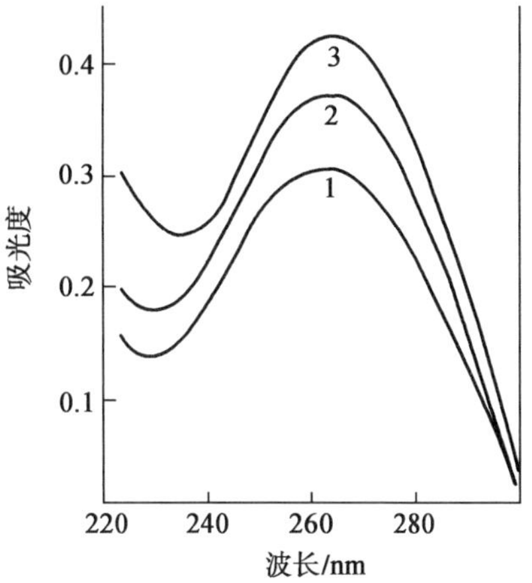

1. 天然 DNA；2. 变性 DNA；3. 核苷酸总吸光度

图 6-16 DNA 的紫外吸收光谱

DNA 变性后，氢键断开，碱基暴露，紫外吸收值就明显升高，这种现象称为增色效应。在一定条件下，变性核酸又可复性，此时紫外吸收值又恢复到原来的水平，这一现象称为减色效应。

三、核酸的变性、复性和杂交

1. 变性

在一定条件下，双链 DNA 解链变成单链 DNA 的现象称为变性或熔化。加热引起的变性称为热变性；核酸发生变性时，双螺旋区的氢键断裂，它不涉及多核苷酸链之间的 3′,5′-磷酸二酯键的断裂。当 DNA 发生变性时，生物学活性丧失，理化性质也发生改变，如 A_{260} 值升高、黏度下降、浮力系数增加等。

通常将 50% 的 DNA 变性时的温度称为该 DNA 的熔点或解链温度，用 T_m 表示，一般在 85～95℃。DNA 的 T_m 值主要与 DNA 分子中 G-C 对的含量有关，G-C 对含量越高，变性时的 T_m 值越高，这是因为 G-C 对之间有 3 个氢键。

2. 复性

如果在加热后缓慢冷却，分开的两条单链 DNA 又可以重新结合为双链 DNA，称为复性或退火（图 6-17）。最佳复性温度为 T_m 减去 25℃，一般在 60℃左右。

3. 杂交

不同来源的核酸变性后，合并在一起复性，只要它们存在大致相同的碱基互补配对序列，就可以形成杂化双链，此过程叫杂交。杂交分子可以是 DNA-DNA、DNA-RNA 或 RNA-RNA。

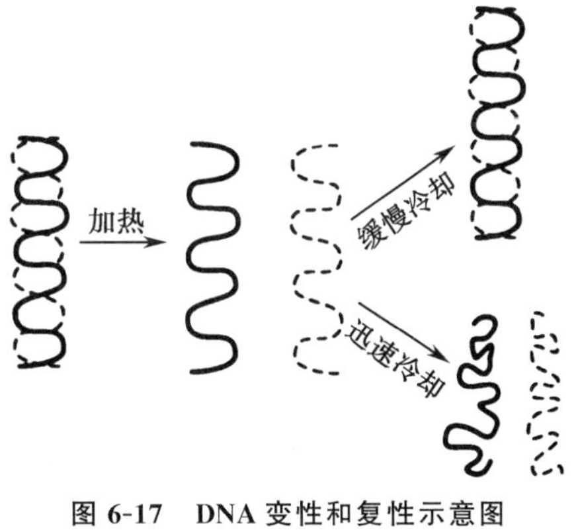

图 6-17 DNA 变性和复性示意图

第五节 核酸的分离纯化与含量测定

一、核酸的分离纯化

1. 制备核酸的一般程序

无论是研究核酸的结构还是研究核酸的功能，都需要制备一定纯度的核酸样品。但是，在细胞内，核酸常和蛋白质结合成核酸-蛋白质复合物，而且在细胞内还有许多其他蛋白质及糖类杂质，欲分离提纯核酸，就要想办法除去蛋白质及其他杂质。

制取核酸样品的根本要求是保持核酸的完整性，即保持其天然状态。而核酸分子很大，特别是DNA分子，很不稳定，在提取过程中，容易受到许多因素(如温度、酸、碱、变性剂、机械力以及各种核酸酶)的破坏而变性、降解。因此，在分离提纯核酸时，应尽可能在低温下操作，避免过酸、过碱或其他变性的影响，并注意使用核酸酶的抑制剂。

2. 分离纯化核酸的一般步骤

(1)细胞破碎。这一步要特别注意加入核酸酶的抑制剂，防止核酸被降解。

(2)除去与核酸结合的蛋白质及多糖等杂质。除去蛋白质，可以加酚或氯仿(蛋白质变性剂)；除去DNA中少量的RNA，可以加核糖核酸酶，除去RNA中少量的DNA，可以加脱氧核糖核酸酶。

(3)除去其他杂质核酸。除去各种杂质后即得均一的样品。核酸的高电荷磷酸骨架使其比蛋白质、多糖、脂肪等其他生物大分子更具亲水性，根据它们理化性质的差异，用选择性沉淀、层析、梯度离心等方法可将核酸分离、纯化。

酚提取/沉淀法：核酸分离的一个经典方法是酚-氯仿抽提法。细胞裂解后离心分离含核酸的水相，加入等体积的酚-氯仿-异戊醇(25∶24∶1)混合液。

层析法：层析法是利用不同物质某些理化性质的差异而建立的分离分析方法。包括吸附层析、亲和层析、离子交换层析等方法。因分离和纯化同步进行，并且有商品试剂盒供应而被广泛应用于核酸的纯化。该方法分离纯化核酸，具有产量好、产量高、成本低、快速、简便、节省人力等优点。

密度梯度离心法：密度梯度离心也可用于核酸的分离和分析。

二、核酸含量测定方法

1. 定磷法

核酸中含有磷，用强酸(5 mol/L H_2SO_4 或60%过氯酸)消化，使其变成无机磷，无机磷在酸性条件下与钼酸铵反应生成磷钼酸。在还原剂的作用下，磷钼酸生成蓝色的化合物——钼蓝。钼蓝最大的吸收峰在650～660 nm波长处，可通过测定 A_{650} 测定磷的含量，进一步计算出核酸含量。其操作过程为核酸的消化—磷的测定—核酸含量的计算。

不同来源的核酸其含磷量有所差别，一般DNA含磷量为9.9%，RNA含磷量为9.5%。根据磷测定的结果，就可计算出核酸(DNA或RNA)的量。

$$\text{RNA 量}=(\text{总磷量}-\text{无机磷量})\times 10.5$$
$$\text{DNA 量}=(\text{总磷量}-\text{无机磷量})\times 10.1$$

2. 二苯胺法

DNA中的2-脱氧核糖在酸性环境中与二苯胺试剂一起加热产生蓝色反应，在595 nm处有最大吸收峰。核糖在浓酸作用下脱水生成糠醛，糠醛能与3,5-二羟甲苯缩合生成绿色化合物，在660 nm处有最大吸收峰。在40～400 μg范围内，A_{595} 和 A_{660} 与DNA和RNA的浓度成正比。

将核酸样品液与标准溶液在同样条件下操作显色，比色后根据光密度值即可计算样品中的核酸含量。少量乙醛可提高反应灵敏度;此法需制备标准曲线。

三、核酸浓度测定方法

根据 A_{260}/A_{280} 的比值即可判断核酸样品的纯度。纯 DNA 的 A_{260}/A_{280} 应为 1.8;纯 RNA 的 A_{260}/A_{280} 应为 2.0。

对于纯的样品,只要读出 A_{260} 值即可算出含量。通常以 A_{260} 值为 1 相当于 50 μg/mL 双螺旋 DNA,或 40 μg/mL 单链 DNA(或 RNA),或 20 μg/mL 寡核苷酸。这个方法既快速,又准确,而且不会浪费样品。不纯的样品不能用紫外分光光度法做定量测定,可以用琼脂糖凝胶电泳分离出区带后,经溴化乙啶染色在紫外灯下粗略地估计其含量。

第六节 核酸与食品加工

一、核酸与营养保健

现代人的膳食结构中,摄入的核酸较少,又由于营养不平衡,导致某些人身体早衰及老年性疾病的发生,如高血胆固醇症、心脑血管病、老年性关节炎、痴呆症、糖尿病、肥胖病等。如果人体摄入的核酸营养不足,其他营养素也不能很好地进入细胞,为细胞所充分吸收和利用,致使细胞受损,各种疾病也就随之发生。但摄取核酸营养的同时,也要平衡其他营养素,只有在平衡膳食的基础上,核酸营养才能充分发挥作用。

1. 利用和开发天然富含核酸的食物

富含核酸的天然食品,如鱿鱼每 100 g 含核酸 280 mg,每罐沙丁鱼含有 0.6 g 以上的核酸,鸡肝 420 mg/100 g,小鱼干(生的)341 mg/100 g,蜜豆 485 mg/100 g,红豆 306 mg/100 g,鲑鱼(生的)289 mg/100 g,鸡心 187 mg/100 g,牡蛎(罐头)239 mg/100 g,豌豆(干的)173 mg/100 g,牛肾 134 mg/100 g,比目鱼(罐头)122 mg/100 g,乌贼(生的)100 mg/100 g,牛肉 100 mg/100 g。豆制品中的豆腐、豆腐干以及芦笋、菠菜、萝卜、蘑菇、酵母、木耳、花粉、橘子、番茄、芹菜、香蕉、桃、草莓、凤梨、葡萄、柠檬、胡萝卜等中也含有较多的核酸。鱼类食品,特别是海产鱼核酸含量很高。

2. 将核酸添加于各类食品中

这是指从富含核酸的生物组织中提取核酸,或用发酵法生产核酸,再辅以其他营养素,添加于各种食品中。摄入含核酸丰富的食品或核酸食品,经消化吸收后,核酸中的嘌呤化合物成分经分解代谢后可产生尿酸,使尿液和血液呈酸性。在一般情况下,尿酸可完全由尿排出,不在身体某些关节处积留,但对个别嘌呤代谢障碍的人来说,如果尿酸累积多了,可能会导致痛风病。因此,摄入核酸食品的同时,要多喝开水,使尿酸从尿液中排出。此外,还要多吃些碱性食物,可以防止血液、尿液酸化,还可以获得多种维生素、无机盐、膳食纤维等,它们与核酸协同作用,可大大提高抗衰老等保健效果。

二、核苷酸、核酸在食品加工中的应用

1. 核苷酸在食品加工中的应用

核苷酸资源丰富,取材方便,提取生产技术成熟,如利用啤酒厂废弃的啤酒酵母为原料提

取 RNA。核苷酸类物质相配合或添加于保健品中,具有促进儿童的生长发育、增强智力、提高成年人的抗病和抗衰老能力、有助于手术患者的身体康复等作用。

核苷酸可以添加在代乳品中,对婴幼儿的胃肠道发育、激活肠道免疫、增强对细菌感染抵抗力、健康维持以及血浆脂蛋白的产生等均有促进作用。

2. 核酸在食品加工中的应用

目前,在国外市场上被用于保健食品生产的核酸,主要有鱼精的核蛋白(也被称为核酸鱼精蛋白)、DNA 和酵母的 RNA 三种。核酸目前主要用于保健品、饮料、奶粉等食品生产中。由于在母乳中含有许多核酸,而奶粉中没有核酸,在一些经济发达国家,已开始在奶粉中添加核酸,使其具有抗菌、提高胃肠免疫等作用;牛奶中核酸含量很少,所以在牛奶中添加核酸可以获得与在奶粉中添加核酸同样的效果;在粉末状调味品中添加核酸,可防止食品过氧化,还可以发挥抗菌、提高胃肠免疫等作用。此外,由于核酸具有抗癌作用,在酱油、沙司等调味品加入核酸,可以减少这类食品用于制作烧烤食品时的食用危害性。

三、PCR 技术在食品检测中的应用

聚合酶链式反应(PCR)体外扩增 DNA 已成为应用最广泛的一种生物技术。这项技术的基本步骤:

(1)变性。在高温条件下,DNA 双链解离形成单链 DNA。

(2)退火。当温度突然降低时引物与其互补的模板在局部形成杂交链。

(3)延伸。在 DNA 聚合酶、dNTPs 和 Mg^{2+} 存在的条件下,聚合酶催化以引物为起始点的 DNA 链延伸反应。

以上三步为一个循环,每一循环的产物可以作为下一个循环的模板,几十个循环之后,介于两个引物之间的特异性 DNA 片段得到了大量复制,通常可扩增 10^6 倍。PCR 技术在医学、生物学、法医学、转基因食品开发等方面都有广泛的应用。

知识拓展

PCR 技术简介

聚合酶链式反应(polymerase chain reaction,PCR)是一种分子生物学技术,用于体外扩增特定的 DNA 片段。PCR 技术主要是通过人工合成的一小段单链 DNA 片段(引物)与模板 DNA 特定的区域特异性结合,以四种 dNTP 为底物,通过 DNA 聚合酶沿着引物和模板形成的双链部分的 3′端聚合形成 DNA 片段,实现 DNA 体外扩增,扩增原理如图 6-18 所示。

PCR 技术的发明使微量的核酸操作变得简单易行,同时使核酸研究脱离于活体生物,极大地推动了分子生物学以及生物技术产业的发展。随着对 PCR 研究的不断深入,人们对常规 PCR 进行技术改进而衍生出了多种 PCR 技术,如荧光定量 PCR、逆转录 PCR、RACE－PCR、巢式 PCR、反向 PCR、降落 PCR 等技术。

(1)荧光定量 PCR。荧光定量 PCR 是在反应体系中加荧光基团,利用荧光信号实时检测 PCR 进程并通过标准曲线对初始模板进行定量分析。

(2)逆转录 PCR。以 RNA 为模板,首先利用逆转录酶反转录成 cDNA,再以 cDNA 为模板进行 PCR 扩增。

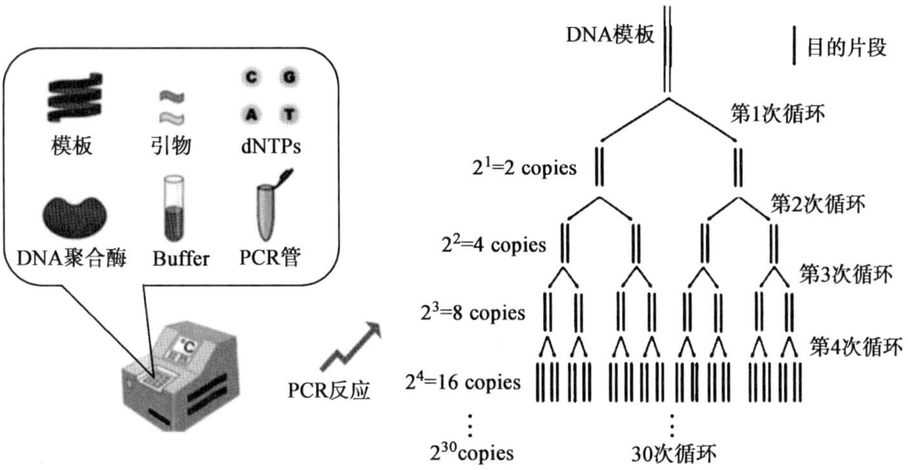

图 6-18 DNA 扩增的原理

(3)RACE-PCR。cDNA 末端快速扩增技术,是利用 RACE 可以通过已知的部分 cDNA 序列来得到完整的 cDNA 的 5′和 3′端。

(4)巢式·PCR。利用两套引物进行两轮 PCR 扩增,使得巢式 PCR 进行连续两轮扩增可以提高扩增的特异性和灵敏度。

(5)反向 PCR。用反向的互补引物来扩增两引物以外的未知序列的片段(常规 PCR 是对两引物之间的片段进行扩增)。

(6)降落 PCR。降落 PCR 是对 PCR 反应体系中退火温度进行优化,通过设置一系列不断降低的退火温度以提高 PCR 反应的特异性

学科前沿

转基因食品的是与非

转基因食品是指以转基因生物为原料加工、生产的食品。转基因生物是指通过基因工程技术将一种或几种外源性基因(目的基因)转移到生物体内,并使外源性基因在生物体内表达,这种移植了外源基因的生物称为转基因生物。

1. 转基因食品的优点

(1)可以改变食物的某些性状,从而提高食物的品质。转基因技术可以把不同植物的优良基因进行组合,比如抗虫性、抗旱性、抗病性等多种性状组合;也可以把动物的某些优良基因转到农作物中,比如鱼的抗冻基因转到番茄中;可以使得作物具有比原作物更多的营养成分、更好的口感等。

(2)解决粮食短缺问题,提高作物产量。这也是转基因食品的初衷所在。转基因作物经过基因改良后,能更好地适应周围的环境,抵御各种灾害的能力提高,使得单位面积的产量大大提高。

(3)减少农药的使用,有利于保护环境。转基因技术培育出的作物新品种,可以降低病虫害的风险,减少对农药化肥和水的依赖,一定程度上减少环境污染。

(4)通过转基因技术，可以将优良性状基因转入动物体内。如将高泌乳基因、瘦肉型基因、抗寄生虫基因等基因转入乳牛、乳羊、猪、鸡等牲畜、家禽体内。

2. 转基因食品的潜在的风险

(1)有一些学者认为，对于基因的人工提炼，可能增加食物中原有的微量毒素，甚至可以致癌或导致遗传性疾病。

(2)影响农业和生态环境。比如推广抗除草剂的转基因品种在一定程度上会助长除草剂的使用，这样会危害其他非转基因作物，让非转基因作物受到伤害甚至灭绝。

(3)大量的转基因生物如果进入自然界，很可能与野生物种杂交，造成基因的污染，影响生物多样性，对生态系统造成严重的危害。

实验一 植物组织中DNA的快速提取

一、实验目的

(1)理解DNA提取的原理及各试剂的作用。

(2)掌握DNA提取过程。

二、实验原理

DNA是一切生物细胞的重要组成成分，主要以核蛋白(即染色质或染色体)的形式存在于细胞核中。因此提取核酸的基本过程就是细胞破碎→抽提去蛋白质→沉淀核酸。CTAB(十六烷基三乙基溴化铵)是一种阳离子去污剂，可溶解细胞膜，它能与核酸形成复合物，在高盐溶液中(0.7 mol/L NaCl)是可溶的，当降低溶液盐浓度到一定程度(0.3 mol/L NaCl)时，从溶液中沉淀，通过离心就可将CTAB-核酸的复合物与蛋白和多糖类物质分开。最后，通过乙醇或异丙醇沉淀DNA，而CTAB溶于乙醇或异丙醇而除去。分离纯化后的植物DNA，可用琼脂糖凝胶电泳检测。

三、实验材料

新鲜的植物组织材料或－80℃冻存的植物材料。

四、试剂与器材

1. 器材

离心机、恒温水浴、台式高速离心机、水平电泳槽、电泳仪、液氮罐等。

2. 试剂

2×CTAB溶液；氯仿/异戊醇(24∶1)；3 mol/L NaAc，用冰乙酸调pH至5.2；异丙醇；β-巯基乙醇；75%乙醇；液氮；TE缓冲液。

二维码 6-4 2×CTAB 溶液配方

五、操作步骤

(1)向5 mL离心管中预先加入1.5 mL CTAB抽提液及30 μL的β-巯基乙醇，混匀，65℃预热。

(2)将 0.5～1 g 植物材料用液氮磨成粉末,迅速用药匙转入预热的离心管中,盖严后迅速摇匀,于 65℃水浴 30 min,中途间隔轻柔颠倒混匀 2～3 次。

(3)取出离心管,冷却至室温,加入与上清液等体积(约 1.5 mL)的氯仿/异戊醇(24∶1),轻柔颠倒混匀乳化 10 min。

(4)10 000 r/min 室温离心 10 min。

(5)充分吸取上清液转移至另一新的 5 mL 离心管中(注意不要吸取或破坏中间的蛋白相),加入占上清液的 1/10 至 1/5 体积(约 150 μL)的醋酸钠溶液,混匀。

(6)加入与上清液等体积(约 1.3 mL)的－20℃预冷的异丙醇,轻轻摇晃至形成 DNA 白色絮状沉淀。

(7)挑出或吸出 DNA 絮状沉淀,置于含 1 mL 75%乙醇的 1.5 mL 离心管中漂洗,重复一次。

(8)吸干乙醇后干燥沉淀,并用 200 μL TE 溶解沉淀,即可得到 DNA 粗提物,可保存于－20℃备用或进一步纯化。

六、注意事项

在 DNA 提取过程中必须始终注意以下几个关键问题。

(1)DNA 的二级结构易受多种因素(如强酸、强碱、加热、低盐浓度、有机溶剂、酰胺类、尿素等)的影响而引起双链打开,即变性。因此,抽提时避免使用易引起 DNA 变性的条件。

(2)抑制内外源核酸酶的活力。核酸酶就像一把刀,它能把大分子的 DNA 切成碎片。所以在操作中要注意低温操作、调节 pH 偏碱(pH 8.0)、加表面活性剂、加螯合剂(EDTA)除去酶的辅助因子(Mg^{2+}),使酶活性丧失等。

(3)防止物理因素降解。如温度太高或机械张力剪切等,DNA 分子特别大,其分子量可达 10^{12},极易被机械张力拉断,甚至在细管中稍急一些的流动也会使 DNA 断裂,所以在抽提过程中要特别注意这一点,操作过程要尽量简便、温和、减少搅拌次数,也不要剧烈摇动。

(4)植物的次生代谢物(主要是胞质内的多酚类或色素类化合物)对核酸提取有干扰作用。因此,一般尽可能选幼嫩的、代谢旺盛的新生组织作为提取 DNA 的材料,这是因幼嫩的新生组织次生代谢物较少,DNA 含量高,且易于破碎。植物材料最好是新鲜的,低温保存材料避免反复冻融。

(5)CTAB 溶液在低于 15℃时会形成沉淀析出,因此在加入植物材料之前必须预热,且离心时温度不要低于 15℃。

(6)多酚和多糖的去除。*β*-巯基乙醇是抗氧化剂,能有效地防止酚氧化成醌,避免褐变,使酚容易去除;PVP(聚乙烯吡咯烷酮)是酚的络合物,能与多酚形成一种不溶的络合物质,有效去除多酚,减少 DNA 中酚的污染;同时它也能和多糖结合,有效去除多糖。

七、问题与讨论

(1)结合自己的操作实践,简述在 DNA 提取过程中如何避免 DNA 分子的降解。

(2)请查阅相关资料,简述 DNA 提取的其他方法。

实验二　酵母中 RNA 的提取

一、实验目的

(1)理解从酵母中提取 RNA 的基本原理。

(2)掌握从酵母中提取 RNA 的操作过程。

二、实验原理

酵母核酸中 RNA 含量较多,因此选用酵母进行 RNA 提取。RNA 种类较多,制备方法也各异。工业上制备 RNA 一般选用成本较低、适宜于大规模操作的稀碱法和浓盐法。

稀碱法是用 1% NaOH 溶液,将细胞壁溶解,用酸中和,升高温度使蛋白质变性,将蛋白质与核酸分离,然后除去菌体,将 pH 调至 RNA 的等电点(pH 2.5)使 RNA 沉淀出来。稀碱法的优点是抽提时间短,但 RNA 在此条件下不稳定,容易分解。

浓盐法是用 10% NaCl 溶液改变细胞膜的通透性,使核酸从细胞内释放出来。用浓盐法提取 RNA 要掌握温度,避免在 20～70℃停留时间过长,因为这是磷酸二酯酶和磷酸单酯酶作用活跃的温度范围,会使 RNA 因降解而降低提取率。加热至 90～100℃,利用高温使蛋白质变性。破坏该酶类,有利于 RNA 的提取。

若要提取接近天然状态 RNA,可采用苯酚法或氯仿-异戊醇法去蛋白,然后用乙醇沉淀 RNA,离心收集。本实验采用浓盐法(10% NaCl)提取 RNA。

三、试剂与器材

1. 器材

乳钵、150 mL 锥形瓶、水浴锅、量筒、布氏漏斗及抽滤瓶、吸管、滴管、试管、烧杯、离心机、漏斗等。

2. 试剂

10% NaCl 溶液;6 mol/L HCl 溶液;95% 乙醇溶液;精密试纸:2.0～2.5 和冰块;0.5 mol/L 碳酸氢钠。

3. 实验材料

酵母粉(片)。

四、操作步骤

1. 提取

称取干酵母粉 2 g 于 50 mL 三角瓶内。加 10% NaCl 溶液 10 mL,搅拌均匀,然后于沸水浴中提取 0.5 h。

2. 分离

将上述提取液取出,用自来水冷却,分装在离心管内,以 3 500 r/min 离心 10 min,使提取液与菌体残渣等分离。

3. 沉淀 RNA

将离心得到的上清液倾于 50 mL 烧杯内，并置于放有冰块的 250 mL 烧杯中冷却。待溶液冷至 10℃以下时，在搅拌下小心地用 6 mol/L HCl 溶液调节 pH 至 2.0～2.5(即等电点范围)。随着 pH 的下降，溶液中白色沉淀逐渐增加，到等电点时沉淀量最多(注意严格控制 pH)。调好后继续于冰浴中静置 10 min，使沉淀充分，颗粒变大。

4. 洗涤

上述悬浮液 3 000 r/min 离心 5 min，得到 RNA 沉淀。小心弃去上清液，加入 3 mL 0.5 mol/L 碳酸氢钠溶液溶解沉淀(必要时用玻棒搅拌沉淀物以助溶解，如有不溶物则为杂质)。在 4 000 r/min 离心 1 min。取上清液于另一离心管中，加入 2 倍体积的 95%乙醇，混匀。重新沉淀 RNA，3 000 r/min 离心 5 min，即得湿 RNA 粗制品，经真空干燥箱内烘干后，即得到 RNA 干粉，可供定量测定实验用。

五、计算

1. 含量测定

将干燥后的 RNA 产品配制成浓度为 20 μg/mL 的溶液，在分光光度计上测定其 260 nm 处的吸光度，按下式计算 RNA 含量：

$$\text{RNA 含量}=\frac{A_{260}}{0.024\times L}\times\frac{\text{RNA 溶液总体积(mL)}}{\text{RNA 称取量}}\times 100\%$$

式中：A_{260} 为 260 nm 处的吸光度；L 为比色杯光径；0.024 为 1 mL 溶液中含 1 μg RNA 的吸光度。

2. 计算提取率

$$\text{RNA 提取率}=\frac{\text{RNA 含量(\%)}\times\text{RNA 制品质量(g)}}{\text{酵母质量(g)}}\times 100\%$$

六、问题与讨论

(1)沉淀 RNA 之前为什么要冷却上清液至 10℃以下？

(2)沉淀 RNA 时，为什么要将 pH 调至 2.0 左右？

实验三 紫外分光光度法测定核酸的浓度和纯度

一、实验目的

(1)理解紫外分光光度法测定核酸浓度和纯度的原理。

(2)掌握紫外分光光度法测定核酸浓度和纯度的操作过程。

二、实验原理

核酸、核苷酸及其衍生物的分子结构中的嘌呤、嘧啶碱基具有共轭双键系统，能够吸收 250～280 nm 波长的紫外光。核酸(DNA 和 RNA)的最大紫外吸收值在 260 nm。遵照 Lambert-Beer 定律,可以依据紫外光吸收值的变化来测定核酸的含量。在波长为 260 nm 紫外光下,1 单位 OD 值的光密度相当于双链 DNA 浓度为 50 μg/mL;单链 DNA 或 RNA 为 40 μg/mL;单链寡聚核苷酸为 20 μg/mL。

分光光度法不但能够确定核酸的浓度,还可以通过测定在 260 nm 和 280 nm 的紫外线吸收值的比值(A_{260}/A_{280})估计核酸的纯度。纯净的 DNA 的该比值为 1.8,RNA 的比值为 2.0。若 DNA 比值高于 1.8,说明制剂中 RNA 尚未除尽。RNA、DNA 溶液中含有酚和蛋白质将导致该比值降低。270 nm 波长下存在高吸光度表明有酚的干扰。紫外分光光度法只适用于测定浓度大于 0.25 μg/mL 的核酸溶液。

三、仪器与试剂

1. 材料

RNA 或 DNA 干粉。

2. 器材

分析天平、紫外分光光度计、石英杯、离心管(10 mL)、离心机、烧杯(10 mL)、容量瓶(50 mL、100 mL)、微量移液器、试管及试管架。

3. 试剂

(1)5%~6%氨水。用 25%~30%氨水稀释 5 倍。

(2)钼酸铵-过氯酸试剂。取 3.6 mL 70%过氯酸和 0.25 g 钼酸铵溶于 96.4 mL 蒸馏水中。

四、操作步骤

1. 核酸样品纯度的测定

(1)准确称取待测的核酸样品 0.5 g,加入少量蒸馏水调成糊状,再加适量的水,用 5%~6%氨水调至 pH 7,定容至 50 mL。

(2)取 2 支离心管,甲管内加入 2 mL 样品溶液和 2 mL 蒸馏水;乙管内加入 2 mL 样品溶液和 2 mL 钼酸铵-过氯酸试剂即沉淀剂(沉淀除去大分子核酸,作为对照)。混匀,在冰浴(或冰箱)中放置 30 min,3 000 r/min 离心 10 min,从甲、乙两管中分别取 0.5 mL 上清液,用蒸馏水定容至 50 mL。选用光程为 1 cm 的石英比色杯,在 260 nm 波长下测其光密度。

(3)计算。

$$\text{DNA(或 RNA)含量}(\mu g/mL)=\frac{\dfrac{OD_{260甲}-OD_{260乙}}{0.020(或\ 0.024)}(\mu g/mL)}{\text{样品浓度}(\mu g/mL)}\times 100$$

$$\text{样品浓度}=\frac{0.5(g)}{50\times\dfrac{4}{2}\times\dfrac{50}{0.5}(mL)}=\frac{0.5\times 106(\mu g)}{104(mL)}=50\ (\mu g/mL)$$

如果待测的核酸样品不含酸溶性核苷酸或可透析的低聚多核苷酸,则可将样品配制成一定浓度的溶液(20~50 μg/mL)在紫外分光光度计上直接测定。

2. 核酸含量的测定

(1)取 2 支试管,每管各加入 2 mL 待测的核酸溶液,再向甲管内加 2 mL 蒸馏水,向乙管内加 2 mL 沉淀剂，混匀，在冰浴（或冰箱）中放置 10 min，3 000 r/min 离心 10 min。将甲、乙两管清液分别稀释至光密度在 0.1～1.0。选用光程为 1 cm 的石英比色杯，在 260 nm 波长下测定其光密度 OD_{260}。

（2）计算

$$\text{DNA（或 RNA）含量}(\mu g/mL)=\frac{OD_{260甲}-OD_{260乙}}{0.020(或\ 0.024)}\times 稀释倍数$$

五、实验注意事项

（1）仪器使用前需开机预热 30 min；
（2）开关试样室盖时动作要轻缓；
（3）使用石英杯时要注意拿取方法，不要直接拿透光的那两个侧面；
（4）测量前要调零，测量不同样品时要冲洗石英杯；
（5）一定要将比色皿外部所沾样品擦干净，才能放进比色皿架进行测定；
（6）正确开、关紫外分光光度计。

六、问题与讨论

（1）利用紫外分光光度计测得的结果比实际浓度偏高还是偏低？为什么？
（2）如果实验测得 $A_{260}/A_{280}=1.8$，是否能说明提取的 DNA 样品非常纯净？为什么？

单元小结

核酸是生物体基本组成物质，是主要的生物大分子之一，核酸的生物功能是多种多样的，最重要的是作为遗传信息的载体。核酸分为 DNA 和 RNA 两大类，一般都与蛋白质相结合，前者是染色质的主要成分，后者主要存在于细胞液中。

核酸由 C、H、O、N、P 等元素组成。其中磷的含量为 9%～10%，由于核酸分子中磷的含量比较稳定，故可通过测定磷的含量来估算核酸的含量。

核酸以核苷酸为基本结构单位，单核苷酸进一步水解生成核苷及磷酸，核苷水解后则生成核糖和碱基。DNA 分子中的核苷酸由 4 种脱氧核苷酸组成。

核苷酸之间以 3′,5′-磷酸二酯键相连。核酸的一级结构实际上就是多核苷酸链中各个核苷酸之间的连接方式，核苷酸的种类、数量以及核苷酸的排列顺序。生物的遗传信息就储存于 DNA 的核苷酸序列中。

DNA 的二级结构为右手双螺旋结构模型。RNA 比 DNA 小，主要有 mRNA、rRNA、tRNA 三类，RNA 分子也可以通过自身折叠按碱基配对形成局部的螺旋结构。

在细胞中，核酸与蛋白质结合的状态存在的，核酸提取需经过裂解、去除蛋白质以及多糖、脂类等生物大分子、去除其他不需要的核酸分子等步骤可获得纯度较高的核酸，其纯度由 A_{260}/A_{280} 的比值即可判断，核酸的含量通常采用定磷法和二苯胺法测定。

课后练习

一、判断题

1. tRNA 含有多个稀有碱基。(　　)
2. RNA 通常是以双链形式存在。(　　)
3. tRNA 的 $3'$端具有保守序列。(　　)
4. tRNA 是单链核酸，但其分子中的某些局部也可形成双螺旋结构。(　　)
5. rRNA 是细胞中含量最多的 RNA。(　　)

二、单选题

1. 核酸各基本单位之间的主要连接键为(　　)。
   A. 磷酸一酯键　　B. 磷酸二酯键　　C. 氢键　　D. 离子键　　E. 碱基堆积力
2. DNA 与 RNA 完全水解后的产物特点是(　　)。
   A. 核糖相同，碱基部分相同　　B. 核糖不同，碱基相同
   C. 核糖相同，碱基不同　　D. 核糖不同，碱基部分相同
   E. 以上均不对
3. 有关 DNA 双螺旋结构，以下哪种说法不对(　　)。
   A. 由两条多核苷酸链组成　　B. 碱基不同，相连的氢键数目不同
   C. $3'$-OH 与 $5'$-磷酸基形成磷酸二酯键　　D. 磷酸与戊糖总是在双螺旋的内部
   E. 磷酸与戊糖组成了双螺旋的骨架
4. 有关 DNA 分子中碱基组成，正确的是(　　)。
   A. A=T，G=C　　B. A+T=G+C　　C. G=T，A=C
   D. 2A=C+T　　E. 以上均对
5. 双链 DNA 的 T_m 值高，是由(　　)碱基含量高引起的。
   A. A+G　　B. C+T　　C. A+T　　D. C+G　　E. A+C

三、简答题

1. DNA 和 RNA 在化学组成、分子结构、生物学功能上各有何特点？
2. 引起 DNA 变性的因素有哪些？变性后的理化性质有何改变？
3. 核酸含量的测定方法有哪些？
4. 什么是解链温度？影响某种核酸分子 T_m 值大小的因素是什么？为什么？

二维码 6-5　第六章课后练习参考答案

第七章

维　生　素

【本章引言】

维生素是人和动物为维持正常的生理功能而必须从食物中获得的一类微量有机物，其在人体生长、代谢、发育过程中发挥着重要的作用。因此，了解维生素的分类、性质、稳定性，相关的生理功能、缺乏症，及其在食品加工中的变化，具有重要意义。

【科学史话】

最早发现食物中维生素的，是荷兰医生埃克曼。19 世纪 80 年代，当时荷兰统治下的东印度群岛上的居民们长期受着脚气病的折磨。当时科学家和医生们认为脚气病是一种多发性的神经炎，并从脚气病人血液中分离出了一种细菌，便认为是这种细菌导致了脚气病的蔓延。

然而埃克曼总感觉问题没有得到完全解决，于是他继续着这种病的研究工作。1896 年，埃克曼发现用白米喂养的实验鸡群暴发了多发性神经炎，表现与脚气病极为相似，1897 年，他终于证明该病是由于筛除饲料中的米糠而引起的。1911 年，埃克曼和另一个科学家终于成功地从米糠中提炼出目标物质，现在我们称其为硫胺素，即维生素 B_1。

【学习目标】

1. 了解维生素的特点和分类。
2. 掌握常见的脂溶性维生素和水溶性维生素的性质及功能。
3. 掌握维生素在食品加工过程中的变化，以及食品贮藏中维生素的损失。

【思维导图】

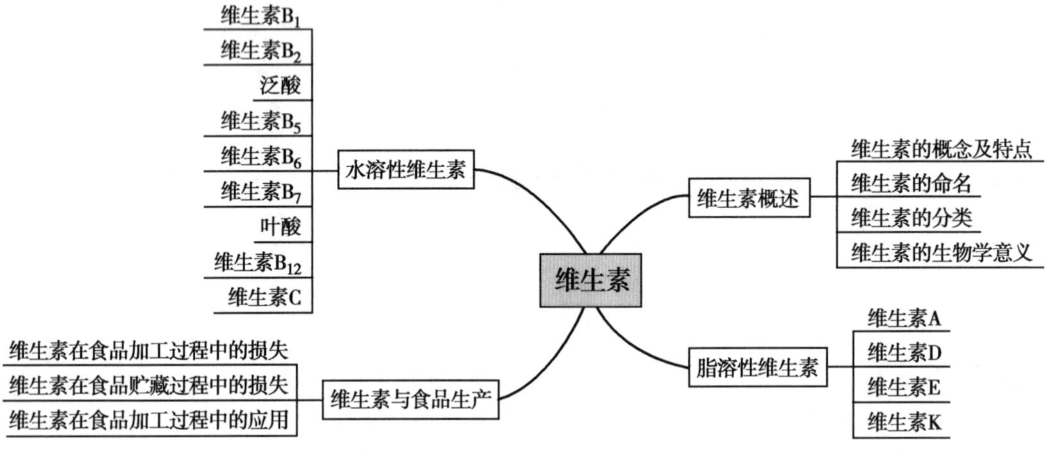

二维码 7-1　第七章课程学习资料

第一节 维生素概述

一、维生素的概念及特点

维生素是维持人体正常生命活动所必需的一类小分子有机化合物，是生物体必需的微量营养成分，是维持生命必不可少的物质。维生素通常在体内不能合成，或合成量不能满足机体的需要，所以人体必须从食物中获得。

维生素不是机体组织和细胞的组成成分，也不会产生能量，它的主要生理功能是对物质代谢过程起着重要的调节作用。因为多数的维生素是酶的辅酶或辅基的组成分子，参与体内的代谢过程。此外，也有少数维生素具有特殊的生理功能。一旦缺乏某种维生素，就会引起人体代谢紊乱，以至引发相应的维生素缺乏症。例如，人体内维生素 C 缺乏会引起维生素 C 缺乏症、维生素 B_1 缺乏会引起脚气病。

二、维生素的命名

维生素是按其发现的先后顺序，以英文字母顺次命名为维生素 A、B 族维生素、维生素 C、维生素 D、维生素 E 等。其中 B 族维生素，原以为是一种物质，后来发现是几种维生素的混合物，故又以 B_1、B_2 等加以区别。

国际上也根据维生素的化学结构特征来命名。例如，维生素 B_1 的化学结构属于胺类，分子中又含有硫，因此称为硫胺素。

在实际应用中，还根据维生素的生理功能及治疗作用来命名。例如，维生素 B_1 因有防治脚气病的功能，故亦称抗脚气病维生素；维生素 C 又名抗坏血酸；维生素 D 又名抗佝偻病维生素。但这种命名方法应用不普遍，目前仍沿用传统的命名方法。

三、维生素的分类

根据维生素的溶解性质分为脂溶性维生素和水溶性维生素两大类。

维生素 A、维生素 D、维生素 E、维生素 K 等不溶于水，而溶于脂类及脂溶剂，如苯、乙醚、氯仿等，故称为脂溶性维生素。在食物中，它们常和脂类物质共同存在，因此，这些维生素的吸收也与脂类的吸收密切相关。当机体脂类的吸收不良时，脂溶性维生素的吸收也减少，甚至引起维生素缺乏病。

水溶性维生素主要有 B 族维生素和维生素 C，水溶性 B 族维生素包括维生素 B_1、维生素 B_2、维生素 PP、维生素 B_6、维生素 B_{12}、泛酸、生物素、叶酸等。水溶性维生素是通过转变成辅酶或辅基来对代谢起调节作用，水溶性维生素在体内均不能贮存，其排泄效率高，因此需要经常性地从食物中摄取。

第二节 脂溶性维生素

一、维生素 A

维生素 A 又称抗干眼病维生素，包括维生素 A_1 和维生素 A_2 两种。维生素 A_1 主要存在于动物的肝脏、血液及海鱼中，维生素 A_2 主要存在于淡水鱼中，蔬菜中没有维生素 A，但蔬菜中含有的类胡萝卜素进入人体内可转化为维生素 A_1，类胡萝卜素是维生素 A 的前体。日常食品中除鱼肝油中维生素 A 含量比较丰富外，在鱼肉、牛肉、蛋黄、牛乳及乳制品中维生素 A 的含量也丰富。类胡萝卜素在蔬菜中含量比较高，如胡萝卜、甘薯、番茄和花椰菜等。

1. 结构

维生素 A_1 和维生素 A_2 都是含 β-紫罗兰酮环的不饱和一元醇。环上的支链由两个 2-甲基丁二烯(1,3)和一个醇基所组成。它们的构造式如图 7-1 所示。

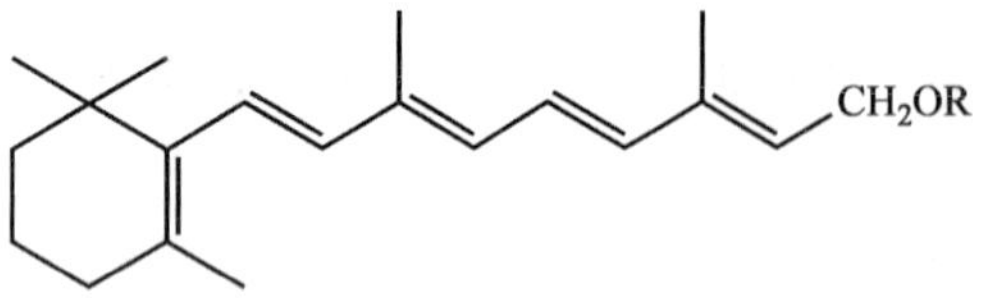

a.维生素A_1(视黄醇)

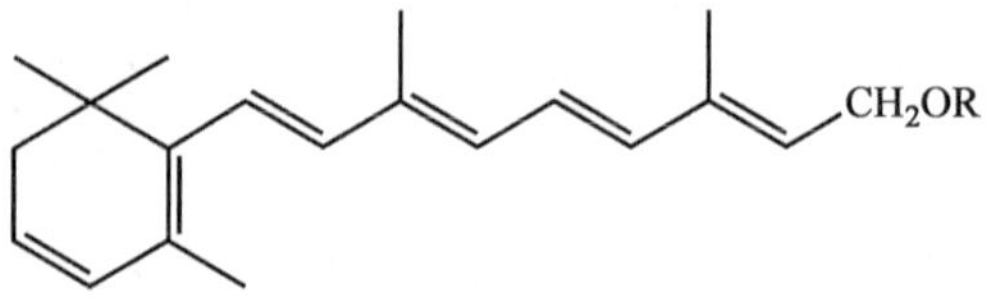

b.维生素A_2(脱氢视黄醇)

图 7-1 维生素 A 的化学结构

2. 性质

维生素 A 是一种淡黄色的黏稠液体，不溶于水，而溶于脂肪及脂肪溶剂，对碱稳定；在无氧的条件下可耐热至 120～130℃；空气、氧化剂和紫外线都能使它因氧化而受到破坏。维生素 A 在乙醇溶液中能与三氧化锑混合，溶液呈深蓝色，此反应可用于维生素 A 的定量分析。

3. 生理功能及缺乏症

维生素 A 的主要生理功能是维持上皮细胞组织的完整与健康，以及维持正常的视觉。

长期食用缺乏维生素 A 的食物，最初会引发夜盲症，失去对黑暗的适应能力。严重时，消化道及眼部的角膜，都会发生上皮细胞的角质化，最具特征的是眼干燥症。

4. 稳定性与降解

加工食品和贮藏食品中，维生素 A 对光、氧和氧化剂敏感，高温和金属离子可加速其分解；在碱性和冷冻环境中维生素 A 比较稳定，贮藏中的损失取决于脱水的方式和避光情况。在缺氧情况下，维生素 A 或维生素 A 前体可产生许多变化，比如蔬菜被烹饪、灌装或无氧杀菌时就会损失 5%～50%的维生素 A；在高温和脱水操作时，维生素 A 容易发生氧化反应。

二、维生素 D

维生素 D 又称抗佝偻病维生素。现已确知的有 6 种，即维生素 D_2、维生素 D_3、维生素 D_4、维生素 D_5、维生素 D_6 和维生素 D_7。其中以维生素 D_2 和维生素 D_3 最为重要。

鱼类脂肪及动物肝脏中含有丰富的维生素 D，其中以海产鱼肝油中的含量最多，蛋黄、牛奶、奶油次之。夏天生产的牛奶和奶油中维生素 D 的含量比冬天的多，这是夏季的阳光较强有利于动物体产生维生素 D 的缘故。

1. 结构

维生素 D 是固醇类物质，具有环戊烷多氢菲结构。各种维生素 D 在结构上极为相似，仅支链 R 基不同(图 7-2)。

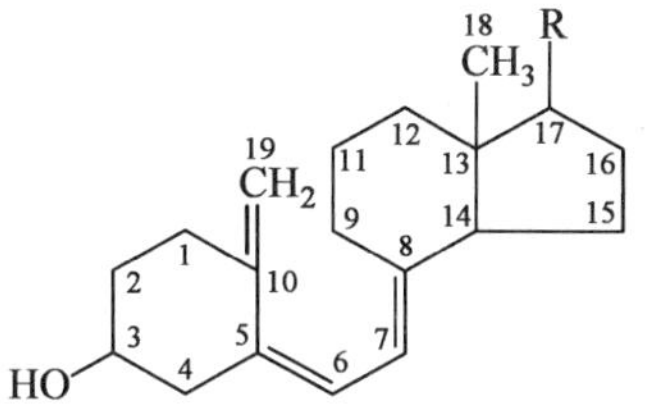

图 7-2　维生素 D 的通式

维生素 D 仅存在于动物体内，植物体内不含维生素 D。但大多数植物中都含有固醇，不同的固醇经紫外光照射后可变成相应的维生素 D，因此这些固醇又可称为维生素 D 原。

人体和动物皮肤内的 7-脱氢胆醇，经日光或紫外线照射后，即可转变为维生素 D_3。其转变的速度是受到皮肤色素的多寡和皮肤角质化的程度制约的，所以日光浴能预防佝偻病。

2. 性质

维生素 D 是无色晶体，不溶于水，而溶于脂肪溶剂。其性质相当稳定，不易被酸、碱或氧破坏，有耐热性，但可被光及高温(160～190℃)所破坏。

3. 生理功能及缺乏症

维生素 D 的主要功能是调节钙、磷代谢，维持血液钙、磷浓度正常。维生素 D 能促进肠道黏膜上皮细胞内钙结合蛋白的形成，有助于肠道对钙、磷的吸收和骨骼、牙齿的钙化。

缺乏维生素 D 会使儿童骨骼发育不良，产生佝偻病；成人则引起骨骼脱钙而产生骨质软化病，严重时导致骨质疏松症，患者骨骼易折，牙齿易脱落。

三、维生素 E

维生素 E 又称抗不孕维生素或生育酚。维生素 E 广泛分布于种子、种子油、谷物、水果、蔬菜和动物产品中，植物油和谷物胚芽油中含量高，不同植物油和某些食品中各种生育酚的含量见二维码 7-1。

二维码 7-2　食品中各种生育酚的含量

1. 结构

各种维生素 E 都是苯并三氢吡喃的衍生物，其基本构造如图 7-3 所示，不同的维生素 E，其支链都相同，只是苯核上甲基的数目和位置各有差异。

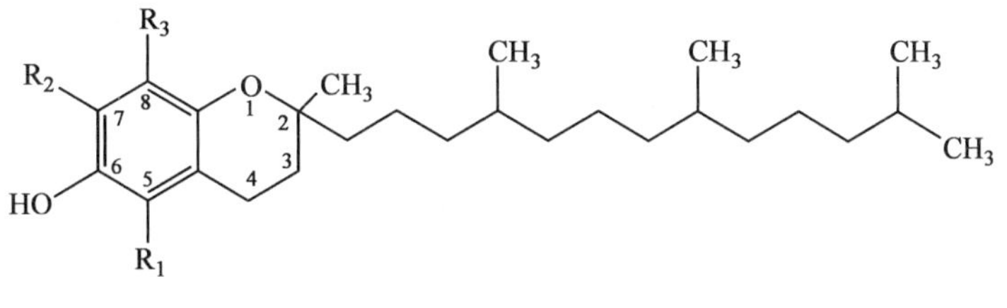

图 7-3　维生素 E 的基本结构

2. 性质

维生素 E 为透明的淡黄色油状液体，不溶于水而溶于脂肪和脂肪溶剂，不易被酸、碱及热破坏，在无氧条件下加热至 200℃也很稳定，但极易被氧化，因而能起抗氧化剂的作用。

3. 生理功能及缺乏症

维生素 E 与动物的生殖功能有关。动物缺乏维生素 E 时，其生殖器官受损而不育。雄性睾丸萎缩，不能产生精子；雌性虽然仍能受孕，但易死胎或胚胎的神经肌肉机能失调，导致早期流产。

4. 稳定性与降解

维生素 E 是良好的抗氧化剂，在抗氧化的同时，其本身被氧化损失，如 α-生育酚在清除脂肪酸氧化过程中产生的过氧自由基时，它本身被氧化成 α-生育酚氧化物、α-生育酚醌、α-生育酚氢醌及 α-生育酚氢醌(图 7-4)。

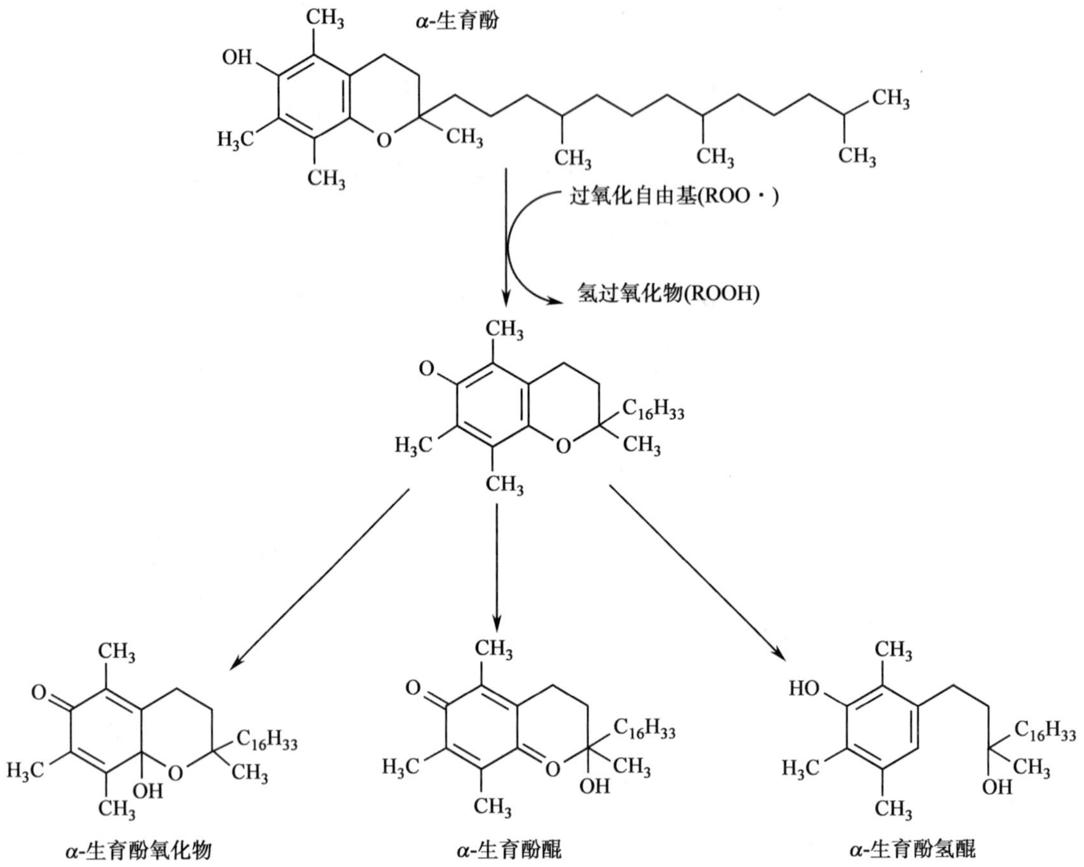

图 7-4 维生素 E 与过氧自由基作用时的降解途径

食品在加工、贮藏和包装过程中，一般都会造成维生素 E 的大量损失，如将小麦磨成面粉及加工玉米、燕麦和大米时，维生素 E 损失约 80%；脱水可使鸡肉和牛肉中的 α-生育酚损失 36%～45%，但猪肉却损失很少或不损失。另外，制作罐头导致肉和蔬菜中生育酚损失 41%～65%，坚果炒制时会损失 50%的维生素 E，食物经油炸会损失 32%～70%的维生素 E。

四、维生素 K

维生素 K 又称凝血维生素。天然的维生素 K 已经发现两种：一种是从苜蓿中提取出来的油状物，称为维生素 K_1；另一种是从腐败的鱼肉中获得结晶体，称为维生素 K_2。

维生素 K 多存在于植物组织中，绿叶蔬菜如苜蓿、白菜、花椰菜、菠菜中维生素 K_1 的含量都特别丰富；维生素 K_2 是许多细菌的代谢产物，腐鱼肉含维生素 K_2 最多。部分动物的肠道细菌也能合成维生素 K。

1. 结构

维生素 K_1 和维生素 K_2 都是 2-甲基-1，4-萘醌的衍生物，不同之处仅在于侧链。其化学结构式如图 7-5 所示。

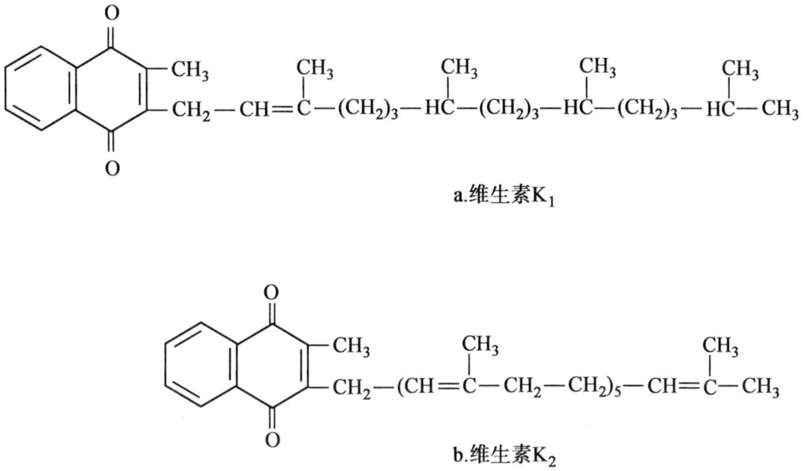

图 7-5 维生素 K 结构式

2. 性质

维生素 K 都是脂溶性物质。维生素 K_1（$C_{31}H_{46}O_2$）为黏稠的黄色油状物，其醇溶液冷却时可呈结晶状析出，熔点为 −20℃；维生素 K_2（$C_{41}H_{56}O_2$）为黄色结晶体，熔点为 53.5～54.5℃。维生素 K_1 和维生素 K_2 均有耐热性，但易被碱和光破坏，必须避光保存，维生素 K_2 较维生素 K_1 更易于氧化。

3. 生理功能及缺乏症

维生素 K 与凝血作用有关，其主要功能是加速血液凝固，促进肝脏合成凝血酶原所必需的因子，参与体内氧化还原反应（是呼吸链的一部分，参与电子传递和氧化磷酸化）。如果缺乏维生素 K，则血浆内凝血酶原含量降低，便会使血液凝固时间变长。

4. 稳定性与降解

维生素 K 对热相当稳定，遇光易降解，其萘醌结构可被还原成氢醌，但仍具有生物活性。维生素 K 具有还原性，可清除自由基，保护食品中其他成分（如脂类）不被氧化，并减少肉品腌制过程中亚硝酸胺的生成。

第三节 水溶性维生素

一、维生素 B_1

维生素 B_1 的化学名称为硫胺素。酵母中维生素 B_1 的含量最多，瘦肉、核果及蛋类中的含量也较多。目前，谷物仍为我国传统膳食中硫胺素的主要来源。由表 7-1 可见，随着粮食的精加工，维生素 B_1 的损失增大。

表 7-1 粮食中维生素 B_1 的含量 mg/100 g DM

名称	维生素 B_1 含量	名称	维生素 B_1 含量
小麦	0.37～0.61	糯米	0.3～0.45
麸皮	0.7～2.8	皮层	1.5～3.0
麦胚	1.56～3.0	米胚	3.0～8.0
面粉(出粉率 85%)	0.3～0.4	胚乳	0.03
面粉(出粉率 73%)	0.07～0.1	玉米	0.3～0.45
面粉(出粉率 60%)	0.07～0.08	大豆	0.1～0.6
马铃薯	0.08～0.1	豌豆	0.36

1. 结构

维生素 B_1 的分子中含有一个带氨基的嘧啶环和一个含硫的噻唑环，因而又称硫胺素，其结构式如图 7-6 所示。

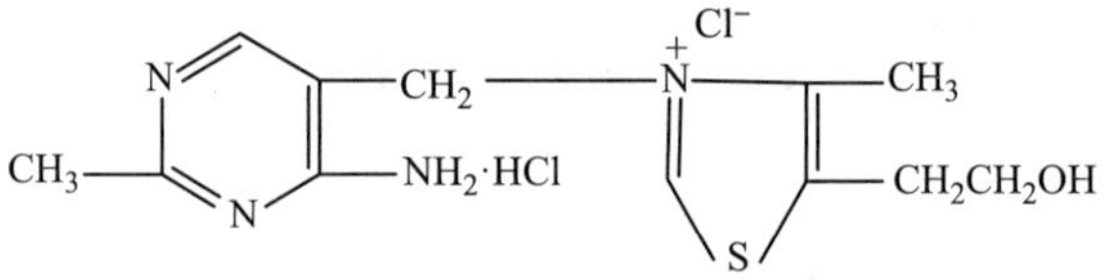

图 7-6 维生素 B_1(硫胺素)盐酸盐

2. 性质

维生素 B_1 的盐酸盐是白色晶体，具有潮解性，能溶于水，但不溶于乙醚、丙酮、氯仿或苯。维生素 B_1 具有与酵母类似的气味，微苦。硫胺素是 B 族维生素中最不稳定的，在中性或碱性条件下易降解；对热和光敏感；酸性条件下稳定。

维生素 B_1 在生物体内可经维生素 B_1 激酶催化与 ATP(三磷酸腺苷)作用转化成为焦磷酸维生素 B_1(TPP)，TPP 在糖代谢中有重要作用。

3. 生理功能及缺乏症

维生素 B_1 的主要功能是以辅酶的形式参与单糖代谢中间产物 α-酮酸(例如丙酮酸、α-酮戊二酸)的氧化脱羧反应。人体缺乏维生素 B_1 时，血液组织内便有丙酮酸累积。过量的丙酮酸可以阻止脱氢酶对乳酸的作用，造成乳酸的积累。

人类食物中缺乏维生素 B_1 时，最初表现为神经系统失常，脑力体力容易疲乏，消化不良，食欲不振，继续发展则成多发性神经炎，即脚气病。这时身体衰弱，下肢浮肿，神经麻痹，肌肉失去收缩能力，严重者可引起死亡。

4. 稳定性与降解

维生素 B_1 的稳定性易受 pH、温度、离子强度、缓冲液以及其他反应物的影响。食品贮存温度对维生素 B_1 的保留率影响很大(表 7-2)。当贮藏温度为 1.5℃时，番茄汁、豌豆、橙汁贮藏 12 个月，维生素 B_1 的保留率几乎为 100%；同样时间下，当贮藏温度为 35℃时，番茄汁、豌豆、橙汁、利马豆等中维生素 B_1 的保留率仅有 50%左右。

表 7-2 贮存食品中维生素 B_1 的保留率

品种	贮藏 12 个月后的保留率/%		品种	贮藏 12 个月后的保留率/%	
	35℃	1.5℃		35℃	1.5℃
杏	35	72	番茄汁	60	100
绿豆	8	76	豌豆	68	100
利马豆	48	92	橙汁	78	100

维生素 B_1 像其他水溶性维生素一样，在食品加工中有漂、煮沸等操作时，则损失较大，维生素 B_1 受热后会降解(表 7-3)，因此在食品贮藏过程中应当注意温度控制，否则维生素 B_1 的损失较大，此外，维生素 B_1 受热降解可形成具有特殊气味的物质，如硫化氢、呋喃、噻吩和二氢硫酚等产物，都对食品风味有影响。

表 7-3 不同的工艺处理对维生素 B_1 保留率的影响

产品	加工处理	保留率/%
谷物	挤压烹调	48～90
土豆	水中浸泡 16 h 后油炸	55～60
	在亚硫酸溶液浸泡 16 h 后油炸	19～24
大豆	用水浸泡后在水中或碳酸盐中煮沸	23～52
粉碎的土豆	各种热处理	82～97
蔬菜	各种热处理	80～95
冷冻、油炸鱼	各种热处理	77～100

二、维生素 B_2

维生素 B_2 又称核黄素。维生素 B_2 主要分布在酵母、肝脏、乳类、瘦肉、蛋黄等食物中，在绿叶蔬菜、粮食籽粒及发芽种子中亦有。

1. 结构

核黄素是 *D*-核糖醇与 7,8-二甲基异咯嗪的缩合物，异咯嗪即黄素，核黄素因此得名(图 7-7)。

2. 性质

核黄素是橙黄色的针状结晶，其熔点为 282℃，味苦，微溶于水，易溶于碱性溶液。核黄素的水溶液具有黄色的荧光，在紫外线与可见光波长范围内，它的最大吸收光带位于 225 nm、269 nm、273 nm、455 nm 和 565 nm 等处，据此可做核黄素的定量分析。

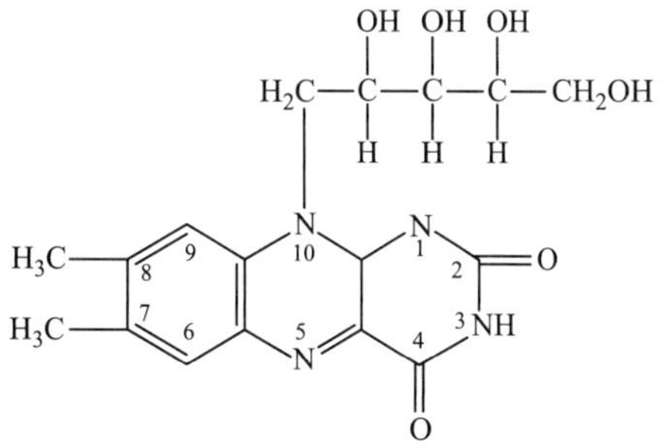

图 7-7 核黄素(7,8-二甲基-9-核醇异咯嗪)

3. 生理功能及缺乏症

维生素 B_2 是呼吸链中黄素蛋白和其他许多脱氢酶的辅酶所必需的物质。这些辅酶广泛参与体内各种氧化还原反应，能促进糖、脂肪及蛋白质的代谢。人类食物中如果缺少维生素 B_2 则呼吸能力减弱，整个新陈代谢受阻碍。儿童最易表现出生长停止，成人则出现"口腔炎""口角炎""眼角膜炎"和"皮肤炎"等病症。

4. 稳定性与降解

核黄素具有热稳定性，不易受空气中氧的影响，在酸性溶液中稳定，但在碱性溶液中不稳定，光照射容易分解。若在碱性溶液中光照射，可导致核糖醇部分的光化学裂解生成非活性的光黄素及一系列自由基(图 7-8)，在酸性或中性溶液中光照射，可形成具有蓝色荧光的光色素和不等量的光黄素。光黄素是一种比核黄素更强的氧化剂，它能加速其他维生素的破坏，特别是维生素 C 的破坏。牛乳如受光影响产生“日光臭味”，就是上述反应的结果。牛奶在日光下存放 2 h 后核黄素损失 50%以上；放在透明玻璃器皿中也会产生日光臭味，导致营养价值降低。若改用不透明容器存放就可避免这种现象发生。

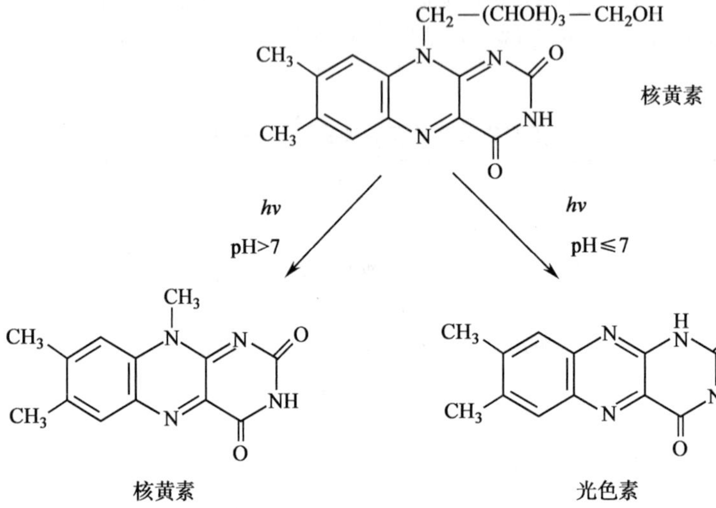

图 7-8 核黄素的光化学变化

在大多数加工或烹调过程中，食品中的核黄素是稳定的。根据各种加热方法对新鲜或冷冻食品中核黄素稳定性影响的研究，核黄素的保留率常大于 90%，其中豌豆或利马豆无论是经过热烫或其他加工，核黄素保留率仍在 70%以上。

三、泛酸

泛酸广泛存在于生物界，又名遍多酸，其在酵母、肝、肾、蛋、瘦肉、脱脂奶、豌豆、花生、甘薯中的含量都较为丰富，糙米含泛酸 1.7 mg/100 g，小麦含 1.0～1.5 mg/100 g，玉米含 0.46 mg/100 g，人体肠道细菌及植物都能合成泛酸。

1. 结构

泛酸的化学名称为 N-(α,γ-二羟基-β,β-二甲基丁酰)-β-氨基丙酸。其结构式如图 7-9 所示。

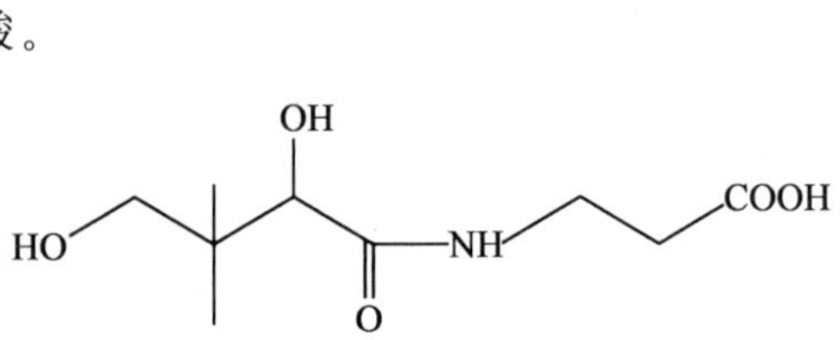

图 7-9 泛酸的结构式

2. 性质

泛酸为淡黄色黏性物，溶于水和酸醋，不溶于氯仿和苯。在中性溶液中对湿热、氧化和还原都有抗性。酸、碱、干热可使泛酸分裂为 β-丙氨酸及其他产物。

3. 生理功能

泛酸的生理功能是以乙酰辅酶 A 形式参加糖类、脂类及蛋白质的代谢，起转移乙酰基的作用，多种微生物的生长都需要泛酸。

4. 稳定性与降解

泛酸在中性溶液中较为稳定，在酸性溶液中易分解，在 pH 4～6 范围，分解速率常数随 pH 降低而增加。泛酸在 pH 5～7 条件下最稳定，在碱性溶液中易分解。

食品加工过程中，随温度的升高和水溶液流失程度的增大，泛酸流失 30%～80%。泛酸在食品中含量变化除与原料有关外，还与加工方法有关，牛乳经巴氏灭菌，泛酸损失一般低于 10%，干乳酪比鲜牛乳中泛酸损失要低，蔬菜中泛酸的损失主要是由于清洗过程，一般损失 10%～30%。

四、维生素 PP

维生素 PP，或称癞皮病维生素，包括烟酸和烟酰胺两种化合物。

烟酸和烟酰胺分布很广，以酵母、肝脏、瘦肉、牛乳、花生、黄豆等含量较多；禾谷类籽粒的皮层以及胚中含量也很丰富。

1. 结构

烟酸和烟酰胺都是吡啶衍生物，在生物体内主要以烟酰胺的形式存在，它们的结构式如图 7-10 所示。

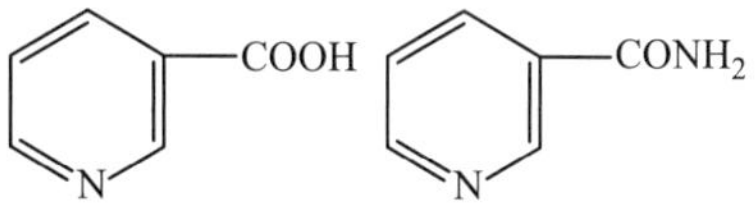

a. 烟酸　　b. 烟酰胺

图 7-10　烟酸和烟酰胺的结构式

2. 性质

烟酸和烟酰胺都是无色针状结晶体。烟酸的熔点为 235.5～236℃，微溶于水，易溶于乙醇；烟酰胺熔点为 129～131℃，易溶于水。烟酸是维生素中最稳定的一种，不为光、空气、热所破坏，在酸性或碱性溶液中也很稳定，烟酰胺在酸性溶液中加热可转变为烟酸。

3. 生理功能及缺乏症

烟酰胺是辅酶Ⅰ和辅酶Ⅱ的主要成分，在生物氧化过程中起着传递氢的重要作用。

烟酸广泛存在于动物体内，此外，在体内色氨酸也可以转变为烟酸，故人体一般不会缺乏；若人体缺乏烟酸时会引发癞皮病，临床表现为皮炎、腹泻、痴呆，通常发生在以玉米为主食的地区，因为玉米中的烟酸与糖形成复合物，阻碍了烟酸在人体内的吸收和利用，碱处理可以使烟酸游离出来。

4. 稳定性与降解

烟酸是食品中最稳定的维生素，它的损失途径与加工原料的清洗、烫漂和修整有关。蔬菜经修整和淋洗有关，猪肉和牛肉在贮藏过程中产生的烟酸损失是由生物化学反应引起的，而烤肉则不会带来损失；乳品加工中没有损失。

五、维生素 B_6

维生素 B_6 又称吡哆素，有吡哆醇、吡哆醛和吡哆胺 3 种化合物。维生素 B_6 在动植物界分布很广，在麦胚、米糠、大豆、花生、酵母、肝脏、鱼、肉中含量都比较高。

1. 结构

吡哆醇、吡哆醛和吡哆胺都是嘧啶的衍生物，其结构如图 7-11 所示。

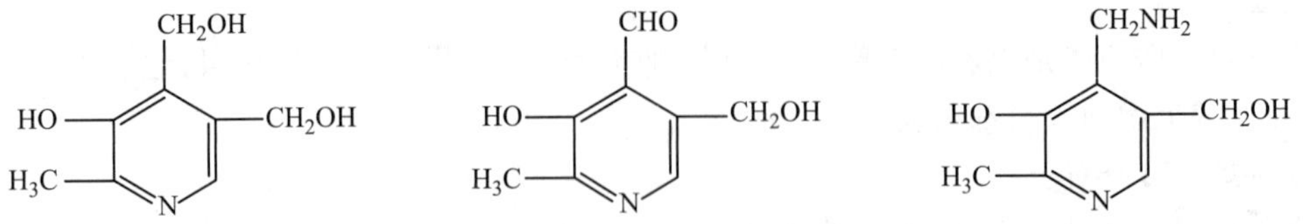

a. 吡哆醇　　b. 吡哆醛　　c. 吡哆胺

图 7-11　维生素 B_6 结构式

2. 性质

吡哆素为无色晶体，易溶于水及酒精，在酸液中稳定，在碱液中易破坏，在空气中也稳定，易被光破坏，吡哆醇耐热，吡哆醛和吡哆胺不耐高温。

3. 生理功能及缺乏症

维生素 B_6 的功能是作为辅酶的成分参加生物体中多种代谢反应，是氨基酸代谢中多种酶的辅酶。

长期缺乏维生素 B_6，会引起皮肤发炎，表现为脂溢性皮炎、口炎、口唇干裂、舌炎、易激怒、抑郁等。维生素 B_6 可以通过食物摄入和肠道细菌合成两条途径获得。

4. 稳定性与降解

维生素 B_6 的 3 种形式都具有热稳定性，其中吡哆醇最为稳定。在食品加工中维生素 B_6 可发生热降解和光化学降解。吡哆醛可能与蛋白质中的氨基酸反应生成含硫衍生物，导致 B_6 的损失；维生素 B_6 在加工过程中会有不同程度的损失，如液体牛乳和配置牛乳在灭菌后，维生素 B_6 活性比加工前减少一半，且在贮藏的 7～10 d 内仍继续下降。对不同工艺及贮藏方式加工贮藏后的食品维生素 B_6 的损失进行调查发现，罐装蔬菜常温贮藏维生素 B_6 的损失 60%～80%，冷藏损失 40%～60%；海产品和肉制品在加工及灌装过程中，维生素 B_6 的损失约 45%；水果和水果汁冷藏时，损失 15%；谷物加工成各类谷物食品时，维生素 B_6 损失 50%～95%。

六、生物素

生物素也称维生素 B_7、维生素 H。在自然界存在的有 α-生物素及 β-生物素两种。前者存在于蛋黄中，后者存在于肝脏中。生物素广泛存在于动、植物食品中，在肉、肝、肾、牛乳、蛋黄、酵母、蔬菜和蘑菇中含量丰富。

1. 结构

生物素由脲和带有戊酸侧链的噻吩组成，其结构如图 7-12 所示。

2. 性质

生物素为无色的细长针状结晶，熔点为 232～233℃，能溶于热水和乙醇，但不溶于乙醚及氯仿。对光、热、酸稳定，但高温和氧化剂可使其被破坏，丧失生理活性。

3. 生理功能及缺乏症

生物素是多种羧化酶如丙酮酸羧化酶等的辅酶，与酶蛋白结合在生物体内催化 CO_2 的固定及羧化反应，在代谢过程中是二氧化碳的载体，对糖、脂肪和蛋白质代谢具有重要的作用。

人体一般不易缺乏生物素，人可以从食物中获得部分生物素，肠道细菌还可合成一部分。若缺乏生物素，可导致皮炎、肌肉疼痛、感觉过敏、怠倦、厌食、轻度贫血等。

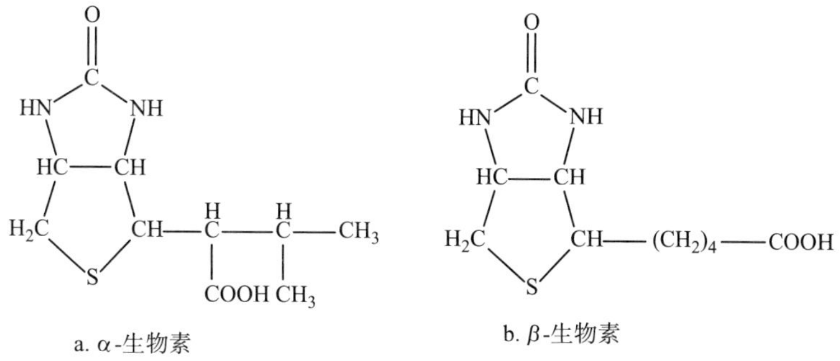

图 7-12　生物素的结构式

4. 稳定性与降解

生物素对光、氧和热非常稳定，食品加工和贮藏中生物素的损失较小，所引起的损失主要是溶水流失，也有部分是由于酸碱处理和氧化造成的。

七、叶酸

维生素 B_{11} 即叶酸。叶酸的分布较广，绿叶、肝、肾、花椰菜、酵母中含量都较多，其次为牛肉、麦粒等。人体肠道中可合成部分叶酸。

1. 结构

维生素 B_{11} 是由蝶啶、对氨基苯甲酸及 *L*-谷氨酸连接而成。其结构如图 7-13 所示。

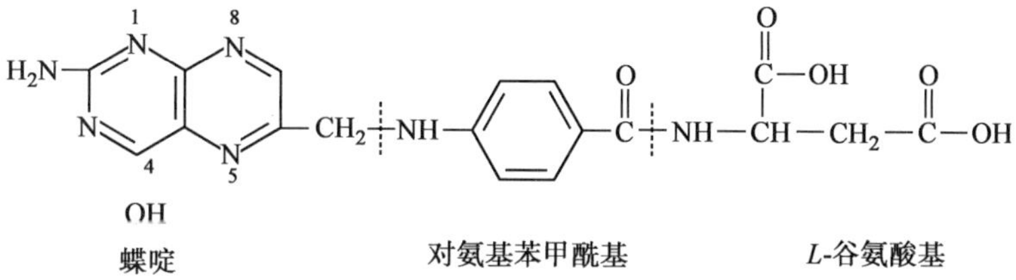

图 7-13　叶酸的化学结构

2. 性质

叶酸为鲜黄色晶体，微溶于水，但不溶于乙醇、乙醚等有机溶剂。叶酸对热、光及酸性溶液均不稳定，在酸性溶液中温度超过 100℃ 即分解。

3. 生理功能及缺乏症

叶酸在体内的活性形式是四氢叶酸（FH_4），是甲基（甲基、亚甲基、甲酰基、次甲基等）转移酶的辅酶，参与体内多种物质如嘌呤、嘧啶、甲硫氨酸、胆碱等的合成。叶酸对正常红细胞的合成具有促进作用，叶酸缺乏时，可导致巨幼红细胞贫血症。

膳食摄入不足、酗酒等常导致叶酸缺乏。孕妇在孕早期缺乏叶酸会导致胎儿神经管畸形，并使孕妇的胎盘早剥现象发生率明显升高。叶酸缺乏还会引发身体衰弱、精神萎靡、健忘、失眠、胃功能紊乱、舌炎等症状，儿童可见生长发育不良。

4. 稳定性与降解

不同的食品类型及加工方式，叶酸活性的损失程度也不同（表 7-4）。

表 7-4　各种加工引起食品中叶酸的损失情况

食品	加工方法	叶酸活性的损失/%
蛋类	油炸、煮炒	18～24
肝	烹调	无
大西洋庸鲽	烹调	46
花菜	煮	69
胡萝卜	煮	79
肉类	γ-辐射	无
葡萄柚汁	罐装或贮藏	可忽略
番茄汁	罐装	50
	暗处贮藏(1 年)	7
	光照贮藏(1 年)	30
玉米	精制	66
面粉	碾磨	20～80
肉类或菜类	罐装和贮藏(3 年)	可忽略
	罐装和贮藏(5 年)	可忽略

八、维生素 B_{12}

维生素 B_{12} 是含钴的化合物，又称钴维生素或钴胺素。植物性食品中维生素 B_{12} 很少，其主要来源是菌类食品、发酵食品以及动物性食品，如肝脏、瘦肉、肾脏、牛乳、鱼、蛋黄等。在自然界中，只有微生物能合成维生素 B_{12}。

1. 结构

维生素 B_{12} 是含三价钴的多环系化合物。其结构式如图 7-14 所示。

根据与钴离子相连的不同基团，维生素 B_{12} 包括氰钴胺(Co-CN)、羟基钴维素(Co-OH)、水化钴维素(Co-H_2O)、亚硝基钴维素(Co-NO_2)、甲基钴维素(Co-CH_3)等类型。

2. 性质

维生素 B_{12} 为粉红色针状结晶，在 320℃时不熔，溶于水、乙醇和丙醇，不溶于氯仿。维生素 B_{12} 晶体及其水溶液在 pH 在 4.5～5.0 都相当稳定，强酸和强碱下极易分解，日光、氧化剂和还原剂都可使之破坏。

3. 生理功能及缺乏症

维生素 B_{12} 以辅酶的形式参加体内各种代谢，作为甲基载体参加蛋氨酸和胸腺嘧啶的生物合成，它能活化氨基酸，促进核酸的合成；维持正常的造血功能。

人体肠道细菌可以合成维生素 B_{12}，因此因摄入不足而导致维生素 B_{12} 缺乏者在临床上少见。缺乏 B_{12} 会引起恶性贫血、神经炎、神经萎缩等病症。

4. 稳定性及降解

维生素 B_{12} 在 pH 4～7 时最稳定，在接近中性条件下长时间加热可造成较大的损失，在碱性溶液中加热，能定量地破坏维生素 B_{12}。食品加工过程中，热处理对维生素 B_{12} 影响不大。例如，肝脏在 100℃水中煮制 5 min 维生素 B_{12} 只损失 8%，牛乳巴氏灭菌只破坏很少的维生素

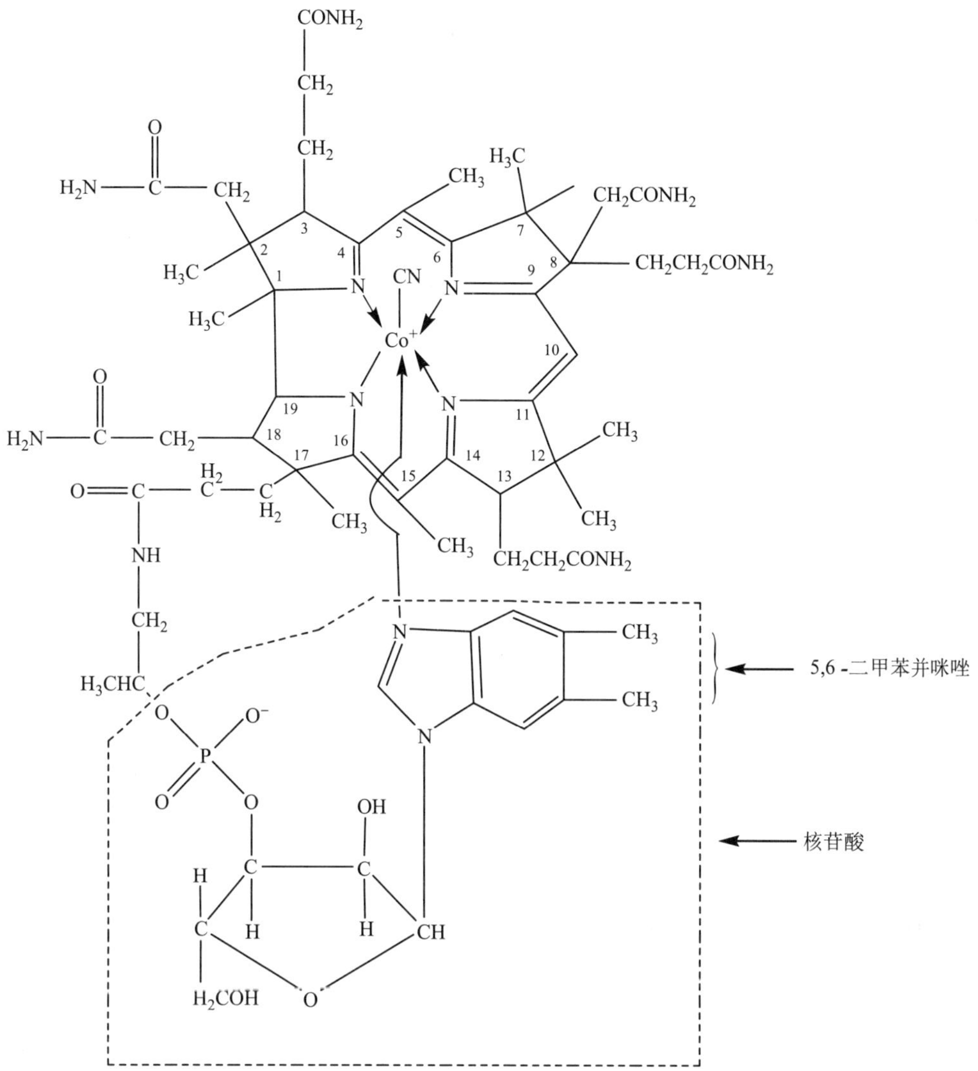

图 7-14 维生素 B_{12} 的结构式

B_{12}；冷冻方便食品（如鱼、炸鸡和牛肉）加热可保留 79％～100％的维生素 B_{12}。

九、维生素 C

维生素 C 又名抗坏血酸，主要存在于水果和蔬菜中。猕猴桃、刺梨和番石榴中含量高，柑橘类、番茄、辣椒及某些浆果中也较丰富。动物性食品中只有牛乳和肝脏中含有少量维生素 C。

1. 结构

维生素 C 是一个羟基羧酸的内酯，具烯二醇结构（图 7-15），有较强的还原性。维生素 C 有 4 种异构体：*D*-抗坏血酸、*D*-异抗坏血酸、*L*-抗坏血酸和 *L*-脱氢抗坏血酸。其

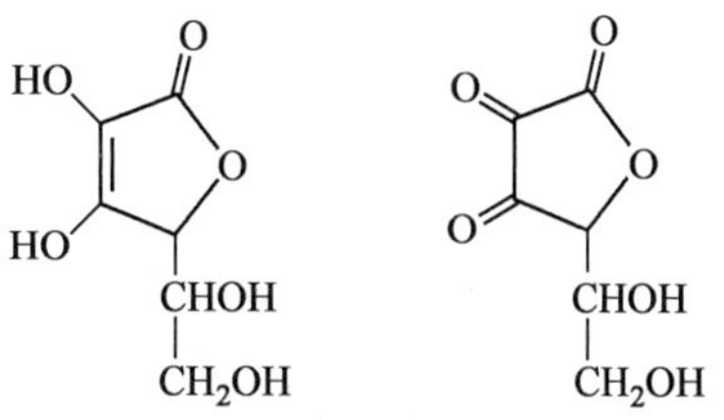

图 7-15 *L*-抗坏血酸（左）及 *L*-脱氢抗坏血酸（右）的结构

中以 L-抗坏血酸生物活性最高。

2. 性质

维生素 C 为无色片状晶体，熔点为 190～192℃，呈酸性，溶于水和乙醇。加热或光线照射，易使维生素 C 破坏。在溶液中，特别是在含有金属离子，如 Cu^{2+}、Fe^{3+} 等的溶液中，能促使它的分解。在酸性溶液中特别是草酸或偏磷酸的溶液中，维生素 C 相当稳定。一般常利用这一特性从生物组织中提取维生素 C。

3. 生理功能及缺乏症

维生素 C 是一种必需维生素，它的主要生理功能为：

(1)维持细胞的正常代谢，保护酶的活性；

(2)对铅化物、砷化物、苯、细菌毒素等具有解毒作用；

(3)使三价铁还原成二价铁，有利于铁的吸收，并参与铁蛋白的合成；

(4)参与胶原蛋白中合成羟脯氨酸的过程，防止毛细血管脆性增加，有利于组织创伤的愈合；

(5)促进心肌利用葡萄糖和心肌糖原的合成，有扩张冠状动脉的效应；

(6)是体内良好的自由基清除剂。

由于人体内不能合成自身所需的维生素 C，当人体缺乏维生素 C 时，可能会引起多种症状，其中最显著的是维生素 C 缺乏症，最初表现是皮肤局部发炎、食欲不振、呼吸困难和全身疲倦，后来则是内脏、皮下组织、骨端或齿龈等处的微血管破裂出血，严重的可导致死亡。

4. 稳定性与降解

维生素 C 对氧化非常敏感，光、Cu^{2+}、Fe^{2+} 等加速其氧化；pH、氧浓度和水分活度等也影响其稳定性。此外，含有 Fe 和 Cu 的酶(如抗坏血酸氧化酶、多酚氧化酶、过氧化物酶和细胞色素氧化酶)对维生素 C 也有破坏作用。

维生素 C 广泛用于食品中。它可保护食品中其他成分不被氧化；可有效地抑制酶促褐变和脱色；在腌制肉品中促进发色并抑制亚硝酸胺的形成；在啤酒工业中作为抗氧化剂；在焙烤工业中作面团改良剂。对维生素 E 或其他酚类抗氧化剂有良好的增效作用；能捕获单线态氧和自由基，抑制酯类氧化。

第四节　维生素在食品加工和贮藏过程中的损失

一、维生素在食品加工过程中的损失

1. 碾磨对维生素的影响

碾磨是谷物所特有的加工方式，谷物在磨碎后其维生素含量有所降低，且降低程度与种子的胚乳和胚、种皮的分离程度有关。谷物精制程度越高，维生素损失越严重。例如，小麦在碾磨成面粉时，出粉率不同，维生素的存留率也不同。

2. 热处理对维生素的影响

(1)烫漂对维生素的影响。烫漂是水果和蔬菜加工中不可缺少的处理方法。通过这种处理可以钝化影响产品品质的酶类、减少微生物污染及除去空气，有利于在食品贮存期间保持维生素的稳定(表 7-5)。但烫漂往往造成水溶性维生素大量流失，其损失程度与 pH、烫漂的时间和温度、含水量、切口表面积、烫漂类型有关，通常，短时间高温烫漂维生素损失较少。烫漂

时间越长，维生素损失越多。产品成熟度越高，烫漂时维生素 C 和维生素 B_1 损失越少；食品切分越细，维生素损失越多。不同烫漂类型对维生素影响的顺序为沸水＞蒸汽＞微波。

表 7-5 青豆烫漂后维生素的损失率 %

处理方式	维生素 C	维生素 B_1	维生素 B_2
烫漂	90	70	40
未烫漂	50	20	30

(2)干燥对维生素的影响。脱水干燥是保藏食品的主要方法之一，具体方法有日光干燥、烘房干燥、隧道式干燥、滚筒干燥、喷雾干燥和冷冻干燥。维生素 C 对热不稳定，干燥损失为 10%～15%，但冷冻干燥对其影响很小。喷雾干燥和滚筒干燥时乳中硫氨素的损失分别为 10%和 15%。而维生素 A 和维生素 D 几乎没有损失。蔬菜烫漂后空气干燥时，硫胺素的损失平均为豆类 5%、马铃薯 25%、胡萝卜 29%。

(3)加热对维生素的影响。加热是延长食品保藏期最重要的方法，也是食品加工中应用最多的方法之一，热加工有利于改善食品的某些感官性状（如色、香、味等），提高营养素在体内的消化和吸收，但热处理会造成维生素不同程度的损失。高温加快维生素的降解，pH，金属离子、反应活性物质、溶氧浓度以及维生素的存在形式影响降解的速度。隔绝氧气，除去某些金属离子可提高维生素 C 的存留率。

为了提高食品的安全性，延长食品的货架期，杀死微生物，食品加工中还常采用灭菌方法。高温短时杀菌不仅能有效杀死有害微生物，而且可以较大程度地减少维生素的损失。罐装食品杀菌过程中维生素的损失率与食品及维生素的种类有关（表 7-6）。

表 7-6 罐装食品加工时维生素的损失率 %

食品	生物素	叶酸	维生素 B_6	泛酸	维生素 A	维生素 B_1	维生素 B_2	烟酸	维生素 C
芦 笋	0	75	64	—	43	67	55	47	54
青 豆	—	57	50	60	52	62	64	40	79
甜 菜	—	80	9	33	50	67	60	75	70
胡萝卜	40	59	80	54	9	67	60	33	75
玉 米	63	72	0	59	32	80	58	47	58
蘑 菇	54	84	—	54	—	80	46	52	33
青豌豆	78	59	69	80	30	74	64	69	67
菠 菜	67	35	75	78	32	80	50	50	72
番 茄	55	54	—	30	0	17	25	0	26

3. 冷却或冷冻对维生素的影响

热处理后的冷却方式不同，对食品中维生素的影响不同，空气冷却比水冷却维生素的损失少，主要是因为水冷却时会造成大量水溶性维生素的流失。

冷冻通常认为是保持食品的感官性状，营养及长期保藏的最好方法。冷冻一般包括预冻结、冻结、冻藏和解冻。预冻结前的烫漂会造成水溶性维生素的损失；预冻结期间只要食品原料在冻结前贮存时间不长，维生素的损失就小，冷冻对维生素的影响因食品原料和冷冻方式而异(表7-7),冻藏期间维生素损失较多,损失量取决于原料、预冻结处理、包装类型、包装材料、贮藏条件等。冻藏温度对维生素C的影响很大。据报道,温度在−18～−7℃,温度上升10℃可以引起蔬菜(如青豆、菠菜等)和水果(如桃、草莓等)维生素C快速降解。动物性食品(如猪肉)在冻藏期间维生素损失大,其原因有待于进一步研究。解冻对维生素的影响主要表现在水溶性维生素损失,动物性食品损失的主要是B族维生素。

总之,冷冻对食品中维生素的影响通常较小,但水溶性维生素由于冻前的烫漂或肉类解冻时汁液的流失可损失10%～14%。

表7-7 蔬菜冻藏期间维生素C的损失

食品	鲜样中含量/(mg/100 g)	−18℃贮存6～12个月的损失率/%
芦笋	33	12(12～13)
青豆	19	45(30～68)
青豌豆	27	43(32～67)
菜豆	29	51(39～64)
嫩茎花椰菜	113	49(35～68)
花椰菜	78	50(40～60)
菠菜	51	65(54～80)

注:损失率数据,括号外为平均值,括号内为变动范围。

4. 辐射对维生素的影响

辐射是利用高能射线对食品原料及其制品进行灭菌杀虫,抑制发芽、延期后熟等处理以延长食品的保存期,尽量减少食品中营养的损失。

辐射对维生素有一定的影响。水溶性维生素对辐射的敏感性主要取决于它们是处在水溶液中还是食品中或是否受到其他组分的保护等。维生素C对辐照很敏感,其损失随辐射剂量的增大而增大(二维码7-3),这主要是辅照后产生自由基破坏的结果。B族维生素中,维生素B_1最易受到辐射的破坏,其破坏程度与热加工相当,大约为63%。辐照对烟酸的破坏较小,经过辐射的面粉烤制面包时烟酸的含量有所增高,这可能是面粉经辐射加热后结合型转变成游离型造成的。脂溶性维生素对辐射的敏感程度依次为维生素E>胡萝卜素>维生素A>维生素D>维生素K。

二维码7-3 不同辐照剂量对维生素C和烟酸的影响

5. 添加剂对维生素的影响

在食品加工中为防止食品腐败变质及提高其感官性状,通常加入一些添加剂,其中有些对维生素有一定的破坏作用。例如,维生素A、维生素C和维生素E易被氧化剂破坏,因此在面粉中使用漂白剂会降低这些维生素的含量或使它们失去活性;SO_2或亚硫酸盐等还原剂对维生素C有保护作用,但因其亲核性会导致维生素B_1的失活;亚硝酸盐常用于肉类的发色与保藏,但它作为氧化剂引起类胡萝卜素、维生素C、维生素B_1和叶酸的损失;果蔬加工中添加的有机酸可减少维生素C和硫胺素的损失;碱性物质会增加维生素C、硫胺素和叶酸等的损失。

不同维生素间也相互影响。例如,辐照时烟酸对活化水分子的竞争和破坏程度增大,保护了维生素 C。此外，维生素 C 对维生素 B_2 也有保护作用。食品中添加维生素 C 和维生素 E 可降低胡萝卜素的损失。

二、维生素在食品贮藏过程中的损失

产品贮藏过程中维生素的损失与加工过程中相比较小，主要是因为常温和低温下化学反应速度相当缓慢，溶解氧基本耗尽。

食品在贮藏期间，维生素的损失与贮藏温度关系密切。罐头食品冷藏保存 1 年后，维生素 B_1 的损失低于室温保存；包装材料对贮存食品维生素的含量有一定的影响。例如，透明包装的乳制品在贮藏期间会发生维生素 B_2 和维生素 D 的损失。

食品中脂类的氧化作用产生的氢过氧化物、过氧化物和环过氧化物会引起胡萝卜素、维生素 E、维生素 C 等的氧化，也能破坏叶酸、生物素、维生素 B_{12}、维生素 D 等；过氧化物与活化的羰基反应导致维生素 B_1、维生素 B_6、泛酸等的破坏；糖类非酶褐变产生的高度活化的羰基对维生素同样有破坏作用。

知识拓展

哪些人需要补充维生素？

1. 因患有原发疾病引起维生素缺乏的人群

长期患疟疾的人容易发生叶酸缺乏，需要补充叶酸。肝肾功能不全的患者容易缺乏维生素 C，需补充维生素 C。患有严重肝病的患者，因维生素 K 的合成受阻，应补充维生素 K。

因肝胆疾病、胃液分泌不足、胃大部切除手术、慢性腹泻等导致维生素吸收障碍，以及长期患消耗性疾病或食欲缺乏、吞咽困难、牙病导致维生素缺乏的患者，均应适当补充维生素。

2. 长期服用某种药物导致维生素缺乏的人群

长期服用广谱抗生素，肠道细菌受抑制导致维生素 K 的合成减少，应补充维生素 K。

长期服用异烟肼的患者，因异烟肼的不良反应，容易导致维生素 B_6 缺乏，应补充维生素 B_6。

服用液状石蜡会减少脂溶性维生素 A、维生素 D、维生素 E、维生素 K 的吸收并促进这些维生素的排泄，应适当补充脂溶性维生素。

3. 摄入不足或需要量增加的人群

长期吃素的人，容易缺乏维生素 D、维生素 B_{12}。妊娠期妇女由于母体与胎儿组织快速生长，叶酸转换增加并且缺乏维生素 B_6，应该每日补充叶酸和维生素 B_6。

学科前沿

维生素 C 在食品生产中的应用

1. 在腌肉上的应用

维生素 C 应用于所有的商品化腌肉（香肠制品和传统肉制品）的加工。它能促进腌肉色素的合成、抑制肉毒杆菌生长和亚硝基胺的合成。

2. 在水果和蔬菜上的应用

维生素 C 有摄取氧的功能，所以对含有空气的密封包装产品具有特殊意义。在维生素 C

含量低的水果和蔬菜中添加维生素 C 后,可以有效地阻碍氧化作用,保持水果的颜色和风味。

3. 在果汁和软饮料上的应用

维生素 C 在软饮料、果汁中用作类胡萝卜素和香味物质的稳定剂,保持新鲜水果的香气

4. 在酿造制品上的应用

啤酒在贮藏期间易浑浊,产品的颜色、香味和滋味都会有变化。维生素 C 是一种合乎要求的食品添加剂,在啤酒和果酒生产中被当作抗氧化剂使用。

5. 在焙烤食品上的应用

抗坏血酸在面包加工中应用很广,它作为氧化剂可加强面筋含量低的面粉,改进面团的气体保留容量,增强面团弹性,改进面团的水分吸收,排除改良剂过量所带来的威胁,缩短未改良面粉的成熟期;作为还原剂,可降低连续式面团加工中的能量消耗,增加面团产量,缩短面团加工时间。

实验一　果汁饮料中维生素 C 含量的测定

一、实验目的

(1)掌握维生素 C 含量测定的基本原理。

(2)掌握果汁中维生素含量测定的基本操作方法。

二、实验原理

维生素 C 属水溶性维生素,在空气中稳定,但它在水溶液中易被空气和其他氧化剂氧化,生成脱氢抗坏血酸;在碱性条件下易分解,见光加速分解;在弱酸条件下较稳定。

维生素 C(分子式:$C_6H_8O_6$,E=0.18),其分子结构主要是由一个五元内酯环及其侧链组成(图 7-16),维生素 C 是由开链型苏糖型-2,3,4,5,6-五羟基-2-己烯酸 1 位上的羧基与 4 位上的羟基脱去一分子水缩合成环,因此,维生素 C 的化学名称为:苏糖型-2,3,4,5,6-五羟基-2-己烯酸-4-内酯。在维生素 C 分子结构中的 2,3,4,5,6 位各连有一个羟基,在 2,3 位间夹有一个双键,在 1,4 位有脱水缩合的内酯结构。由于维生素 C 分子结构中的连二烯醇结构,使整个分子呈现出酸性,因此,维生素 C 又称抗坏血酸。

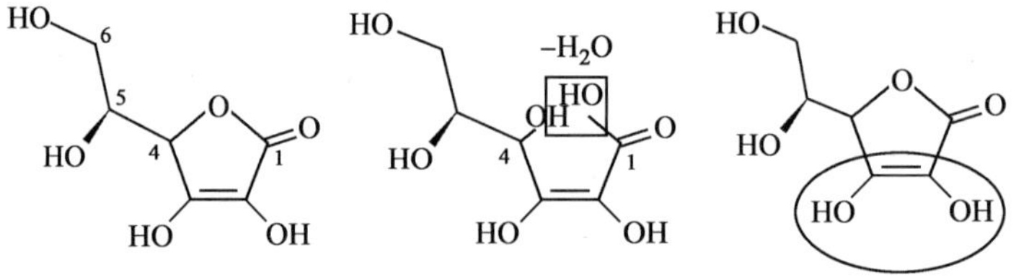

图 7-16　维生素 C 的结构

分子结构中烯二醇基具有还原性,能被 I_2 定量的氧化成二酮基,抗坏血酸分子中的烯二醇基被 I_2 完全氧化后,则 I_2 与淀粉指示剂作用而使溶液变蓝,所以当滴定溶液出现蓝色时即为终点。

由于维生素 C 的还原性很强,即使在弱酸条件下,上述反应也进行得相当完全。维生素 C

在空气中极易被氧化，尤其在碱性介质中反应强烈，故该滴定反应需在稀 HAc 中进行，以减少维生素 C 的副反应。

I_2 标准溶液采用间接配置法获得，用 $Na_2S_2O_3$ 标准溶液标定，反应式如下：

$$2S_2O_3^{2-}+I_2 \longequal S_4O_6^{2-}+2I^-$$

三、试剂与器材

1. 原料

果汁：取水果榨汁过滤待用。

2. 试剂

基准级 $K_2Cr_2O_7$，0.02 mol/L $Na_2S_2O_3$，0.01 mol/L I_2，20% KI，6 mol/L HCl，2 mol/L HAc，0.5%淀粉指示剂，分析纯 Na_2CO_3。

3. 器材

分析天平（0.1 mg），碱式滴定管（50 mL），碘量瓶（250 mL），移液管（20 mL），锥形瓶（250 mL），棕色瓶（250 mL），烧杯（50 mL），容量瓶（500 mL）。

四、操作步骤

1. 0.02 mol/L $Na_2S_2O_3$ 标准溶液的配制

称取 5 g $Na_2S_2O_3 \cdot H_2O$ 溶于 1 000 mL 新煮沸并冷却的蒸馏水中，加入 0.2 g Na_2CO_3 使溶液呈碱性，以防止 $Na_2S_2O_3$ 的分解，保存于棕色瓶中，待用。

2. $K_2Cr_2O_7$ 标准溶液的配制

准确称量基准试剂 $K_2Cr_2O_7$ 0.26～0.28 g 于 50 mL 烧杯中，加入少量蒸馏水完全溶解后，转移至 200 mL 容量瓶中，加蒸馏水定容至刻度，混匀备用。

3. 0.02 mol/L $Na_2S_2O_3$ 标准溶液的标定

用移液管吸取 20 mL $Na_2S_2O_3$ 标准溶液于 250 mL 碘量瓶中，加 8 mL 6 mol/L 的 HCl，5～8 mL 20% KI 溶液，盖上表面皿，在暗处放 5 min 后，加 100 mL 水，立即用待标定的 $Na_2S_2O_3$ 溶液滴至淡黄色，再加入 2 mL 0.5%淀粉溶液，继续滴至溶液呈亮绿色为终点，平行滴定 3 次。

4. I_2 标准溶液的配制和标定

称取 1.3 g I_2 和 2.0 g KI 置于小烧杯中，加少量水，搅拌至 I_2 全部溶解，转入 250 mL 棕色瓶中，加水至 250 mL，混合均匀。

准确移取 20.00 mL $Na_2S_2O_3$ 标准溶液于 250 mL 锥形瓶中，加 50 mL 蒸馏水，加 5%淀粉指示剂 5 mL，用 I_2 滴定至稳定的蓝色，30 s 不褪色即为终点，平行标定 3 次。

5. 0.5%淀粉溶液的配制

称取 1 g 淀粉于小烧杯中，加入少许水调成浆，搅拌下加到 200 mL 沸水中，冷却后备用。

6. 2 mol/L HAc 溶液的配制

取 6.4 mL 冰醋酸（1.05 g/mL），加水稀释并转移至 500 mL 容量瓶中定容，摇匀备用。

7. 维生素 C 含量的测定

取 20 mL 维生素 C 果汁，置于 250 mL 锥形瓶中，加 100 mL 新煮沸过的冷蒸馏水，加入

10 mL 2 mol/L 的 HAc 和 5 mL 0.5%淀粉指示剂，立即用 I_2 标准溶液滴定至稳定的蓝色，30 s 内不褪色即为终点，平行测定 3 次。

8. 数据处理

将实验数据填入表 7-8 至表 7-10 中。

表 7-8 $K_2Cr_2O_7$ 摩尔浓度的测定

称量物 $K_2Cr_2O_7$	称量物重/g	试样重/g
称量瓶+试样重		
倒出第一份试样后重		
$K_2Cr_2O_7$ 的浓度/(mol/L)		

表 7-9 0.02 mol/L $Na_2S_2O_3$ 标准溶液的标定

项目	平行测定		
	1	2	3
$Na_2S_2O_3$ 的滴定终点读数/mL			
$Na_2S_2O_3$ 使用量/mL			
$Na_2S_2O_3$ 的浓度/(mol/L)			
$Na_2S_2O_3$ 的浓度平均值/(mol/L)			
绝对偏差			
平均偏差			
相对平均偏差			

表 7-10 I_2 标准溶液的标定

项目	平行测定		
	1	2	3
I_2 的滴定终点读数/mL			
I_2 使用量/mL			
I_2 的浓度/(mol/L)			
I_2 的浓度平均值/(mol/L)			
绝对偏差			
平均偏差			
相对平均偏差			

碘标准溶液浓度计算：$c_{I_2}=(1/2\times c_{Na_2S_2O_3}\times V_{Na_2S_2O_3})/V_{I_2}$

五、注意事项

(1)维生素 C 不稳定，所以应尽量减少其暴露在空气中的时间，不宜放置时间过久。

(2)酸性环境下维生素 C 较稳定，所以控制测试样品的 pH 在 3～5 为宜。

六、实验结果记录

将检测结果填入表 7-11 中。

表 7-11 碘量法测维生素 C 含量实验结果

项目	1	2	3
I_2 体积的终读数/mL			
I_2 的使用量/mL			
维生素 C 含量/(mg/mL)			
维生素 C 含量平均值/(mg/mL)			
绝对偏差			
平均偏差			

根据滴定所消耗体积，按下式计算：

$$c_{\mathrm{Vc}}=\frac{c_{\mathrm{I_2}}\times V_{\mathrm{I_2}}\times 176.12}{20}$$

七、问题与讨论

1. 测定维生素 C 的其他方法有哪些？简述其测定原理。
2. 除了调整 pH 外，还有哪些方法能防止维生素 C 氧化？

实验二 蔬菜热处理过程中维生素 C 的损失

一、实验目的

1. 掌握影响维生素 C 稳定性的因素。
2. 掌握维生素 C 检测的基本操作方法。

二、实验原理

抗坏血酸(维生素 C)结构中有烯二醇结构存在，因此具有还原性，能将蓝色染料 2,6-二氯靛酚还原为无色的化合物，维生素 C 则被氧化为脱氢维生素 C。2,6-二氯靛酚具有酸碱指示及氧化还原指示的两种特性；其在碱性介质中呈深蓝色，而在酸性介质中呈浅红色(变色范围 pH 4～5)，其于氧化态时呈深蓝色(碱性介质中)或浅红色(酸性介质中)，还原态时为无色。据此特性，用蓝色染料碱性的标准溶液滴定果实样品酸性浸出液中维生素 C 到刚变浅红色为终点，用染料的用量即可计算维生素 C 的含量。滴定终点的红色是刚过量的未被还原的(氧化型)染料溶液在酸性介质中的颜色。

通常测定维生素 C 时浸提和滴定都是在 2% 草酸溶液中进行的，目的是保持反应体系有一定的酸度，避免维生素 C 在 pH 高时易被氧化。此染料不致氧化待测液中非维生素 C 的还原性物质，所以对维生素 C 测定有较好的选择性。

三、试剂与器材

1. 试剂

(1)2%草酸溶液。称取 20 g 草酸(化学纯)溶于水中,稀释至 1 000 mL,贮于避光处。

(2)6%碘化钾(KI)溶液。

(3)1%淀粉指示剂。

(4)0.001 mol/L 碘酸钾(KIO_3)溶液。称取 1.784 g 在 105℃下烘过 24 h 的碘酸钾(优级纯)溶于水,定容至 500 mL,此为 0.100 0 mol/L 碘酸钾(KIO_3)标准溶液。使用时将贮备的标准液用煮沸并冷却的水稀释 100 倍,即成 0.001 mol/L 碘酸钾(KIO_3)标准液。大约每星期应重新配制一次。

(5)维生素 C 标准溶液。称取 20.0 mg 维生素 C(分析纯),溶于 2%草酸溶液,并用 2%草酸溶液稀释至 100 mL,此液约含维生素 C 0.2 mg/mL,置于冰箱中保存。使用当天进行标定。

标定方法:吸取维生素 C 液 5 mL 于 50 mL 三角瓶中,加入 2%草酸溶液 10 mL,6% KI 溶液 0.5 mL,1%淀粉溶液 5 滴,用 0.001 mol/L KIO_3 标准液滴定至溶液变为浅蓝色为止(应耗用 0.001 mol/L KIO_3 标准液约为 11 mL),计算维生素 C 的准确浓度:

$$维生素\text{C}溶液的浓度(\text{mg/mL})=\frac{c\times V_1\times 88}{V_2}$$

式中:c 为所用 KIO_3 标准溶液的摩尔浓度(mol/L);V_1 为所用 KIO_3 溶液的体积(mL);V_2 为所用维生素 C 溶液的体积(mL)。

(6)2,6-二氯靛酚溶液。称取 50 mg 2,6-二氯靛酚钠(分析纯)溶于约 200 mL 含有 52 mL 的 $NaHCO_3$(分析纯)温水(<40℃)中冷却后加水至 250 mL。贮存于棕色瓶中,置于冰箱中保存。使用前待溶液恢复至室温后,用维生素 C 标液标定其准确浓度,并计算其滴定度。在冰箱中贮存时,每周须标定一次。

标定方法:吸取 5 mL 已标定的维生素 C 标液(含维生素 C 约 1 mg)于 50 mL 三角瓶中,加入 2%草酸溶液 10 mL,摇匀,用 2,6-二氯靛酚溶液滴定至溶液呈浅红色,约在 15 s 内不褪色为止(应用染料溶液约 10 mL),计算每毫升染料溶液相当于维生素 C 的质量,即滴定度 T(应约为 0.1 mg/mL)。

$$T=\frac{c\times V_1}{V_2}$$

式中:c 为所用维生素 C 标准液的浓度(mg/mL);V_1 为所用维生素 C 标准液的体积(mL);V_2 为所用 2,6-二氯靛酚标准溶液的体积(mL)。

2. 器材

100 mL 容量瓶,烧杯,研钵,温度计,50 mL 三角瓶,漏斗及滤纸。

四、操作步骤

1. 样品处理

选取新鲜蔬菜,分别在 70、80、90、100℃的温度下进行热烫,热烫 1 min 后迅速放入冷水中冷却，迅速用吸水纸吸干水分，装入保鲜膜中标记好放入冰箱中冷冻保存。

取冷冻的样品 5 g，剪碎，放入研钵中加 2% 草酸溶液 5 mL，放在冰上研磨成浆，倒入 100 mL 容量瓶中，用 2% 草酸洗涤研钵及钵杵数次，最后定容至刻度，充分摇匀后过滤，弃去最初几毫升滤液，滤液备用。

2. 样品的测定

用吸管吸取以上制取的滤液 5.00～10.00 mL（使含维生素 C 0.2～1 g），放入 50 mL 三角瓶中，用棕色半微量滴定管中装的 2,6-二氯靛酚标准溶液滴定至呈浅红色，约在 15 s 内不褪色为终点。同时做试剂空白试验，即取与待测液等量的 2% 草酸代替样品液，用 2,6-二氯靛酚标准溶液滴定。此空白值通常不得超过 0.10 mL。

五、实验结果记录

$$维生素\ C(mg/100\ g\ 样品)=\frac{(V-V_0)\times T\times 取用倍数\times 100}{W}$$

式中：V 为滴定样品滤液消耗的 2,6-二氯靛酚标准溶液的体积（mL）；V_0 为空白试验所用 2,6-二氯靛酚标准溶液的体积（mL）；T 为 2,6-二氯靛酚的滴定度，即 1 mL 此液所相当于还原型抗坏血酸的质量（mg）；W 为测定时样液中样品质量（g）；取用倍数为样品定容体积与测定体积之比。

六、注意事项

（1）偏磷酸是维生素 C 的最佳稳定剂，且具有沉淀蛋白质的作用，但其价格较贵，而且在室温下放置易转化为正磷酸盐，降低对维生素 C 的稳定性，草酸廉价易得，有与偏磷酸相近的稳定性。而醋酸适于浸提含有 Fe^{2+} 的样品。

（2）处理样品时应先加入草酸，可阻止氧化酶氧化维生素 C，而增加其在提取液中的稳定性。草酸溶液不应置于日光下，以免产生过氧化物。当有催化剂（如有金属离子 Cu^{2+}）存在时过氧化物能破坏维生素 C。

（3）2,6-二氯靛酚呈氧化型时有色，还原型时无色，固体试剂有时含有分解产物，染料溶液长期贮存后也会生成分解产物，从而使滴定终点不敏锐。因此须在使用前检查。检查方法：取 15 mL 染料液加入过量的维生素 C 溶液，若还原后的溶液带有颜色，表示此染料溶液已不能使用。

实验三　鱼肝油中维生素 A 含量的测定

一、实验目的

（1）了解紫外分光光度法测定鱼肝油中维生素 A 含量的原理。

（2）通过实验熟悉维生素 A 含量测定的相关实验操作。

二、实验原理

维生素 A 的异丙醇溶液在 325 nm 波长处有最大吸收峰，其吸光度与维生素 A 的含量成正比。

三、试剂与器材

1. 原料

鱼肝油。

2. 试剂

(1)维生素 A 标准溶液。视黄醇 85%(或视黄醇乙酸脂 90%)经皂化处理后使用。称取一定量的标准品,用脱醛乙醇溶解使其浓度大约为 1 mg/mL。临用前需进行标定。取标定后的维生素 A 标准溶液配制成 10 IU/mL 的标准使用液。

标定:取维生素 A 溶液若干微升,用脱醛乙醇稀释 3.00 mL,在 325 nm 处测定吸光度,用此吸光度计算出维生素 A 的浓度。

$$c=\frac{A}{E}\times\frac{1}{100}\times\frac{3.00}{S\times10}$$

式中:c 为维生素 A 的浓度(g/mL);A 为维生素 A 的平均吸光度;S 为加入的维生素 A 溶液量(μL);E 为 1%维生素 A 的比吸光系数。

(2)无水脱醛乙醇。取 2 g 硝酸银溶入少量水中。取 4 g 氢氧化钠溶于温乙醇中。将两者倾入盛有 1 L 乙醇的试剂瓶中,振摇后,暗处放置 2 d(不时摇动促进反应)。取上层清液蒸馏,弃去初馏液 50 mL。

(3)酚酞。用 95%乙醇配制成 1%的溶液。

(4)1∶1 氢氧化钾水溶液。

(5)0.5 mol/L 氢氧化钾。

(6)无水乙醚(不含过氧化物)。

(7)异丙醇。

3. 器材

天平,移液管,电热板,250 mL 三角瓶,分液漏斗,量筒,紫外分光光度计。

四、操作步骤

1. 样品处理

(1)皂化。称取 0.5~5 g 充分混匀的鱼肝油于三角瓶中,加入 10 mL 1∶1 氢氧化钾水溶液及 20~40 mL 乙醇,在电热板上回流 30 min。加入 10 mL 水,稍稍振摇,若有混浊现象,表示皂化完全。

(2)提取。将皂化液移入分液漏斗,先用 30 mL 水分两次洗涤皂化瓶(若有渣,可用脱脂棉过滤),再用 50 mL 乙醚分两次洗涤皂化瓶,所有洗液并入分液漏斗中,振摇两分钟(注意放气),静止分层后,水层放入第二分液漏斗。皂化瓶再用 30 mL 乙醚分两次洗涤,洗液倒入第二分液漏斗,振摇后静止分层,将水层放入第三分液漏斗,醚层并入第一分液漏斗。重复操作 3 次。

(3)洗涤。向第一分液漏斗的醚液中加入 30 mL 水,轻轻振摇,静止分层后放出水层。再加 15~20 mL 0.5 mol/L 的氢氧化钾溶液,轻轻振摇,静止分层后放出碱液。再用水同样操作至洗液不使酚酞变红为止。醚液静置 10~20 min 后,小心放掉析出的水。

(4)浓缩。将醚液经过无水硫酸钠滤入三角瓶中,再用约 25 mL 乙醚洗涤分液漏斗和硫酸钠两次，洗液并入三角瓶中。用水浴蒸馏回收乙醚，待瓶中剩余约 5 mL 乙醚时取下减压抽干，立即用异丙醇溶解并移入 50 mL 容量瓶中用异丙醇定容。

2. 绘制标准曲线

分别取维生素 A 标准使用液 0.00、1.00、2.00、3.00、4.00、5.00 mL 于 10 mL 容量瓶中用异丙醇定容。以零管调零，于紫外分光光度计上在 325 nm 处分别测定吸光度，绘制标准曲线。

3. 样品测定

取浓缩后的溶液于紫外分光光度计上在 325 nm 处测定吸光度，通过此吸光度从标准曲线上查出维生素 A 的含量。

五、实验结果记录

$$维生素\ A(IU/100\ g)=\frac{c\times V}{m}\times 100$$

式中：c 为样品浓缩定容后的溶液的维生素 A 浓度(IU/mL)；V 为浓缩定容后的溶液的体积(mL)；m 为样品的质量(g)。

六、注意事项

(1)无水乙醚中不含过氧化物。检查方法是用 5 mL 乙醚加 1 mL 10%碘化钾溶液，振摇 1 min，如有过氧化物则放出游离碘，水层呈黄色或加 4 滴 0.5%淀粉溶液，水层呈蓝色。

(2)实验操作应在微弱光线下进行，或用棕色玻璃仪器，避免维生素 A 被破坏。

七、问题与讨论

(1)维生素 A 在加工过程中被破坏的途径有哪些？

(2)为什么要对样品进行皂化处理？

单元小结

维生素是维持机体结构和功能所必需的营养素之一。现已知有 13 种维生素是人体必需的。每种维生素都有独特的结构、理化性质及生理功能。当多种原因导致某一种维生素缺乏时，将会表现出特有的缺乏症，统称为维生素缺乏症。

脂溶性维生素包括维生素 A、维生素 D、维生素 K、维生素 E 四种，水溶性维生素则有 B 族维生素和维生素 C。水溶性维生素均作为酶的辅酶或辅基参与某种代谢。在食品加工过程中，维生素或多或少会流失掉，此外，在贮藏、运输、烹调等环节也会造成维生素和其他营养素的不同损失。为了保证人体对这些营养素的需要，必须对某些种类的食品进行强化，添加维生素等，但是需要特别注意维生素的添加量，依据维生素的生理剂量，预防缺乏症状；依据药理剂量，治疗维生素缺乏症。

课后练习

一、判断题

1. 维生素是生物生长和代谢所必需的微量物质。(　　)
2. 维生素是机体内完全不能自身合成的物质。(　　)
3. 由于维生素 C 对人体有多种生理功能,因而摄取越多越好。(　　)
4. 维生素 C 对热很不稳定,很容易被氧化。(　　)
5. 脂溶性维生素对酸不稳定,水溶性维生素对碱不稳定。(　　)
6. 由于人体内维生素 C 合成不足,必须从食品尤其是果蔬中摄取。(　　)

二、选择题

1. 下列化合物不属于脂溶性维生素的是(　　)。

A. 维生素 A　　B. 维生素 B　　C. 维生素 D　　D. 维生素 K

2. 长期食用缺乏维生素(　　)的食物会导致夜盲症,失去对黑暗的适应能力。

A. A　　B. D　　C. E　　D. K

3. 维生素 D 在下面哪个食品中含量最高?(　　)

A. 蛋黄　　B. 牛奶　　C. 鱼肝油　　D. 奶油

4. 具有调节钙、磷代谢,预防佝偻病和软骨病等生理功能的维生素为(　　)。

A. B　　B. C　　C. D　　D. K

5. 下面关于维生素 A 性质描述错误的是(　　)。

A. 不溶于水,可溶于脂肪及脂肪溶剂

B. 光对维生素 A 有异构化作用

C. 人工合成的维生素 A 较天然的维生素 A 稳定

D. 氧化剂和紫外线均能使其发生氧化

6. 下列维生素中哪个是最不稳定的一种?(　　)

A. 维生素 B_1　　B. 维生素 B_2　　C. 维生素 B_6　　D. 维生素 B_{12}

三、简答题

1. 在食品加工中哪些维生素容易损失?如何避免或降低维生素的损失?
2. 简述维生素 C 和维生素 E 的稳定性以及两者在食品工业中的作用。

二维码 7-4　第七章课后练习参考答案

第八章

水

【本章引言】

水是食品重要的成分之一，可分成自由水和结合水两类。水分活度反映了食品中的水分存在形式和被微生物利用的程度。食品的稳定性与水分活度紧密相关。通过本章的学习，应了解水的结构与特性、水分存在形式、水分活度的概念及与食品稳定的关系，掌握食品加工过程中降低或保持水分含量的方法。

【科学史话】

没有水就没有生命。水的化学组成是由普里斯特利、卡文迪许和拉瓦锡共同发现的。1781年，普里斯特利将氢气通入一个含有空气且封闭的玻璃瓶中点燃，瓶中发出震耳欲聋的爆鸣声，瓶壁上有露珠生成。作为氢气的发现者，卡文迪许对此产生了浓厚的兴趣，他用不同比例的氢气和空气混合进行实验，并断定生成的液体是水。1783年，拉瓦锡重复该实验，不仅合成了水，还将水分解为氢气和氧气，再次确认了水由氢元素和氧元素组成。

【学习目标】

1. 了解水的结构特性及食品中水分存在形式。
2. 理解水分活度的概念并掌握水分活度的测定方法。
3. 理解水与食品加工的关系,掌握食品加工过程中水分含量降低和保持的方法。

【思维导图】

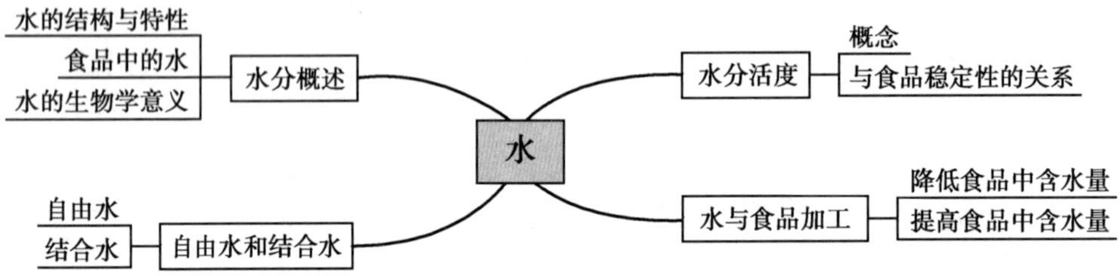

二维码 8-1　第八章课程学习资料

第一节　水分概述

水在人类生存的地球上普遍存在，是人类赖以维持最基本生命活动的物质，对维持机体的正常功能和代谢具有重要作用。水也是食品的重要组分，各种食品都有其特定的水分含量，并因此才能显示出它们各自的色、香、味、形等特征。水在食品中起着分散蛋白质和淀粉等成分的作用，使它们形成溶胶或溶液。另外，水也是微生物繁殖的重要因素，影响着食品的可贮藏性和货架寿命。在食品加工过程中，水还能发挥膨润、浸透等方面的作用。

一、水的结构与特性

1. 水的结构

水分子由 2 个氢原子和 1 个氧原子组成。氧原子是电负性很强的原子，对 O—H 键的共用电子对吸引力较强，使得水分子具有较强的极性。

液态水中水分子与水分子之间的距离比固态水要大，并且随温度升高邻近水分子间的距离增大、水的配位数增多，例如，1.5℃时水分子的间距为 0.29 nm，83℃时为 0.31 nm，1.5℃时液态水中每 1 个水分子的周围平均分布 4.4 个水分子，83℃时为 4.9 个水分子。因此，水的密度取决于水分子周围分布的水分子数和分子间的距离这两个因素。通常以 4℃时水密度定为 1 g/cm^3，作为水的最大密度。

2. 冰的结构

当水的温度降到 0℃以下时，水开始结冰。冰是由水分子有序排列形成的结晶。当水的温度降到 0℃以下时，水分子与水分子之间的距离缩小，0℃时最邻近的水分子之间的距离为 0.276 nm。此时，每个水分子通过氢键与相邻的 4 个水分子结合，形成了具有稳定的四面体结构的冰，普通冰属于六方晶系的六方形双锥体结构，如图 8-1 所示。

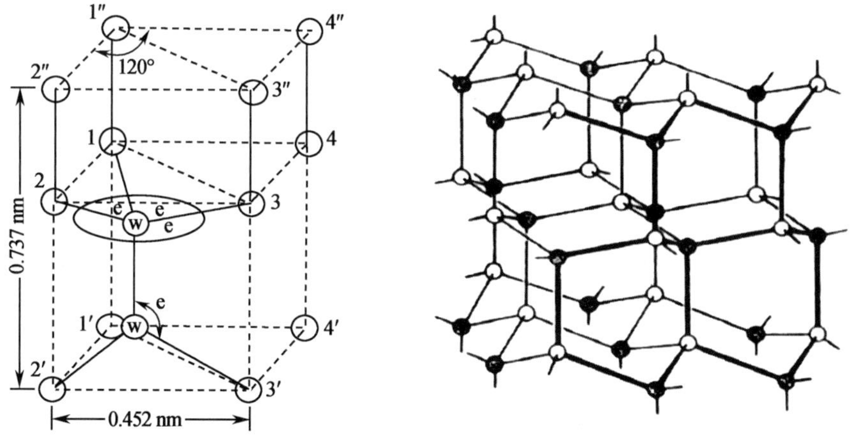

a. 冰的晶胞　　b. 普通冰的结构

图 8-1　0℃下冰的晶胞单元和普通冰的结构

水在结冰过程中，水分子高度有序排列，体积膨胀，体积增加了 9%，因而冰的密度降低，所以冰的密度小于 1 g/cm^3。

3.水的性质

(1)基本性质参数。水的详细物理参数见二维码 8-2。当水结冰时,体积增大,密度减小,在选择速冻食品包装材料时,应特别注意这点。此外,瓶装的啤酒、饮料不宜冷冻保藏,否则内容物结冰后,体积膨胀会使容器破裂。

二维码 8-2 水和冰的物理性质

(2)沸点。在大气压为 101.3 kPa 时,水的沸点为 100℃。水的沸点随压力增大而升高。在减压条件下,水的沸点降低,如压力降低到 2.33 kPa 时,水在 20℃ 即可沸腾。

在食品生产中利用高压获得高温蒸汽,可以使食品物料迅速煮熟,同时利用高温可以增强杀菌作用,如高压灭菌在微生物检测中广泛应用。家庭用的压力锅也是利用这个原理。在青藏高原等地区,由于海拔高,气压低,水的沸点降低,食品不容易煮熟。在浓缩食品物料时,为了较好地保存食品中的一些营养成分,需在较低的温度下进行,此时往往采用真空浓缩的方法。

(3)溶解性。水是食品加工中重要的溶剂,可起到如下作用:

①可以溶解许多物质,如用水溶解白砂糖配制糖浆、水溶解盐进行咸蛋腌制。

②可起到综合风味的作用,如在水中加工肉制品时,其细胞破裂,水溶性成分溶出,与加热过程中产生的风味物质和调味品中的水溶性物质混在一起,构成肉特有的香味。

③常用浸泡、焯水等方法除掉异味和有害物质(可在水中溶解去除,或被水破坏)。如鲜黄花菜中含有对人体有害的秋水仙碱(可溶于水),可在水中浸泡 2 h 或热水烫焯去除。

二、食品中的水

水是大多数食品的主要成分,水的含量和分布对食品的外观、质地、风味、新鲜程度和腐败变质速度等产生极大的影响,与食品加工保存关系密切。不同食品,其含水量有较大差别(二维码 8-3)。

二维码 8-3 某些食品的水分含量

水分含量是许多食品原料及其成品鲜嫩程度的重要指标。例如,刚采摘的果蔬水分含量高,就显得鲜嫩,一旦失去水分,它们就会枯萎、皱缩,表面干瘪。为了避免油炸鸡腿过度脱水,可预先裹一层面糊,保持肉的持水性,使食品口感鲜嫩。

在许多食品标准中,水分含量都是一个重要的指标。例如,酱油酿造企业会对原料进行水分含量测定,若其不符合企业标准要求,则会要求原料供应商退货或折价处理。

三、水的生物学意义

(1)水是细胞原生质的重要组分。水在各种细胞中的含量都是最多的,可占生物体重的 80%～90%,婴儿身体中水分含量可达 80%,而成年人体内水分含量也达体重的 2/3。

(2)水是很好的溶剂。生物体内各种营养物质和代谢产物的吸收、运输和排泄必须以水作为溶剂才能够正常进行,酶所催化的各种化学反应必须以水为介质才能够发生。

(3)调节体温。水具有比热高、热容量大的特点,在生物体中可以有效地调节细胞或生物体的温度。

总之,生物体内一切生命活动都是在水环境中进行的,生物体没有水就无法生活,正常人体每天需喝水 2～4 L，人几天不吃食物不会饿死，但几天不喝水则会因缺水而死亡。

第二节　自由水和结合水

一、自由水

自由水又称游离水，是指没有与非水成分结合的水，它可以分为三类，即不移动水或滞化水、毛细管水和自由流动水。

(1)滞化水。指被组织中的显微和亚显微结构与膜所阻留的水，由于这些水不能自由流动，因此称为不移动水或滞化水。

(2)毛细管水。指存在生物组织的细胞间隙和食品结构组织中，由毛细管力所截留的水，在生物组织中又称为细胞间水。

(3)自由流动水。指动物的血浆、淋巴和尿液，植物的导管和细胞内液泡中的水以及食品中肉眼可见的水，是可以自由流动的水。

二、结合水

结合水又称固定水、束缚水，是指存在于溶质或其他非水组分附近、与溶质分子之间通过化学键结合的水，可分为化合水、邻近水和多层水三类。

(1)化合水。又称组成水，是指与食品中非水组分结合最牢固，并构成非水组分整体的那部分水。这部分水在食品中所占比例很小，在高水分食品中的含量约为 0.5%。它们在 $-40℃$ 不结冰，不能作为溶剂，也不能被微生物所利用，它可能位于蛋白质分子内空隙中，也可能成为化学水合物的一部分。

(2)邻近水。又称单层水，是指处在非水组分亲水性最强的基团周围的第一层位置的水，主要的结合力是水-离子和水偶极间的缔合作用。与化合水相似，它们在 $-40℃$ 不结冰，也不能作为溶剂。

(3)多层水。指占据非水组分亲水性基团剩余位置的水及在邻近水以外形成的几个水层，主要依靠水-水和水-溶质氢键的作用。这部分水与非水组分的结合牢固程度弱于邻近水。大多数多层水在 $-40℃$ 仍不结冰，即使结冰，冰点也大大降低，溶剂能力部分降低。

第三节　水 分 活 度

一、水分活度的概念

不同的食品即使在水分含量相同时，其腐败变质的难易程度也不同，这是因为食品中的水分可分为结合水和自由水，只有自由水才能被微生物利用。这说明以水分含量作为判断食品稳定性的指标是不够准确的，因此，人们引入了水分活度这一指标。

水分活度是指食品中水分蒸气压 p 和同一温度下纯水的饱和蒸气压 p_0 之比，即：

$$A_W = p/p_0$$

式中：A_W 为水分活度；p 为溶液或食品表面的水分蒸气压；p_0 为同温度下纯水的饱和蒸气压。

对于纯水而言，因 p 和 p_0 相等，故水分活度为1；而在食品中，糖、氨基酸、无机盐等溶解在水中，使一部分水分以结合水的形式存在，而结合水的蒸气压远比纯水的蒸气压低，因此食品的水分活度总是小于1。

水分活度反映了食品中自由水与结合水的比例。水分活度的增加或减少，是由于结合水不变而自由水增加或减少所致。例如，食品中结合水的比例越高，水分活度就越低，可被微生物利用的水分就越少。

二、水分活度与食品稳定性的关系

在大多数情况下食品的稳定性与水分活度是紧密相关的，各种食品在一定条件下都有一定的水分活度，微生物的生长繁殖和生物化学反应也都有各自一定的水分活度范围，测定食品的 A_W 值对于控制食品加工条件和保持食品稳定性有重要的指导作用。

1. 水分活度对微生物生长繁殖的影响

不同的微生物在食品中繁殖时对水分活度的要求不同。细菌对低水分活度最敏感，酵母菌次之，霉菌的敏感性最差。在一般情况下，$A_W<0.90$ 时，细菌不生长；当 $A_W<0.87$ 时大多数酵母菌受到抑制；$A_W<0.80$ 时大多数霉菌不生长。表8-1介绍了部分食品的水分活度与微生物生长的关系，此表可为加工食品和保存食品提供参考。

表8-1 部分食品的水分活度与微生物生长的关系

A_W	在此 A_W 范围内受抑制的微生物	在此 A_W 范围内的食品
0.95～1.00	假单胞菌、大肠杆菌、变形杆菌、芽孢杆菌、志贺氏菌属、克雷伯氏菌属、产气荚膜梭状芽孢杆菌、一些酵母等	罐头、新鲜果蔬、肉、鱼及牛乳、熟香肠、面包、含约40%（质量分数）蔗糖或7%氯化钠的食品等
0.90～0.91	沙门氏菌属、溶副血红蛋白弧菌、沙雷氏杆菌、乳酸杆菌属、肉毒梭状芽孢杆菌、乳酸杆菌属、足球菌、一些霉菌、酵母（红酵母、毕赤氏酵母）	干酪、腌制肉（火腿）、水果汁浓缩物、含有55%蔗糖或12%氯化钠的食品
0.87～0.90	许多酵母（假丝酵母、球拟酵母、汉逊酵母）、小球菌	发酵香肠、人造奶油、干的干酪、人造奶油、含65%蔗糖（饱和）或15%氯化钠的食品
0.80～0.87	大多数霉菌（产生毒素的青霉菌）、金黄色葡萄球菌、大多数酵母菌属	大多数浓缩水果汁、甜炼乳、巧克力糖浆、水果糖浆、面粉、米、家庭自制火腿、含有15%～17%水分的副产品类食品、水果蛋糕等
0.75～0.80	大多数嗜盐细菌、产真菌毒素的曲霉	果酱、杏仁酥糖、糖渍水果等
0.65～0.75	嗜干霉菌、二孢酵母	砂性软糖、棉花糖、果冻、糖蜜、干果
0.60～0.65	耐渗透压酵母	太妃糖、胶凝糖、蜂蜜、含15%～20%水分的干果
0.50	微生物不繁殖	含12%水分的酱、含10%水分的调味料

续表 8-1

A_W	在此 A_W 范围内所能抑制的微生物	在此 A_W 范围内的食品
0.40	微生物不繁殖	约含 5%水分的全蛋粉
0.30	微生物不繁殖	含 3%～5%水分的曲奇饼、面包硬皮
0.20	微生物不繁殖	含 2%～3%水分的全脂奶粉、含 5%水分的脱水蔬菜、脆饼干等

根据表中提供的数据，对不同食品应选择适宜的保存条件，可以防止或降低微生物对食品质量的不良影响。

2. 水分活度对酶促反应的影响

水分活度对酶促反应的影响是两个方面的综合：一方面影响酶促反应底物的可移动性，另一方面影响酶的构象。当水分活度小于 0.85 时，导致食品原料腐败的大部分酶会失去活性，如酚氧化酶和过氧化物酶、维生素 C 氧化酶、淀粉酶等。但也有一些酶例外，如脂肪氧化酶在水分活度在 0.1～0.3 时，仍能保持较强活力。

3. 水分活度对食品化学变化的影响

水分活度对各种化学变化反应有重要影响。当 A_W 在 0.7～0.9 时，食品的一些重要化学反应，如脂类的氧化、美拉德反应、维生素的分解等反应速率都达到最大，这时食品变质受化学变化的影响增大。当食品的含水量进一步增大到 $A_W>0.9$ 时，食品中的各种化学反应速率大都呈下降趋势。这时食品变质主要受微生物和酶作用的影响。

4. 水分活度对食品质地的影响

食品质地是食品的一个重要属性，取决于食品的组分以及组分之间的相互作用。水分活度对干燥和半干燥食品的质地有较大的影响，要保持干燥食品的理想性质，A_W 应控制在 0.3～0.5，水分活度从 0.2～0.3 增加到 0.65 时，大多数半干或干燥食品的硬度及黏性增加。因此各种脆性食品，必须在较低的水分活度下才能保持其酥脆。对含水较多的食品，如果冻布丁、蛋糕、面包等，当它们的 A_W 大于周围空气的相对湿度，保存时需要防止水分蒸发。

A_W 对干燥食品和半干燥食品的质地影响较大，人们通过各种各样的食品包装来创造适宜的小环境，尽可能达到不同食品对水分活度的要求。

例如，市售豆奶粉、速溶咖啡等要求水分活度低，可采用水不能透过的密闭容器包装；市售的仙贝、雪饼等儿童食品，除单独有小包装外，在外包装袋中还另外加入了干燥剂，以防止空气湿度对它们的影响；对果冻布丁、蛋糕等要求 A_W 高的食品，需要能防止水分挥发的包装材料，以减少水分散失。

如果一个包装袋中同时存放几种不同成分的食品，各种物料要求水分活度不一致，为了防止水分迁移导致某些成分劣变，不能简单地将各种成分混合包装在一起，而是各自分装后再合在一起。如方便面和脱水蔬菜要求水分活度不同，如果混装在一起，脱水蔬菜将会吸收水分而变质。因此，先将脱水蔬菜包装后再和方便面包装在一起。

总之，降低食品的水分活度，可以抑制微生物的生长和繁殖，减缓酶促褐变和非酶褐变的进行，减少营养成分的损失，防止水溶性色素的分解。但水分活度过低时，会使脂肪的氧化速率加快。掌握这些知识为将来进行食品加工和食品贮藏提供了科学依据。

第四节　水与食品加工

食品在贮藏、运输和销售的过程中，受外界因素的影响，食品的水分含量会发生变化，进而影响食品的感官特征、内在质量，食品的风味会发生改变。另外，为了运输方便，增强食品的稳定性，在加工过程中，经常进行干燥、浓缩等处理除去食品中一部分水，使水分活度控制在一定范围，下面介绍几种降低食品水分含量的方法。

1. 自然干燥

自然干燥是指充分利用自然界的能量除去食品中的水分。如利用日光晒干、利用风进行风干。该方法简单、经济，不需要特殊设备，被广泛使用。如仓储粮食（谷物、小麦、副产品），要使其水分降低到13%～14%，可采用自然干燥法。鱼贝类和海藻类的干燥，萝卜干、胡萝卜条的干燥，葡萄干、杏干的制作，均沿用自然干燥法。

由于自然干燥条件粗放，需要时间长，在此期间，容易发生变色、褪色、氧化以及由于酶的作用引发的各种生化反应，食品的质量往往受到影响。如干制鱿鱼、葡萄干，已失去原有新鲜食品的特有风味、质地和结构，另外，现在还没有比较好的办法使失水后的食品完全恢复到原来新鲜状态，所以干燥食品只能作为另一种类型食品，供人们食用。

2. 热风干燥

热风干燥是指将食品放在金属网或钢制带式运输机上，送入热风干燥室，人为除去食品中的水分。靠太阳和自然风干不可能生产出理化指标一致的产品，因而难以实现规模化的工业生产，而在热风干燥室内选择适当的温度、湿度、风速和时间，即能得到水分含量控制在一定范围、品质基本一致的食品。

3. 真空干燥

在热风干燥中，如果温度高、干燥速度过快，会引起产品褐变或褪色、蛋白质变性、维生素被破坏。如果温度过低则干燥时间长，物料会因酶的作用而影响食品质量。真空干燥可以避免以上弊端。根据两相平衡时温度和压力的关系，在101.3 kPa时，水在100℃沸腾；当压力降到2.33 kPa时，水在20℃即可沸腾。因此调节适当温度和真空度，使食品中的水极易转化为气态逸出，能达到在较低温度下迅速干燥食品的目的，并能获得品质优良的食品。

4. 喷雾干燥

对黏度大、易结块、易吸湿的食品，如速溶咖啡、豆奶粉等食品，可以采取喷雾干燥法。喷雾干燥法是将稀的液态食品经预先浓缩后，以加压喷头将其喷成微细的雾状与热风同时进入干燥室，在向下降落的过程中，迅速得以干燥。喷雾干燥获得的产品多呈微粒状，有比较大的表面积，溶解速度快，蛋白变性和褐变少。用此法干燥食品可获得令人满意的产品质量。

5. 冷冻升华干燥

冷冻升华干燥是将湿物料先冻结到冰点以下，使水分变成固体冰，然后在较高的真空度下将冰直接转化为蒸汽而除去，物料即被干燥。冷冻升华干燥能在较低温度和缺氧状态下进行，比较适合于热敏性且易氧化的食品，同时可保持住食品的色、香、味及维生素C等营养物质和原来的外形，避免了一般干燥方法因物料内部水分向外部扩散所携带的无机盐造成的表面硬化现象。另外，冷冻干燥时的水分不是从内部向食品表面移动蒸发，而是组织中的水形成的小冰晶升华后食品被干燥，故食品内部呈海绵状，孔隙大、易复水。

冷冻升华干燥对食品也会产生不利的影响。由于冷冻升华干燥造成食品多孔性，表面积大，易吸湿，食品中的油脂和胡萝卜素与氧接触面积增大而易被氧化。此法会导致叶菜类食品薄而脆，给包装和运输带来困难。

学科前沿

水分活度对茶叶风味的影响

水分活度对茶叶的品质有一定的影响，需将水分活度控制在一定的范围。水分活度对茶叶风味的影响表现在以下几方面。

1. 色泽的影响

绿茶的色泽物质主要是叶绿素，叶绿素保留量高，色泽翠绿。但叶绿素很不稳定，在光和热的作用下易分解变色。绿茶在储存过程中，绿茶失绿褐变，主要原因是叶绿素转变成脱镁叶绿素，若转化率高于70%，就出现显著的褐变。通常含水量较高的茶叶在直接受光、湿度较高的情况下，叶绿素的含量大幅度下降。

2. 香气的影响

茶叶存放时间过长，香气明显下降，主要是由于很多新鲜芳香物质含量下降的缘故。茶叶含水量高或贮藏湿度较高，香气物质就会明显下降。

3. 茶汤滋味的影响

茶多酚的含量决定着茶汤滋味强度的大小，在茶叶贮藏存放过程中，茶多酚的自动氧化仍在继续，含水量高的茶叶，茶多酚的氧化作用尤其明显，导致茶多酚下降幅度更大，茶汤滋味变淡，失去鲜爽性。

实验一　食品中水分的测定

一、实验目的

(1)了解水分测定的意义和原理。
(2)掌握直接干燥法的操作技术和注意事项。
(3)了解影响测定准确性的因素。

二、实验原理(直接干燥法)

在一定温度(100～105℃)和压力(常压)下，将样品放在烘箱中加热干燥，使水分蒸发除去，干燥前后样品质量之差即为样品的水分重量，以此计算样品的水分含量。

三、试剂与器材

1. 原料

土豆、苹果、梨等。

2. 试剂

氯化钙或变色硅胶。

3. 器材

烘箱，分析天平，称量瓶，干燥器。

四、操作步骤

(1)样品处理。样品洗净切碎，备用。取称量瓶，放入烘箱中以 100～105℃烘干到恒重，置干燥器中冷却，然后精确称量。

(2)干燥。取分析样品 2 g 左右放入称量瓶中精确称重，放入烘箱，先于 60～70℃的条件下，干燥 2～3 h 至样品变脆，再于 100～105℃的条件下干燥 2 h。

(3)冷却。取出后置于干燥器中，冷却后称重。

(4)恒重。再次干燥 0.5～1 h，冷却称重，直至前后两次重量差不超过 2 mg 为止。

五、注意事项

(1)水果、蔬菜样品应先洗去泥沙后，再用蒸馏水冲洗一次，然后用洁净纱布吸干表面的水分。

(2)在测定过程中，称量皿从烘箱中取出后，应迅速放入干燥器中进行冷却，否则不易达到恒重。

六、实验结果记录

食品中水分含量可按下式计算：

$$\text{水分}=\frac{(a-b)\times 100\%}{w}$$

式中：a 为干燥前样品和称量瓶的质量(g)；b 为干燥后样品和称量瓶的质量(g)；w 为样品的质量(g)。

七、问题与讨论

(1)干燥器有何作用？怎样正确地维护和使用干燥器？

(2)为什么经加热干燥的称量瓶要迅速放到干燥器内？为什么要冷却后再称量？

实验二　水分活度的测定(扩散法)

一、实验目的

(1)水分活度的概念和扩散法测定水分活度的原理。

(2)掌握食品中水分活度测定的操作技术。

二、实验原理

试样在微量扩散皿的密封和恒温条件下，分别在 A_W 较高和较低的标准饱和溶液中扩散平衡后，根据样品质量的增加(在 A_W 较高的标准溶液中平衡)和减少(在 A_W 较低的标准溶液中平衡)的量,以质量的变化量为纵坐标,各标准试剂的水分活度值为横坐标,计算试样的水分活度值。

该法适用于中等及高水分活度($A_W>0.5$)的样品,是一种测定食品水分活度的快速、方便、应用广泛的分析方法。

三、试剂与器材

1. 原料

土豆、苹果等。

2. 试剂

$MgCl_2$ 饱和溶液($A_W=0.330$,25℃),NaCl 饱和溶液($A_W=0.752$,25℃),KNO_3 饱和溶液($A_W=0.924$,25℃),凡士林。

3. 器材

微量扩散皿,称量皿(直径 25～28 mm、深度 7 mm),分析天平,恒温箱。

四、操作步骤

(1)分别在三个微量扩散皿的外室预先放入 $MgCl_2$、NaCl、KNO_3 标准饱和盐溶液 5.0 mL,或者分别放入 3 种盐 5.0 g,加入少许蒸馏水润湿,并且在微量扩散皿磨口边缘均匀地涂上凡士林。

(2)在预先准确称量过的称量皿(带盖)中,准确称取约 1.00 g 的均匀切碎样品,记下称量皿和样品的总重量。

(3)迅速放入微量扩散皿的内室中,取掉称量皿盖,加盖密封,在 25℃的恒温箱中静置 2～3 h。取出其中的称量皿,加皿盖,准确称量,得到样品的重量。再次平衡 30 min 后,称量,至恒重为止。分别计算试样在不同标准饱和盐溶液的质量变化。

五、注意事项

(1)样品称重要迅速。

(2)微量扩散皿密封性要好。

(3)若样品含有水溶性挥发物,则不可能准确测定其水分活度。

六、实验结果记录

样品中水分含量可按下式计算:

$$X=\frac{m_1-m_2}{m_1-m_3}\times 100\%$$

式中:X 为样品中水分的含量(%);m_1 为称量皿和样品的质量(g);m_2 为称量皿和样品干燥后的质量(g);m_3 为称量皿的质量(g)。

以各种标准饱和盐溶液在 25℃的 A_W 值为横坐标,以每克试样的质量变化量为纵坐标作图,并将各点连成一条直线,此线与横轴的交点即为所测样品的 A_W 值。

七、问题与讨论

(1)扩散法测定水分活度的原理是什么?

(2)为什么试样中含有水溶性挥发性物质会影响水分活度的准确测定?

实验三　糖浓度对果汁水分活度的影响

一、实验目的

(1)了解糖浓度对果汁水分活度的影响。

(2)进一步熟悉水分活度的测试方法。

二、实验原理

水分活度是食品组成和温度的函数,受食品组成的影响较大。食品中的含水量越大,自由水越多,水分活度就越大,反之,非水分物质越多,结合水越多,其水分活度就越小。

三、试剂与器材

1. 原料

柑橘。

2. 试剂

蔗糖,凡士林,$MgCl_2$ 饱和溶液(A_W=0.330,25℃),NaCl 饱和溶液(A_W=0.752,25℃),KNO_3饱和溶液(A_W=0.924,25℃)。

3. 仪器

康维氏微量扩散皿,称量皿(直径 25~28 mm、深度 7 mm),分析天平,恒温箱,打浆机。

四、操作步骤

(1)柑橘汁制备。500 g 柑橘去皮后放入打浆机中,加入 150 mL 蒸馏水,打浆,过滤得柑橘汁。

(2)配制柑橘汁。在柑橘汁中分别加入 4%、8%、12%、16%、20%的蔗糖,在室温下搅拌均匀并溶解。

(3)测定柑橘汁的水分活度。操作方法与本章实验二中采用的方法基本相同。

五、实验结果记录

以各种标准饱和盐溶液在 25℃的 A_W 值为横坐标,被测样品的质量变化量为纵坐标作图,并将各点连成一条直线,此线与横轴的交点即为所测样品的 A_W 值。

六、问题与讨论

糖浓度对水分活度有何影响?为什么?

单元小结

水是食品的重要组分,能使食品具有特有的色、香、味、形等特征,并在食品的加工、保藏过程中影响着食品的质量、营养价值、贮藏性能。食品中的水不是单独存在的,它会与食品中的其他成分发生化学或物理作用,根据食品中的水与其他成分之间相互作用的强弱,可将食品中的水分成结合水和自由水。

水分活度是指食品中水的蒸气压与相同温度下纯水的蒸气压的比值。食品的水分活度影响着食品的稳定性,降低水分活度,可以延缓酶促褐变和非酶褐变的进行,减少营养成分的破坏,防止水溶性色素的分解;但水分活度太低,也会加速脂肪的氧化酸败。此外,水分活度对干燥和半干燥食品的质构有较大的影响。为增强食品的稳定性,在食品加工过程中,经常采用自然干燥、热风干燥、真空干燥、喷雾干燥和冷冻干燥等方法除去食品中部分水,使水分活度控制在一定范围,保证食品的稳定性。

课后练习

一、判断题

1. 食品中的含水量相等时,温度越高,水分活度越大。(　　)
2. 食品中结合水的蒸气压比自由水低很多。(　　)
3. 结合水不能被微生物利用,而游离水可以被微生物利用。(　　)
4. 当水分活度高于微生物发育所必需的最低水分活度时,微生物即可导致食品变质。(　　)
5. 食品的含水量越高,水分活度就越大,两者之间成正比。(　　)

二、选择题

1. 属于结合水特点的是(　　)。

A. 具有流动性　　B. 在－40℃时不结冰

C. 不能作为外来溶质的溶剂　　D. 具有滞后现象

2. 属于自由水的有(　　)。

A. 单分子层水　　B. 毛细管水　　C. 自由流动水　　D. 滞化水

3. 当水分活度为(　　)时,油脂受到保护,抗氧化性好。

A. 大于0.3　　B. 0.3左右　　C. 0.2　　D. 0.5

4. 商业冷冻温度一般为(　　)。

A. 0℃　　B. －6℃　　C. －15℃　　D. －18℃

5. 脂类的氧化、美拉德反应、维生素的分解等反应速率最大的水分活度为(　　)。

A. 0.2～0.3　　B. 0.4～0.5　　C. 0.6～0.7　　D. 0.7～0.9

三、简答题

1. 什么是水分活度?简述食品的水分活度与食品稳定性的关系。
2. 自由水与结合水的区别是什么?
3. 食品加工贮藏过程中如何降低水分含量?

二维码 8-4　第八章
课后练习参考答案

第九章

矿　物　质

【本章引言】

人体所含有的元素与地球表面的元素组成基本一致。已证明有 20 多种元素是维持机体正常生理功能所必需的。除碳、氢、氧、氮以有机物形式存在外，其余各元素均以无机物的形式存在，通常把这些无机物称为矿物质。矿物质是构成人体机体组织和维持正常生理功能所必需的，矿物质与其他有机营养素不同，其既不能在人体内合成，也不能在代谢过程中消失，仅能随排泄物回到环境中。

【科学史话】

碘盐是指含有碘酸钾的氯化钠食盐，由于中国大部分地区都缺碘，而缺碘就会引起碘缺乏病，所以我国在 20 世纪末开始实施食盐加碘政策，以解决当时许多人体内因缺乏碘元素导致甲状腺肿发病率过高的问题。唐代孙思邈在《千金要方》中就论述了甲状腺肿的治疗方法，我国是世界上最早用海草治疗这种疾病的国家之一。但是，碘摄入过量也会对机体的健康造成影响，世界卫生组织推荐每人每天的食盐摄入量是 6 g，但中国国民普遍超过 20 g。

【学习目标】

1. 了解矿物质在维持人体机体正常生理功能中的作用。
2. 学会运用有效的食品加工方法,减少食品中矿物质的损失。
3. 了解矿物质在食品加工贮藏中的强化的原则和方法。
4. 掌握矿物质元素含量测定的方法。

【思维导图】

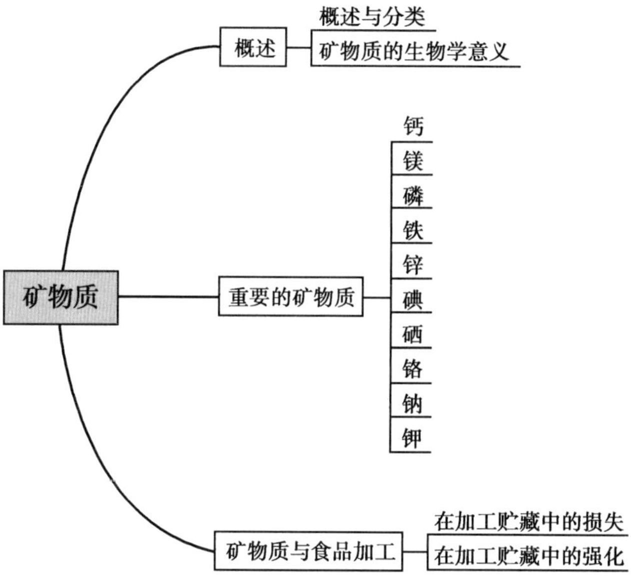

二维码 9-1 第九章课程学习资料

第一节 矿物质概述

一、矿物质的概念与分类

矿物质也称无机盐，是指维持人体正常生理功能所必需的无机化学元素。矿物质约占人体重的5%，虽含量较少但意义重大。矿物质在人体内不能合成，必须从膳食和饮水中获得。矿物质按照在体内含量的多少可分为常量元素和微量元素。

常量元素指人体内含量大于0.01%体重的矿物质，共7种，按照在体内含量多少进行排序依次为钙(Ca)、磷(P)、钾(K)、钠(Na)、硫(S)、氯(Cl)、镁(Mg)。人们对常量元素的需要量在每天100 mg以上。

微量元素指人体内含量小于0.01%体重的矿物质或需要量在每天100 mg以下的矿物质。微量元素又可分为以下3类。

(1)人体必需的微量元素。包括铁(Fe)、碘(I)、锌(Zn)、硒(Se)、铜(Cu)、钼(Mo)、铬(Cr)、钴(Co)8种。

(2)人体可能必需的微量元素。包括锰(Mn)、硅(Si)、镍(Ni)、硼(B)、钒(V)5种。

(3)具有潜在毒性，但低剂量时可能具有必需功能的微量元素。包括氟(F)、铅(Pb)、镉(Cd)、汞(Hg)、砷(As)、铝(Al)、锡(Sn)、锂(Li)等。

二、矿物质的生物学意义

1. 构成人体组织的重要组成成分

矿物质是构成人体组织的重要成分，如钙、磷、镁是构成骨骼和牙齿的主要成分，硫和磷是合成蛋白质所必须的，铁是血红蛋白的主要成分等。

2. 维持人体内环境稳定

在细胞内、外液中，矿物质扮演重要角色：一方面，多种矿物质与蛋白质共同调节细胞膜通透性，保持渗透压稳定，维持细胞正常功能和形态；另一方面，离子浓度在维持体液酸碱平衡和神经肌肉兴奋性上发挥重要作用。

3. 组成酶类、激素、维生素、蛋白质、核酸等

一些矿物质是酶的重要组成成分或酶系统的激活剂，如过氧化氢酶含铁，谷胱甘肽过氧化物酶含硒，甲状腺素含碘，镁离子能激活磷酸酯酶，锰离子能激活异柠檬酸脱氢酶，铜/锌超氧化物气化酶含铜和锌，维生素B_{12}含钴，蛋白质中含硫，核酸中含磷。除此之外，矿物质中的微量元素还能够影响人体的生长、发育。

第二节 重要的矿物质

一、钙

(一)钙的生理功能

(1)钙是构成人体骨骼和牙齿的重要成分。处于生长发育期的儿童与青少年，身高与体重

增长迅速，骨骼的性状和重量也不断发生变化，人在13～14岁时对钙的需要量最大。

(2)钙参与血液凝固过程。钙作为凝血因子将凝血酶原转化为有活性的凝血酶，起到凝血作用。

(3)钙对维持神经与肌肉的兴奋性、促进激素分泌、调节细胞渗透压和维持酸碱平衡等起重要作用。

(二)钙的吸收与代谢

1. 吸收

人体对钙的吸收为主动吸收，但吸收很不完全，通常有70%～80%的钙不被吸收而随粪便排出。

2. 影响钙吸收的因素

(1)机体因素。钙的吸收与机体的需要程度密切相关。在生命周期的不同阶段，钙的吸收情况不同，并随着年龄的增长，吸收率不断降低。如婴儿期钙吸收率可达60%，儿童期钙吸收率约为40%，成人钙吸收率低至20%，老年人钙吸收率仅为15%左右。对于不同阶段的个体来说，补钙都尤为重要。

(2)膳食因素。膳食中的一些因素会干扰钙的吸收，如谷类、豆类中含有的植酸和植酸盐与钙结合形成植酸钙；绿色蔬菜中的草酸和草酸盐与钙结合形成草酸钙；还有一些因素会促进钙的吸收，如维生素D可促进小肠对钙的吸收；乳糖经肠道微生物发酵产酸，与钙形成可溶乳酸钙复合物等；抗生素如青霉素、氯霉素可增加钙的吸收。

3. 代谢

钙主要通过肠道与泌尿系统排出，通过粪便排出的钙主要是膳食中未被吸收的钙和来自上皮细胞、消化液中的钙。在高温条件下工作的人，大量出汗会造成一定量的钙流失。

(三)钙的缺乏与过量

儿童长期缺钙和维生素D可导致生长发育迟缓、骨软化、骨骼变形，严重者可导致佝偻病。钙无明显毒性，但过量摄入可增加出现肾结石的概率，更有甚者可导致乳碱综合征：包括高钙血症，或伴有代谢性碱中毒和肾功能不全在内的综合征。

(四)钙的食物来源

乳及乳制品含钙量丰富且钙的吸收利用率较高，是理想的食物来源。豆类和蔬菜中也含有一定量的钙。此外，芝麻酱、虾皮、奶酪、黑芝麻、苜蓿也是钙的较好来源。

二、镁

镁也是人体必需的常量元素之一，人体内含镁24～28 g，约占体重的0.05%，其中60%～65%集中在骨骼和牙齿，27%分布于软组织中。

1. 镁的生理功能

(1)构成骨骼和牙齿。镁与钙在功能上既有协同又有拮抗作用，当钙摄入不足时，镁可取代部分钙参与生命活动；当镁摄入量过多时，又会阻止骨骼的正常钙化。

(2)调节体内酶的活性。镁离子广泛参与物质代谢和能量代谢，是多种酶的激活剂，也是参与人体生命活动最广泛的金属离子。

(3)维持神经和肌肉的正常活动。镁对中枢神经系统有抑制作用，可起到镇静效果；镁可减弱心脏的节律，有利于心脏的舒张。镁摄入不足时，可能引起心律失调。

2. 镁的吸收与代谢

镁主要在空肠末端与回肠中被吸收，吸收率30%。吸收代谢后剩余的镁多数通过肠道排出体外，也可通过尿液和汗液排出。

3. 镁的缺乏与过量

在正常的膳食情况下，一般不会出现镁缺乏或过量的情况。在严重腹泻、脂肪泻、吸收不良、肠瘘、小肠切除术后等特殊情况下，可发生低镁血症。镁缺乏也可导致神经肌肉兴奋性亢进和骨质疏松。

4. 镁的食物来源

全谷类、豆类、牛肉、苔菜、香蕉都是镁良好的食物来源，精制食物中镁含量较低。

三、磷

磷是人体内含量较多的无机元素之一，85%～90%以羟磷灰石的形式集中于骨骼及牙齿中，其余10%～15%与蛋白质、脂肪、糖及其他有机物结合，分布于细胞膜、骨骼肌、皮肤、神经组织及体液中。

1. 磷的生理功能

(1)构成组织器官及生物活性物质的原料。磷与钙形成羟磷灰石，是构成人体骨骼和牙齿的重要组成成分；磷酸基团构成核糖核酸和脱氧核糖核酸，在构成生命的物质基础方面占有重要作用；磷脂是细胞膜的组成成分，与细胞膜通透性有很大关系。

(2)参与体内能量代谢。磷是核酸、磷脂、某些代谢酶的组成成分，高能磷酸化合物如三磷酸腺苷和磷酸肌酸也是能量代谢过程中的重要物质。

(3)调节细胞因子活性。磷参与细胞的磷酸化和去磷酸化过程。

(4)调节细胞渗透压、维持酸碱平衡。

2. 磷的吸收与代谢

磷在体内的代谢受维生素D、甲状腺素和降钙素调节。年龄越小，磷的吸收率越高。磷的吸收主要在小肠上段，分为主动转运吸收和被动扩散吸收两种方式。从膳食中获得的磷进入肠道后在磷酸酶的催化下游离出磷酸盐，并以磷酸盐的形式被吸收。与此同时，磷以可溶性磷酸盐的形式从肾脏排出。

3. 磷的缺乏与过量

磷普遍存在于自然界的动植物中，正常膳食可以满足人对磷的需要，少见磷缺乏的情况。临床所见的磷缺乏患者多见于长期大量服用抗酸药者。

不均衡的钙磷比不仅影响磷的吸收，也影响钙的吸收。过量的磷酸盐可引起低血钙症，使血清中钙离子水平降低，引起肌肉痉挛性抽搐。同时，磷摄入过多易导致骨质疏松、牙齿松动等钙缺乏症。

4. 磷的食物来源

磷存在于所有的天然食物中，不同的食物种类，磷含量不同。瘦肉、禽、蛋、乳及乳制品、坚果、紫菜中磷含量丰富。蔬菜和水果中含磷量较少。粮食中的磷为植酸磷，如若不经过加工，人体利用率较低。

四、铁

铁是人体含量最多的必需微量元素，人体内含铁 3～5 g，铁元素主要以功能性铁和贮存性铁两种形式存在于体内。功能性铁是铁主要的存在形式，占铁总量的 70%～75%，包括血红蛋白、肌红蛋白和含铁酶类；贮存性铁以铁蛋白和含铁血黄素的形式存在于肝、脾和骨髓中。

1.铁的生理功能

(1)参与体内氧气运输。铁是血红蛋白、肌红蛋白、细胞色素及某些呼吸酶的组成成分，参与氧气的运送和组织呼吸过程。

(2)维持造血功能。铁与红细胞的形成和成熟有关，铁在骨髓造血组织中进入幼红细胞内，与卟啉结合形成血红素，后者再与蛋白合成血红蛋白。

(3)维持免疫功能。缺铁可影响 T 淋巴细胞、吞噬细胞的增殖分化。

2.铁的吸收与代谢

(1)吸收。人体内的铁可通过膳食摄入，铁的吸收部位在十二指肠和空肠。人体对铁的吸收与膳食中铁的存在形式有很大关系。膳食中的铁分为血红素铁和非血红素铁两种。血红素铁主要来源于动物性食物中，为二价铁，直接与肌红蛋白和血红蛋白中的原卟啉结合，被肠道黏膜细胞吸收，吸收率高达 15%～20%。非血红素铁主要来源于植物性食物中，为三价铁，吸收率较低。

(2)贮存。肝脏是重要的贮铁器官，体内约 1/3 的铁贮存在肝脏中，除此之外，骨髓中也贮存一定量的铁。

(3)排泄。铁主要通过肠道排出体外，少部分通过尿液排出。在一定情况下，如女性月经失血、孕妇转移大量的铁给胎儿，应该提高铁的供应量。

3.铁的缺乏与过量

长期铁摄入量不足，可导致机体铁缺乏，严重时会造成缺铁性贫血。成年人缺铁，表现为易疲劳、倦怠、出现亚健康状态；青少年缺铁将影响生长发育，免疫力下降；婴幼儿缺铁会造成精神运动能力的损伤和行为改变。

铁在体内大量沉积，绝大多数是由病理因素造成的，如遗传性血色素沉着病。少数由口服大量的铁造成铁中毒或被乙型肝炎病毒感染。

4.铁的食物来源

铁广泛存在于动植物体内，动物性食物如肝脏、血、禽、鱼类含铁量丰富，吸收率也较高；植物性食物中铁的吸收率较动物性食物铁吸收率低；牛奶是贫铁食物。

在越来越多的食品中使用铁进行营养强化，不同化学形式的铁，其强化后的生物有效性也不同(表 9-1)。

表 9-1　不同化学形式铁的生物有效性(邵颖，《食品生物化学》，2015)

化学形式	相对生物有效性	化学形式	相对生物有效性
硫酸亚铁	100	焦磷酸铁	45
柠檬酸铁铵	107	还原铁	37
硫酸铁铵	99	氧化铁	4
葡萄糖酸亚铁	97	碳酸亚铁	2
柠檬酸铁	73		

五、锌

锌是人体必需的微量元素之一，人体内含锌2～2.5 g，广泛分布于体内组织器官中。若以单位重量含锌量计算，视网膜、脉络膜、前列腺含锌量最高。体内的锌大部分贮存在肌肉和骨骼等组织中，只有少部分锌参与新陈代谢。

1.锌的生理功能

(1)构成酶或作为酶的激活剂。在人体内有200多种酶含有锌，锌在能量代谢及抗氧化过程中发挥重要作用。

(2)促进生长发育。锌参与蛋白质的合成及细胞的生长、分裂与分化过程，对青少年的生长发育有重要作用。

(3)维持正常的味觉。锌与唾液蛋白结合生成味觉素，增强食欲。

(4)锌参与创伤组织的修复。缺锌造成身体伤口不易愈合。锌对于维持正常的皮肤健康有着重要意义。

(5)其他生理功能。锌直接影响胸腺细胞的增殖，维持细胞免疫功能。

2.锌的吸收与代谢

锌在十二指肠和空肠的上部通过主动运输的方式被吸收，吸收率20%～30%。吸收的锌首先集中于肝，然后随血液分布于全身各器官组织。锌的吸收受多种因素影响，高蛋白、中等磷酸含量的膳食有利于锌的吸收，一些低分子物质，如柠檬酸盐、吡啶甲酸盐、吡啶羧酸、乳糖和多种氨基酸也可促进锌的吸收；而食物中的植酸、草酸、鞣酸以及游离的脂肪酸等抑制锌的吸收。

锌主要通过肠道排出，少部分随尿液及汗液排出。

3.锌的缺乏与过量

由于植物性食物中含有植酸、草酸等物质，锌的吸收率较低。长期锌摄入不足或消耗增多会造成锌缺乏。缺锌导致生长发育迟缓、免疫力下降、食欲下降、性器官发育不全。孕妇严重缺锌可导致胎儿畸形，胎儿出生后缺锌可导致侏儒症。

锌摄入过多引起锌中毒，腹痛、腹泻、恶心、呕吐是锌中毒的主要表现。

4.锌的食物来源

贝壳类海产品、小麦胚粉、红肉、动物肝脏、花生油、芝麻、口蘑都是锌含量丰富的食物。蔬菜、水果、牛乳中锌含量较低。

六、碘

碘是人体重要的必需微量元素之一，人体内含碘20～50 mg，其中20%的碘集中在甲状腺内，其余分布在各组织。我国采取在食盐中加碘的方式来纠正居民膳食中碘缺乏的现象。

1.碘的生理功能

(1)碘参与甲状腺素的合成。碘的生理功能是通过甲状腺素的生理功能体现出来的。甲状腺素是调节人体能量代谢的重要激素。甲状腺素参与儿童身高、体重、骨骼肌的增长和性发育。

(2)碘是重要的酶激活剂。碘可激活体内100多种酶，对生物氧化有重要作用。

(3)碘的其他作用。碘促进维生素的吸收和利用。

2. 碘的吸收与代谢

膳食中的碘在肠道中被还原成碘离子，以碘化物的形式被吸收进入血液后分布于各组织。在促甲状腺激素的作用下，碘离子通过血液进入甲状腺内，在碘过氧化物酶的作用下，碘离子转化为碘分子，碘分子在甲状腺球蛋白内与酪氨酸结合生成一碘酪氨酸和二碘酪氨酸，再转化为甲状腺素。

体内的碘90％随尿液排出体外，少部分随粪便排出，极少部分也可通过汗液排出。

3. 碘的缺乏与过量

典型的碘缺乏引起的症状为甲状腺肿，甲状腺肿常为地区性疾病，故又称为地方性甲状腺肿大。婴幼儿缺碘会导致生长发育迟缓、智力低下，甚至发生呆小症(克汀病)。孕妇缺碘可影响胎儿神经、肌肉的发育。缺碘对大脑神经的损伤是不可逆的。

碘摄入过多会导致高碘性甲状腺肿。

4. 碘的食物来源

海洋是天然的“碘库”，海水中的碘含量相对稳定，海生生物如海带、紫菜、发菜、蛤、海参、海蜇、龙虾都是含碘丰富的食物。陆生植物的含碘量较低(表9-2)。

表9-2 部分食品中碘的含量(邵颖，《食品生物化学》，2015)

食品	含量/(μg/kg)	食品	含量/(μg/kg)
海带(干)	240 000	蛏	1 900
紫菜(干)	18 000	干贝	1 200
发菜(干)	11 000	淡菜	1 200
鱼肝(干)	480	海参(干)	6 000
蚶	2 400	海蜇(干)	1 320
蛤	2 400	龙虾(干)	600

七、硒

硒是人体必需的微量元素之一，存在于所有的细胞中。人体内的硒主要以两种形式存在：一种为硒蛋氨酸，体内不能合成，广泛存在于动植物膳食中；另一种为硒半胱氨酸，具有生物活性，存在于动物性食物中。

1. 硒的生理功能

(1)构成含硒酶。硒是谷胱甘肽过氧化物酶的重要组成部分。谷胱甘肽过氧化物酶催化还原型的谷胱甘肽转化成氧化型的谷胱甘肽，使体内有毒的过氧化物还原为无毒的羟基化合物，使体内过氧化氢分解，从而保护细胞膜和各种生物膜免受过氧化物的损害，维持细胞的正常功能。

(2)具有清除体内自由基、抗氧化的作用。含硒化合物对脂质过氧自由基有很强的清除作用，具有抗氧化、延缓衰老的作用。

(3)能够提高机体免疫力。硒与体液免疫和细胞免疫均有关系，缺硒导致巨噬细胞数量减少、杀伤力降低、降低人体免疫力，补硒则会刺激机体产生较高水平的免疫球蛋白，提高人体免疫力。

(4)具有抗肿瘤作用。硒通过谷胱甘肽过氧化物酶表现出的清除自由基的作用，保护了遗传物质 DNA 免于受自由基攻击而产生突变导致肿瘤的发生。

(5)其他作用。硒具有调节甲状腺激素、调节血糖的作用。此外，硒还具有解毒作用，硒与金属有很强的结合力，可以起到对部分重金属解毒的作用。

2. 硒的吸收与代谢

硒主要在小肠被吸收，人体对食物中硒的吸收率可达 50%～100%。硒的利用率与硒化合物的形态有关(表 9-3)。硒通过与血浆蛋白结合，转运到各组织与细胞中。经肠道吸收的硒大部分通过尿液排出体外，少部分可经肺部由呼气排出。

表 9-3 无机化合物中硒的生物利用率(邵颖，《食品生物化学》，2015)

化合物	硒的价态	利用率/%
硒化钠	−2	44
硒	0	3
亚硒酸钠	4	100
硒酸钠	6	74

3. 硒的缺乏与过量

克山病是硒缺乏的代表性疾病，患者主要表现为急性和慢性心功能不全、心脏扩大、心律失常以及脑、肺和肾等脏器的栓塞。另外，缺硒也被认为是发生大骨节病的重要原因。

硒摄入过多会引起中毒。食用含硒量高的食物和水，或从事常接触硒的工作，可能会导致硒中毒。急性中毒症状包括失明、腹痛、流涎、呼吸困难。慢性中毒症状包括头发脱落、指甲变形、关节糜烂、四肢僵硬、心脏萎缩、肝硬化等。

4. 硒的食物来源

海产品和动物内脏是硒良好的食物来源。植物体内也含有硒，但植物体内的硒含量受生长地区土壤中硒含量的影响。

八、铬

铬是一种多价元素，常见为+2、+3、+6 价。六价铬有毒，需转化成三价铬后才能被人体利用。随着葡萄糖耐量因子的发现，确定铬是动物和人的必需微量元素。但生物组织中铬的含量极低，并随着年龄的增长而逐渐下降。

1. 铬的生理功能

(1)调节血糖。铬作为葡萄糖耐量因子的重要组成部分，对加强胰岛素的作用，降低血糖有着重要意义。Cr^{3+} 是葡萄糖耐量因子的活性成分(二维码 9-2)。

二维码 9-2 葡萄糖耐量因子

(2)预防动脉粥样硬化。当血清胆固醇含量高时，三价铬能增强胆固醇的分解与排泄，有效减少胆固醇在动脉壁的沉积，具有预防动脉粥样硬化的作用。

(3)促进生长发育。在 DNA 和 RNA 的结合部位发现了大量的铬，缺铬的动物生长发育停滞，实验表明，补铬可以促进大鼠的生长并延长存活时间。

(4)抑制肥胖基因的表达。动物实验证明，铬可抑制大鼠肥胖基因的表达。

2. 铬的吸收与代谢

铬在小肠中吸收进入血液，通过与运铁蛋白结合转运到全身各组织器官。抗坏血酸可促进铬的吸收，单糖与多糖不利于铬的吸收。

大部分铬通过肾脏随尿液排出，少部分从胆汁、毛发和皮肤排出体外。

3. 铬的缺乏与过量

人体内铬含量随着年龄的增长而逐渐降低，铬的缺乏常见于老年人和糖尿病患者。长期铬摄入量不足可能导致生长停滞、血脂升高、血糖升高等症状。

由于正三价铬的毒性较低，且膳食中铬的吸收率较低，罕见铬过量中毒的报道。

4. 铬的食物来源

海产品、谷类、坚果、豆类含铬量较高(表 9-4)，但吸收率较低。粮食经精加工后，铬含量明显降低。啤酒酵母和动物肝脏中的铬以具有生物活性的复合物形式存在，吸收率较高。

表 9-4 部分食品中铬的含量(邵颖,《食品生物化学》,2015)

食物	含量/(mg/kg)	食物	含量/(mg/kg)
麦麸	2.18	粗红糖	0.24～0.35
粗面粉	2.19	精白糖	0.02～0.13
全小麦	1.75	糖浆	0.75
精面粉	0.23	葡萄糖	0.03
黑面包	0.40	蜂蜜	0.29
白面包	0.14	玉米糖	0.15

九、钾

钾是人体重要的常量元素，除钙和磷外，含量居第三位。正常人体内含钾 140～150 g，约 98%的钾存在于细胞内液。人体需要的钾主要通过膳食摄入。

1. 钾的生理功能

(1)参与碳水化合物、蛋白质的代谢。钾离子参与细胞内葡萄糖形成糖原、氨基酸形成蛋白质。缺钾会造成碳水化合物及蛋白质代谢异常。

(2)维持细胞正常渗透压。钾离子是细胞内液中重要的阳离子。细胞内的钾离子与细胞外的钠离子共同作用激活钠泵产生能量，保持细胞内外水分的平衡，进而维持细胞内外渗透压平衡。

(3)维持细胞内外液酸碱平衡。当细胞内液中钾含量降低时，细胞外液中的氢离子将向细胞内转移，导致细胞内酸中毒和细胞外碱中毒。反之，当细胞外液钾离子进入细胞内液过多时，细胞内液中的氢离子向细胞外转移，导致细胞内碱中毒和细胞外酸中毒。

(4)维持正常的心肌功能。心肌细胞内外的钾离子浓度对心肌的自律性、兴奋性和传导性有一定影响。钾缺乏可使心肌细胞兴奋性增强，钾过少又会使心肌传导性、自律性受到抑制。过高或过低的钾离子浓度都会造成心律失常。

(5)降血压作用。补充钾对高血压者有一定的降压作用，这可能与钾离子促进尿钠的排出有关。

2. 钾的吸收与代谢

膳食中获得的钾在迅速被小肠吸收后，大部分随尿液排出体外，小部分通过粪便和汗液排出体外。

3. 钾的缺乏与过量

钾普遍存在于食物中，由于膳食原因造成的钾缺乏并不常见，但钾的大量流失也可引起钾缺乏症，主要表现为肌肉无力或瘫痪、心律失常、横纹肌肉裂解症等。另外，高温作业或重体力劳动时大量出汗，也可使体内的钾大量流失。

钾的过量摄入会导致高钾血症，主要表现为四肢及口周感觉麻木、肌肉酸疼、行动徐缓、易发生心律失常等。严重者还会引发氮质血症、代谢性酸中毒等并发症。

4. 钾的食物来源

大部分食物都含钾。紫菜、银耳、黄豆中钾含量均在 1 500 mg/100 g 以上，是理想的钾的食物来源，高血压患者可适量食用含钾丰富的食物，有助于平稳血压。动物性食品中钾的含量见表 9-5。

表 9-5 动物性食品中钠和钾的含量(邵颖，《食品生物化学》，2015)

食物名称	钾含量/(mg/100 g)	钾含量/(mg/100 g)
猪肉(后腿)	330	11.0
猪肝	230	20.0
牛肉(后腿)	330	11.0
牛乳	157	49.0
鸡肉	340	12.0
鸡蛋	60	73.0
鸭蛋	60	82.0
带鱼	220	112.0
鲤鱼	359	44.0
黄鳝	325	47.0
对虾	150	20.0

十、钠

钠是人体重要的常量元素，成人体内的钠约占体重的 0.15%。钠主要存在于细胞外液和骨骼中，细胞内液中钠含量较少。钠广泛存在于食物中，生活中我们主要通过膳食中的食盐来获得钠。

1. 钠的生理功能

(1)维持体内正常渗透压及水分平衡。钠离子是细胞外液中重要的阳离子，对细胞外液渗透压的调节有重要作用。当细胞内钠离子含量升高时，细胞吸水，造成组织水肿。反之，钠离子含量降低时，细胞失水，水平衡改变。

(2)维持体液酸碱平衡。钠离子在肾小管重吸收后与氢离子发生交换，能够清除体内酸代谢产物，维持体液酸碱平衡；另外，钠离子的总量影响着缓冲系统中碳酸氢盐的消长，对维持体液的酸碱平衡也有着重要作用。

(3)维持血压正常。有研究表明，钠摄入量每降低 100 mmol/d，血压正常者的收缩压下降 2.3 mmHg(1 mmHg≈133.32 Pa)，舒张压下降 1.4 mmHg；高血压者的收缩压下降 5.8 mmHg，舒张压下降 2.5 mmHg。食盐与血压间存在着复杂的关系，并不是食盐的摄入量越低越好，世界卫生组织在预防高血压的措施中建议每日食盐摄入量应控制在 5 g 以下。

2. 钠的吸收与代谢

肠道吸收的钠 98%通过肾脏经尿液排出体外，每天从膳食中摄入的钠只有少部分是身体所需的。

3. 钠的缺乏与过量

钠普遍存在于食物中，由于低钠饮食、大量出汗、肠胃疾病、肾上腺皮质激素分泌不足等原因可造成钠的缺乏，表现为乏力、恶心干呕，严重的话会导致昏厥。

钠摄入过多可能导致高血压，高血压是所有血管疾病的高致病因素。

4. 钠的食物来源

钠普遍存在于各种食物中，人体钠主要通过食盐等调味料和盐腌制品获得，那么日常生活中如何选择食盐呢(二维码 9-3)？

二维码 9-3 如何选择食盐

十一、氯

氯是人体必需的常量元素之一，自然界中的氯多以氯化物的形式存在，最常见的是 NaCl 与 KCl。NaCl 主要在细胞外液中，KCl 主要在细胞内液中。

1. 氯的生理功能

(1)维持体液酸碱平衡。氯是细胞外液中主要的阴离子，当氯离子浓度发生变化时，碳酸氢根离子浓度也会发生变化以维持阳离子的平衡，反之亦然。

(2)维持细胞渗透压。氯离子和钠离子是细胞外液中维持渗透压的主要离子，调节与控制着细胞外液的容量与渗透压。

(3)其他作用。胃酸的组成成分盐酸(HCl)由氯离子和氢离子构成，胃酸促进维生素 B_{12} 和铁的吸收；激活唾液淀粉酶分解淀粉，促进食物消化。

2. 氯的吸收与代谢

人体内氯离子常与钠离子伴随而被吸收与代谢。

3. 氯的缺乏与过量

人体内缺少氯可导致腹泻、缺水等症状。婴儿由于遗传因素而导致氯缺乏者，其生长发育将受到影响。

氯过量摄入可导致高氯血症，表现为肌肉无力与心律失常。

4. 氯的食物来源

膳食中的氯几乎全部来源于氯化钠，仅有少量来源于氯化钾。因此在食盐及其加工食品，如酱油、腌渍品、酱咸菜中氯含量丰富。此外，海产品中氯含量丰富；天然水中均含有一定的氯。

第三节 矿物质与食品加工

一、矿物质在食品加工贮藏中的损失

1. 烫漂对食品中矿物质含量的影响

在经过热烫、蒸煮、沥滤等一系列操作之后，食品中的矿物质会有一定量的损失，损失的多

少与矿物质的溶解度有关。菠菜在经过烫漂后，其中的钙、磷、镁、钾、钠、亚硝酸盐都有一定流失，烫漂对菠菜中矿物质的影响如表9-6所示。

表9-6　烫漂对菠菜中矿物质含量的影响

元素	含量/(g/100 g)		损失率/%
	热烫前	热烫后	
钙	2.2	2.3	0
磷	0.6	0.4	36
镁	0.3	0.2	36
钾	6.9	3.0	56
钠	0.5	0.3	43
亚硝酸盐	2.5	0.8	70

2.烹调对食品中矿物质含量的影响

烹调导致食品中矿物质的损失，与食物的种类、烹调的方法和矿物质的性质有关，如豌豆煮熟后矿物质损失严重(表9-7)；不同的加工方式对马铃薯矿物质的损失也不相同(表9-8)。在烹调过程中，矿物质除流失外，也可形成不宜被人体利用的螯合物因而影响矿物质的吸收，如谷类与豆类中含有的植酸、植酸盐与钙形成植酸钙；绿色蔬菜中的草酸、草酸盐与钙形成草酸钙；食物中含有的碱性磷酸盐与钙形成不溶性钙盐；膳食纤维中的糖醛酸残基与钙螯合，都会大大降低钙元素的吸收利用率。

表9-7　蒸煮对豌豆中矿物质含量的影响

元素	含量/(g/100 g)		损失率/%
	生豌豆	熟豌豆	
钙	135	69	49
磷	453	156	65
镁	163	57	65
钾	821	298	64
铁	5.3	2.6	51
锌	2.2	1.1	50
铜	0.8	0.33	59
锰	1.0	0.4	60

表9-8　不同加工方式对马铃薯中铜元素含量的影响

加工方式	铜含量/(mg/100 g)
未加工的原料	0.21±0.10
水煮	0.10
焙烤	0.18
马铃薯泥	0.10
油炸马铃薯片	0.29
法式油炸马铃薯片	0.27

3. 精制对食品中矿物质含量的影响

谷类是矿物质重要的食物来源，一般在胚芽与糊粉层矿物质含量丰富。糊粉层易与谷皮一同在碾磨加工中被除去，所以会造成大量矿物质的损失，表 9-9 列举了不同加工精度对小麦矿物中含量的影响。

表 9-9 不同加工精度对小麦矿物质含量的影响

元素	含量/(mg/kg)				相对全麦损失率/%
	全麦	面粉	麦胚	麦麸	
铁	43	10.5	67	47～78	76
锌	35	8	101	54～130	77
锰	46	6.5	137	64～119	86
铜	5	2	7	7～17	60
硒	0.6	0.5	1.1	0.5～0.8	17

4. 罐藏对食品中矿物质含量的影响

罐藏对食品中矿物质含量的影响较大，如菠菜制成罐头后与新鲜菠菜相比锰减少 81.7%、锌减少 40.1%、钴较少 70.8%。番茄制成罐头后与新鲜番茄相比锌减少 83.8%。某些鱼类罐头，由于加热杀菌时间较长以至于鱼骨酥软，反而提高了鱼骨中钙、磷等矿物质元素的利用率。

二、矿物质在食品加工贮藏中的强化

1. 矿物质营养强化

根据各类人群的营养需要，在食品中人工添加一种或几种营养强化剂以提高食品营养价值的过程称为矿物质营养强化。根据营养强化的不同目的，食品中矿物质强化主要有三种形式：

(1)矿物质的恢复。食品在加工过程中造成矿物质的损失，添加矿物质使其恢复到加工前的水平。

(2)矿物质的强化。添加某种矿物质，使食品成为该矿物质含量丰富的食物来源。

(3)矿物质的增补。有选择性地添加某种矿物质，达到补充该矿物质的作用，如加碘食盐、含氟牙膏等。

2. 对矿物质强化的要求

(1)矿物质强化剂的使用不应导致人群食用后，矿物质及其他营养成分摄入过量或不均衡，不应导致任何矿物质及其他营养成分的代谢异常。

(2)矿物质强化剂的使用不应鼓励和引导与国家营养政策相悖的食品消费模式。

(3)添加到食品中的矿物质强化剂应能在特定的贮存、运输和使用条件下保持质量稳定。

(4)添加到食品中的矿物质强化剂不应导致食品一般特性，如色泽、滋味、气味、烹调特性等发生明显不良改变。

(5)不应夸大食品中矿物质营养成分的含量或作用而误导和欺骗消费者。

知识拓展

酸性食品和碱性食品

食品按照其灰化后测定的酸碱性可分为酸性食品和碱性食品两大类。食品的酸碱度是指将100 g食品灼烧后得到的灰分溶于水，用0.1 mol/L酸或碱中和时所消耗液体的体积(mL)。

酸性食品含非金属元素较多，如氯、硫、磷等。在体内代谢后可形成带阴离子的酸根，通常富含蛋白质、脂肪及糖类的食品多为酸性食品，如谷类、肉类、鱼贝类、蛋类、黄油及干酪。

碱性食品含金属元素较多，如钠、钾、钙、镁等，在人体内代谢后可形成带阳离子的碱性氧化物，主要有蔬菜、水果、薯类、大豆、牛奶等。值得指出的是，水果等食品虽然带有酸味，但其酸味物质有机酸在体内代谢后生成二氧化碳和水排出体外，留下带阳离子的碱性元素，所以水果属于碱性食品。

人体体液的pH在7.3～7.4，正常状态下人体自身的缓冲功能可保持体液酸碱平衡。但是由于膳食搭配不当，可引起机体酸碱平衡失调，若摄入酸性食品过多，可导致pH下降，引起各种酸中毒及缺钙症，我国的膳食习惯以谷类主食摄入较多，所以平时应多补充水果、蔬菜等碱性食品；在日常膳食中应注意酸性食品与碱性食品的合理搭配，特别要控制酸性食品的比例，以保持机体的酸碱平衡，同时有利于食品营养价值的功效。

实验一　豆腐中钙含量的测定

一、实验目的

掌握火焰原子吸收光谱法测定豆腐中钙含量的原理和操作方法。

二、实验原理

溶液中的钙离子在火焰加热下转变为基态钙原子蒸汽，当钙空心阴极灯发射出波长为422.7 nm的钙特征谱线通过基态钙原子蒸汽时，被基态钙原子吸收，在恒定的测试条件下，其吸光度与溶液中钙浓度成正比。

三、试剂与器材

1. 器材

原子吸收光谱仪，配火焰原子化器、钙空心阴极灯；马弗炉；分析天平；可调式电热板；容量瓶(100 mL、1 000 mL)、坩埚。

2. 试剂

实验用水为去离子蒸馏水，试剂均为分析纯。

(1)50%盐酸溶液。量取500 mL盐酸，与500 mL水混合均匀。

(2)5%硝酸溶液。量取50 mL硝酸，加入950 mL水，混匀。

(3)50%硝酸溶液。量取500 mL硝酸，与500 mL水混合均匀。

(4)1 mg/mL钙标准储备液。准确称取2.496 3 g(精确至0.000 1 g)碳酸钙，加50%盐酸溶液溶解，移入 1 000 mL 容量瓶中，加水定容至刻度，混匀。

(5)钙标准系列溶液。分别吸取钙标准中间液(100 mg/L)0 mL、0.500 mL、1.00 mL、2.00 mL、4.00 mL、6.00 mL 于 100 mL 容量瓶中，另在各容量瓶中加入 5 mL 镧溶液(20 g/L)，最后加硝酸溶液。用 5%硝酸溶液定容至刻度，混匀。此钙标准系列溶液中钙的质量浓度分别为 0 mg/L、0.500 mg/L、1.00 mg/L、2.00 mg/L、4.00 mg/L 和 6.00 mg/L。

(6)镧溶液(20 g/L)。称取 23.45 g 氧化镧，先用少量水湿润后再加入 75 mL 50%盐酸溶液溶解，转入 1 000 mL 容量瓶中，加水定容至刻度，混匀。

四、操作步骤

1. 样品处理

准确称取固体试样 5 g(精确至 0.001 g)于坩埚中，小火加热，碳化至无烟，转移至马弗炉中，于 550℃灰化 3～4 h。冷却，取出。对于灰化不彻底的试样，加数滴硝酸，小火加热，小心蒸干，再转入 550℃马弗炉中，继续灰化 1～2 h，至试样呈白灰状，冷却，取出，用适量 50%硝酸溶液溶解转移至刻度管中，用水定容至 25 mL。根据实际测定需要稀释，并在稀释液中加入一定体积的镧溶液，使其在最终稀释液中的浓度为 1 g/L，混匀备用，此为试样待测液。同时做试剂空白试验。

2. 仪器工作条件

波长 422.7 nm ，狭缝 1.3 nm，燃烧头高度 3 mm，灯电流 5～15 mA，乙炔流量 2 L/min，空气流量 9 L/min。

3. 标准曲线的制作

将钙标准系列溶液按浓度由低到高的顺序分别导入火焰原子化器，测定吸光度值，以标准系列溶液中钙的质量浓度为横坐标，相应的吸光度值为纵坐标，制作标准曲线。

五、实验数据记录与分析

在与测定标准溶液相同的实验条件下，将空白溶液和试样待测液分别导入原子化器，测定相应的吸光度值，与标准系列比较定量。

六、注意事项

1. 可根据仪器的灵敏度及样品中钙的实际含量确定标准溶液系列中元素的具体浓度。
2. 在重复性条件下获得的两次独立测定结果的绝对差值不得超过算术平均值的 10%。

七、问题与讨论

1. 影响钙含量测试结果的因素有哪些？
2. 为什么样品要先碳化至无烟再移入马弗炉中？

实验二 海带中碘含量的测定

一、实验目的

掌握用碘量法测定海带中碘含量的原理和操作方法。

二、实验原理

在海带中碘与有机基团(R)结合成碘化合物(RI),海带完全灰化后 RI 转化为碘化钾、碘化钠等。在酸性溶液中碘离子被溴氧化为碘酸根。用甲酸钠除去过剩的溴。碘酸根氧化碘化钾可使碘析出,然后用硫代硫酸钠标准溶液滴定,即可测定碘含量。

三、试剂与器材

1. 器材

马弗炉,分析天平,可调式电热板,250 mL 碘量瓶、坩埚。

2. 试剂

实验用水为去离子蒸馏水,试剂为分析纯。

(1)碳酸钠溶液(50 g/L)。称取 5 g 无水碳酸钠,溶于 100 mL 水中。

(2)饱和溴水。量取 5 mL 液溴置于涂有凡士林的塞子的棕色玻璃瓶中,加水 100 mL,充分振荡,使其成为饱和溶液(溶液底部留有少量溴液,操作应在通风橱内进行)。

(3)硫酸溶液(3 mol/L)。量取 180 mL 硫酸,缓缓注入盛有 700 mL 水的烧杯中,并不断搅拌,冷却至室温,用水稀释至 1 000 mL,混匀。

(4)硫酸溶液(1 mol/L)。量取 57 mL 硫酸,按上述方法配制。

(5)碘化钾溶液(150 g/L)。称取 15.0 g 碘化钾,用水溶解并稀释至 100 mL,贮存于棕色瓶中,现用现配。

(6)甲酸钠溶液(200 g/L)。称取 20.0 g 甲酸钠,用水溶解并稀释至 100 mL。

(7)硫代硫酸钠标准溶液(0.01 mol/L)。按 GB/T 601 中的规定配制及标定。

(8)甲基橙溶液(1 g/L)。称取 0.1 g 甲基橙粉末,溶于 100 mL 水中。

(9)淀粉溶液(5 g/L)。称取 0.5 g 淀粉于 200 mL 烧杯中,加入 5 mL 水调成糊状,再倒入 100 mL 沸水,搅拌后再煮沸 0.5 min,冷却备用,现用现配。

四、操作步骤

称取试样 2～5 g(精确至 0.1 mg),置于 50 mL 瓷坩埚中,加入 5～10 mL 碳酸钠溶液,使其充分浸润试样,静置 5 min,置于 101～105℃ 电热恒温干燥箱中干燥 3 h,将样品烘干后取出。在通风橱内用电炉加热,使试样充分碳化至无烟,置于(550±25)℃ 马弗炉中灼烧 40 min,冷却至 200℃左右,取出。在坩埚中加入少量水研磨,将溶液及残渣全部转入 250 mL 烧杯中,坩埚用水冲洗数次并入烧杯中,烧杯中溶液总量为 150～200 mL,煮沸 5 min。溶液及残渣趁热用滤纸过滤至 250 mL 容量瓶中,烧杯及漏斗内残渣用热水反复冲洗,冷却,定容。然后准确移取适量滤液于 250 mL 碘量瓶中,备用。在碘量瓶中加入 2～3 滴甲基橙溶液,用 1 mol/L 硫酸溶液调至红色,在通风橱内加入 5 mL 饱和溴水,加热煮沸至黄色消失。稍冷后加入 5 mL 甲酸钠溶液,在电炉上加热煮沸 2 min,取下,用水浴冷却至 30℃ 以下,再加入 5 mL 3 mol/L 硫酸溶液,5 mL 碘化钾溶液,盖上瓶盖,放置 10 min,用硫代硫酸钠标准溶液滴定至溶液呈浅黄色,加入 1 mL 淀粉溶液,继续滴定至蓝色恰好消失。同时做空白试验,分别记录消耗的硫代硫酸钠标准溶液体积 V 和 V_0。

五、实验数据记录与分析

试样中碘的含量按下式计算：

$$x=\frac{(v-v_0)\times c\times 21.15\times v_1\times 1\ 000}{v_2\times m_1}$$

式中：x 为试样中碘的含量，单位为毫克每千克(mg/kg)；v 为滴定样液消耗硫代硫酸钠标准溶液的体积，单位为毫升(mL)；v_0 为滴定试剂空白消耗硫代硫酸钠标准溶液的体积，单位为毫升(mL)；c 为硫代硫酸钠标准溶液的浓度，单位为摩尔每升(mol/L)；21.15 为与 1.00 mL 硫代硫酸钠标准滴定溶液[$c(Na_2S_2O_3)=1.000$ mol/L]相当的碘的质量，单位为毫克(mg)；v_1 为碘含量较高样液的定容体积，单位为毫升(mL)；v_2 为移取碘含量较高滤液的体积，单位为毫升(mL)；m_1 为样品的质量，单位为克(g)；1 000 为单位换算系数。

结果保留至小数点后一位。

六、注意事项

在重复性条件下获得的两次独立测定结果的绝对差值不得超过算术平均值的 10%。

七、问题与讨论

影响实验结果准确性的因素有哪些？

实验三　血清中无机磷含量的测定

一、实验目的

掌握磷钼蓝比色法测定血清中无机磷含量的原理和操作方法。

二、实验原理

在酸性条件下，正磷酸盐与钼酸铵反应生成黄色的磷钼杂多酸，用抗坏血酸可将其还原成磷钼蓝，再根据比尔定律于最大吸收波长处用分光光度法测定磷酸根浓度。

三、试剂与器材

1. 器材

离心机，分析天平，分光光度计。

2. 试剂

实验用水为去离子蒸馏水，试剂为分析纯。

(1)0.6 mol/L 三氯醋酸溶液。称取 10 g 三氯醋酸，加蒸馏水至 100 mL。

(2)磷标准贮存液(3.22 mmol/L)。精确称取 439 mg 磷酸二氢钾(KH_2PO_4)，用蒸馏水溶解并定容至 1 000 mL，加入 2 mL 氯仿防腐，贮存于 4℃冰箱中。

(3)磷标准应用液(0.129 mmol/L)。取磷标准贮存液 4 mL，加 0.6 mol/L 三氯醋酸溶液定容至 100 mL。

(4)钼酸铵试剂。在 200 mL 蒸馏水中慢慢加入浓硫酸 45 mL,再加入 22 g 钼酸铵,溶解后贮存于棕色瓶中,置于 4℃冰箱保存。

(5)硫酸亚铁-钼酸铵试剂。称取硫酸亚铁 0.5 g,加蒸馏水 9 mL 使其溶解,再加钼酸铵试剂 1 mL 混匀,临用时新鲜配制。

四、操作步骤

制备血清滤液:取血清 0.4 mL,缓慢加入 0.6 mol/L 三氯醋酸溶液 7.6 mL,边加边摇,充分混匀,放置 10 min。3 000 r/min 离心 5 min,取上清液。加样,按表 9-10 操作。

表 9-10 血清中无机磷的测定 mL

加入物	空白管	标准管	测定管
血清滤液	0	0	2
磷标准应用液	0	1	0
0.6 mol/L 三氯醋酸溶液	2	1	0
硫酸亚铁-钼酸铵试剂	2	2	2

管中溶液充分混匀,放置 10 min。用分光光度计在波长 620 nm 下进行比色,空白管调零,读取各管吸光度。

五、实验数据记录与分析

$$\text{血清磷浓度(mol/L)}=\frac{A_{测}}{A_{标}}\times 0.129\times 5$$

六、注意事项

(1)为避免细胞内磷酸酯水解而使无机磷增加,血清不能溶血并应于采血后尽快将血清分离。

(2)标本应选用血清,如用血浆,每毫升标本内草酸盐含量不可多于 2~3 mg,过量的草酸盐可使磷测定时不易显色。

七、问题与讨论

制备血清滤液时,离心操作的注意事项有哪些?

单元小结

矿物质是人体不可缺少的另一类营养成分,矿物质中的钙、磷是构成机体组织的重要成分,在代谢活动过程中也有重要作用。人体中不可缺少的矿物质元素有 14 种,但也有些矿物质元素,特别是某些重金属,如汞、镉、砷等能造成对机体的毒害,需防止它们污染食品。为了满足人体所需,需注意在食品加工中防止或减少矿物质损失,有时还要根据需要在某些食品中进行补强。在人们的日常摄食中，应注意碱性食品与酸性食品的合理搭配食用。

课后练习

一、判断题

1. 肉类及其制品为成碱性食品。（　　）
2. 食品营养的生物有效性与食物的可消化性成正比例。（　　）
3. 谷物加工中，碾磨得越精细，微量元素损失就越多。（　　）
4. 缺铁是发生克山病与大骨节病的主要原因。（　　）

二、选择题

1. 哪种矿物质缺乏是引起克山病的基本原因？（　　）

A. 碘　　B. 硒　　C. 钙　　D. 磷

2. （　　）缺乏，会引起甲状腺肿。

A. 碘　　B. 镁　　C. 钠　　D. 铜

3. （　　）缺乏，会引起卷发症。

A. 碘　　B. 镁　　C. 钠　　D. 铜

三、简答题

1. 矿物质如何进行分类？
2. 简述人体中最容易缺乏的矿物质元素及其原因。
3. 食品加工过程中的哪些环节可造成矿物质的损失？

二维码 9-4　第九章 课后练习参考答案

第十章

食品中其他成分

【本章引言】

食品中的其他成分包括食品中的呈色物质、嗅感物质、风味物质、食品添加剂及有毒有害成分等，这些物质不仅能够改变食品外观品质，给予人们感官上的享受，还会直接影响到食品的加工、贮藏、运输、销售等各个方面，有的成分甚至会对人类身体健康产生极大影响。因此，了解它们的组成、结构、功能以及其在加工过程中所发生的变化具有重要意义。

【科学史话】

我国有机化学家邢其毅十分重视天然资源的开发和利用。他的研究组自行设计仪器和装置，到花果产地去收集各种头香成分，于 1978 年首次完成了白兰花头香成分的全分析，并对西藏扎布耶盐湖杜氏藻、玫瑰、荔枝、啤酒花等一系列具有中国特色的花果头香进行了广泛且系统的研究，取得了一系列具有重要科学意义和经济价值的研究成果，推动了我国花果头香成分研究的发展（二维码 10-1）。

二维码 10-1　有机化学家邢其毅对花果头香的研究

【学习目标】

1. 了解食品中天然色素的分类及特点，掌握常用食品色素的性质。

2. 理解嗅觉的概念及特征，了解食品中香气成分形成的途径，掌握食品中香气成分的分类及特点。

3. 理解食品风味的概念、特点、分析方法，了解味觉生理及其影响因素，掌握食品呈味机理及常见风味物质的性质。

4. 理解食品添加剂的定义、分类、安全性及使用原则，掌握食品中常用添加剂及其性质。

5. 理解食品有毒有害成分的定义及分类，掌握食品中常见的有毒有害成分及其性质。

二维码 10-2　第十章课程学习资料

【思维导图】

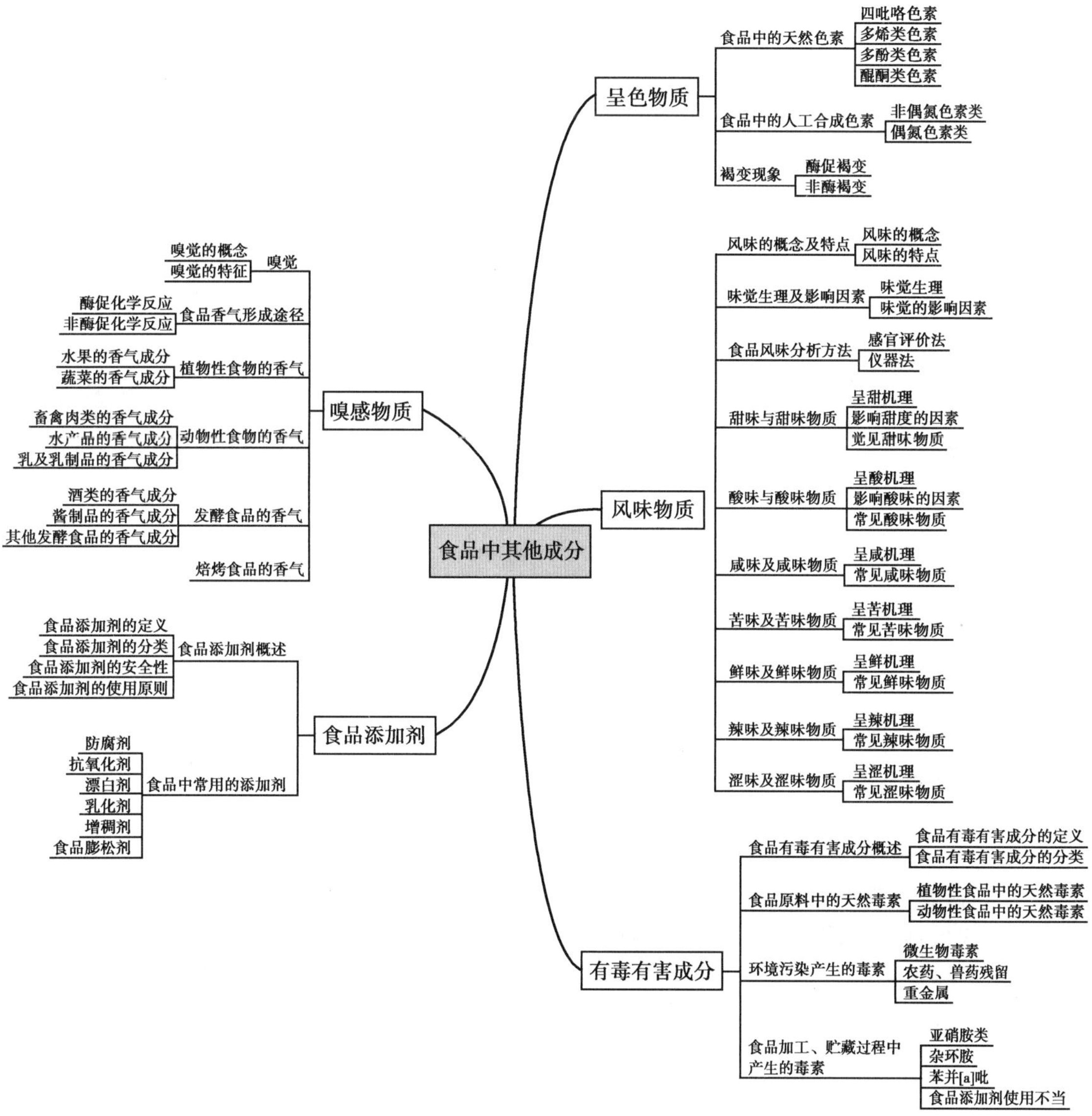

第一节 呈色物质

食品的色泽是人们评价食品感官质量的一个重要因素。人们通常根据色泽来判断食品的新鲜度、成熟度以及风味等。食品的颜色是消费者决定购买与否的重要因素，同时也是鉴别食品质量优劣的一项重要指标。因此，弄清食品中存在的色素及其性质，有助于在加工或贮藏中采取有效措施保持食品的正常色泽和防止变色。

根据食品中色素的来源不同，可将其分为天然色素和人工合成色素两大类。

一、食品中的天然色素

食品中天然色素的分类方法比较多，总结归纳如表 10-1 所示。以吡咯素色、多烯类色素、多酚类色素和醌酮类色素为例说明它们的结构、性质及在加工过程中的变化。

表 10-1 天然色素的分类

分类依据	种类	色素举例
来 源	植物色素	叶绿素、花青素、类胡萝卜素
	动物色素	血红素、胭脂虫红色素、虾青素
	微生物色素	红曲色素
溶解性	脂溶性色素	叶绿素、叶黄素、类胡萝卜素
	水溶性色素	花青素
结 构	吡咯色素	血红素、叶绿素
	多烯类色素	胡萝卜素、叶黄素
	多酚类色素	花青素、花黄素
	醌酮类色素	红曲色素、姜黄素、虫胶色素、胭脂虫红色素

(一)吡咯色素

1. 血红素

血红素是一种红色色素，存在于肌肉和血液中，分别以肌红蛋白、血红蛋白的形式存在。肌红蛋白是由一分子血红素和一条肽链组成的球蛋白，分子量为 17 000；血红蛋白是由四分子血红素和四条肽链组成的球蛋白构成，分子量为 68 000，是肌红蛋白的 4 倍。

血红素是一种铁卟啉类化合物（图 10-1），中心铁离子有 6 个配位键，其中 4 个分别与卟啉环的 4 个氮原子以配位键相结合，还有一个与肌红蛋白或血红蛋白中的球蛋白以配位键相连接；第六个键与能提供电子对的原子结合。

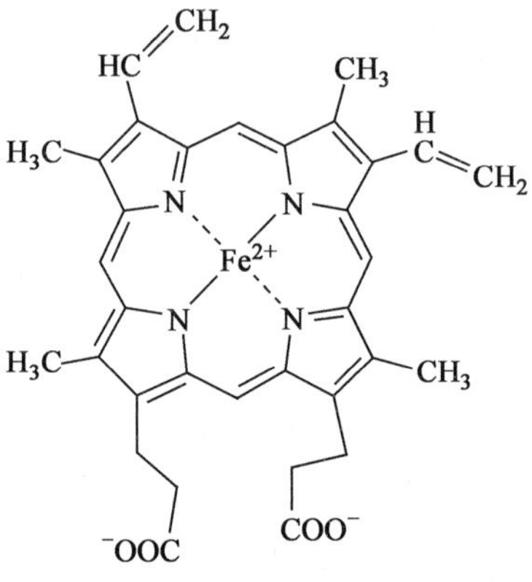

图 10-1 血红素的结构

动物被屠宰放血后，新鲜肉中的肌红蛋白则保持还原状态，肌肉的颜色呈稍暗的紫红色。当鲜肉存放在空气中，部分肌红蛋白与氧气发生氧合反应，生成鲜红色的氧合肌红蛋白；部分肌红蛋白与氧气发生氧化反应，生成褐色的高铁肌红蛋白，这两种反应可用图 10-2 来表示。

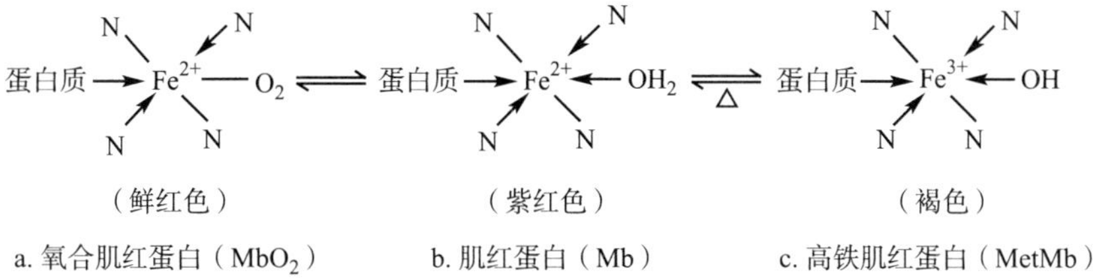

图 10-2　肌红蛋白的相互转化

肌红蛋白和血红蛋白可以与亚硝基(—NO)作用,形成鲜桃红色的亚硝基肌红蛋白和亚硝基血红蛋白,它们在受热后变性,形成鲜红的氧化氮肌色原,颜色更加诱人,因此在肉类加工中,常添加硝酸盐和亚硝酸盐等作为发色剂。但过量的亚硝酸盐可以与肉中的胺类物质作用转化为亚硝胺,具有强烈的致癌作用。因此,在肉制品的相关国家标准中,均规定了亚硝酸盐的最高限量。

2. 叶绿素

绿色植物中主要的色素是叶绿素,其是由叶绿酸、叶绿醇和甲醇缩合而成的二醇酯。在高等植物中存在着 a、b 两种类型的叶绿素,含量比约为 3∶1。

叶绿素结合的金属离子为 Mg^{2+},在四个吡咯环之外还有一个副环,侧链基团不相同(图 10-3)。当分子中 3 位碳原子上的取代基分别为甲基($—CH_3$)、醛基(—CHO)时,则形成蓝绿色的叶绿素 a 和黄绿色的叶绿素 b,两者均为脂溶性色素,不溶于水,易溶于乙醇、乙醚、丙酮、氯仿等有机溶剂,因此常采用有机溶剂提取法从植物匀浆中提取叶绿素。

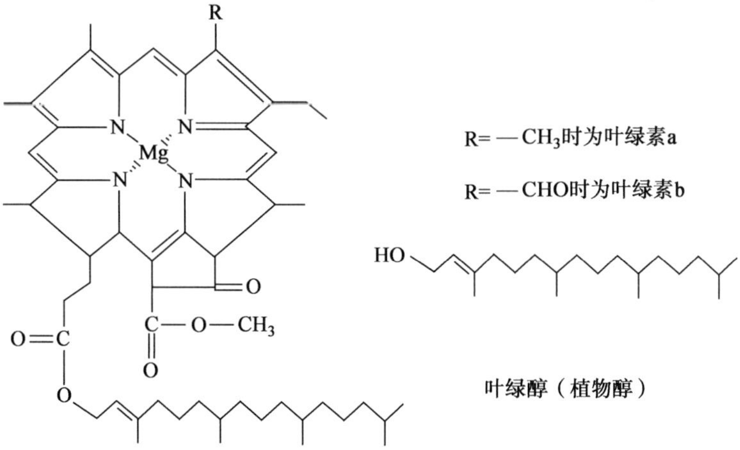

图 10-3　叶绿素的结构

在果蔬加工过程中,叶绿素被破坏,主要有以下几方面的原因:

(1)热烫和杀菌。植物体中存在有机酸,在加热过程中,叶绿素分子中的镁离子被两个氢离子取代,生成脱镁叶绿素,颜色由绿色变为黄褐色。在制作发酵型或半发酵型果蔬腌制品时,由于发酵过程中产生了乳酸,促使叶绿素转变为脱镁叶绿素。

(2)叶绿素酶。叶绿素酶的作用可分为直接作用和间接作用两类。起直接作用的酶有叶绿素酶;起间接作用的酶有蛋白酶、酯酶、脂氧合酶、过氧化物酶、果胶酯酶等。蛋白酶和酯酶能够分解叶绿素和类胡萝卜素、类脂物及脂蛋白的复合体,使叶绿素从复合体游离出来。

(3)光照。在光和氧气作用下,叶绿素被光解为一系列小分子物质如乳酸、柠檬酸、琥珀酸等,颜色褪去。因此,在贮藏绿色果蔬及其制品时,应选择合适的包装材料和方法,并适当使用抗氧化剂,做到避光、除氧,防止叶绿素因光氧化褪色。

(二)多烯类色素

多烯类色素又称为类胡萝卜素,存在于植物、动物和微生物体内。大都具有红、橙、黄等颜色,属于脂溶性色素,不溶于水,易溶于有机溶剂。按照结构与溶解性质,可将多烯类色素分为胡萝卜素类和叶黄素类两大类。

1. 胡萝卜素类

胡萝卜素类多烯类色素结构中存在大量共轭双键,主要有番茄红素,α-胡萝卜素、β-胡萝卜素和 γ-胡萝卜素四种物质(图 10-4),其中以 β-胡萝卜素生物活性最高,因而应用较广。α-胡萝卜素、β-胡萝卜素和 γ-胡萝卜素在人体中均能表现出维生素 A 的生理作用,所以称其为维生素 A 原。这三种胡萝卜素在胡萝卜、蛋黄和牛奶等物质中含量较高,番茄红素在番茄中含量较高。

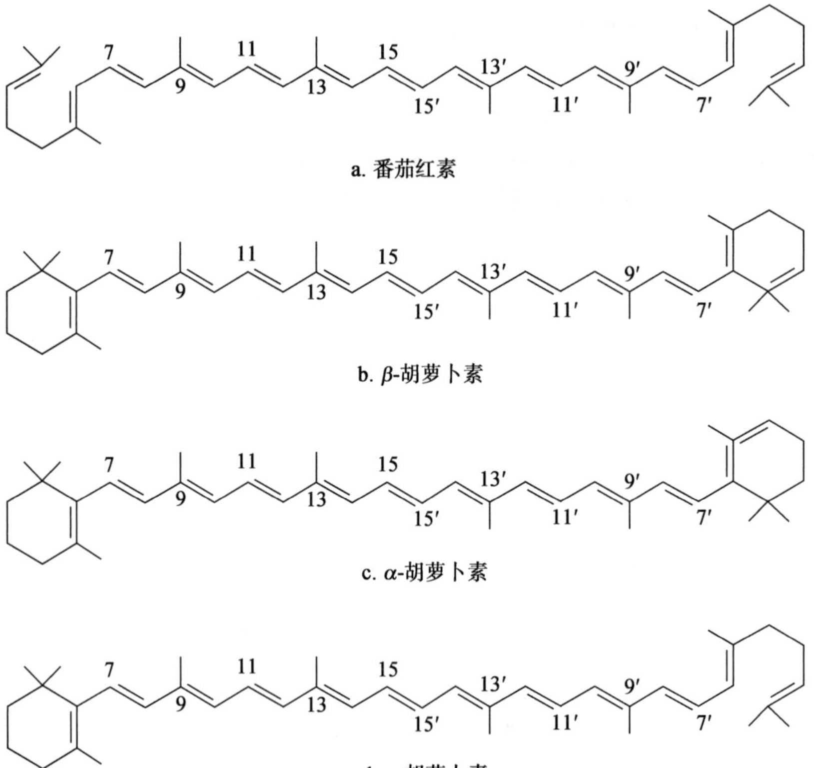

a. 番茄红素

b. β-胡萝卜素

c. α-胡萝卜素

d. γ-胡萝卜素

图 10-4　四种胡萝卜素类化合物的结构

胡萝卜素类多烯类色素性质比较稳定,在食品加工贮藏过程中,在无氧条件下对光、热、酸不敏感,颜色变化不大;但在有氧条件下容易被氧化分解为更小的分子,高温或光照也会促进其分解,从而使颜色和风味发生变化。因此油炸、烧烤等会引起胡萝卜素类物质的高温分解。

有些酶类如多酚氧化酶、过氧化酶等也会加速胡萝卜素类物质的氧化分解，因此在食品加工贮藏过程中，采用热烫等手段将酶钝化处理，可在一定程度上保护胡萝卜素类物质。

2. 叶黄素类

叶黄素类多烯类色素是共轭多烯烃的加氧衍生物，种类较多，在食物中存在十分广泛，如叶黄素、玉米黄素、辣椒红素、柑橘黄素等(图 10-5)。

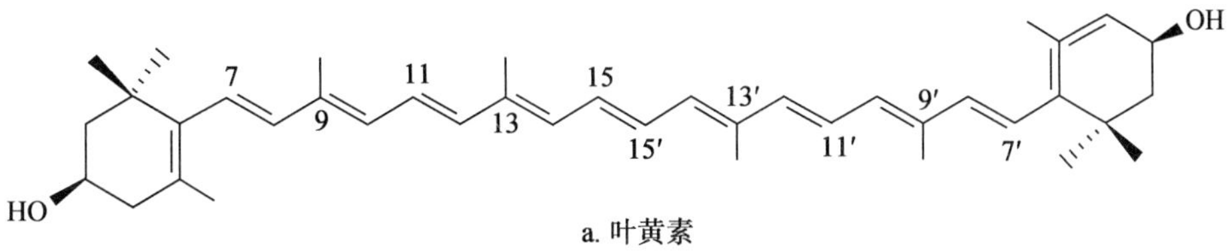

a. 叶黄素

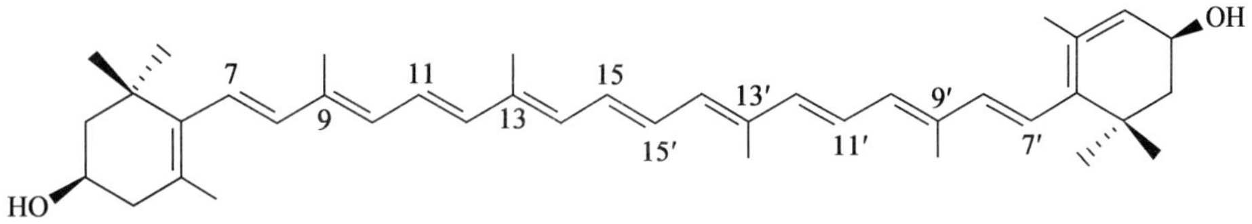

b. 玉米黄素

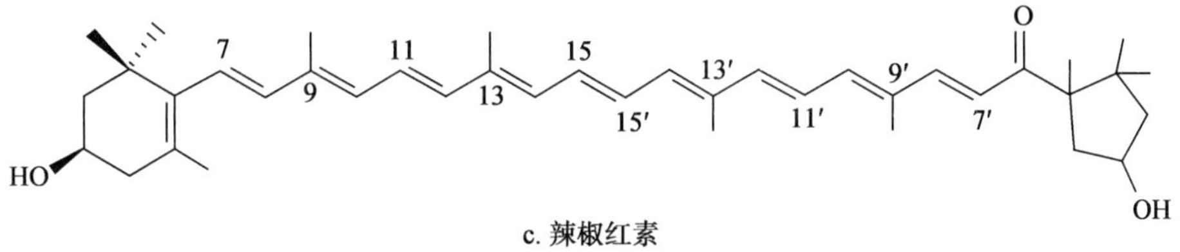

c. 辣椒红素

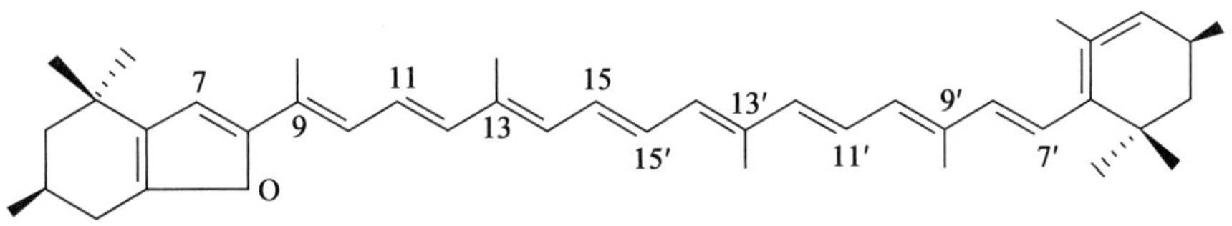

d. 柑橘黄素

图 10-5　常见叶黄素类化合物的结构

叶黄素类多烯类色素的颜色一般为黄色和橙黄色，少数如辣椒红素为红色。该类色素若以脂肪酸形式存在，颜色保持不变；但与蛋白质相结合会改变颜色，例如，在活体龙虾中虾青素与蛋白质结合形成蓝色的虾黄素，煮熟后蛋白质变性，虾黄素被氧化为虾红素，颜色变为砖红色。

(三) 多酚类色素

多酚类色素均为水溶性色素，包括花青素、花黄素、儿茶素和单宁四大类。

1. 花青素

许多植物的花、果实、茎和叶具有鲜艳的颜色，就是因为在其细胞液中存在花青素。食物中的花青素有 6 种(图 10-6),即天竺葵色素、矢车菊色素、飞燕草色素、芍药色素、牵牛花色素和锦葵色素。自然状态下花青素以糖苷形式存在,称为花青苷,很少有游离的花青素存在。

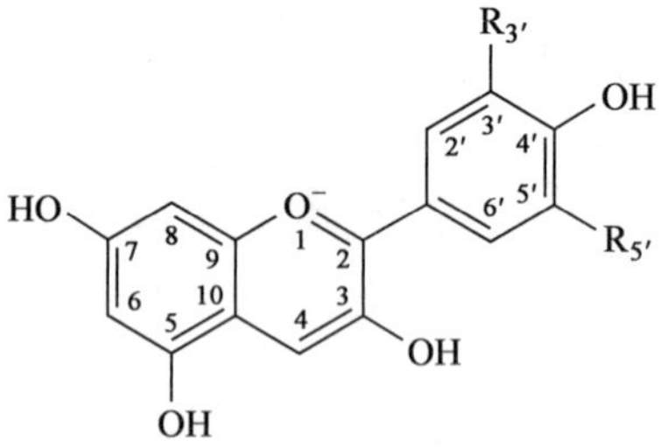

图 10-6 6 种花青素的结构通式

花青素和花青苷的化学稳定性不高,在食品加工和贮藏中经常因化学作用而变色,影响变色反应的因素包括 pH、光照、温度、抗坏血酸、二氧化硫、金属元素、酶等。

花青素分子中吡喃环上的氧原子是四价的,具有碱的性质,而花青素的酚羟基又具有酸的性质,这些性质使花青素在不同 pH 下有 4 种不同的结构,颜色也随结构的变化而发生相应改变。以矢车菊色素为例,在酸性时呈现红色,在 pH 为 8～10 时呈蓝色;在 pH 大于 11 时无色。

光照和温度会对花青素的稳定性产生影响,在光照或受热条件下,花青素生成褐色的高分子聚合物。抗坏血酸被氧化时会产生 H_2O_2,使花青素生成醌和香豆素衍生物等物质,这些物质进一步降解或聚合使得食品中出现褐色沉淀;果蔬中添加二氧化硫会使花青素褪色,若除去二氧化硫则可部分恢复原有色泽。因此,在加工富含花青素的果蔬产品时,护色是必不可少的工序。

花青素能与钙、镁、铁、铝等多种金属元素形成紫色或暗灰色的络合物,称为色淀。因此在加工富含花青素的果蔬产品时,不能接触金属制品,并应选用玻璃、塑料或涂料包装材料。

花青素的降解与酶有关,在糖苷水解酶作用下,花青素容易降解褪色;在多酚氧化酶作用下,小分子酚类被氧化,其中间产物邻醌能将花青苷转化为氧化的花青苷及降解产物。因此在加工富含花青素的果蔬产品时,可采用热烫等手段将酶钝化处理,防止花青素被酶类降解。

2. 花黄素

花黄素又被称为黄酮类色素,在植物的花、果实、茎和叶中分布广泛,常见的种类有黄酮、黄酮醇、双黄酮、查耳酮等,常显橙黄色、浅黄色或无色。在碱性条件下,花黄素呈现明显黄色,因此在食品加工贮藏过程中,硬水(pH 8)处理的马铃薯、芦笋、洋葱等容易由白色变为黄褐色。花黄素还能与多价金属离子反应,形成颜色更深的络合物。例如,花黄素与铁离子络合后,产物颜色有棕色、蓝色、紫色等,与铝离子络合后,产物黄色增强。因此富含花黄素的果蔬类产品在加工时,最好使用不锈钢制品,并选用玻璃、塑料或涂料包装材料。

3. 儿茶素

儿茶素在茶叶中含量很高,在苹果、桃、李、葡萄等植物中也有存在。儿茶素具有较轻的涩味,本身无色。儿茶素被氧化会生成褐色的物质,在高温、潮湿、有氧的环境下会发生自动氧化,与金属离子结合会产生白色或有色沉淀,例如,儿茶素遇到三价铁离子时生成黑绿色沉淀,遇到醋酸铅时生成灰黄色沉淀。

4. 单宁

单宁又被称为鞣质,颜色白中带黄或呈轻微的褐色,广泛存在于植物中,是植物涩味的主要来源,在柿子、五倍子、石榴、茶叶等植物中含量较多。单宁有水溶性和聚合性两大类。水溶性单宁在温和条件下用稀酸、酶或煮沸,可水解为单体物质;聚合性单宁在温和条件下处理缩合成高分子物质。

单宁具有潮解性,被氧化后生成黑色物质。在果蔬组织受损及加工过程中,单宁氧化会影响产品的色泽。单宁与金属离子反应后会生成深色盐类，特别是与铁反应，生成物为蓝黑色，因此富含单宁的果蔬在加工过程中最好不要使用铁制品。单宁与蛋白质作用产生沉淀；与明胶作用生成沉淀，因此在果汁加工过程中，可用加明胶的方法除去过量的单宁。当未成熟的果蔬中含有大量单宁而导致口感发涩时，可采用乙烯催熟，温水、酒精浸泡，二氧化碳气调等方法除涩。

（四）醌酮类色素

食品中的醌酮类色素种类有很多，常见的有红曲色素、姜黄色素、紫胶色素、胭脂虫红色素等。

1. 红曲色素

红曲色素来源于红曲米，是由红曲霉菌分泌的微生物色素，红曲霉菌在培养初期无色，后期逐渐变为鲜红色。在腐乳、红曲黄酒、制酱、香肠及各种糕点中，常用红曲色素。红曲色素共有 6 种，分别为红斑素、红曲红素、红曲素、红曲黄素、红斑胺和红曲红胺，颜色黄、橙、紫不等，生产中常用的是红斑素和红曲红素。

红曲色素属于脂溶性色素，不溶于水，易溶于乙醇、乙醚等有机溶剂。红曲色素具有很多优点：对 pH 稳定，耐热、耐光性强，不易受金属离子的影响，抗氧化剂、还原剂的能力强，并且对蛋白质的着色能力强，因此得到了广泛应用。

2. 姜黄色素

姜黄色素是从姜科、天南星科植物的根茎中提取出的一种黄色色素，是活性成分之一，姜黄色素主要包括约 70%的姜黄素、约 15%的脱甲氧基姜黄素、约 10%的双脱甲氧基姜黄素，通常将这三者统称为姜黄素。分子结构如图 10-7 所示。

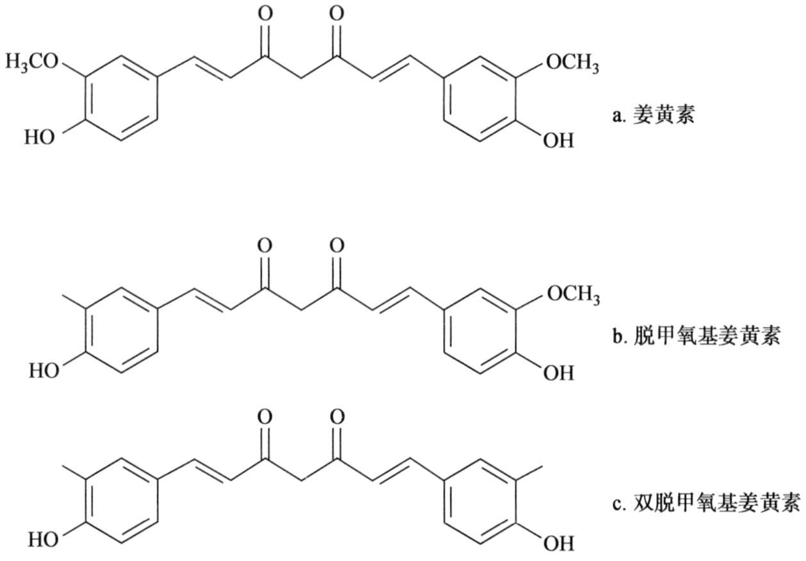

图 10-7 姜黄色素的分子结构

姜黄色素不溶于水，可溶于乙醇、丙二醇，易溶于碱性溶液和冰醋酸。由于 pH 会影响姜黄色素的显色，高纯度的姜黄色素溶液在 pH 为 7.0～8.0 条件下呈玫瑰红色，pH＜7.0 条件下呈纯黄至橘黄色，pH＞9.0 条件下呈棕色至红棕色，因此用可作化学指示剂。

姜黄色素在食品工业中常作为色素和调味品，应用十分广泛，姜黄色素不仅可做食品天然色素，而且还具有一定的抗氧化、清除氧自由基、防癌抗癌等作用，具有很好的应用前景。

3. 紫胶色素

紫胶又名虫胶，紫胶色素是紫胶加工过程中提取的副产品，也是唯一的动物树脂提取物，颜色为红色至桃红色，通过媒染等方法可获得其他颜色。紫胶色素分为紫胶红色素和紫胶黄色素两类，结构通式如图 10-8 所示。

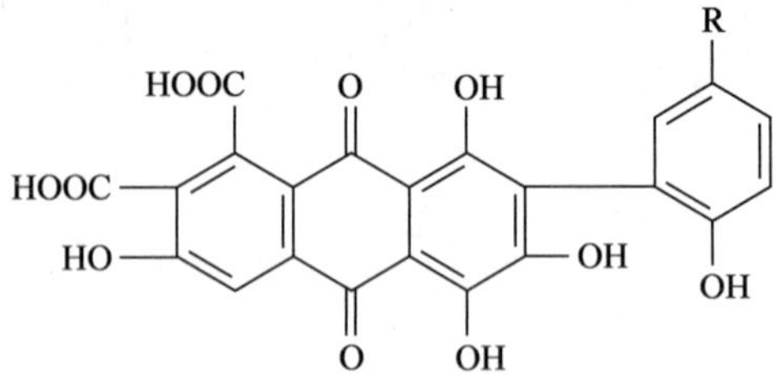

图 10-8　紫胶色素的分子结构

紫胶色素呈酸性，可溶于水、甲醇、戊醇、乙酸等，微溶于乙醇、丙酮、丙二醇等，不溶于乙醚、苯、脂肪酸、脂肪醇等。紫胶色素具有较高的光稳定性和热稳定性，在酸性介质中也比较稳定。紫胶色素具有色泽鲜艳、安全健康、着色力强、稳定性好等优点，可广泛应用于食品、化妆品、印染和纺织等行业，发展前景广阔。

4. 胭脂虫红色素

胭脂虫红色素又称为洋红酸、胭脂红、胭脂虫红酸，是一种蒽醌类天然色素，可溶于水和醇类，不溶于油脂，pH 改变或金属离子的存在均会影响胭脂虫红色素的显色，pH<4 时显橙色，pH 5～6 时显红色或紫红色，pH>7 时显紫色，铁离子存在的条件下显黑紫色，遇蛋白质显红紫色或紫色。其分子式为 $C_{22}H_{20}O_{13}$，结构式如图 10-9 所示。

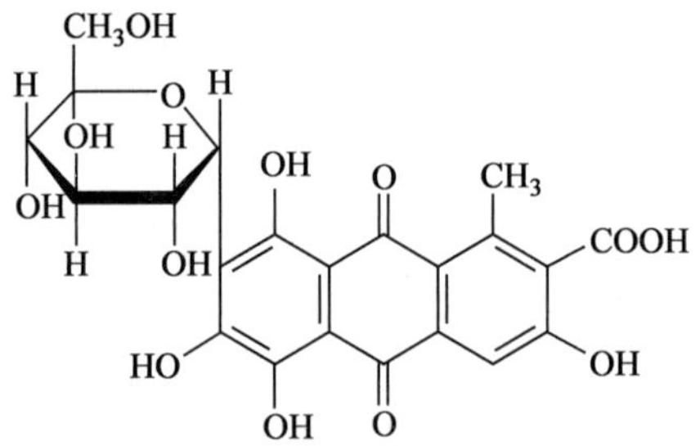

图 10-9　胭脂虫红色素的分子结构

在美国，胭脂虫红色素是 FDA 所批准的唯一一种既可用于食品又可用于药品和化妆品的天然色素，其理化性质稳定，被广泛应用于食品、化妆品、医药及纺织品等行业。

二、食品中的人工合成色素

人工合成色素是由工业原料经人工制取而成，具有成本低廉、使用方便、色泽鲜艳、稳定性高、耐贮存、杂质少等优点，在食品工业中的应用十分广泛。但许多人工合成色素的原料主要来源于煤焦油，违规使用对人体健康会产生较大危害，因此在使用时必须注意其安全限量。

食用合成色素根据其结构，可分为非偶氮色素类和偶氮色素类。

（一）非偶氮色素类

非偶氮色素类人工合成色素包括赤藓红、亮蓝、靛蓝等，分子结构中无偶氮基(—N=N—)。

1. 赤藓红

赤藓红又称为樱桃红、四碘荧光素、食品色素 3 号，是一种常用的人工合成食品添加剂，化学名称为 2,4,5,7-四碘荧光素，结构式如图 10-10a 所示。

赤藓红为红褐色颗粒或粉末状物质，溶于水后呈红色，具有耐热性好、染色力强等优点，但该色素吸湿性较差，不耐光和酸，pH<4.5 时会产生不溶性的黄棕色沉淀，在碱性条件下又生成红色沉淀，使用时应加以注意。赤藓红在人体的消化道中不易被吸收，联合国粮农组织和世界卫生组织规定，赤藓红的每日允许摄取量为 0～1.25 mg/kg。

2. 亮蓝

亮蓝又名食用色素蓝1号，是无臭的深紫色至青铜色颗粒或粉末，有金属光泽。溶于水后呈亮蓝色，也可溶于乙醇、丙二醇和甘油。其分子式为 $C_{37}H_{34}N_2Na_2O_9S_3$，结构式如图10-10b所示。

亮蓝色素具有耐热性、耐光性、耐盐性、耐酸碱性、耐氧化还原性和耐微生物性等优点。在弱酸条件下显青色，强酸条件下显黄色，在沸腾的碱液中显紫色。在饮料、糖果、冰激凌等食品中得到广泛应用。

3. 靛蓝

靛蓝也被称为食用色素蓝2号、酸性旋蓝、磺化旋蓝等，是无臭的蓝黑色粉末，0.05%水溶液呈深蓝色，溶于甘油、丙二醇，不溶于乙醇与油脂。其分子式为 $C_{16}H_8O_8N_2S_2Na_2$。结构式如图10-10c所示。

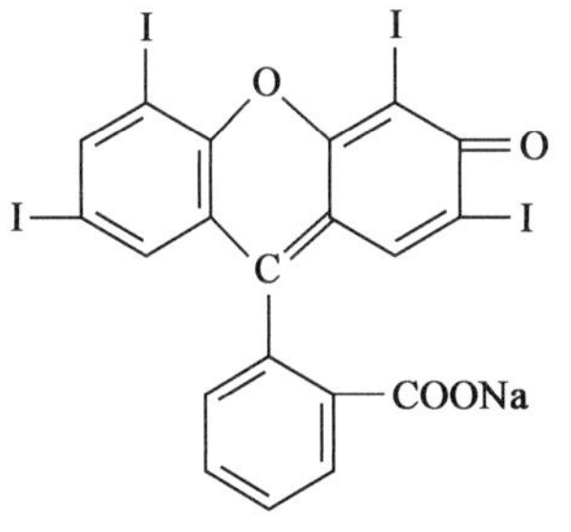

a. 赤藓红色素的分子结构

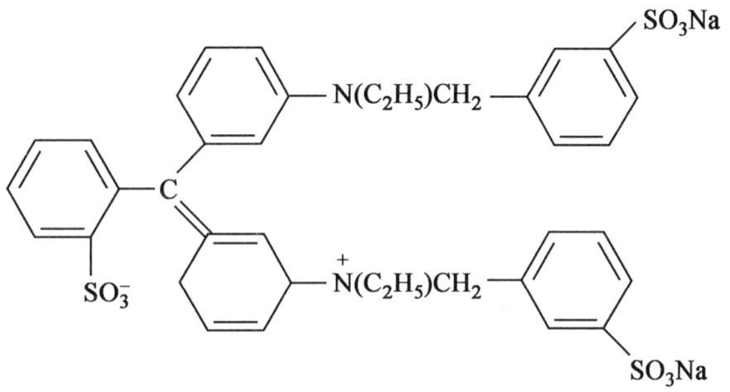

b. 亮蓝色素的分子结构

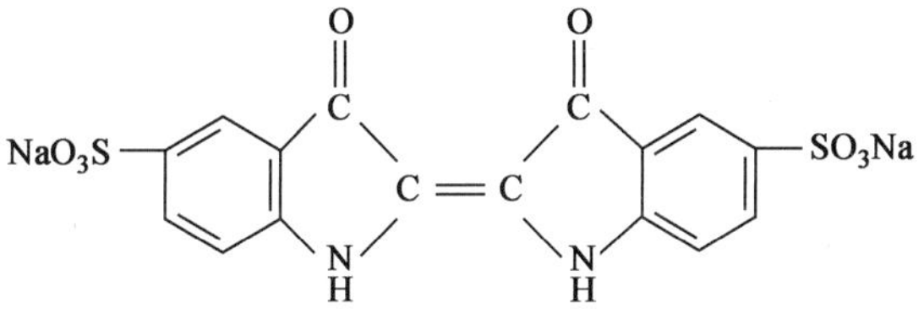

c. 靛蓝色素的分子结构

图10-10　非偶氮色素类人工合成色素

靛蓝色素具有着色力好的优点，但其耐热性、耐光性、耐盐性、耐酸碱性、耐氧化还原性和耐微生物性均不如亮蓝色素，色泽也较暗，因此实际应用比亮蓝色素少。

(二)偶氮色素类

偶氮色素类的发色基团是偶氮基(—N=N—)，多具有芳香环或芳香环衍生物的结构，由硝酸、萘、萘胺、萘酚、磺基、对氨基苯磺酸等合成，易在体内代谢生成致癌物质。

1. 柠檬黄

柠檬黄又名食用黄色4号、酒石黄、酸性淡黄等，是无臭的橙黄色粉末，水溶性好，0.1%的水溶液呈黄色，易溶于甘油、丙二醇，微溶于乙醇，不溶于油脂。其分子式为 $C_{16}H_9N_4Na_3O_9S_2$，结构式如图10-11a所示。

柠檬黄色素具有耐光性、耐热性、耐酸性、耐盐性好，着色力强的优点，在柠檬酸、酒石酸中也很稳定。但其耐氧化性较差，遇碱时会稍变红，还原时褪色。

2. 日落黄

日落黄又名食用黄色 5 号、橘黄、晚霞黄、夕阳黄等，是无臭的橙色的颗粒或粉末，水溶性好，0.1%的水溶液呈橙黄色，易溶于甘油、丙二醇，难溶于乙醇，不溶于油脂。其分子式为 $C_{16}H_{10}N_2Na_2O_7S_2$，结构式如图 10-11b 所示。

日落黄色素具有耐光性、耐热性、耐酸性好，着色力强的优点。但其易吸湿，遇碱时呈红褐色，还原时褪色。

3. 苋菜红

苋菜红又被称为食用红色 2 号、杨梅红、鸡冠花红、酸性红、蓝光酸性红等，是无臭的紫红色均匀粉末，水溶性好，0.01%水溶液呈现玫瑰红色，可溶于甘油和丙二醇，不溶于油脂及其他有机溶剂。其分子式为 $C_{20}H_{11}N_2Na_3O_{10}S_3$，结构式如图 10-11c 所示。

苋菜红色素具有耐光性、耐热性、耐酸性、耐盐性好的优点，在柠檬酸、酒石酸中也很稳定。但其耐细菌性及还原性较差，遇碱会变为暗红色，遇铜、铁等金属时易褪色。因此苋菜红色素在含还原性物质的食品和发酵食品中不宜使用。

4. 胭脂红

胭脂红又名大红、亮猩红、丽春红 4R 等，是无臭的红色至深红色粉末，水溶性好，溶于水后显红色，可溶于甘油，微溶于乙醇，不溶于油脂。其结构式如图 10-11d 所示。

胭脂红色素具有耐光性、耐酸性、耐盐性好的优点，但其着色力、耐热性、耐还原性、耐细菌性均较差，遇碱时会呈现褐色。

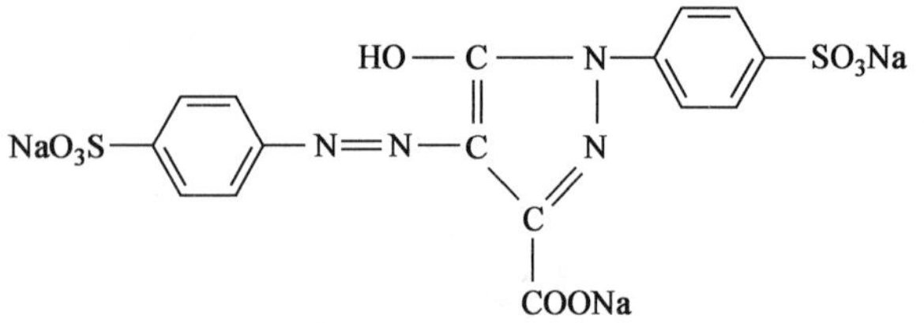

a. 柠檬黄色素的分子结构

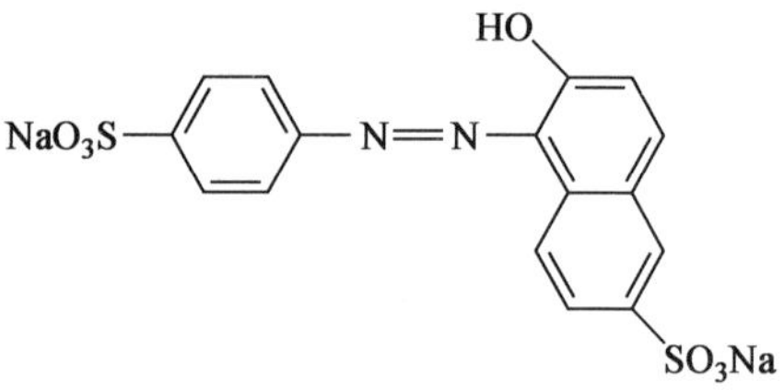

b. 日落黄色素的分子结构

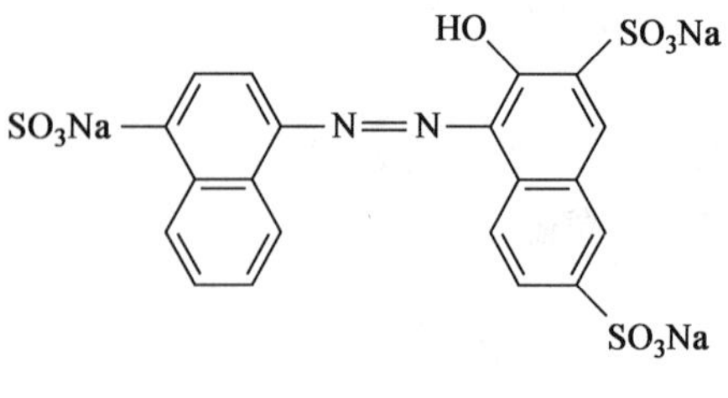

c. 苋菜红色素的分子结构

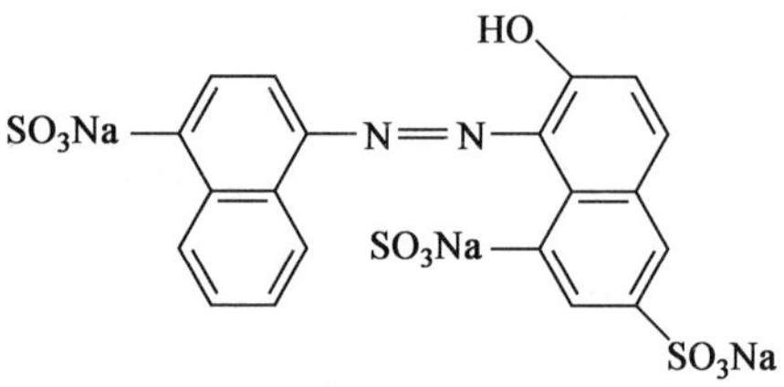

d. 胭脂红色素的分子结构

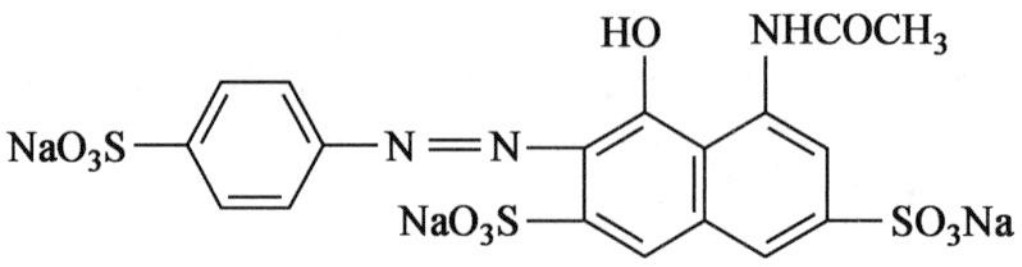

e. 新红色素的分子结构

图 10-11　偶氮色素类人工合成色素

5. 新红

新红色素为红色粉末，具有酸性染料的特点，水溶性好，溶于水后显红色，微溶于乙醇，不溶于油脂。其分子式为 $C_{18}H_{12}O_{11}N_3Na_3S_3$，结构式如图 10-11e 所示。

新红色素对氧化还原较敏感，遇铜、铁等金属时易变色，使用时应加以注意。

三、褐变现象

天然食品在加工、贮藏过程中或受到机械损伤后，常常会发生颜色变褐变暗的现象，这种现象即为褐变。褐变是食品加工中普遍存在的一种变色现象，尤其以新鲜果蔬为原料进行加工或经贮藏后易发生褐变现象。在一些食品加工中，褐变是有利的，如面包、糕点等，而对另外一些食品，特别是水果和蔬菜，褐变是不利的，它使食物的营养价值、颜色和风味到影响。根据反应机理的不同，食品中的褐变可分为酶促褐变和非酶褐变两大类。

(一)酶促褐变

酶促褐变多发生在水果蔬菜中。水果和蔬菜在采收后，当有机械损伤发生或处于异常环境时，果蔬中原有的氧化还原反应平衡被破坏，导致氧化产物积累发生变色。这种变色的速度很快，一般需要和空气接触，由酶催化，因此被称为酶促褐变。如苹果、马铃薯等去皮后发生酶促褐变。

1. 酶促褐变的机理

对酶促褐变起催化作用的酶主要是酚酶、抗坏血酸氧化酶、过氧化物酶等。以酚酶为例来阐明酶促褐变的机理。酚酶是两种酶的复合体：一种是酚羟化酶，又名甲酚酶；另一种是多酚氧化酶，又名儿茶酚酶。正常状态下，食物中的酚类和醌类维持着动态平衡状态，但当环境发生变化或受到机械损伤后，酚类物质在多酚氧化酶和氧的作用下被氧化为邻醌，进而在酚羟化酶的作用下生成三羟基化合物，再被氧化为羟基醌，最后聚合生成黑色素。参与反应的底物对酶促褐变的速度有很大影响，一般来说，邻羟基结构的酚类反应最快，其次是对位二酚类，间位二酚不但不能被氧化，对酚酶还有一定的抑制作用。

2. 酶促褐变的控制

二维码 10-3　酶促褐变的控制

食品发生酶促褐变必须满足的条件是同时有多酚类物质、氧和氧化酶类存在，例如西瓜和橘子等水果中不含多酚氧化酶，因此不会产生酶促褐变现象。在食品加工贮藏过程中，若要控制酶促褐变(二维码 10-3)，可从隔绝氧气或抑制酶的活性入手。常用的方法有以下几种：

(1)加热处理。酶类大多属于蛋白质，加热变性后即失去活性，因此可用加热处理抑制酶促褐变。加热时要注意控制时间及温度，尽量使酶被钝化的同时又不影响食品原有的风味。目前，最广泛采用的方法是短时高温处理，处理后食物中的酶全部失去活性。

(2)加酸处理。大多数酚酶的最适 pH 范围是 6～7，处于 $pH<3.0$ 的条件下几乎完全失去活性，因此可通过加酸处理抑制酶促褐变。生产中常用的酸有柠檬酸、苹果酸、维生素 C 以及它们的混合液。

(3)驱氧处理。酶促褐变必须有氧气存在才能发生，因此可对食品进行驱氧处理抑制酶促褐变。常用的驱氧法是将切开的果蔬用清水、糖水或盐水浸渍，以隔绝氧气；也可浸渍在糖水或盐水中后进行真空抽气处理，以去处细胞间隙的空气；还可用高浓度的抗坏血酸溶液浸涂果蔬表面，以隔绝氧气。

(4)加抑制剂处理。常用的酚酶抑制剂有二氧化硫、亚硫酸钠、亚硫酸氢钠、焦亚硫酸钠等，它们不仅可以抑制酶促褐变，有些还可作为防腐剂和漂白剂，因而在食品工业中得到了广泛应用。但许多抑制剂残留在食品中产生异味，有些甚至对人体健康有一定影响，因此使用时应注意其残留量。

(5)加底物类似物。底物类似物可竞争性抑制酶活性，进而抑制酶促褐变。在食品加工过程中，常用的底物类似物有对香豆酸、阿魏酸等。

(二)非酶褐变

非酶褐变是指果蔬原料在加工过程中发生的与酶无关的褐变，主要包括美拉德反应、焦糖化反应、抗坏血酸褐变等。

1. 非酶褐变的机理

美拉德反应和焦糖化反应的反应机理见本书第二章的相关内容。

抗坏血酸褐变对果汁等食品影响较大，其反应机理是抗坏血酸自动氧化生成脱氢抗坏血酸，脱氢抗坏血酸水合生成2,3-二酮古洛糖酸，2,3-二酮古洛糖酸脱水脱羧生成糠醛，进而形成黑色素。

pH会影响抗坏血酸褐变的程度。pH$<$5.0时，抗坏血酸自动氧化生成脱氢抗坏血酸的反应速度很慢；pH为2.0～3.5时，pH与抗坏血酸褐变的程度成反比。有金属离子存在或在碱性条件下，抗坏血酸不稳定，更易发生褐变。

2. 非酶褐变的控制

(1)降温处理。温度对非酶褐变的影响很大，温度相差10℃，反应的速度会相差3～5倍，因此降低温度可有效控制非酶褐变，例如美拉德反应在30℃以上反应速度很快，而10℃以下的温度可抑制该反应。

(2)降pH处理。pH对非酶褐变也有较大影响，降低pH可有效控制非酶褐变。例如，美拉德反应在pH$>$3.0时，反应速度与pH成正比。

(3)降浓度处理。一般来说，食品的基质浓度越高，非酶褐变的速度也就越快，因此降浓度处理可有效控制非酶褐变。

(4)亚硫酸盐处理。食品中的羰基与亚硫酸根起加成反应，因此用亚硫酸盐和SO_2处理也可有效控制非酶褐变。

第二节　嗅感物质

一、嗅觉

(一)嗅觉的概念

嗅觉是挥发性物质气流刺激鼻腔内的嗅觉感受器所发生的刺激感。

(二)嗅觉的特征

1. 灵敏性

人类的嗅觉十分灵敏，很多浓度很低的挥发性物质也会刺激嗅觉细胞产生嗅觉，有专业人士能分辨 4 000 多种气味。很多动物的嗅觉比人类更灵敏，如犬类的嗅觉是普通人类的 100 万倍左右。

2. 适应性

颜之推在《颜氏家训》中写道："与善人居，如入芝兰之室，久而自芳也；与恶人居，如入鲍鱼之肆，久而自臭也。"人类的嗅觉具有适应性，当一些挥发性物质长期刺激嗅觉中枢神经后，嗅觉细胞疲劳，对该物质的嗅觉受到抑制而不再灵敏，但对于其他气味仍然较灵敏。

3. 差异性

不同人的嗅觉差异很大，同样浓度的挥发性物质，有人能闻到而有人感受不到；相同的气体成分，有人感觉愉快而有人厌恶。这种差异性很大程度上是由遗传引起的，一般来说，女性的嗅觉比男性要更敏锐一些。而同一个人在不同的生理状况、心理状况下，其嗅觉阈值也会发生波动。例如，人在生病时及女性在月经期、妊娠期和更年期均可能发生嗅觉敏感度下降或升高的现象。

二、食品香气形成途径

一种食品的香气是由多种挥发性物质组成的，香味物质的形成途径及反应机制目前尚未完全探索清楚。从目前的研究来看，食品中香气的形成途径可总结为两大类：酶促化学反应和非酶促化学反应。

(一)酶促化学反应

酶促反应是前体物质在酶的作用下进行生物合成，生成香味物质的过程。许多植物在生长、成熟、加工和贮存过程中所产生的香气成分大多通过该途径生成。例如，苹果、梨、香蕉等水果，以及葱、蒜、韭菜等蔬菜，其香气形成过程都是典型的酶促化学反应。

1. 氨基酸为前体的香气成分

氨基酸是很多植物香气成分的前体物质，例如，以 *L*-亮氨酸为前体物质，可生成苹果的特征香气成分异戊酸乙酯和香蕉的特征香气物质乙酸异戊酯等；芳香族氨基酸为前体物质可生成酚、醚类香气成分，很多水果中存在的草香醛、香蕉中的 5-甲基丁香酚都属于此类成分。半胱氨酸为前体物质可生成含硫的香气成分，例如蒜的特征香气成分蒜素、二烯丙基二硫化合物、丙基烯丙基二硫化合物、洋葱催泪的主要成分 S-氧化硫代丙醛等。

2. 脂肪酸为前体的香气成分

脂肪酸也是很多植物香气成分的前体物质。例如，以亚油酸为前体物质，在氧合酶催化下的条件下，可生成苹果、香蕉、桃和菠萝等水果中的香气成分己醛，西瓜、香瓜等瓜类中的特征香气成分 2 反-壬烯醛(醇)和 3 顺-壬烯醇，香菇中的特征香气成分 1-辛烯-3-醇、1-辛烯-3-酮，番茄的特征香气成分(2Z)-己烯醛和(3Z)-己烯醇，黄瓜的特征香气成分(2E,6Z)-壬烯醛(醇)等。

(二)非酶促化学反应

食品中的香气成分还可以通过各种物理化学因素而生成，此类途径往往与酶促化学反应同时进行。食品在加工贮藏特别是加热时生成的香气成分大部分来源于此类途径。

1. 烹煮

烹煮的加热温度相对较低，时间也较短，因此烹煮过程中的主要非酶促化学反应有羰氨反应，多酚类化合物的氧化，维生素、类胡萝卜素、含硫化合物的分解等。烹煮过程可使鱼、肉等动物性食物形成较多的香气成分，使蔬菜和谷类产生部分新的香气成分，但水果和乳品等形成的香气成分较少。

2. 焙烤

焙烤的加热温度较高，时间也较长，因此焙烤过程中的主要非酶促化学反应有羰氨反应，单糖、脂类、氨基酸、维生素、β-胡萝卜素、儿茶酚的降解等，在此过程中可形成大量的羰化物、吡嗪类化合物、含硫化合物等香气成分。例如，烤面包、炒花生、炒瓜子、炒米、炒面等食物焙烤之后香气成分均大大增加。

3. 油炸

油炸的加热温度较高，油炸与焙烤过程中发生的反应类似，但主要是油脂的热降解，另外还有一些酯类化合物、吡嗪类化合物、油脂自身香气成分等。油炸食品的特征香气成分2,4-癸二烯醛就是通过油脂的热降解形成的。

三、植物性食物的香气

1. 水果的香气成分

水果的香气成分主要为有机酸酯和萜类化合物，其次是醛类、醇类、酮类和挥发酸，它们是植物代谢过程中产生的。

一般水果的香气随果实的成熟而增强。人工催熟的果实，因为果实采摘后离开母体，代谢能力下降等因素的影响，其香气成分含量显著减少，因此人工催熟的果实不及树上成熟的果实香。水果的香味物质如表10-2所列。

表 10-2 水果的香味物质

水果品种	主体成分	其他
苹果	乙酸异戊酯、乙醇、乙醛	挥发性酸、天竺葵醇
香蕉	乙酸戊酯、异戊酸异戊酯	己醇、己烯醛
香瓜	二酸二乙酯	
桃	醋酸乙酯、沉香纯酯内脂	挥发酸、乙醛、高级醛
杏	丁酸戊酯	
葡萄	邻-氨基苯甲酸甲酯	$C_2 \sim C_{12}$ 脂肪酸酯、挥发酸

2. 蔬菜的香气成分

各种蔬菜的香气成分主要是含硫化合物，是香气前体在风味酶的作用下产生的。

$$\text{香味前体} \xrightarrow{\text{风味酶}} \text{挥发性香气物质}$$

风味酶是酶的复合体，该酶的发现具有重要意义，利用提取的风味酶可以再生、强化以至改变食品的香气。从什么原料提取的风味酶就可以产生该原料特有的香气，如用从洋葱中提取得到的风味酶处理甘蓝，得到的是洋葱的气味而不是甘蓝的气味。

四、动物性食物的香气

1. 肉制品热加工后的香气

肉制品热加工后产生醇、醛、酮、酸、酯、醚、呋喃、碳水化合物、苯系化合物（硫醇、硫酸酯、噻吩、噻唑)、含氮化合物(氨、胺、吡嗪)等化合物,具有特殊香气。此外,肉香味也与油脂分解和含硫化合物热分解的生成物有关。例如,羊脂分解产生不同的不饱和脂肪酸而具有羊肉香气,羊肉香气的主体成分是羰基化合物及不饱和脂肪酸;鸡肉加热分解产生癸二烯醛等化合物而具有鸡肉香气;目前已测得牛肉中的香气成分 300 多种,由各种香气综合作用后产生特有的牛肉香味。

2.水产品的香气成分

水产品的气味较强,最具代表性的是腥臭味,它随着水产品的新鲜度的降低而增强。海参等水产品体内含有壬二烯醇、正辛醇及癸二烯醇等醇类,当这些醇类含量极微时,给人以清香气。鱼类的皮和体内含有 5-氨基戊醛及 5-氨基戊酸,所以给人以强烈的腥味。水产品捕捞上来后,主要被微生物侵蚀产生氨、三甲胺、硫化氢、甲硫醇、吲哚等物质而带有臭味。鱼加热后产生的鱼香,主要是一些含氮的有机物、有机酸和含硫化合物及羰基化合物。

3.乳及乳制品的香气成分

鲜乳其香气主要来自 2-己酮、2-戊酮、丁酮、丙酮、乙醛等,其中甲硫醚是构成牛乳风味的主体成分。新鲜奶酪的香气是正丁酸、异丁酸、正戊酸、异戊酸、正辛酸等化合物,此外,还有微量的丁二酮、异戊醛等,所以具有发酵乳制品的特殊香气。

牛乳及乳制品放置时间过长或加工不及时会产生异味的原因:

(1)乳中的脂肪酸吸收外界异味的能力较强,特别是在温度为 35℃时吸收能力最强,而刚挤出的牛乳恰好为此温度,所以挤奶房要求干净清洁、无异味。

(2)乳中脂酶水解乳脂生成低级脂肪酸,其中丁酸具有强烈的酸败臭味,所以挤出后的牛乳应立即降温,抑制酶的活力。

(3)牛乳及乳制品长时间暴露在空气中,脂肪自动氧化产生辛二烯醛和壬二烯醛,含量在 1 μg/g 以下就使人嗅到一股氧化臭气。蛋白质降解产生的蛋氨酸在日光下分解,产生的 β-甲硫基丙醛含量在 0.5 μg/g 以下,也能使人闻到一股奶臭气。另外,牛乳在微生物作用下分解产生许多带臭气的物质。

五、发酵食品的香气

发酵食品的香气成分来自各种发酵微生物的活动,发酵原料不同、菌种不同,产生的香气物质也不同。

1.酒类的香气成分

酒类的香气成分经测定有 200 多种,其中以羧酸酯类最多,其次是羰基化合物。一般酿造酒中香气物质的来源:原料中的香气物质在发酵过程中转入酒中;原料中的物质经过发酵作用生成香气物质;酒在贮藏过程中形成香气物质。如果是蒸馏酒,则在蒸馏过程中因加热反应而生成香气物质。

醇类是酒的主要芳香物质,除乙醇外,含量较多的是正丁醇、异丁醇、异戊醇、活性戊醇等,统称为杂醇油或高级醇,如酒的杂醇油含量高,则酒会产生异杂味;含量低,则酒的香气不够,所以杂油醇的含量是酒类的检验指标之一。

酯类也是酒的香气物质,以白酒中醋酸乙酯、醋酸戊酯、己酸乙酯、乳酸乙酯为主,果酒以六碳至八碳的脂肪酸乙酯含量较多。酒中除酯类羰基化合物外,还有醛、酸等化合物,它们都是微生物发酵过程中产生的,对酒的香气也有一定的影响。例如,啤酒中含有的双乙酰,其含量在 0.2 μg/g 以下则构成啤酒特有的香气成分之一，但超过此含量，则啤酒呈馊饭气味。

酒中的酚类化合物来源于原料和贮酒木桶。木质容器中含有香兰素，在发酵贮存过程中能溶于酒中，所以使酒的香气物质含有酚类化合物。

2. 酱制品的香气成分

酱制品的香气主要是醇类、醛类、酯类、酚类和有机酸。醇类以发酵原料中的糖类物质在酵母菌作用下产生的乙醇为主，其次是戊醇和异戊醇，它们是经氨基酸分解而成的，所以酱制品多采用含蛋白质的豆类植物为原料制得。醛类物质有乙醛、丙醛、异戊醛等，它们是由发酵过程中相应的醇氧化而得。脂类包括丁酯、乙酯和戊酯等，它们是由相应的酸、醇在微生物脂酶作用下形成的。酚类物质主要来源于麸皮中的木质素降解而得，如甲氨基苯酚。酱油及酱香成分很复杂，经分析，优质酱油中的香气物质近 300 种。

六、焙烤食品的香气

人们通常用焙烤或烘烤的方法来加热食物，许多食物在焙烤时发出美好的香气，如面包皮风味、爆米花风味、焦糖风味、坚果风味等都是这样的风味。

香气成分形成于加热过程中发生的羰氨反应，还有油脂分解、含硫化合物分解的产物，综合而成各种食品特有的焙烤香气。食物在焙烤过程中产生的香气在很大程度上与吡嗪有关。当食品色泽从浅黄色变为黄色时，这种风味达到最佳，当继续加热使色泽变褐时就出现了焦煳气味。

第三节 风味物质

一、风味的概念及特点

（一）风味的概念

广义的食品风味是指食物在摄入口腔前后，对人的所有感觉器官产生刺激，由此而产生的各种感觉的综合，包括味觉、嗅觉、触觉、视觉和听觉等。狭义的食品风味一般指味觉和嗅觉方面的感觉，嗅觉在上一节已进行了阐述，本节主要介绍味觉方面的知识。

（二）风味的特点

1. 种类多

一种食品的风味往往是由多种风味物质组合而成的，包括呈色物质、呈香物质、呈味物质等，一般来说，食品中所含的风味物质越多，食品的风味就越好。

2. 含量少

绝大多数食品风味物质，尤其是呈色物质和呈香物质含量都很低，例如，许多食品中的香气成分的含量只占到整个食品的 $10^{-7}\sim10^{-16}$ g/kg，但却可以很大程度上刺激人的食欲。

3. 相互影响

风味物质的各种组分之间会产生协同或拮抗作用。例如 1 mg/kg 的己烯醛单独存在时具有青豆气味，但将 13 mg/kg 的己烯醛和 12.5 mg/kg 的癸二烯醛混合时则气味消失。

4. 稳定性差

很多食品风味物质特别是香气成分容易挥发，接触空气等物质后很快会自动氧化或分解，热稳定性差。例如,茶叶的风味物质分离后极易自动氧化,油脂的香气成分分离后马上就会转变成人工效应物。

5. 易受影响

食品中的风味物质还容易受到自身浓度及外界环境的影响。例如,戊基呋喃浓度低时具有豆腥味,浓度高时具有甘草味;味精在 pH=6.0 时具有最强的鲜味,当 pH>7.0 则失去鲜味,这是由于味精在不同介质中的解离程度不同。

6. 缺乏普遍规律

食品的风味与风味物质的分子结构之间缺乏普遍的规律性,同类风味物质不一定有相同的结构特点,并且微小的结构改变往往也会引起风味的巨大差异。食品的风味物质是由许多不同类别的化合物组成的,如酸味物质、甜味物质、苦味物质、辣味物质、香味物质等,其中酸味物质往往具有相同的结构特点,但苦味物质、香味物质等结构差异很大。

二、味觉生理及影响因素

(一)味觉生理

味觉是食品在人的口腔内对味觉器官化学系统的刺激而产生的一种感觉。食品溶液或食品中的可溶性呈味物质溶于唾液后,对口腔内的味觉感受器(即味蕾和自由神经末梢)产生刺激,这种刺激通过味神经感觉系统传导到大脑的味觉中枢,大脑的综合神经中枢系统进行分析后产生味觉。

味蕾是分布在口腔黏膜中,由 40～150 个椭圆形的味细胞组成的、具有小孔的微结构。人对味道的敏感程度随年龄增长而降低,其原因是味蕾数目随着年龄的增长而减少,一般婴儿有超过 1 000 个味蕾,成年人有 9 000 多个。人的味蕾大部分分布在舌头表面的乳突中,小部分分布在咽喉、会咽和软腭处,通过味孔与口腔相通,并与味神经相连。味蕾中的味细胞只能存活 6～8 d,因此味蕾每 10～14 d 更新一次。味孔的顶端有许多长约 2 μm 的微绒毛(微丝),能够迅速吸附呈味物质,从而产生味觉。

不同味觉的产生依赖于不同的味细胞受体,例如甜味物质的受体是蛋白质,咸味、苦味物质的受体是脂质。舌头不同的部位对味觉的感受也有不同的灵敏度,例如对甜味最敏感的部位是舌前部,对咸味最敏感的部位是舌尖和舌头边缘,对酸味最敏感的部位是靠腮的两边,对苦味最敏感的部位是舌根部。

味感物质只有成液体状态或溶于水后,才能进入味孔,刺激味细胞产生味觉,将舌头表面擦干后放一块十分干燥的糖,舌头将无法感觉到糖的甜味。口腔内唾液腺分泌的唾液是食物的天然溶剂,且唾液分泌的量和成分与食物的种类有关,食物越干燥分泌的唾液量越多,吃鸡蛋黄时分泌的唾液浓稠且蛋白酶含量较高,吃酸梅分泌的唾液稀薄且酶含量较低。

人类的味觉通过神经传递,因此十分灵敏,从味感物质刺激味蕾到人出现味觉,只需要 1.5～4.0 ms,而视觉需要 13～15 ms,听觉需要 1.27～21.5 ms,触觉需要 2.4～8.9 ms。苦味的传递速度最慢,因此人们总是在最后才感觉到苦味,但苦味物质的阈值往往更低,人们对其更敏感。甜味以蔗糖为例,其阈值为 0.5 mol/L;咸味以食盐为例,其阈值为 0.25 mol/L;酸味以盐酸为例,其阈值为 0.007 mol/L;苦味以奎宁为例,其阈值为 0.001 6 mol/L。

目前,世界上对味觉的分类并不一致,我国一般分为酸、甜、苦、咸、鲜、辣、涩;欧美各国分为酸、甜、苦、咸、辣、金属味;日本分为酸、甜、苦、成、辣;印度分为酸、甜、苦、辣、咸、淡味、涩味、不正常味。从生理角度来讲，甜、酸、咸、苦是最基本的4种味觉。

(二)味觉的影响因素

1. 呈味物质的结构

呈味物质的结构是影响其味感的内因。一般来说，糖类多呈甜味，盐类多呈咸味，羧酸多呈酸味，而生物碱、重金属盐多呈苦味。但这种规律也有不少例外，如草酸有涩味；糖精、乙酸铅等并不属于糖类，其甜度却很突出；碘化钾属于盐类，却有苦味。因此，呈味物质的结构与其味觉的关系非常复杂，同类呈味物质不一定有相同的结构特点，并且微小的结构改变往往就会引起味觉的巨大差异。

2. 温度

温度会对味觉产生影响，温度不同，即使是相同数量的同一物质，其味觉阈值也会有差异。在30℃左右，人类的味觉最为敏锐，10～40℃较敏锐，超过此温度范围，各种味觉大多变得迟钝。甜味和酸味的最适感觉温度在35～50℃，咸味的最适感觉温度在18～35℃，苦味最适感觉温度是10℃左右。

3. 浓度及溶解度

呈味物质在适当的浓度范围内能够呈现出美好的味道，但不适当的浓度则会使品尝者产生不愉快的感觉。浓度对不同味感的影响也各有不同，例如甜味几乎在任何浓度下都让人感觉愉悦；单纯的苦味几乎在任何浓度下都令人不快；酸味与咸味都是低浓度时让人感觉愉悦，高浓度时令人不快。

呈味物质必须有一定的水溶性才可能引起味感，完全不溶于水的物质是无味的，溶解度小于阈值的物质也是无味的。水溶性越高，味觉产生得越快，消失得也越快。一般呈现酸味、甜味、咸味的物质有较大的水溶性，而呈现苦味的物质水溶性较低。

4. 呈味物质的相互作用

(1)对比现象。不同味感的呈味物质之间可能会相互作用，从而增强某种味感，这种现象称为对比现象。例如，在味精溶液中加入一定量的食盐，鲜味会有所增强。

(2)相乘现象。相同味感的呈味物质之间可能会相互作用，从而显著增强某种味感，这种现象称为相乘现象。例如，味精与呈味核苷酸共同使用时，鲜味会增强若干倍；甘草与蔗糖共同使用时，甜度可达蔗糖的100倍。

(3)消杀现象。不同味感的呈味物质之间可能会相互作用，从而减弱某种味感，这种现象称为消杀现象。例如，相同含盐量的酱油与盐水，人们会感觉酱油鲜美而盐水太咸。

(4)变调现象。不同味感的呈味物质之间可能会相互作用，从而改变某种味感，这种现象称为变调现象。例如，刚吃过中药再喝白开水，会感到原本无味的水有了甜味；吃完甜食后再喝酒，会感到酒略带苦味。

5. 个体差异

人类生活的环境差异很大，在饮食方面表现为不同的味觉偏好，特别是由于味蕾数目随着年龄的增长而减少，人对味道的敏感程度随年龄增长而降低。有调查显示，儿童特别是5～6岁的幼儿对糖的敏感度很高，可达成人的两倍。

当人体患病或发生异常时，会发生味觉迟钝、失味或变味现象。例如，黄疸病患者对苦味的敏感度明显下降甚至丧失；糖尿病患者对甜味的敏感度显著下降。从某种意义上说，味觉的敏感度与身体的需求状况相关，疾病引起的味觉迟钝、失味或变味现象有些是暂时的，康复后会恢复正常，有些则是永久的。

在饥饿状态下，人的味觉敏感度也会得到提高，进食后处于饱足状态下，味觉敏感性会下降，降低的程度与摄入食物的热量有关，这种现象也说明人类味觉敏感度与体内生理需求密切相关。

三、食品风味的分析方法

1. 感官评价法

对食品风味的分析和评价最终都是以人的感官为主要指标来进行的。食品的感官评价法就是通过收集感官评价人员对某种食品的感官数据，通过统计、分析后得出食品的量化特征，进而进行科学评价的技术。近年来，我国食品感官评价技术趋于成熟，几乎任何一种食品都可以使用或参考国家相关标准进行科学的感官评价。

感官评价流程包括：①培训并择优选择感官评价员；②确定样品属性，查找待评价样品关于感官评定的国家标准，若没有相应的国标，则参照类似产品的国标或权威文献；③结合统计学方法确定产品描述词，尽量能够用最少量的词语表达最大量的产品特性；④确定待评价样品的标度和权重，建立样品的感官评价方案。

2. 仪器法

仪器法对食品风味进行评价的一般分析步骤：①风味物质的提取，如蒸馏、萃取；②分级分离，如柱色谱分离；③风味物质的分离鉴定，如质谱-气相色谱联用法。

食品风味物质提取的方法主要有顶空取样技术、固相微萃取技术、搅拌棒吸附萃取技术和超临界流体萃取技术等，其原理和方法各不相同，但其目的均是获取食品中的风味物质并浓缩，以便进行下一步的分析鉴定。提取时应注意不破坏食品中的风味物质、也不产生掩盖食品原有风味的物质。

食品风味物质鉴定的方法主要有气相色谱法、液相色谱法、色谱-质谱联用测定法、电子鼻检测技术、电子舌检测技术等。在应用中可结合各种分析方法、设备和技术的优缺点，根据需求选用。随着人类科技的不断进步、仪器分析手段的不断提高和人们对于食品风味分析需求的不断增加，食品风味物质的仪器分析方法也将更加先进、更加完善。

四、甜味与甜味物质

甜味普遍受到人们的欢迎，常用来改进食品的食用性。糖类及其衍生物是最具有代表性的天然甜味物质，另外还有许多非糖的天然化合物、天然化合物衍生物及人工合成的甜味物质也具有甜味，在食品工业中常有应用。

（一）呈甜机理

甜味剂为什么能产生甜味？1967 年，美国学者 Shallen berger 提出了 AH-B 理论。该理论认为所有甜味物质的分子结构中都有一个能形成氢键的 AH 基团，如—OH、—NH_2 等，又叫作叫质子供给基；分子中同时还存在一个有负电性轨道的原子 B，如 O、N 原子等，叫作质子接受基。味觉感受器中也有这两类基团，彼此之间的距离约为 0.3 nm，因此甜味物质质子供给基与质子接受基之间的距离必须在 0.25～0.4 nm，满足立体化学要求，才能匹配味觉感受器的相应部位，产生味感。

后来 Kier 对该学说做了补充和发展。他认为，甜味物质分子中除了 AH 和 B 两个基团外，在距 AH 基团约 0.35 nm 和距 B 基团 0.55 mm 的地方，还有疏水基团 X，如 CH_2、$—CH_3$、$—C_6H_5$ 等的存在能够增强甜度，该部位能与味觉感受器的亲油部位通过疏水键结合，产生第三接触点，从而形成一个三角形的接触面，使得甜味物质分子与味觉感受器的接触面发生改变，从而改变人们所感受到的甜味强度。

（二）影响甜度的因素

甜味的强度一般用甜度来表示，一般以在水中较稳定的非还原天然蔗糖为基准物来进行判断，例如将 10%或 15%浓度的天然蔗糖水溶液在 20℃时的甜度定为 100 或 1.0，用来比较其他甜味物质在相同浓度和相同温度下的甜度，用这种方法测出的甜度称为比甜度。影响甜度的主要因素有以下几点。

1. 浓度

甜度会随着甜味物质浓度的增大而提高，但各种甜味物质的甜度提高的程度不同。葡萄糖的甜度随浓度增高的程度都比蔗糖大。例如，当蔗糖与葡萄糖的浓度均在 40%以下时，蔗糖的甜度更大，但当它们的浓度均在 40%以上时，甜度几乎无差别；人工合成甜味剂在过高的浓度下会有苦味产生，因此食品中甜味剂应在一定的浓度范围内使用。

2. 温度

温度对甜味物质的影响有两方面：味觉器官和化合物结构。

(1)味觉器官。一般在 30℃时，人的味觉器官最敏锐，所以进行感官评价时样品的温度在 10～40℃较为适宜，过高或过低的温度都会使感觉器官变得迟钝，无法反映真实情况。

(2)化合物结构。一般来说，在较低的温度范围内，温度对大多数糖(除蔗糖和葡萄糖以外)的甜度影响比较大。例如，果糖的甜度受温度的影响十分显著。

3. 甜味物质的相互作用

味感物质的相互作用见前文中味觉的影响因素部分。

（三）常见甜味物质

1. 天然甜味剂

天然甜味剂是从植物中提取或以天然物质为原料加工而成的，包括糖类、糖醇类、非糖天然甜味剂。

(1)糖类甜味剂。其是一种能够提供营养和能量的物质，是食物的天然成分。这里主要介绍单糖和低聚糖，如葡萄糖易溶于水，难溶于乙醇，吸湿性差，它的甜味有凉爽感，适合食用和静脉注射；果糖易溶于水，难溶于乙醇，吸湿性特别强，不需要胰岛素调控，能直接在人体内代谢，适合老人和病人食用；木糖吸湿性差，易溶于水，不溶于乙醇、乙醚，不参与人体代谢，易引起褐变反应；蔗糖易溶于水，不溶于乙醇、乙醚；麦芽糖溶于水，微溶于乙醇，不溶于乙醚，甜味爽口温和，营养价值高。多糖如淀粉、纤维素等，它们不能结晶，也无甜味，但经过水解后得到的转化糖浆，有一定的甜度。

(2)糖醇类甜味剂。目前，糖醇类甜味剂投入使用的有木糖醇、山梨醇、麦芽糖醇、甘露醇等，其中麦芽糖醇的甜度接近蔗糖的甜度。它们在人体内的吸收和代谢均不受胰岛素的影响，也不妨碍糖原的合成，是糖尿病、心脏病、肝脏病人理想的甜味剂。木糖醇和山梨糖醇因不能被微生物利用，所以有防龋齿的功效。山梨糖醇有很强的保湿性，所以常用作食品的保湿剂，如防止淀粉老化、冷藏食品的水分蒸发。

(3)非糖天然甜味剂。部分植物的根、叶、果实等常含有非糖的甜味物质,有的可供食用,而且比较安全。因此从植物体内提取非糖甜味剂被广泛接受,主要包括以下几种:

①甘草苷。甘草苷是从豆科植物甘草中提取的甜味剂,它是甘草酸和2分子葡萄糖醛缩合而成的,其相对甜度为1.0～3.0。它的甜味释放缓慢,保留的时间较长,很少单独使用,可以和蔗糖等甜味剂一起使用。有资料表明,甘草苷有解毒、保肝的功能。它可以应用于乳制品、可可制品、蛋制品等方面。

②甜叶菊苷。甜叶菊苷是存在于甜叶菊的茎、叶中的一种二萜烯类糖苷。它的纯品是白色结晶粉末,甜味强,其甜度是蔗糖的200～300倍。甜叶菊苷耐酸、碱、热,溶解性好,没有苦味和发泡性,具有降低血压、促进代谢、治疗胃酸过多等方面的保健作用,是目前很具有潜力的一种非糖甜味剂。

③甘茶素。甘茶素是从虎耳草科植物甘茶叶中提取得到的一种甜味剂,甜度是蔗糖的400倍,它与蔗糖并用(用量为蔗糖的1%)可使蔗糖甜度提高3倍。它的纯品为白色针状结晶,对热、酸稳定,具有微弱的防腐性能。

2.人工合成甜味剂

人工合成甜味剂是以化学方法合成制得的。

(1)糖精钠。糖精钠又名水溶性糖精或可溶性糖精,它是无色至白色结晶或晶体粉末,无臭或微有芳香气味,味极甜并微带苦,相对甜度为蔗糖的200～700倍,耐热性及耐碱性弱,在酸性条件下加热,甜味渐渐消失,溶液浓度大于0.026%则味苦。糖精钠不参与体内代谢,不产生热量,适合作为糖尿病等特殊人群的甜味剂。

(2)甜蜜素。甜蜜素又称环己基氨基磺酸钠,为无臭、味甜的白色结晶或白色晶体粉末,易溶于水,难溶于乙醇,不溶于氯仿和乙醚,对热、光、空气均较为稳定,相对甜度约为蔗糖的40～50倍。甜蜜素浓度大于0.4%时带苦味,将甜蜜素溶于高浓度的亚硝酸盐、亚硫酸盐水溶液中,会生成石油或橡胶样的气味。人体摄入甜蜜素后无蓄积现象,60%随粪便排出,40%随尿排出,为无营养甜味剂。

(3)安赛蜜。安赛蜜又称乙酰磺胺酸钾,为无臭的白色结晶,无固定熔点,易溶于水,难溶于乙醇等有机溶剂。安赛蜜的相对甜度约为蔗糖的200倍,耐光、耐热,具有较高的稳定性。安赛蜜非营养型人工合成甜味剂,不会导致龋齿。

五、酸味与酸味物质

(一)呈酸机理

酸味是舌黏膜受到氢离子刺激而产生的一种味感,由于酸味味感的产生主要是受氢离子的作用,因此凡是在溶液中能电离出氢离子的化合物都具有酸味。氢离子是酸味物质的定味基,负离子是助味基,氢离子在味觉受体上发生交换作用,从而产生酸味感。许多动物对酸味剂刺激都很敏感,人类对酸性食物适应性更强,食物中适当的酸味能给人以爽快的感觉,并促进食欲。酸味的强弱程度可用品尝法或唾液流速法来进行评价。品尝法常以主观等价值(PSE)来表示,指感受到相同酸味时该酸味剂的浓度,一般来说PSE越小,表示该酸味剂在相同条件下酸性越强。唾液流速法指测定腮腺分泌唾液的平均速度,一般以每一腮腺在10 min内流出唾液的体积(mL)来表示,流量越大表示该酸味剂酸性越强。

(二)影响酸味的因素

1. 氢离子浓度

所有酸味剂在溶液中都能电离出氢离子,酸味与氢离子的浓度有很大关系,但两者之间并没有函数关系。当溶液中的氢离子浓度过低,即 pH>5.0 时,几乎无法感受到酸味;当溶液中的氢离子浓度过大,即 pH<3.0 时,食品的酸味过强,会使人难以忍受。

2. 酸味剂阴离子的性质

酸味剂阴离子的性质对酸味的强度和品质影响很大。在 pH 相同的条件下,有机酸一般比无机酸的酸味更强;在酸味剂阴离子的结构上增加疏水性不饱和键,其酸味比相同碳数的羧酸强;在酸味剂阴离子的结构上增加亲水的羟基,其酸味比相同碳数的羧酸弱。

3. 总酸度和缓冲作用

在 pH 相同的条件下,总酸度和缓冲作用较大的酸味剂通常酸味更强。例如,在相同 pH 时,丁二酸的总酸度比丙二酸大,丁二酸的酸味就比丙二酸强。

4. 其他因素

将糖、食盐、乙醇等物质加入酸味剂溶液中会降低酸味,糖酸比是水果和饮料等食品风味的重要因素之一,需要酸味和甜味的合理搭配混合;将适量苦味物质加入酸中,也会形成特殊的食品风味。

(三)常见酸味物质

1. 食醋

食醋是我国传统酸味料,酸味比较温和,用于烹饪时有调味、防腐、去腥等作用。醋酸也叫乙酸,为无色液体,有刺鼻的醋酸味,易挥发,能溶于水、乙醇、乙醚、四氯化碳及甘油等有机溶剂,因其浓度在 98%以上时为冰状固体,故又称冰醋酸。

2. 柠檬酸

柠檬酸又称枸橼酸,在柑橘类及浆果类水果中含量最多,是食品中常用的酸味剂之一。柠檬酸易溶于水和乙醇,微溶于乙醚。柠檬酸的酸味圆润柔和、爽快可口,入口即达最高酸感,常用于制作清凉饮料、糖果、水果罐头等,但由于其后味延续时间短,所以常与苹果酸、酒石酸等其他酸味剂同用。

3. 苹果酸

苹果酸为无臭、有特殊酸味的白色针状晶体,易溶于水和乙醇,不能溶于乙醚。苹果酸在自然界中常与柠檬酸共存,几乎所有的果实中都含有苹果酸,含量最多的是苹果及其他仁果类果实。其酸味强度约为柠檬酸的 1.2 倍,滋味爽口,略带刺激性,在口中有微涩感,呈味时间长。在食品工业中,苹果酸常用于果冻、果汁、饮料及糖果等的制作。

4. 酒石酸

酒石酸为无色透明的三棱形结晶或粉末,易溶于水及乙醇。酒石酸广泛存在于许多水果中,在葡萄中含量最高。其酸味强度约为柠檬酸的 1.3 倍,略带涩感,在食品中多与柠檬酸、苹果酸共同使用,常用于饮料、果酱、糖果等的加工。

5. 乳酸

乳酸为无臭、微酸、无色或微黄色的糖浆状液体,可与水、乙醇、丙酮以任意比例混合,不溶于氯仿。乳酸在自然界中广泛存在,特别是在发酵食品、腌渍物、果酒、清酒、酱油及乳制品中含量较多。乳酸具有杀菌作用，可防止杂菌生长，抑制异常发酵。乳酸酸味稍强于柠檬酸，在食品工业中常用于清凉饮料、果酱、果冻、糖果等的加工。

6. 磷酸

乳酸的分子式为 H_3PO_4，为无色透明结晶或浆状液体，易潮解，能与水、乙醇以任意比例混合，接触有机物则会着色。磷酸的酸味强度约为柠檬酸的 2.3～2.5 倍，有强烈的收敛味和涩味，在饮料加工中可用来代替柠檬酸和苹果酸。

7. 抗坏血酸

抗坏血酸在果蔬中广泛存在，为白色结晶，易溶于水，有爽快的酸味，易氧化。抗坏血酸目前常作为酸味剂和营养强化剂广泛应用于食品工业，还可用于肉类食品中作为抗氧化剂等。

8. 葡糖酸

葡糖酸为淡黄色浆状液体，易溶于水，微溶于酒精。葡糖酸的酸味爽快，因此常用于制作清凉饮料、配制食醋等，还可用于制作嫩豆腐的凝固剂，例如市售的内酯豆腐就是用 δ-葡糖酸内酯作为凝固剂生产的。

六、咸味及咸味物质

（一）呈咸机理

咸味是 4 种基本味感之一，对食品的调味十分重要，被誉为“百味之首”。很多盐类尤其是中性盐都能呈现咸味，但其他盐的咸味并不纯正，伴有杂味，如溴化钾、碘化钾除具有咸味外，还带有苦味，只有氯化钠才产生纯正的咸味。因此常用的咸味剂是食盐，其主要成分是氯化钠，还含有少量钾、钙、镁等矿物质，咸味的主体是氯离子。苹果酸钠、葡萄糖酸钠等可代替食盐起到咸味剂的作用，因此适宜某些需限量摄取食盐的疾病患者食用。

咸味剂的咸味是由解离后的阴、阳离子所共同决定的，成味剂中的阳离子易被味感受器的蛋白质的羧基或磷酸基吸附而呈咸味，因此咸味与阳离子关系更为密切，是盐的定味基；阴离子则影响咸味的强弱和副味，是盐的助味基。咸味剂的咸味强弱与味神经对其解离出的阴阳离子感应的相对大小有关，一般来说，阳离子和阴离子半径小的盐呈咸味；盐的阳离子和阴离子的半径越大，其苦味就越重；介于两者中间的盐呈咸苦味。

（二）常见咸味物质

1. 低钠盐

低钠盐主要以钠、钙、镁元素来调低食品中钠的含量，这种盐保持了原来盐的咸度，味道纯正，可用于替代传统食盐。

2. 强化盐

强化盐的主要成分是氯化钠，但其中添加了很多碘、铁、锌、硒人体不可缺少的营养素，替代传统食盐使用，能够方便地为食用者补充营养素。我国对缺碘地区全面供应含氯化钠和碘酸钾的加碘盐，治愈了数千万地方性甲状腺肿大患者，保障了人民的健康。

3. 风味盐

风味盐的主要成分是氯化钠，但其中添加了很多调味品，如五香粉、花椒粉、辣椒粉、胡椒粉等，使得咸味剂的用途更加广泛，使用更加方便。

七、苦味及苦味物质

(一)呈苦机理

苦味物质在很多食物中都有存在，许多无机物和有机物都具苦味，单纯的苦味是令人不愉快的感觉，但若是与甜、酸等其他味感调配得当时，能形成一种特殊风味，受到人们的喜爱，如茶、咖啡、苦瓜等。同时苦味物质大多具有药理作用，一些患有味觉减弱或衰退、消化活动障碍等疾病的人，常需要强烈刺激感受器来帮助味觉恢复正常，因苦味阈值最小，所以常被采用。

我国有机化学家曾广植根据他的味细胞膜诱导适应模型，提出了苦味分子的诱导适应学说，对解释有关苦味的复杂现象做出了很大贡献，该理论要点如下：

(1)苦味物质的受体是多烯磷脂在黏膜表面形成的“水穴”，为苦味剂和蛋白质之间的偶联提供了一个“巢穴”，这个“巢穴”的“盖子”是肌醇磷脂(PI) 通过磷酰化生成 PI-4-PO_4 和 PI-4，5-(PO_4) 2 后再与铜离子、锌离子等结合形成的。苦味物质的分子必须首先推开盖子，才能进入穴内与受体做用产生苦味。

(2)苦味物质的受体穴可以组成各种不同的多极结构，进而与不同的苦味剂作用。

(3)苦味物质的受体穴一面与蛋白粘贴，更广的方面与脂质块接触，对苦味物质的极性基位置分布、立体方向次序等的要求并不很严格。能够进入受体穴任何部位的刺激物都会引起“洞隙弥合”，通过盐桥转换、氢键破坏、疏水键生成等作用，改变其磷脂的构象，产生苦味。

(二)常见苦味物质

1. 咖啡碱和可可碱

咖啡碱和可可碱是食品中主要的生物碱类苦味物质，均为嘌呤类衍生物。咖啡碱主要存在于茶叶、咖啡中，在水中浓度为 150～200 mg/kg 时具有中等苦味，易溶于水、乙醇、乙醚和氯仿。可可碱在可可中含量最高，是可可产生苦味的原因。溶于热水，难溶于冷水、乙醇，不溶于乙醚。咖啡碱和可可碱都具有兴奋中枢神经的作用。

2. 苦杏仁苷

苦杏仁苷多存在于许多蔷薇科植物如桃、李、杏、樱桃、苦扁桃等的果核、种仁及叶子中，苦杏仁苷本身无毒，还具有镇咳作用。但应注意，生食杏仁、桃仁过多会引起中毒。

3. 柚皮苷及新橙皮苷

柑橘类果皮中的主要苦味物质是柚皮苷和新橙皮苷。柚皮苷纯品的苦味超过奎宁，阈值可低至 0.002%。柚皮苷及新橙皮苷水解后苦味消失，根据这一性质，可用酶制剂来水解橙汁中的柚皮苷与新橙皮苷以脱去苦味。

4. 胆汁

胆汁是动物肝脏分泌并贮存于胆囊中的一种液体，味极苦，其主要成分是胆酸、鹅胆酸及脱氧胆酸。

5. 苦味酒花

酒花在啤酒工业中大量使用，使啤酒具有特征风味。酒花中的苦味物质是葎草酮或蛇麻酮的衍生物，葎草酮在啤酒中的含量最丰富，在煮沸时葎草酮转变为异葎草酮。异葎草酮在光照射下会产生臭鼬鼠臭味和日晒味化合物，因此啤酒一般采用清洁的深色玻璃瓶或不透光的铝罐包装。

八、鲜味及鲜味物质

(一)呈鲜机理

鲜味是一种复杂的综合味感,它能增强食品风味,使人增加食欲。鲜味剂的用量高于其单独检测阈值时能够使食品鲜味增加,但用量少于阈值时仅是增强风味,因此鲜味剂又称为风味添加剂、食品增味剂。鲜味分子需要有条相当于 3～9 个碳原子长的脂链,当脂链碳原子数目为 4～6 时鲜味最强;脂链两端均需带有负电荷。若将羧基经过酯化、酰胺化,或加热脱水形成内酯、内酰胺后,其鲜味均会降低。目前作为商品的鲜味剂主要是谷氨酸型和核苷酸型。

(二)常见鲜味物质

1. 谷氨酸钠

谷氨酸钠俗称味精,简称 MSG,是无臭、无色至白色柱状结晶或结晶性粉末,有特有的鲜味。易溶于水,微溶于乙醇,不溶于乙醚和丙酮等有机溶剂。无吸湿性,对光、热较稳定,在碱性条件下加热会发生消旋作用,在 $pH<5$ 的酸性条件下加热发生吡咯烷酮化,形成焦谷氨酸,这两种反应均会使谷氨酸钠的鲜味减退。

2. 鲜味核苷酸

能够呈鲜味的核苷酸有 5′-肌苷酸(5′-IMP)、5′-鸟苷酸(5′-GMP)、5′-黄苷酸、5′-脱氧肌苷酸、5′-脱氧鸟苷酸等,其中 5′-肌苷酸是鱼类食品鲜味的代表,5′-鸟苷酸是香菇类食品鲜味的代表,两者鲜味较强。这些鲜味核苷酸与谷氨酸钠合用时具有协同效应,谷氨酸钠的鲜味可明显提高,并会随浓度升高而增加。核苷酸类鲜味剂对酶不稳定,极易被生鲜食品中的磷酸酯酶分解,分解后的产物失去鲜味。

3. 琥珀酸及其钠盐

琥珀酸及其钠盐又称干贝素、海鲜精,具有鲜味,是无色至白色结晶或结晶性粉末,易溶于水,不溶于酒精。在贝壳、水产类中含量最多。琥珀酸的呈味能力是琥珀酸钠的 4 倍,是琥珀酸二钠盐的 8 倍。

4. 麦芽酚和乙基麦芽酚

在水果和甜食中常用麦芽酚和乙基麦芽酚作为风味增效剂。商品麦芽酚为白色或无色结晶粉末,商品乙基麦芽酚的外观和化学性质与麦芽酚相似。两者的结构与酚类相似,都具有邻羟基烯酮结构,并有少量邻二酮形成的异构体与之平衡。麦芽酚和乙基麦芽酚都作为甜味增效剂应用于食品工业。

5. 新型鲜味剂

新型鲜味剂包括酵母提取物,水解动植物蛋白,复合牛肉、鸡肉、猪肉浸膏和粉剂等。这些新型鲜味剂风味多样,且含有蛋白质、肽类、氨基酸、矿物质等营养成分,市场前景广阔。

九、辣味及辣味物质

(一)呈辣机理

辣味是由辛香料中的一些成分所引起一种味感,是尖利的刺痛感和特殊的灼烧感的总和。辣味不但会刺激舌和口腔的触觉神经,同时也会机械刺激鼻腔,时甚至对皮肤也产生灼烧感。

食物中适当的辣味可增进食欲、促进消化液分泌，有些人特别嗜好辣味食品，目前辣味已广泛应用于食品调味中。

一些常见的辣味物质如辣椒素、胡椒碱、生姜素、丁香、大蒜素和芥子油等都是双亲分子，其极性头部是定味基，非极性尾部是助味基。研究表明，这些分子的辣味随其非极性尾链的增长而加剧，在 C_9 左右达到最高峰，这个规律叫作 C_9 最辣规律，一般脂肪醇、醛、酮、酸等也符合这个规律。辣味物质分子极性基的极性大小及其位置与味感关系也很大。

（二）常见辣味物质

1. 热辣（火辣）味物质

热辣（火辣）味是一种能在口中引起灼热感觉的无芳香的辣味，主要的热辣（火辣）味物质有以下几种。

（1）辣椒。辣椒的主要辣味成分为类辣椒素及少量二氢辣椒素。不同种类的辣椒所含的辣椒素差别较大，甜椒中辣椒素含量极低，红辣椒含量约为 0.06%，牛角红椒含量约为 0.2%，印度萨姆椒含量约为 0.3%，乌干达辣椒则高达 0.85%。

（2）胡椒。常见的胡椒有黑白两种，黑胡椒由尚未成熟的绿色果实制得，白胡椒由色泽由绿变黄而未变红时收获的成熟果实制得。胡椒中的辣味成分主要是胡椒碱和少量类辣椒素。

（3）花椒。花椒的主要辣味成分为花椒素和少量异硫氰酸烷丙酯等。

2. 辛辣（芳香辣）味物质

辛辣物质主要包括以下三种：

（1）姜。新鲜的姜中的辣味成分是一类邻甲氧基酚基烷基酮，鲜姜经干燥贮存后，姜醇会脱水生成辣味更强的姜烯酚类化合物。

（2）肉豆蔻和丁香。肉豆蔻和丁香中的主要辣味成分是丁香酚和异丁香酚，两者均含有邻甲氧基苯酚基团。

（3）芥子苷。芥子苷有白芥子苷和黑芥子苷两种，水解时会产生芥子油和葡萄糖。白芥子苷主要存在于白芥子中，黑芥子苷主要存在于黑芥种子、芥菜、辣根等蔬菜中。

3. 刺激辣味物质

（1）蒜、葱、韭菜。蒜、葱、韭菜等的主要辣味成分都是二硫化物，例如蒜的主要辣味成分为蒜素、二烯丙基二硫化物、丙基烯丙基二硫化物等，大葱、洋葱、韭菜的主要辣味成分为二丙基二硫化物、甲基丙基二硫化物等。这些二硫化物在受热时都会分解成相应的硫醇，因此蒜、葱、韭菜等煮熟后辣味减弱。

（2）芥末、萝卜。芥末、萝卜等的主要辣味成分为异硫氯酸酯类化合物，具有较为强烈的刺激性辣味，受热时会水解为异硫氰酸，因此芥末、萝卜等煮熟后辣味减弱。最典型的异硫氯酸酯类化合物是异硫氰酸丙酯，也称为芥子油。

十、涩味及涩味物质

（一）呈涩机理

涩味不是由涩味物质作用于味蕾所产生的，而是刺激触觉神经末梢所产生的，当口腔黏膜蛋白质被凝固时，口腔就会有收敛和干燥的感觉，此时的感觉便是涩味。

多酚类化合物是使食品呈现涩味的主要化学成分，其次是铁金属、明矾、醛类和酚类等物质，草酸、香豆素和奎宁酸等存在于水果和蔬菜中的成分也会产生涩味。多酚类化合物可同蛋白质发生疏水性结合，同时其分子内还存在许多能转变为醌式结构的苯酚基团，这些基团能与蛋白质发生交联反应，当人们摄入多酚类化合物时，口腔黏膜蛋白质与其发生这两种反应，从而感受到涩味。

(二)常见涩味物质

未成熟的柿子有明显的涩味，其涩味成分属于多酚类化合物，是以无色花青素为基本结构的苷元，易溶于水。当未成熟的柿子被人食用时，细胞膜破裂，细胞内的多酚类化合物溶于水而呈涩味。随着柿子的不断成熟，分子间呼吸或氧化使得细胞内的多酚类化合物氧化、聚合，形成水不溶性物质，柿子中涩味随之消失。

茶叶中也含有较多的多酚类物质，但因不同种类的茶叶加工方法不同，制作出的茶叶中所含的多酚类物质也有所不同，因此不同的茶叶涩味程度也不相同。一般来说，绿茶所含的多酚类物质较多，涩味更浓烈一些；红茶等经过发酵的茶叶，所含的多酚类物质被氧化而含量减少，涩味更轻一些。

第四节 食品添加剂

一、食品添加剂概述

(一)食品添加剂的分类

食品添加剂是指为改善食品品质和色、香、味，以及为防腐、保鲜和加工工艺的需要而加入食品中的人工合成或天然物质。

1. 按来源分类

食品添加剂可分为天然食品添加剂和化学合成食品添加剂。大然食品添加剂是利用动植物或微生物的代谢产物等为原料，经提取所获得的天然物质。化学合成食品添加剂是利用氧化、还原、聚合、缩合等各种化学反应而得到的物质。

2. 按功能分类

根据 GB 2760—2014 的相关规定，食品添加剂按照其功能可分为 22 类，分别是酸度调节剂、抗结剂、消泡剂、抗氧化剂、漂白剂、膨松剂、胶基糖果中基础剂物质、着色剂、护色剂、乳化剂、酶制剂、增味剂、面粉处理剂、被膜剂、水分保持剂、防腐剂、稳定剂和凝固剂、甜味剂、增稠剂、食品用香料、食品工业用加工助剂、其他。各大类添加剂包括的种类数目各不相同，数目最多的食品用香料有 1 528 种，最少的抗结剂只有 6 种。

(二)食品添加剂的安全性

食品添加剂在食品加工中具有不可替代的作用，被誉为食品工业的灵魂，但部分还具有一定的毒性，因此，必须按照相关的规定来使用。我国对食品添加剂能否使用、使用范围、最大使用量都有严格规定，《食品安全国家标准　食品添加剂使用标准》(GB 2760—2014)中列出的食品添加剂都要依据《食品安全国家标准　食品安全性毒理学评价程序》(GB 15193.1—2014)进行安全性试验，一般分 4 个阶段：①急性毒性试验；②遗传毒性试验、传统致畸试验、30 天喂养试验；③亚慢性毒性试验、90 d 喂养试验、繁殖试验、代谢试验；④慢性毒性试验(包括致癌试验)。

除了安全性试验结果以外,评价食品添加剂的安全性时还要考虑半数致死量(LD_{50})、最大未观察到有害作用剂量、每日允许摄入量(ADI)、添加剂实际每日摄入量等因素。

(三)食品添加剂的使用原则

GB 2760—2014 中规定,食品添加剂使用时应符合以下基本要求:不应对人体产生任何健康危害;不应掩盖食品腐败变质;不应掩盖食品本身或加工过程中的质量缺陷或以掺杂、掺假、伪造为目的而使用食品添加剂;不应降低食品本身的营养价值;在达到预期效果的前提下尽可能降低在食品中的使用量。

此外,食品添加剂最好成本低廉,来源充足,使用方便、安全,易于贮存、运输及检测。

二、食品中常用的添加剂

(一)防腐剂

1.食品防腐剂的定义、分类及作用机制

(1)定义。食品防腐剂是指为了抑制微生物活动,防止食品在生产、运输、贮藏、流通过程中因微生物繁殖污染而引起的腐败变质以及提高食品的保存性、延长食用价值,而在食品加工过程中添加的一类物质。

(2)分类。根据食品防腐剂的来源,可将其分为天然的食品防腐剂和化学合成的食品防腐剂两类,其中后者目前应用较广泛。

根据食品防腐剂的组成,可将其分为酸型防腐剂(苯甲酸和山梨酸)、酯型防腐剂(如尼泊金酯类)、无机盐防腐剂(如亚硫酸盐、焦亚硫酸盐次氯酸盐等)和生物防腐剂(如乳酸链球菌素、维他霉素等)。

(3)防腐机制。微生物是食品腐败变质主要的原因之一,食品防腐剂能抑制微生物增殖或杀死微生物,有效地防止食品的腐败变质、延缓腐败时间,其机制十分复杂。

影响食品防腐剂作用效果的因素有防腐剂的自身特性、食品的品质与加工方法、食品的pH、水分活度、微生物的种类、热处理程度、食品防腐剂的溶解性与分散性、食品防腐剂的复配使用等。

2.常见的食品防腐剂

(1)苯甲酸及其钠盐。苯甲酸又称为安息香酸,存在于酸果蔓、梅干、肉桂和丁香等植物中,是无臭或微带安息香气味的为白色、有光泽的鳞片或针状结晶,微溶于水,易溶于乙醇。

苯甲酸及其钠盐抗酵母菌和细菌能力强,抗霉菌活性较差,在 pH 2.5~4.0 时最具活性,因此适合用于酸性食品如果汁、碳酸饮料、泡菜等的防腐。食品中常采用苯甲酸钠,因其溶解性比苯甲酸更好。

(2)山梨酸及其钾盐。山梨酸为无臭或微带刺激性臭味的无色或白色晶体粉末,耐热、耐光性好,微溶于水,易氧化失效。山梨酸及其钾盐抗霉菌、酵母菌和好气性细菌能力强,属于酸型防腐剂,在酸性介质中对微生物有良好的抑制作用,对 pH 在 5.5 以下的食品防腐效果好,$pH \geq 8$ 时丧失防腐活性。山梨酸及其钾盐是目前使用最多的防腐剂,也是目前被认为最安全的食品防腐剂之一,毒性较低。

(3)对羟基苯甲酸酯类。对羟基苯甲酸酯类又称尼泊金酯类,为无臭无味的白色或无色结晶或粉末，难溶于水，随碳链的增长在油、乙醇、甘油中溶解度增大。该类防腐剂对真菌的抑菌效果最好，对细菌的抑制作用也较强，对革兰阳性菌有致死作用，但对革兰氏阴性杆菌及乳酸菌的作用较差。对 pH 在 4～8 时的食品防腐效果好。

(4)乳酸链球菌素。乳酸链球菌素是一种天然食品防腐剂，为略带咸味的白色或略带黄色的结晶性粉末或颗粒，乳酸链球菌素在需采用巴氏灭菌法进行消毒的食品如牛乳及其加工产品和罐头食品中的应用意义特别大，因为这些食品由于杀菌温度较低往往残留耐热性孢子，而乳酸链球菌素具有很强的杀芽孢能力，因此广泛应用于乳制品、罐头、饮料、肉类等食品中。

(二)抗氧化剂

食品抗氧化剂是指能阻止或延迟食品氧化，以提高食品稳定性和延长贮存期为目的的食品添加剂，抗氧化剂被广泛应用于食品工业。常见的抗氧化剂有以下几种。

1. 丁基羟基茴香醚(BHA)

丁基羟基茴香醚又名丁基-4-羟基茴香醚、丁基大茴香醚，是有特异臭和刺激性味道的无色至微黄色蜡样结晶粉末，不溶于水，可溶于油脂和有机溶剂，对热稳定，弱碱性条件下不易被破坏，因此常用于焙烤食品的抗氧化。

2. 二丁基羟基甲苯(BHT)

二丁基羟基甲苯又名 2,6-二特丁基对甲苯，为无臭、无味的无色结晶或白色结晶性粉末不溶于水、甘油，易溶于乙醇、大豆油等，对热稳定。BHT 抗氧化能力不如 BHA，与 BHA 复配使用效果较好，可用于食用油脂、油炸食品、饼干、方便面等食品的抗氧化。

3. 没食子酸丙酯(PG)

没食子酸丙酯又名棓酸丙酯，为无臭、微有苦味的白色至浅黄褐色晶体粉末，微溶于油脂和水，易溶于乙醇等有机溶剂，对热稳定，具有吸湿性，对光不稳定，易与铜、铁离子发生反应变为紫色或暗绿色。PG 对油脂的抗氧化能力很强，与增效剂柠檬酸或与 BHA、BHT 复配使用抗氧化效果较好。

4. 叔丁基对苯二酚(TBHQ)

叔丁基对苯二酚是无异味异臭的白色或浅黄色的结晶粉末，几乎不溶于水溶于乙醇、乙醚及植物油等，在油、水中溶解度随温度升高而增大。叔丁基对苯二酚大多数油脂尤其是植物油有防止腐败的作用，比 BHT、BHA、PG 等具有更强的抗氧化能力，与其他抗氧化剂和螯合剂有增效作用。

5. 茶多酚

茶多酚是由茶提取的抗氧化剂，为有茶叶味的浅黄色或浅绿色粉末，易溶于水、乙醇、乙酸乙酯等，在酸性和中性条件下稳定。茶多酚是一类多酚化合物的总称，包括儿茶素、黄酮、花青素、酚酸等，其中儿茶素占茶多酚总量的 60%～80%，也是茶多酚抗氧化作用的主要成分。茶多酚与柠檬酸、苹果酸、酒石酸有良好的协同效应，对于油脂的抗氧化能力很强，还具有防止食品褪色、杀菌等作用。

(三)漂白剂

1. 定义

食品漂白剂是指能够破坏、抑制食品发色因素，使其褪色或使食品免于褐变的物质。食品漂白剂除了食品漂白和抑制褐变，还具有防腐和抗氧化的作用。

2. 分类

根据食品漂白剂的作用机制，可将其分为还原性漂白剂及氧化性漂白剂两大类。还原性漂白剂能使着色物质还原而起漂白作用，所有的还原型漂白剂都属于亚硫酸类化合物，如亚硫酸氢钠、亚硫酸钠等；氧化性漂白剂能使着色物质氧化分解而漂白，如过氧化氢、过氧化钙、过氧化丙酮等，目前在我国食品工业中应用较少。

3. 常见的食品漂白剂

（1）二氧化硫。二氧化硫又称亚硫酸酐，在常温下为有强烈刺激臭的无色气体，易溶于水或乙醇，是一种有害气体，浓度较高时对眼和呼吸道黏膜有强刺激性。在果蔬制品加工中，二氧化硫可起到破坏酶氧化系统、阻止氧化的作用，使果实中单宁类物质不致氧化而变色，从而达到漂白的目的。二氧化硫还可以改变细胞膜的透性，提高果蔬干制的干燥率。

（2）亚硫酸钠。亚硫酸钠分为无水品与七水品两种，无水亚硫酸钠分子式为 Na_2SO_3，为无臭、具有清凉咸味和亚硫酸味的白色粉末或小结晶，易溶于水，微溶于乙醇，在空气中会缓慢氧化成硫酸盐，较七水亚硫酸钠更稳定；七水亚硫酸钠为无色单斜晶系结晶。

（3）焦亚硫酸钠。焦亚硫酸钠原名偏重亚硫酸钠，分子式为 $Na_2S_2O_5$，为带 SO_2 气味的白色粒状粉末或无色晶体或白色至黄色结晶状粉末，易溶于水，难溶于乙醇。亚硫酸氢钠与焦亚硫酸钠呈可逆反应，因此商用焦亚硫酸钠一般为两者的混合物。

（4）过氧化氢。过氧化氢又称双氧水，分子式为 H_2O_2，为无臭或略带刺激性臭味的无色透明液体，具有很强的漂白作用和杀菌作用，特别是在 pH 为 10～12 的碱性条件下漂白作用最强，可与水以任意比例混溶。遇光、遇热或在过氧化氢酶、过氧化物酶或碱的作用下会分解成水和氧，因此保存时需使用磷酸盐、有机酸盐等稳定剂。

（四）乳化剂

1. 定义

乳化剂是指添加于食品后可显著降低油水两相界面张力，使互不相溶的疏水性物质和亲水性物质形成稳定乳浊液的食品添加剂。在食品工业中常常使用食品乳化剂来达到乳化、均匀、稳定、分散起酥、改进食品风味、提高食品的品质和保藏性，防止食品变质等目的。

2. 分类

按分子量大小可分为小分子乳化剂和高分子乳化剂；按亲油或亲水性可分为油包水类乳化剂和水包油类乳化剂。

3. 常见的乳化剂

（1）乙酰化单甘油脂肪酸酯。其又称乙酸化脂肪酸甘油酯，是带有乙酸气味的褐色、黄褐色至米黄色的不同黏稠度液体或蜡状固体，不溶于水，不溶于冷的油脂，溶于热的油脂、乙醇、丙酮和其他有机溶剂。乙酰化单甘油脂肪酸酯可用作 W/O 型乳化剂，还能用于食品的涂层保鲜。

（2）乳酸脂肪酸甘油酯。乳酸脂肪酸甘油酯与乙酰化单甘油脂肪酸酯结构相似，属于 W/O 型乳化剂，外观呈稀液体至蜡状固体，不溶于水、甘油、丙二醇等极性物质，溶于热的油脂、己醇中。乳酸脂肪酸甘油酯热稳定性差，易被碱、酸和解脂酶水解。乳酸脂肪酸甘油酯与淀粉有很强的亲和力和优良的充气性，故广泛用于需要较高的充气量和持气能力的食品如蛋糕中。

(3)柠檬酸脂肪酸甘油酯。柠檬酸脂肪酸甘油酯又称柠檬酸单甘酯，属于阴离子型乳化剂，是香气和味温和的白色至黄白色蜡状固体或至软半固体，不溶于冷水、甘油和丙二醇，能分散于热水，易溶于乙醇。柠檬酸脂肪酸甘油酯在提高乳化能力、作为人造奶油的防溅剂和高脂食品中的脂肪代用品等方面应用价值较高。

(4)单硬脂酸甘油酯。单硬脂酸甘油酯又称单甘油酯，为白色蜡状薄片或珠粒固体，不溶于水，能溶于热的有机溶剂乙醇、苯、丙酮以及矿物油中，与热水经强烈振荡混合于水中，多为油包水型乳化剂。常用作乳化剂、稳定剂和凝固剂、消泡剂、涂层剂。

(5)蔗糖脂肪酸酯。蔗糖脂肪酸酯是蔗糖与脂肪酸酯化形成的化合物，又被称为脂肪酸蔗糖酯、蔗糖酯等，是无臭或稍有特殊气味的白色至黄色的粉末，有时也呈无色至微黄色的黏稠流体或软固体。其易溶于乙醇、丙酮，酯化程度可影响其亲水或亲油性。常作为乳化剂应用于冷冻饮品、果酱、小麦粉、糖果等食品中。

(6)大豆磷脂。大豆磷脂又称卵磷脂、磷脂等，是一种混合物，其中磷酸肌醇约占33%，磷酸胆胺约占25%，磷酸胆碱约占24%。为无臭或有特殊气味，淡黄色至棕色的黏稠液体。大豆磷脂是W/O和O/W两种类型兼可使用的乳化剂，广泛应用于糕点、糖果、人造奶油等食品。

(五)增稠剂

1.定义

食品增稠剂是指可以提高食品黏稠度或形成凝胶，从而改变食品的物理性质、赋予食品黏润、适宜的口感，并兼有乳化、稳定或使食品呈悬浮状态作用的物质。

食品增稠剂是一类高分子亲水胶体物质，分子中含羟基、羧基、氨基或羧酸根等亲水集团，能与水分子发生水化作用构成单相均匀分散体系。除了增稠、凝胶作用外，还具有发泡和稳定泡沫、黏合、成膜、保水等作用。

2.分类

根据来源，可将食品增稠剂分为植物渗出液制取、植物种子和海藻制取、动物原料制取、天然物质为基础的半合成增稠剂。

3.常见的食品增稠剂

(1)琼脂。琼脂又称为琼胶、冻粉或洋菜等。所形成的凝胶是胶类中强度最高的，可以制作许多坚韧而富有弹性的果冻食品。琼脂的另一个特性是快速凝固，在水果冻中可防止生成过程中水果浆产生上浮下沉；做油饼、面包的透明糖衣时，可减少油饼、面包的吸液软化倾向。

(2)阿拉伯胶。阿拉伯胶又称阿拉伯树胶、金合欢胶，为无臭、无味的黄色至淡黄褐色半透明块状体或白色至淡黄色颗粒状或粉末，溶于水，不溶于油和多数有机溶剂。阿拉伯胶由豆科金合欢树属植物的树干渗出液制得，是典型的“高浓低黏”型胶体，也是很好的天然水包油型乳化稳定剂和凝固剂，还具有降低溶液表面张力的功能，在食品工业中应用广泛。

(3)卡拉胶。卡拉胶又被称为鹿角菜胶、角叉胶等，是无臭、味淡的白色或淡黄色粉末，由半乳聚糖所组成的多糖类物质组成。不溶于冷水，不溶于有机溶剂，水溶液具有高度黏性和胶凝特点，其凝胶具有热可逆性，最突出的特点是与蛋白质类物质作用可形成稳定胶体。

(4)明胶。明胶是动物的皮、骨、韧带等含的胶原蛋白，经部分水解后得到的大分子多肽的高聚物,含有除色氨酸外组成蛋白质的全部氨基酸。明胶为有特殊臭味的白色或淡黄色、半透明、微带光泽的薄片或细粒,不溶于冷水但可吸水膨胀软化,不溶于乙醇、乙醚、氯仿等有机溶剂,溶于醋酸、甘油等。明胶具有保护胶体、稳定泡沫的作用,还可提高食品的营养价值,在食品工业中有着重要的作用。

(5)海藻酸钠。海藻酸钠又称藻酸钠、海藻胶、藻朊酸钠等,是海藻提取的无臭、无味的白色或淡黄色粉末。溶于水成黏稠状胶体溶液,不溶于乙醇、氯仿和乙醚。海藻酸钠易与蛋白质、淀粉、明胶、阿拉伯胶、CMC、甘油、山梨醇等共溶,所以可与多种食品原料配合使用。在食品工业中,海藻酸钠最主要的作用是形成食用凝胶。

(6)果胶。果胶主要成分是多缩半乳糖醛酸甲酯,根据酯化的半乳糖醛酸基与总的半乳糖醛酸基的百分比值,可将果胶分为高甲氧基果胶(50%～75%)和低甲氧基果胶(20%～50%)。果胶是稍有特异臭、味微甜带酸的淡黄褐色粉末,无固定熔点和溶解度,不溶于乙醇及其他有机溶剂,与三倍及以上的砂糖混合后更易溶于水。果胶作为凝胶剂所形成的凝胶在结构、外观、色、香、味等影响感官方面均优于其他食品增稠剂,在食品工业中应用广泛。

(六)食品膨松剂

1.食品膨松剂的定义

食品膨松剂又被称为膨胀剂、起发粉、面团调节剂等,是指在食品加工过程中加入的,能使产品发起形成致密多孔组织,从而使得制品疏松、柔软或酥脆的物质。

2.常见的食品膨松剂

(1)碱性膨松剂。碱性膨松剂也称膨松盐,常用的有碳酸氢钠、碳酸氢铵等。碱性膨松剂具有价格低廉、保存性较好、使用稳定性较高等优点,所以常在饼干、糕点中单独用作膨松剂。碳酸氢钠受热分解后产生 CO_2 气体,但其在成品中残留碳酸钠使之呈碱性,影响口味,使用不当时还会使成品表面出现黄色斑点。碳酸氢铵因其分解后产气量大,所以起发能力强,但过量使用会在成品中残留刺激性的氨气,使成品具有特异臭,并且使成品内部或表面出现大的空洞。

(2)酸性膨松剂。酸性膨松剂也称膨松酸,常用的有酒石酸氢钾、硫酸铝钾、各种酸性磷酸盐。酸性膨松剂主要用作复合膨松剂的酸性成分。戚风蛋糕生产中常用的塔塔粉,其化学本质为酒石酸氢钾,作用是提供酸性,帮助蛋白打发以中和蛋白的碱性,消除蛋白的碱味,且使色泽变为雪白

(3)生物膨松剂。生物膨松剂主要是指以各种形态存在的优良的酵母菌,酵母菌因发酵时使糖类生成二氧化碳和酒精,使得面胚起发、增大,具有膨松剂的特点,因此也被称为生物膨松剂,主要用于面包、馒头和苏打饼干等。

(4)复合膨松剂。复合膨松剂又称发酵粉、发泡粉、泡打粉,是由多种成分配合而成,在实际中应用最多。复合膨松剂的配方很多,依具体的食品生产而有所差异。复合膨松剂主要是由碳酸盐、酸性或有机酸及助剂 3 个部分组成。

碳酸盐用量占 20%～40%,常用碳酸氢钠等,作用是产生 CO_2;酸性或有机酸用量占 35%～50%,常用柠檬酸、酒石酸、延胡索酸、乳酸等,作用是与碳酸盐发生反应产生气体,并降低成品的碱性;助剂用量占 10%～40%,常用淀粉、脂肪酸等,其作用是改善膨松剂的保存性,防止吸潮结块和失效。

第五节　有毒有害成分

一、食品有毒有害成分概述

1. 定义

食品中有毒有害成分也称嫌忌成分、毒素、毒物等，是指已经证明人和动物在摄入达到某个数量时可能带来相当程度危害的物质，这个摄入量往往是正常膳食摄入量的 1/25 以下。带来的危害可能是急性中毒、慢性中毒、致癌、致畸、致突变等。

毒性指的是有毒物质具有的对细胞和(或)组织产生损害的能力，毒性较高的物质较小剂量即可造成损害，毒性较低的物质大剂量才呈现毒性作用。

2. 分类

根据其性质不同，可分为生物性有害成分(如有害微生物及其毒素、病毒、寄生虫及其虫卵和昆虫等)、物理性有害成分(食品吸附、吸收的外来放射性元素如^{137}Cs、^{90}Sr 等)和化学性有害成分(如农药、兽药、重金属元素、食品添加剂、环境污染物、工业三废等)。

根据其来源不同，可分为食品原料中的天然毒素(即内源性有害成分)、环境污染产生的毒素(即外源性有害成分)和食品加工、贮藏过程中产生的毒素(即诱发性有害成分)。

根据食品原料不同，可分为植物性食品中的有害成分(大部分为植物次生代谢物)和动物性食品中的有害成分(如鱼类和贝类毒性物质等)。

二、食品原料中的天然毒素

(一)植物性食品中的天然毒素

1. 氰苷

氰苷主要存在于杏、桃、李、等核果或仁果的核、仁以及木薯块根、亚麻籽中，是一类由氯醇衍生物的羟基和 *D*-葡萄糖缩合形成的糖苷类化合物，水解后产生氢氰酸，因此又称生氰糖苷。人体摄入氰苷后会导致意识紊乱、肌肉麻痹、呼吸困难、抽搐和昏迷窒息而死亡。

2. 硫苷

硫苷又称硫代葡糖苷，主要存在于甘蓝、萝卜、芥菜等十字花科蔬菜及葱、大蒜等葱蒜属植物中，是一类含有 *β*-*D*-硫代葡糖基成分的糖苷类化合物。过量摄入会引发甲状腺代谢性肿大。

3. 皂苷

皂苷又称皂素，因其水溶液振摇时能像肥皂一样产生大量泡沫而得名，是类固醇或三萜系化合物的低聚糖苷类化合物的总称，在植物界中分布广泛。过量摄入会出现喉部发痒、噎逆、恶心、腹痛、头痛、晕眩、泄泻、体温升高、痉挛等中毒症状，严重者会因麻痹而致死亡。

4. 凝集素

凝集素也称植物红细胞凝集素，是一种能使血液中的红细胞凝集的蛋白质，主要有大豆凝集素、蓖麻毒蛋白等，存在于豌豆、扁豆、菜豆、刀豆、蚕豆等豆类中。含有凝集素的食物生食或烹调加热不足时会引起食用者恶心、呕吐等症状，严重者甚至死亡。加工时可采取加热处理以及热水抽提等措施去毒。

5. 消化酶抑制剂

消化酶抑制剂是一种能够对食品成分的消化起阻碍作用的小分子蛋白质，主要有胰蛋白酶抑制剂和淀粉酶抑制剂两类。胰蛋白酶抑制剂主要存在于豆类及马铃薯块茎食物中，能抑制酶水解蛋白质的活性；淀粉酶抑制剂主要存在于小麦、菜豆、芋头、未成熟的香蕉和杧果等食品中，能使淀粉酶的活性钝化。消化酶抑制剂会影响人体对营养物质的吸收，高压蒸汽处理及充分加热处理去除消化酶抑制剂的活性。

6. 毒肽

毒肽多存在于毒菌中，如鹅膏菌毒素和鬼笔菌毒素等，误食后可造成严重的后果。其毒性机制基本相同，都是作用于肝脏，误食约 50 g 毒蕈，其中所含的毒素即可致人死亡，数小时后出现中毒症状，3～5 d 后死亡。

7. 山黧豆毒素

山黧豆毒素存在于山黧豆中，一类是氨基酸毒素，可致神经麻痹，如 α,γ-二氨基丁酸、γ-N-草酰基-α,γ-二氨基丁酸等，另一类是氨基酸衍生物毒素，可致骨骼畸形，如 β-N-(γ-谷氨酰)-氨基丙腈、γ-羟基戊氨酸等。人体摄入山黧豆毒素后会产生肌肉无力、不可逆的腿脚麻痹等症状，严重时可导致死亡。

8. 刀豆氯酸

人体摄入刀豆氯酸会阻抗体内的精氨酸代谢，焙炒或煮沸 15～45 min 可以破坏大部分的刀豆氨酸。

9. 毒蝇蕈碱

毒蝇蕈碱存在于毒蝇蕈等毒伞属蕈类中，是一种羟色胺类化合物，人体摄入后 15～30 min 出现多涎、流泪和多汗症状，严重者发生恶心、呕吐和腹泻，脉搏降低、不规律，哮喘，并有致幻作用，少见死亡。可使用阿托品硫酸盐解毒。

10. 秋水仙碱

秋水仙碱主要存在于鲜黄花菜中，本身无毒，但在体内被氧化成氧化二秋水仙碱后有剧毒。人体摄入后数分钟至十几小时出现恶心、呕吐、腹痛、腹泻、头昏等症状。鲜黄花菜经干制，或水浸或开水烫后高温烹饪可去毒。

11. 棉酚

棉酚主要存在于棉籽中，是萘的衍生物，会在榨油时进入棉籽油中，因此食用棉籽油的地区易发生棉酚中毒。棉酚可损害人体的肝、肾、心等脏器和中枢神经系统，降低生殖能力。可用湿热处理法、溶剂萃取法、加碱加水炼制抽提法等方法去毒。

（二）动物性食品中的天然毒素

1. 河豚毒素

河豚毒素主要存在于河豚中，在一些两栖类爬行动物体内也有存在，是一种小分子量、非蛋白质的神经毒素，毒性很强。河豚毒素在河豚肌肉和血液中含量很低，浓度较高的部位依次是卵巢、鱼卵、肝脏、肾脏、眼睛和皮肤，河豚毒素中毒大多是因为食用了毒素含量较高的部位。河豚毒素理化性质稳定，耐光、耐盐、耐热，因此一般的家庭烹调和灭菌操作不能去除其毒性，但在碱性环境中易于降解。

2. 组胺

沙丁鱼、金枪鱼、鲭鱼、大麻哈鱼等青皮红肉鱼体内含有丰富的组氨酸，死亡后游离的组氨酸脱去羧基产生组胺。组胺毒性较强，人体摄入后出现恶心、呕吐、腹泻、头昏等症状，1～2 d后症状消逝。青皮红肉鱼在鲜活状态下处理和烹调不会产生组胺，但食用死亡较久的青皮红肉鱼可能发生中毒现象。

3. 贝类毒素

贝类自身无毒素，但它们摄取的有毒藻类产生的毒素在其体内累积放大，转化为有机毒素，可引起人类食物中毒。贝类毒素包括麻痹性贝类毒素和腹泻性贝类毒素两类。

麻痹性贝类毒素是一类四氢嘌呤的三环化合物，可溶于水，一般呈白色，易被胃肠道吸收，耐高温、耐酸，在碱性条件下不稳定易分解失活，毒性与河豚毒素相似。

腹泻性贝类毒素是一类脂溶性次生代谢产物，其化学结构是聚醚或大环内酯化合物，主要由鳍藻属和原甲藻属等藻类产生，因人类误食后主要症状是腹泻而得名，一般在摄入贝类后30 min到4 h内产生症状，持续2～3 d即可痊愈。腹泻性贝类毒素性质非常稳定，一般的烹调加热不能使其破坏。

三、环境污染产生的毒素

(一)微生物毒素

1. 沙门氏菌

沙门氏菌是引起食物中毒的重要病原菌，主要存在于动物肠道中，沙门氏菌本身不分泌外毒素，但菌体裂解时可释放出毒性很强的内毒素，人体摄入后表现为呕吐、腹泻、腹痛、头痛、体温升高、痉挛等症状，严重者导致死亡。沙门氏菌不耐热，60～70℃经30 min即可杀死。

2. 大肠杆菌

大肠杆菌为人体肠道内的正常寄居菌，但有些菌株会导致人腹泻等。生牛乳、果汁、蔬菜、香肠等都易污染大肠杆菌。大肠杆菌对热敏感，正常烹饪的温度即可杀灭。

3. 肉毒杆菌

肉毒杆菌是严格厌氧菌，芽孢极为耐热，因此罐头杀菌不足时容易导致食用者中毒。肉毒杆菌产生的肉毒毒素是一种神经毒素，能使膈肌或其他呼吸器麻痹而造成患者窒息死亡。国外引起肉毒杆菌中毒的食品主要是罐头和香肠等，国内主要是臭豆腐和豆瓣酱等。加工过程中应注意适当灭菌、冷藏或冷冻处理。

4. 金黄色葡萄球菌

金黄色葡萄球菌是葡萄球菌中致病力最强的一种，污染食品后可分泌出葡萄球菌肠毒素，该毒素较耐热，人体摄入后表现为恶心、呕吐、痉挛、腹泻等急性胃肠炎症状。加工过程中应注意适当加热、冷藏或冷冻处理。

5. 黄曲霉毒素

黄曲霉毒素主要存在于花生、花生油、玉米稻米等粮油及其制品中，是目前为止所发现的毒性最强的霉菌毒素，也是目前所知致癌性最强的化学物质。黄曲霉毒素十分耐热，一般的烹调加工很难将其破坏。急性毒性主要表现为肝毒性，症状包括呕吐、厌食、发热、黄疸和腹水等肝炎症状；慢性毒性主要表现为生长缓慢、发育迟缓、肝脏出现损伤。

6. 青霉毒素

青霉毒素常见于黄变米中，是由污染食品的青霉菌产生的毒性代谢产物，毒性很强，可引发动物肝脏硬化和肝癌，对哺乳动物肾脏也有损害。

7. 镰刀菌毒素

镰刀菌毒素又称赤霉病麦毒素，是镰刀菌在各种粮食中生长所产生的一种有毒的代谢产物。镰刀菌毒素性质比较稳定，耐热、耐酸、耐干燥，120℃的温度仍不能破坏其活性，因此被镰刀菌污染的粮食不能再食用，也不能用作饲料。

（二）农药、兽药残留

1. 有机磷农药

有机磷农药占农药总用量的80%左右，是人类最早合成且目前仍在广泛使用的一类杀虫剂。敌敌畏、丙硫磷、乐果等都属于有机磷农药。有机磷农药是一种神经毒素，人体摄入后引起中枢神经系统过度兴奋而出现中毒症状。大多数的有机磷农药为无色或黄色的油状液体，不溶于水，易溶于有机溶剂及脂肪中，在碱性条件、紫外线、氧化及热的作用下极易降解，在食品加工过程中，可利用有机磷农药对热的不稳定性和酶的作用降低残留。

2. 有机氯农药

有机氯农药具有广谱、高效、价廉、急性毒性小的特点，但在自然界中降解很慢，半衰期可达数年之久，属高残留品种，环境危害较大。我国在1983年开始禁止生产和使用有机氯农药，但由于有机氯农药性质稳定，在环境中仍有残留，进而影响食品的安全性。有机氯农药属于神经毒素，主要引起中枢神经系统疾患，摄入后还会引起肝脏脂肪病变，肝、肾器官肿大等，并具有致畸致癌、致突变作用。

3. 兽药残留

常见的兽药包括抗生素类、驱肠虫药类、生长促进剂类、抗原虫类、灭锥虫药类、镇静剂类、β-肾上腺素能受体阻断剂。兽药滥用、假兽药或劣质兽药、兽药使用不当或使用违禁或淘汰药物等均会造成兽药残留超标。食品中的兽药残留可引起中毒者的超敏反应、损害泌尿系统和造血系统、致癌致畸等。

（三）重金属

1. 汞

汞俗称水银，是室温下唯一的液体金属，汞蒸气被人体吸入后会引起中毒，有机汞的毒性比无机汞大。受汞污染的鱼类和贝类等动物性食品是人类通过膳食摄取汞、引起汞中毒的主要来源。无机汞引起的急性中毒会导致肾组织坏死，发生尿毒症，严重时引起死亡；有机汞引起的急性中毒早期主要造成胃肠系统的损坏，引起肠道黏膜发炎，剧烈腹痛、腹泻和呕吐，甚至虚脱而死亡。慢性汞中毒会造成肝脏、肾脏的功能性衰竭。甲基汞对机体还具有致突变性、致畸性和致癌性，影响人体生育能力。

2. 铅

铅在自然界里以化合物状态存在，分布很广。食品中的铅主要来源于含铅农药残留，含铅三废污染，含铅输送管道、加工设备、包装材料，含铅食品添加剂等。铅急性中毒的主要症状为食欲不振、口腔有金属味、失眠、头痛、头昏、肌肉关节酸痛、腹痛、胃肠炎等；长期蓄积可损害造血系统、肾脏和神经系统。

3. 镉

在重金属污染中，以镉最为严重。食品中镉主要来源于含镉工业三废对水源的直接污染、鱼贝类等水生生物的生物富集作用等。镉的急性中毒的主要症状为呕吐、腹痛和腹泻，继而引发中枢神经中毒。镉的慢性毒性主要表现在肾脏中毒、骨中毒和致癌性。

四、食品加工、贮藏过程中产生的毒素

1. 亚硝胺类

亚硝胺类主要来源于腌制肉制品、咸鱼、熏肉制品等，具有很强的致癌、致畸、致突变性。亚硝胺主要由亚硝酸盐与仲胺在人和动物体内发生亚硝化反应转化形成。在肉制品加工过程中，可在添加亚硝酸盐的同时加入维生素 C 或维生素 E 等还原剂，抑制亚硝胺的转化；少食腌制蔬菜，多食新鲜水果蔬菜；预防食物微生物污染等，均可有效预防亚硝胺的危害。

2. 杂环胺

杂环胺是蛋白质、肽和氨基酸的热解产物，包括氨基咪唑并喹啉、氨基咪唑并吡啶、氨基咪唑并吲哚等，是一类氨基咪唑杂芳烃类化合物。杂环胺在肝脏内代谢活化后具有强烈的致突变性和致癌性。烧烤，煎炸、烘焙等烹调方法产生的杂环胺数量较多，因此改进烹调加工方法，多食用富含膳食纤维、维生素 C、维生素 E、黄酮类物质的水果蔬菜可有效预防杂环胺的危害。

3. 苯并[a]芘

苯并[a]芘是目前世界上公认的强致癌、致畸、致突变物质之一，属于多环芳烃类化合物。食物中的苯并[a]芘来源于大气污染和食物加工特别是熏烤加工中。严格控制食品熏烤温度，避免食品直接接触明火，改良食品烟熏剂，使用熏烟洗净器或冷熏液，可有效预防苯并[a]芘的危害。

4. 食品添加剂使用不当

某些食品添加剂本身没有毒性作用，但它们加入食品及进入人体以后经一定的化学或代谢转化成为有毒性的转化产物，如亚硝酸盐可在体内转化为致癌的亚硝基化合物；食品添加剂中所含的杂质也会成为对人体有害的成分，如糖精中的邻甲苯磺酰胺；过量使用营养性添加剂如维生素 A 等会引起中毒现象；有些食品添加剂会引起过敏反应；有些食品添加剂具有急性和慢性毒性，超标使用会对人体健康产生危害。

知识拓展

单宁在葡萄酒中的作用

葡萄酒中的单宁可分为内源单宁和外源单宁。内源单宁为缩合单宁，是葡萄在浸渍过程中产生的；外源单宁有的是缩合单宁，有的是水解单宁，来自橡木桶、商业酿酒用单宁等。单宁在葡萄酒中的作用主要有以下几点：

(1)单宁可以与水溶性蛋白、非水溶性蛋白或其他聚合体(多糖)结合，形成沉淀或起到鞣制作用，这种能力被称为单宁的收敛性或涩性。

(2)单宁可以增加酒的颜色稳定性，保护白葡萄酒中的黄烷醇和红葡萄酒中的花色苷等。

(3)单宁可以通过与过氧化物和自由基发生一系列复杂的化学反应形成协作化合物，消除葡萄酒中的硫酐和硫醇带来的不良气味。

(4)单宁可以改善葡萄酒过重的酸味，使其能够较好地进行陈酿。高品质的单宁可以使酒体变得柔顺，丰满，带来香草、甘草香气，掩盖青草和过苦的味道，降低葡萄酒的苦涩味。

(5)单宁可以与维生素 E、维生素 C 协同产生抗氧化效应，具有很强的清除自由基的能力，还具有轻微的抗菌作用，能减轻灰霉菌对葡萄酒质量的不良影响。

学科前沿

电子鼻在食品行业的应用

电子鼻是模仿生物鼻的一种电子系统，所得到的响应谱为该气体的广谱响应谱。电子鼻由三部分组成：气敏传感阵列、信号处理系统、模式识别系统。气敏传感阵列用来将化学信号转化成能被电子软件分析的电信号，信号处理系统加工处理传送来的电信号数据，模式识别系统判别处理过的数据。在电子鼻工作时，挥发物交互作用于传感器，改变了传感器的电阻，由于各个传感器的化学反应动力学不同，所得的电阻数据转换成为样品的气体指纹。

由于大多数食品分析方法具有操作复杂、耗费时间长、不能实现全自动进样、需要专门人员操作等缺陷，因此快速、低成本的食品化合物定性、定量分析方法引起了人们的极大兴趣。电子鼻具有操作安全、快速和成本低等优点，因而得到了食品行业的普遍关注。目前，电子鼻在农业领域主要应用于风味物质分析、食品货架期分析、食品产地鉴别、水果成熟度分析、肉品质量分析、酒类检测等。

电子鼻相对于感官检测有着速度快、检测产品结果稳定等优点，但是也存在着针对面小、对环境要求高、需要调整等缺点。随着科技的不断发展，相信能研制出更快捷、简便、准确的电子鼻，为食品行业以及其他行业提供更加可靠的检测数据。

实验一　果蔬酶促褐变的控制及护色实验

一、实验目的

(1)了解果蔬酶促褐变的原理。

(2)通过果蔬加工中热烫等处理方法和加抗坏血酸等护色实验，初步掌握果蔬加工中护色的常用方法。

二、实验原理

大多数浅色果蔬在加工过程中易发生酶促褐变，使产品颜色发暗。为保护果蔬原有色泽，往往先在弱碱性条件下进行短时间的使酶钝化的热烫处理，从而达到护色的目的。果蔬加工中，往往采用热烫钝化酶、控制酸度(柠檬酸、草酸、乙酸)、加抗氧化剂(如抗坏血酸)、加化学药品(亚硫酸氢钠)来抑制酶的活性等方法来防止和抑制酶促褐变。

三、试剂与器材

1. 原料

马铃薯、红薯。

2. 试剂

1.5%愈创木酚，3%过氧化氢，1%邻苯二酚，0.4%亚硫酸氢钠，0.4%抗坏血酸，1%柠檬酸，1%草酸，1%抗坏血酸，1%乙酸。

3. 器材

加热板，石棉网，镊子，刀，菜板，烧杯，滴管。

四、操作步骤

1. 观察酶促褐变的色泽变化

(1)马铃薯人工去皮,切成3 mm厚的圆片,取一片切面滴上2～3滴1.5%的愈创木酚再滴上2～3滴过氧化氢,由于马铃薯中过氧化物酶的存在,愈创木酚与过氧化氢经酶作用,脱氢而产生褐色的络合物。

(2)红薯人工去皮,切成3 mm厚的圆片,滴1%邻苯二酚2～3滴,由于多酚氧化酶存在,而使原料变成茶褐色或深褐色的络合物。

2. 防止酶褐变

(1)热烫、高温可以使氧化酶类丧失活性,生产中利用热烫防止酶褐变,将马铃薯片投入沸水中,待再次沸腾计时,每隔0.5 min,取出一片马铃薯用1.5%愈创木酚和3%过氧化氢滴在切面上,观察0.5、1.0、1.5、2.0 min后其变色的速度和程度,直到不变色为止,记录各时间段其变色程度和速度。

(2)不同化学试剂防止酶褐变。各种可降低介质的pH和减少溶解氧的化学试剂均可抑制氧化酶类活性,将切片的红薯分别取3～5片(块)投入到0.4%亚硫酸氢钠溶液、0.4%抗坏血酸溶液、1%柠檬酸溶液、1%草酸溶液、1%抗坏血酸、1%乙酸溶液中,分别护色5、10、15、20 min,取出用滤纸快速吸干表面水分,用1.5%愈创木酚(2～3滴)和3%过氧化氢(2～3滴)滴在切面上,或滴1%邻苯二酚2～3滴到切面上,观察并记录其变色的速度和程度。

五、注意事项

(1)马铃薯和红薯去皮时要注意安全,同时速度要快,时间久了会发生褐变。

(2)愈创木酚的熔点为26℃,使用前要观察其溶液的状态。

(3)马铃薯和红薯切片时要尽量薄厚一致、单片的薄厚均匀。

(4)热烫时,水沸后再将马铃薯投入,水再次沸腾时开始计时。

(5)各类护色剂要进行对比观察,分析护色效果和原理的差异。

六、问题与讨论

(1)热烫的护色原理是什么?都有哪些相关酶发生钝化?

(2)亚硫酸氢钠、柠檬酸、草酸、乙酸、抗坏血酸护色的原理是什么?重点就抗坏血酸进行阐述。

实验二　食品香气形成实验

一、实验目的

了解食品的香气形成机制。

二、实验原理

食品在加工过程中,糖类和氨基酸是形成香气的主要前体。糖和氨基酸加热发生美拉德反应和斯特雷克尔降解反应，不仅生成棕褐色的色素，而且还伴随着形成多种香气物质。如葡萄糖或五碳糖与精氨酸溶液在100℃加热，产生爆玉米花香气；葡萄糖或五碳糖与谷氨酸溶液在100℃加热，产生巧克力香气；葡萄糖或五碳糖与亮氨酸溶液在100℃加热，产生甜巧克力香气；糖与半胱氨酸或胱氨酸在100℃加热反应，产生肉香气。加热温度、时间不同，或者糖、氨基酸组成不同、含量不同，产生的香气也不同。

许多食品在焙烤时，产生强烈香气，主要是按斯特雷克尔反应机制生成醛和烯醇胺，进而环化形成吡嗪类化合物，如芝麻、花生。

三、试剂与器材

1. 原料

花生、芝麻。

2. 试剂

10%葡萄糖，10%阿拉伯糖或木糖，5%谷氨酸，5%精氨酸，5%亮氨酸，5% *L*-半胱氨酸或胱氨酸溶液。

3. 器材

烧杯，加热板。

四、操作步骤

(1)取250 mL烧杯4个，分别加入5%谷氨酸、5%精氨酸、5%亮氨酸、5% *L*-半胱氨酸(或胱氨酸)溶液各50 mL，再分别加入10%葡萄糖溶液20 mL，于电炉上加热，搅拌至微沸后，辨别并记录其香气。

用五碳糖代替六碳糖，同样操作一次。记录香气类型，讨论产香机制并辨别香气的异同点。

(2)取花生或芝麻50 g，在炒锅或蒸发皿上焙炒，记录香气。并讨论各自产生哪些主要香气成分与反应机理。

五、问题与讨论

1. 食品加工中香气形成途径有哪些？请各举一例说明其香气形成机制。

2. 花生焙烤主要产生哪些香气成分？说明其反应机制。

实验三　叶绿素含量的测定

一、实验目的

(1)学习使用分液漏斗分离水与不溶于水的有机溶剂。

(2)掌握用有机溶剂萃取青菜叶中叶绿素的方法。

二、实验原理

叶绿素的分子结构是由四个吡咯环组成的一个卟啉环，此外还有一个叶绿醇的侧键，由于分子具有共轭结构，因此可吸收光能。叶绿素是脂类化合物，所以它可溶于丙酮、石油醚、己烷等有机溶剂，用有机溶剂提取的叶绿素可在一定波长下测定叶绿素溶液的吸光度，利用 Arnon 公式计算叶绿素含量。

三、试剂与器材

1. 原料

绿色蔬菜叶片。

2. 试剂

丙酮、碳酸钙。

3. 器材

分光光度计，电子天平，容量瓶，研钵，漏斗，滴管，滤纸，试管架。

四、操作步骤

1. 提取叶绿素

准确称取 1.00 g 青菜样品于研钵中，加入少许碳酸钙(约 0.5 g)，充分研磨成匀浆，加入丙酮研磨后倒入 100 mL 容量瓶中；然后用丙酮分几次洗涤研钵并倒入容量瓶中，用丙酮定容至 100 mL。充分振摇后，用滤纸过滤，记录滤液体积。

2. 叶绿素的测定

取滤液分别于 645 nm、663 nm 和 652 nm 波长下，以丙酮调整零点，以 1 cm 比色皿测定其光密度。溶液的浓度应使测出的光密度在 0.2～0.7 为最佳，当试样溶液的光密度大于 0.7 时，可用丙酮稀释到适当浓度，然后测定，记录测定数据。

五、实验结果记录

按照下式计算叶绿素 a 和叶绿素 b 的含量以及叶绿素总量(分别用 X_a、X_b 和 $X_{总}$ 表示)。

$$X_a(\text{mg/g 鲜重})=(12.7\times OD_{663}-2.69\times OD_{645})\times\frac{V}{1\,000\,m}$$

$$X_b(\text{mg/g 鲜重})=(22.9\times OD_{645}-4.68\times OD_{663})\times\frac{V}{1\,000\,m}$$

$$X_{总}(\text{mg/g 鲜重})=(20.0\times OD_{645}+8.02\times OD_{663})\times\frac{V}{1\,000\,m}$$

如果只测定总叶绿素含量可测定 652 nm 波长下的光密度，按照下式计算：

$$X_{总}=\frac{OD_{652}}{34.5}\times\frac{V}{1\,000\,m}$$

式中：m 为样品质量(g)；V 为叶绿素滤液最终体积(mL)。

六、注意事项

(1)所计算出的叶绿素含量通常用 mg/g 鲜重为单位。但这一单位有时会使结果的小数位数太多，使用不方便，这种情况下可采用 μg/g 鲜重为单位。

(2)叶绿素提取及含量测定中，1 g 青菜样品含水量极高，可视作 1 mL 水，用丙酮定容至

100 mL，其丙酮含量大约为 99%，可以用 99%丙酮或丙酮调整零点。

七、问题与讨论

(1)测定叶绿素含量实验中，使用分光光度计应注意哪些问题？

(2)叶绿素在酸、碱介质中稳定性如何？

单元小结

食品中的其他成分包括食品中的呈色物质、嗅感物质、风味物质、食品添加剂及有毒有害成分等，在食品中起着非常重要的作用。

根据食品中色素的来源不同，可将其分为食品中的天然色素和人工合成色素两大类。天然色素的分类方法很多，根据结构，可分为四吡咯色素(血红素、叶绿素等)、多烯类色素(胡萝卜素、叶黄素等)、多酚类色素(花青素、花黄素等)、醌酮类色素(红曲色素，姜黄素等)等。天然色素的结构及性质各有不同，pH、光照、温度、抗坏血酸、二氧化硫、金属元素、酶等因素常常会对天然色素产生影响，在加工贮藏过程中需多加注意。

大部分天然色素存在成本较高、染色力和稳定性较差、成分较复杂等缺点，而人工合成色素具有成本低廉、使用方便、色泽鲜艳、稳定性高、耐贮存、杂质少等优点，在食品工业中的应用十分广泛，但使用时必须注意其安全限量。食用合成色素根据其结构，可分为非偶氮色素类(赤藓红、亮蓝、靛蓝等)和偶氮色素类(柠檬黄、日落黄、苋菜红、胭脂红、新红等)。

食品中香气的形成途径可总结为两大类：酶促化学反应和非酶促化学反应。根据食品中香气的来源，可将其分为植物性食物的香气(水果的香气成分、蔬菜的香气成分)、动物性食物的香气(畜禽肉类的香气成分、水产品的香气成分、乳及乳制品的香气成分)、发酵食品的香气(酒类的香气成分、酱制品的香气成分、其他发酵食品的香气成分)、焙烤食品的香气。食品中的香气成分种类繁多、组成复杂，性质也各有不同，在加工贮藏过程中需多加注意。

广义的食品风味是指食物在摄入口腔前后，对人的所有感觉器官产生刺激，由此而产生的各种感觉的综合，包括味觉、嗅觉、触觉、视觉和听觉等。狭义的食品风味一般指味觉和嗅觉方面的感觉。食品风味具有种类多、含量少、相互影响、稳定性差、易受影响、缺乏普遍规律的特点。味觉是食品在人的口腔内对味觉器官化学系统的刺激而产生的一种感觉，我国一般将味觉分为酸、甜、苦、咸、鲜、辣、涩等。味觉的影响因素包括呈味物质的结构、温度、浓度及溶解度、呈味物质的相互作用、个体差异等。食品风味分析方法有感官评价法和仪器法。甜味、酸味、咸味、苦味、鲜味、辣味、涩味的呈味机理、影响因素、常见呈味物质有其各自的特点，在加工贮藏过程中要注意其性质。

食品添加剂是指为改善食品品质和色、香、味，以及为防腐、保鲜和加工工艺的需要而加入食品中的人工合成或者天然物质。食品添加剂按照其来源，可分为天然食品添加剂和化学合成食品添加剂；按照其功能可分为 22 类，如酸度调节剂、抗结剂、消泡剂、抗氧化剂、漂白剂、膨松剂等。食品添加剂必须按照相关的规定来使用。

食品中有毒有害成分也称嫌忌成分、毒素、毒物等，是指已经证明人和动物在摄入达到某个充分数量时可能带来相当程度危害的物质。根据其性质不同，可分为生物性有害成分、物理性有害成分和化学性有害成分。根据其来源不同，可分为食品原料中的天然毒素、环境污染产生的毒素和食品加工、贮藏过程中产生的毒素。根据食品原料不同，可分为植物性食品中的有害成分和动物性食品中的有害成分。

课后练习

一、单项选择题

1. 下列哪种色素属于四吡咯色素？（　　）
   A. β-胡萝卜素　B. 玉米黄素　C. 花青素　D. 叶绿素
2. 下列哪种色素属于偶氮色素类？（　　）
   A. 赤藓红　B. 胭脂红　C. 靛蓝　D. 亮蓝
3. 下列哪种不属于嗅觉的特征？（　　）
   A. 灵敏性　B. 适应性　C. 随机性　D. 差异性
4. 下列哪种不属于味觉的影响因素？（　　）
   A. 湿度　B. 温度　C. 浓度　D. 溶解度
5. 下列哪种食品添加剂不属于常用的抗氧化剂？（　　）
   A. 对羟基苯甲酸酯类　B. 丁基羟基茴香醚　C. 没食子酸丙酯　D. 叔丁基对苯二酚
6. 核果和仁果中常见的植物毒素是（　　）。
   A. 硫苷　B. 皂苷　C. 氰苷　D. 凝集素
7. 农药残留属于（　　）。
   A. 植物性有害成分　B. 生物性有害成分　C. 物理性有害成分　D. 化学性有害成分
8. 青皮红肉鱼中的毒素主要是（　　）。
   A. 凝集素　B. 组胺　C. 秋水仙碱　D. 消化酶抑制剂

二、判断题

1. 在高等植物中存在着 a、b 两种类型的叶绿素，含量比约为 1∶3。（　　）
2. 在澄清果汁加工过程中，可用加明胶的方法除去过量的单宁。（　　）
3. 对酶促褐变起催化作用的酶主要是过氧化物酶。（　　）
4. 果蔬在加工贮藏过程，香气成分会一直增加。（　　）
5. 人工合成甜味剂具有化学性质稳定，耐热、耐酸和耐碱，不易分解等优点，可以在食品中以任意比例使用。（　　）
6. 贝类毒素包括麻痹性贝类毒素和腹泻性贝类毒素两类，均为贝类自身分泌的毒素。（　　）
7. 黄曲霉毒素主要存在于花生、花生油、等粮油及其制品中，高温可将其破坏。（　　）
8. 消化酶抑制剂是一种能够对食品成分的消化起阻碍作用的小分子蛋白质，主要有胰蛋白酶抑制剂和淀粉酶抑制剂两类。（　　）

三、简答题

1. 动物被屠宰放血后肉的颜色如何变化？
2. 如何控制酶促褐变？
3. 食品风味的特点有哪些？
4. 食品添加剂如何分类？
5. 为什么豆类不能生食？

二维码 10-4　第十章课后练习参考答案

第十一章

生物氧化和物质代谢

【本章引言】

生物氧化是指糖类、脂类和蛋白质三大营养物质在生物体内氧化分解成 CO_2 和水，并且释放出大量能量的过程，本章内容主要讲述这三大类物质在体内的代谢过程及三大类物质之间的相互转化。

【科学史话】

米中含有淀粉，淀粉降解为葡萄糖后如果进一步发生化学变化，可以得到乳酸、酒精和醋酸等物质。我国古代劳动人民制作相关产品的历史非常悠久，例如，酸菜中酸味主要来源于葡萄糖分解产生的乳酸，《周礼》中所记载的“菹”就是指现在的酸菜。《酒经》记载，在夏朝初年，就有官员用饭酿成的酒献给大禹。醋字是在汉代才有的，早期的醋叫作“酢”，北魏时期的《齐民要术》中记载了酢的做法。据史料记载，麦芽糖生产始于殷商，初名为“饴”，麦芽糖也叫饴糖，又称胶糖、饧糖，是由糯米、粳米、麦面、粟或玉米等经过蒸煮、发酵，加入麦芽经发酵糖化制成的糖类食品。

【学习目标】

1. 理解生物氧化、呼吸链的概念。

2. 熟悉糖、蛋白质、脂肪的代谢反应过程、生理意义及调控因素。

3. 熟悉三大类营养物质之间的相互转化及代谢的调控方式。

4. 掌握淀粉降解、葡萄糖分解技术及产物检验技术，以及脂肪和糖相互转化的实验验证技术。

【思维导图】

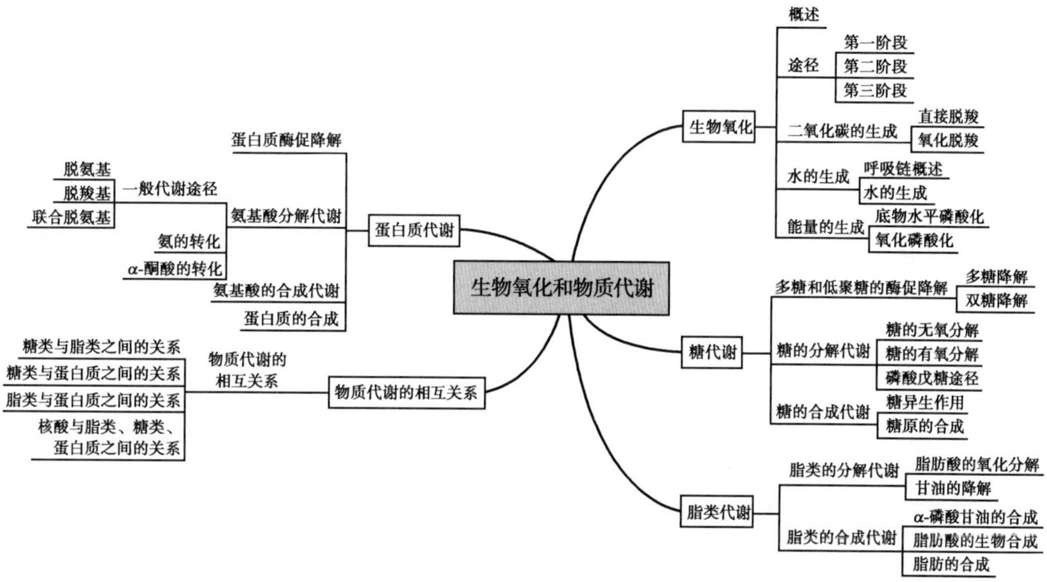

二维码 11-1　第十一章课程学习资料

第一节　生物氧化

一、生物氧化概述

生物氧化是有机物在生物体细胞内氧化分解，产生 CO_2 和 H_2O 并释放能量的过程。生物机体利用呼吸时吸入的氧，把糖类、脂肪、蛋白质等有机物氧化为 CO_2 和 H_2O，因此，生物氧化也叫作“呼吸作用”“细胞呼吸”或“组织呼吸”。

糖类、脂肪、蛋白质等有机物在体内彻底氧化为 CO_2 和 H_2O 之前，总是先进行分解代谢。虽然各类物质分解代谢的途径复杂又不相同，但是它们在彻底氧化为 CO_2 和 H_2O 时，都有一段相同的过程。生物氧化即讨论各类有机物在细胞内氧化时所共同经历的一段终端氧化过程。

生物氧化主要讨论三个方面内容：

(1)细胞如何在酶作用下将有机化合物中的碳变成 CO_2；

(2)在酶的作用下，细胞怎样利用分子氧将有机化合物中的氢氧化成 H_2O；

(3)当有机化合物被氧化成 CO_2 和 H_2O 时，释放的能量怎样贮存于 ATP 中。

二、生物氧化途径

第一阶段：糖、脂肪、蛋白质分解成各自的构成单位——葡萄糖、脂肪酸和甘油、氨基酸。

第二阶段：葡萄糖、脂肪酸、甘油和多数氨基酸经不同的反应过程生成活性二碳化合物，即乙酰辅酶 A。

第三阶段：乙酰辅酶 A 进入三羧酸循环，生成二氧化碳、水及大量的 ATP(图 11-1)。

三、生物氧化中二氧化碳的生成

生物氧化中，CO_2 的生成并不是由体内物质代谢过程中碳原子直接与氧接合，而是糖、蛋白质、脂肪等物质在体内代谢过程中先形成羧基化合物，然后在脱羧酶的作用下，进行脱羧反应生成 CO_2。根据脱羧过程是否伴随着物质的氧化过程，把脱羧反应分为直接脱羧和氧化脱羧两种类型。

1. 直接脱羧

含羧基的化合物从分子中直接脱去羧基，其反应式如下：

草酰乙酸　　　　丙酮酸

2. 氧化脱羧

含羧基的化合物在脱羧过程中伴随着氧化作用，其反应式如下：

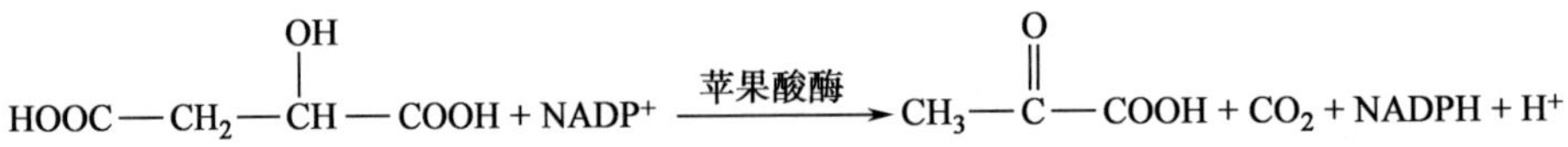

苹果酸　　　　丙酮酸

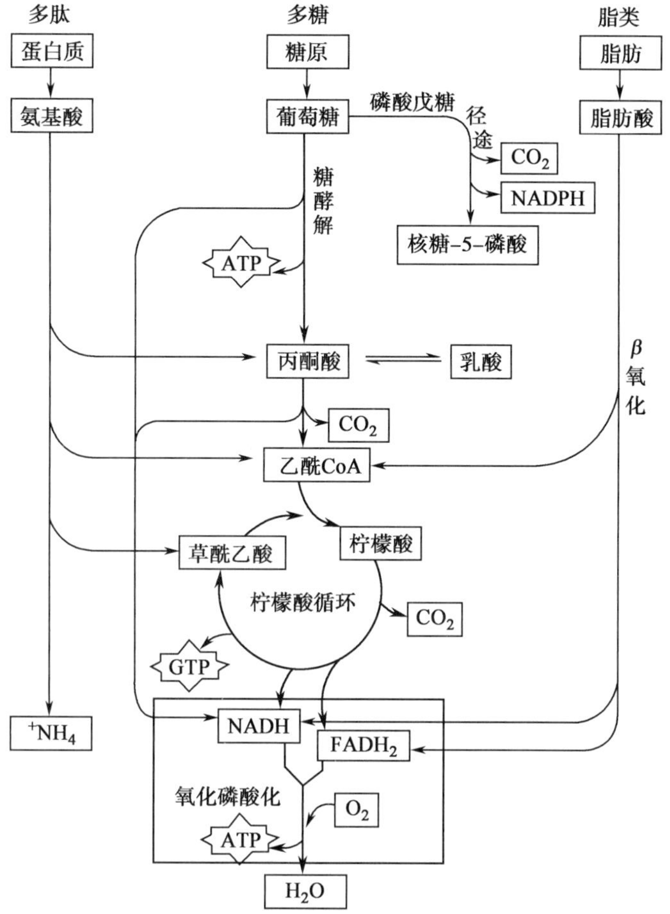

图 11-1 生物氧化示意图

四、生物氧化中水的生成

生物氧化过程中，代谢物脱下的成对氢原子(2H)通过多种酶和辅酶所催化的连锁反应逐步传递，最终与氧结合成水。由于此过程与细胞呼吸有关，所以将这一含多种氧化还原组分的传递链称为氧化呼吸链。在氧化呼吸链中，酶和辅酶按照一定顺序排列在线粒体内膜上，其中传递氢的酶或辅酶称之为递氢体，传递电子的酶或辅酶称之为电子传递体。不论递氢体还是电子传递体都起传递电子的作用，所以氧化呼吸链又称为电子传递链。

组成呼吸链的成分有四种复合体：NADH-泛醌还原酶(复合体Ⅰ)、琥珀酸-泛醌还原酶(复合体Ⅱ)、泛醌-细胞色素 c 还原酶(复合体Ⅲ)、细胞色素 c 氧化酶(复合体Ⅳ)。通过测定呼吸链各组分的标准氧化还原电位等，可以推测出呼吸链各组分的电子传递顺序(图 11-2)。在具有线粒体的生物中，典型的呼吸链有两种，即 NADH 呼吸链和琥珀酸呼吸链($FADH_2$ 呼吸链)。这两种呼吸链的区别仅在于最初的受氢体不同，在 NADH 呼吸链中，最初的受氢体是 NAD，在 $FADH_2$ 呼吸链中，最初的受氢体是 FAD。除此之外，其余组分基本一致。

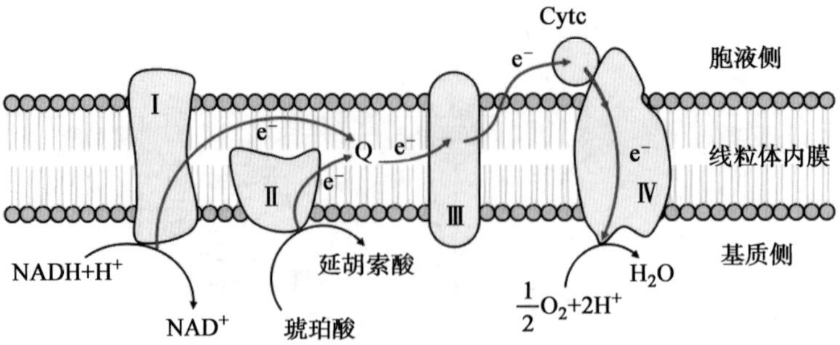

图 11-2 呼吸链各组分的电子传递顺序

五、生物氧化中 ATP 的生成和应用

动物体内的各种能源物质氧化分解释放的能量，必须转化为 ATP 形式才能被机体利用。ATP 的生成是通过磷酸化作用生成，其方式在动物体内有 2 种，即底物水平磷酸化和氧化磷酸化。

(一)底物水平磷酸化

底物水平磷酸化是指在物质代谢过程中，由于脱氢或脱水氧化使得分子内部的能量重新排布和集中，从而生成了含某些高能磷酸键或高能硫酯键的高能化合物，在酶的作用下，高能化合物将高能键转移给 ADP(GDP)，从而使其磷酸化生成 ATP(GTP)的过程。底物水平磷酸化是机体获能的一种方式，它与氧的存在与否无关。例如，在糖的分解代谢过程中，有三处底物磷酸化过程。

糖的分解代谢中有三处底物水平磷酸化：

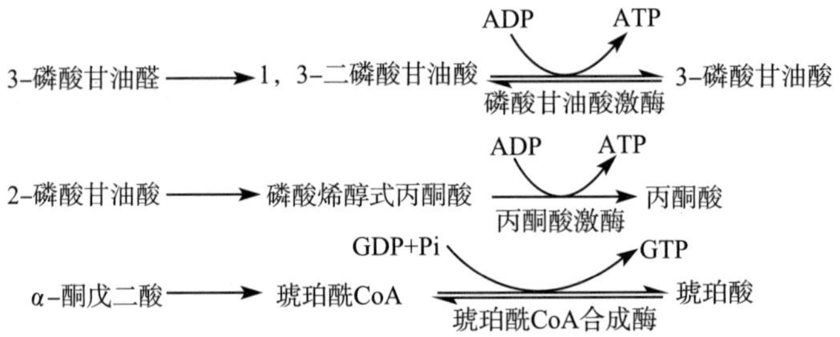

(二)氧化磷酸化

1. 氧化磷酸化反应

代谢物脱下的氢经呼吸链传递给氧生成水，传递过程释放出的能量使 ADP 磷酸化生成 ATP，这种氧化过程与磷酸化过程相偶联的反应称氧化磷酸化。氧化磷酸化是生物体合成 ATP 的主要方式。生物体通过生物氧化所产生的能量，除一部分用以维持体温外，大部分可以通过磷酸化作用转移至高能磷酸化合物 ATP 中。

2. 氧化磷酸化的部位

氧化磷酸化偶联的部位在 NADH 与辅酶 Q 之间、细胞色素 b 和细胞色素 c 之间、细胞色素 aa_3 与 O_2 之间(图 11-3)。

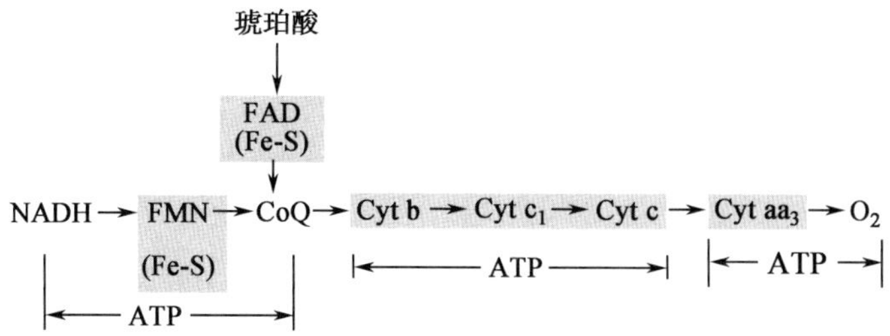

图 11-3　氧化磷酸化的偶联部位

氧化磷酸化的偶联部位是通过实验确定的。实验方法通常是测定线粒体及其制剂的 P/O 或测定电子在呼吸链中经过相邻传递体时的自由能降等。所谓 P/O，是指底物脱氢氧化时，每消耗 1 mol 氧原子生成水，ADP 磷酸化所消耗的无机磷的物质的量。由 P/O 可以间接测出 ATP 的生成量。NADH 呼吸链的 P/O 为 3，即消耗 1 mol 氧原子可以生成 3 mol ATP；$FADH_2$ 呼吸链的 P/O 为 2，即消耗 1 mol 氧原子可以生成 2 mol ATP。

第二节　糖　代　谢

糖代谢主要是指葡萄糖在体内的系列复杂的化学反应，包括合成代谢和分解代谢。糖的合成代谢包括糖原合成、糖异生等的合成；糖的分解代谢主要包括无氧氧化、有氧氧化、磷酸戊糖途径等。糖的分解代谢主要完成能量供应任务，而糖的合成代谢主要用以协调糖的贮存和利用及完成糖的构造作用。糖代谢概况如图 11-4 所示。

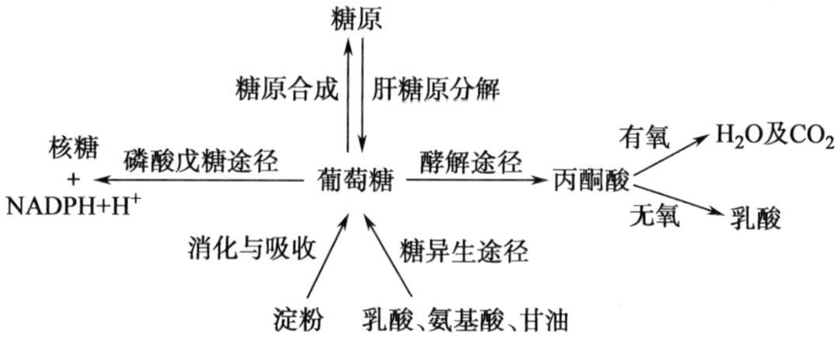

图 11-4　糖代谢概况

一、多糖和低聚糖的酶促降解

(一)多糖的降解

1. 淀粉的降解

淀粉必须降解为小分子的葡萄糖，才能被生物体吸收利用。生物体内淀粉的酶促降解有两条途径：一条是水解途径，产物是葡萄糖；另一条是磷酸解途径，产物是葡萄糖-1-磷酸。人体内淀粉降解的途径是水解途径。

催化淀粉水解的酶主要有 α-淀粉酶、β-淀粉酶和 α-1，6-糖苷键酶(脱支酶)。α-淀粉酶是一种内切酶，随机地水解淀粉分子内部的 α-1，4-糖苷键。β-淀粉酶是一种外切酶，它作用于淀

粉分子非还原端的 α-1,4-糖苷键,每次切下一个麦芽糖分子。α-淀粉酶和 β-淀粉酶都不能水解 α-1,6-糖苷键。α-1,6-糖苷键酶(脱支酶)可以水解支链淀粉中的 α-1,6-糖苷键。

经过上述三种酶的协同作用,淀粉被水解成麦芽糖和少量葡萄糖。麦芽糖被小肠上皮细胞表面的麦芽糖酶水解为葡萄糖。

2. 糖原的降解

糖原是动物体内糖的贮存形式,又称动物淀粉,主要存在于肝脏和肌肉中。肌糖原的主要功能是提供肌肉收缩所需的能量,而肝糖原主要用于维持血糖浓度。

(二)双糖的降解

食物中的双糖主要有蔗糖、麦芽糖和乳糖等,它们可以被相应的蔗糖酶、麦芽糖酶、乳糖酶水解为单糖。这几种酶都存在于小肠黏膜上皮细胞的表面。

$$蔗糖+H_2O \xrightarrow{蔗糖酶} 果糖+葡萄糖$$

$$麦芽糖+H_2O \xrightarrow{麦芽糖酶} 2\ 葡萄糖$$

$$乳糖+H_2O \xrightarrow{乳糖酶} 半乳糖+葡萄糖$$

二、糖的分解代谢

生物体通过葡萄糖的分解获得能量。葡萄糖的分解代谢途径主要有 3 种:无氧分解、有氧氧化、磷酸戊糖途径。

(一)糖的无氧分解

1. 定义

在动物细胞内,葡萄糖或糖原在无氧条件下分解为乳酸并释放能量的过程,称为糖的无氧分解,在细胞液中进行。

2. 糖的无氧分解过程

糖的无氧分解过程共分为活化、裂解、放能、还原四个阶段,其中,活化、裂解、放能三个阶段又可合称为糖酵解途径。共分为 10 步反应。

(1)第一阶段。生成 1,6-二磷酸果糖,包括三步反应(葡萄糖的磷酸化、果糖-6-磷酸的生成和果糖-1,6-二磷酸的生成)。

第一步:葡萄糖磷酸化。

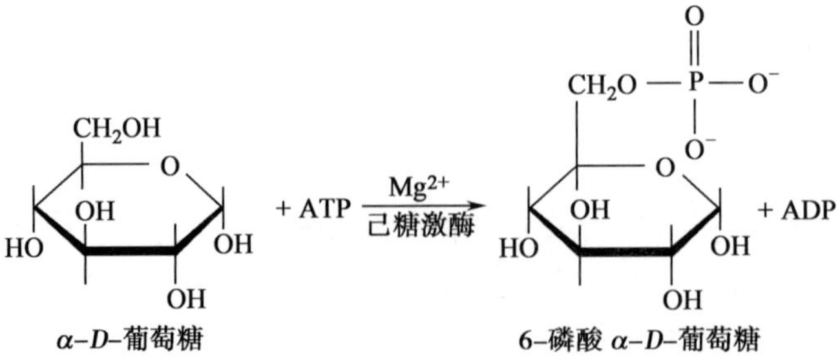

第二步：磷酸己糖异构化。

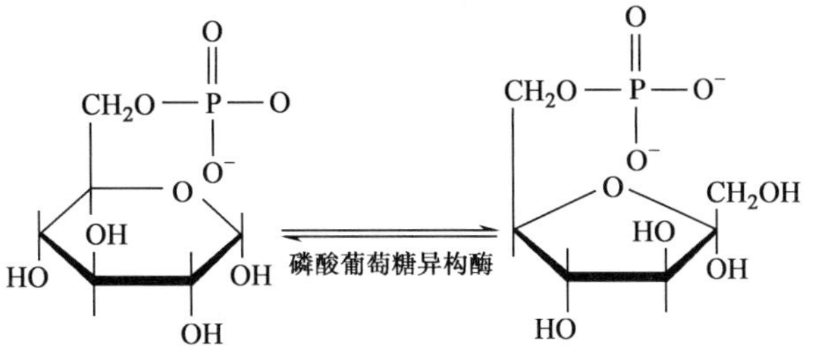

6-磷酸 *α*-*D*-葡萄糖　　　6-磷酸 *α*-*D*-果糖

第三步：再次磷酸化。

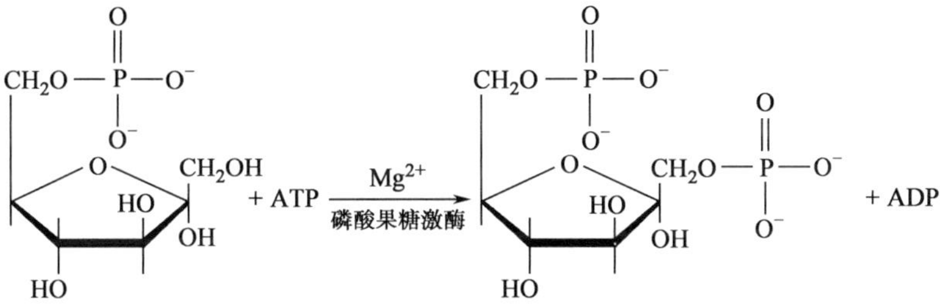

6-磷酸 *α*-*D*-果糖　　　1,6-二磷酸 *α*-*D*-果糖

(2)第二阶段。裂解—磷酸丙糖的生成　包括两步反应：果糖-1,6-二磷酸的裂解和磷酸丙糖的异构化。

第四步：1,6 二磷酸果糖裂解。

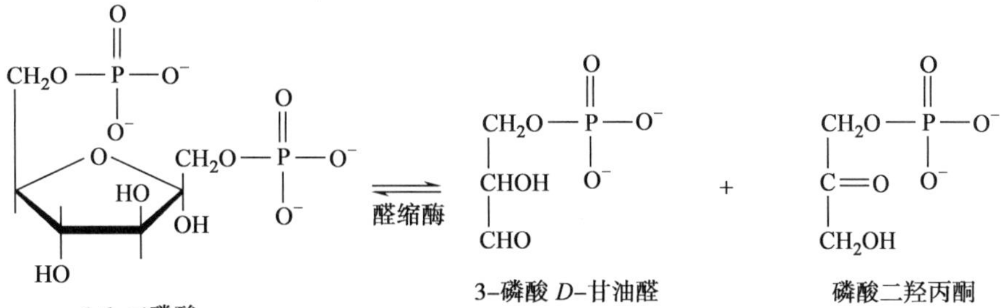

1,6-二磷酸 *α*-*D*-果糖　　　3-磷酸 *D*-甘油醛　　　磷酸二羟丙酮

第五步：磷酸丙糖异构化。

磷酸二羟丙酮　　　3-磷酸 *D*-甘油酸

(3)第三阶段。生成丙酮酸,包括五步反应:3-磷酸甘油醛氧化为 1,3-二磷酸甘油酸、3-磷酸甘油酸的生成、2-磷酸甘油酸的生成、磷酸烯醇式丙酮酸的生成和丙酮酸的生成。

第六步:甘油醛氧化。

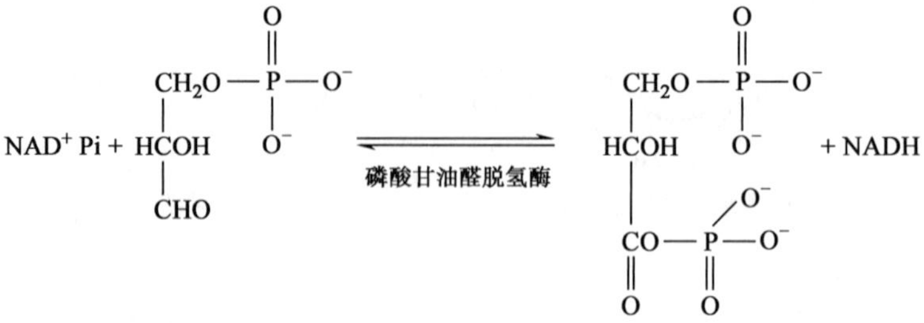

3-磷酸 *D*-甘油醛　　　　*D*-1,3-二磷酸甘油酸

第七步:底物水平磷酸化。

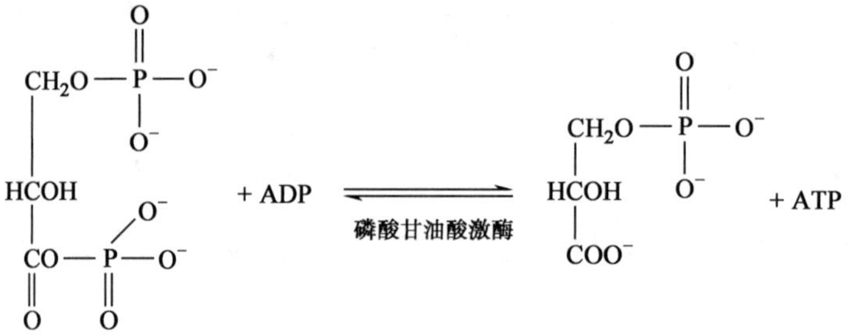

D-1,3-二磷酸甘油酸　　　　*D*-3-磷酸甘油酸

第八步:变位反应。

D-3-磷酸甘油酸　　　　*D*-2-磷酸甘油酸

第九步:烯醇化反应。

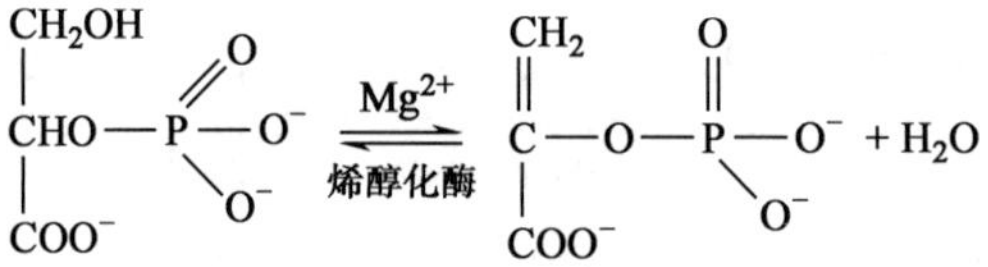

D-2-磷酸甘油酸　　　　磷酸烯醇式丙酮酸

第十步：再次底物水平磷酸化。

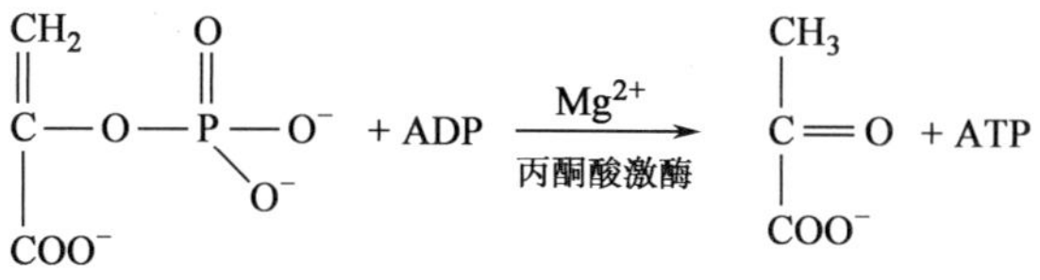

磷酸烯醇式丙酮酸　　　　丙酮酸

(4)第四阶段。还原，即乳酸的生成。利用丙酮酸接受酵解代谢过程中产生的 NADH，使 NADH 重新氧化为 NAD^+，以确保反应的继续进行。

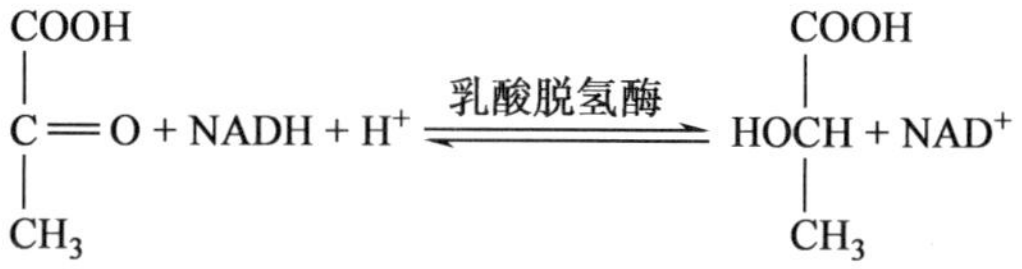

糖酵解综合反应如图 11-5 所示。

3. 糖酵解的特点

(1)全部过程无氧参与。

(2)1 分子葡萄糖遵循糖酵解代谢途径，可生成 2 分子乳酸，净生成 2 分子 ATP(表 11-1)；

(3)糖酵解代谢途径有三个关键酶，即己糖激酶(葡萄糖激酶)、磷酸果糖激酶和丙酮酸激酶。

(4)反应在细胞液中进行。

4. 糖酵解的生理意义

(1)糖酵解是机体在缺氧状态下获能的有效方式。当机体处于缺氧状态时，糖有氧氧化受阻，可通过糖酵解获得能量。对于厌氧微生物来说，糖酵解是糖分解的主要形式。

(2)对于某些组织来说，糖酵解是供能的主要方式。如成熟红细胞中无线粒体，只能靠糖酵解供能；视网膜等组织即使在有氧条件下也靠糖酵解供能。

(3)提供生物合成所需的原料。糖酵解途径形成的许多中间产物，可作为合成其他物质的原料，在糖和非糖物质的转化中起重要作用。如磷酸二羟丙酮可转化为甘油，用于脂肪的合成。

糖原、淀粉也可以进入糖酵解途径。糖原、淀粉在磷酸化酶的催化下，磷酸解生成葡萄糖-1-磷酸，然后在变位酶催化下，转化为葡萄糖-6-磷酸进入酵解途径。由于糖原磷酸解生成葡萄糖-1-磷酸不消耗 ATP，因此，糖原的 1 个葡萄糖单位酵解生成丙酮酸时净产生 3 个 ATP。

表 11-1　糖酵解中 ATP 的消耗与生成

反应	消耗或生成 ATP 的物质的量/mol
葡萄糖⟶葡萄糖-6-磷酸	−1
果糖-6-磷酸⟶果糖-1,6-二磷酸	−1
1,3-二磷酸甘油酸⟶3-磷酸甘油酸	1×2
磷酸烯醇式丙酮酸⟶丙酮酸	1×2
净生成 ATP 的物质的量	2

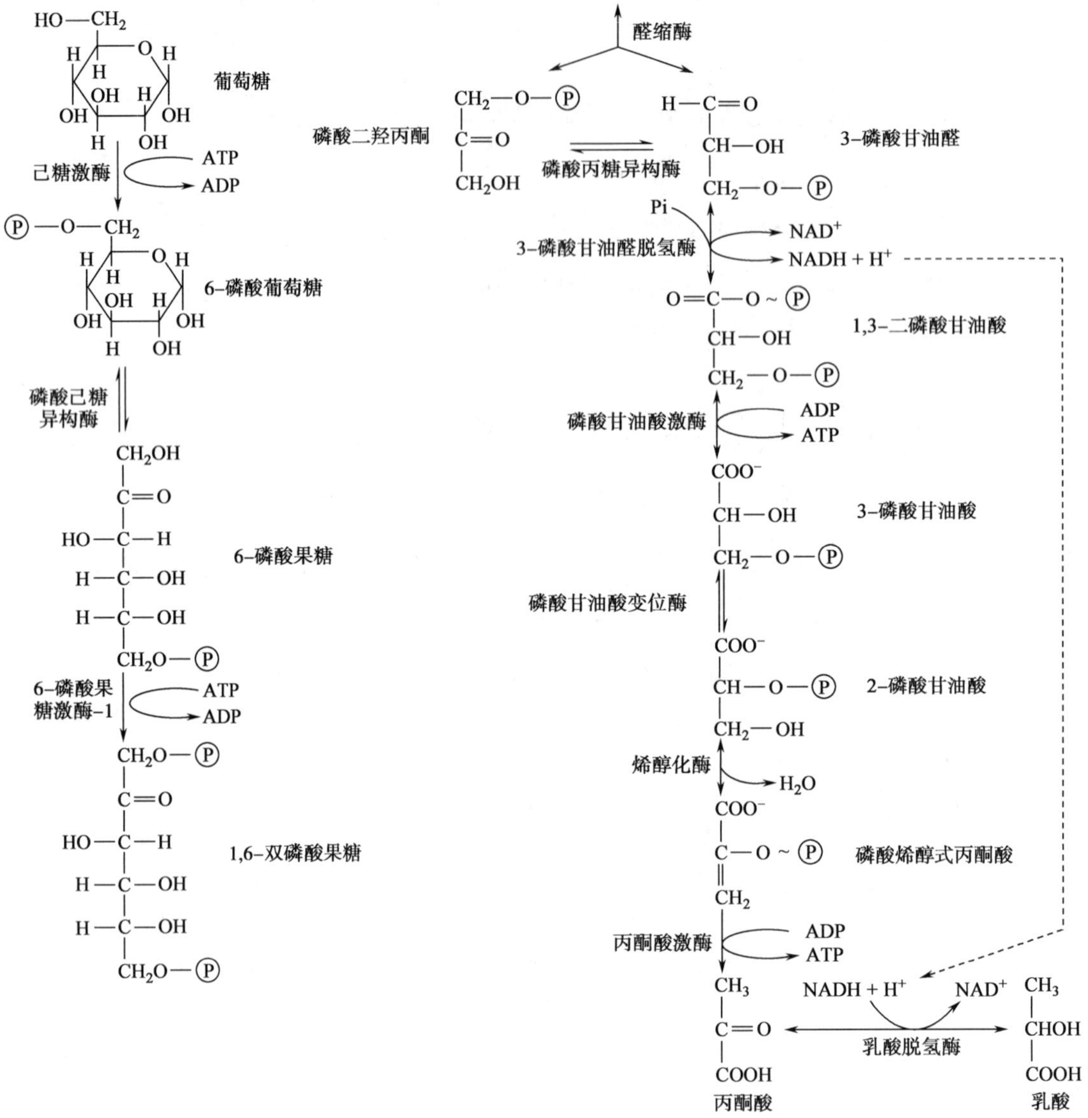

图 11-5 糖酵解途径

(二)糖的有氧氧化

1. 定义

葡萄糖或糖原通过糖酵解途径产生的丙酮酸在氧供充足的情况下将被彻底氧化分解成 CO_2 和 H_2O,并产生大量能量,此过程被称为糖的有氧氧化。

2. 糖的有氧氧化过程

糖有氧氧化大致可分为三个阶段。第一阶段:葡萄糖(糖原)循糖酵解途径分解成丙酮酸。第二阶段:丙酮酸进入线粒体内,氧化脱羧生成乙酰 CoA。第三阶段:三羧酸循环及氧化磷酸化。

(1)葡萄糖降解为丙酮酸。这个阶段的反应历程与葡萄糖的无氧分解过程相同。反应在细胞液中进行。与糖的无氧分解不同的是，3-磷酸甘油醛脱氢反应产生的 NADH 和 H^+ 经过线粒体穿梭作用，进入呼吸链氧化，产生 ATP。

(2)丙酮酸氧化脱羧。丙酮酸进入线粒体后，在丙酮酸脱氢酶系的作用下，氧化脱羧形成乙酰 CoA。

$$\underset{\text{丙酮酸}}{CH_3\overset{\overset{O}{\|}}{C}COOH} + HS-CoA + NAD^+ \xrightarrow{\text{丙酮酸脱氢酶系}} \underset{\text{烯醇式丙酮酸}}{CH_3\overset{\overset{O}{\|}}{C}\sim SCoA} + CO_2 + NADH + H^+$$

丙酮酸脱氢酶系是一个多酶复合体，由 3 种酶和五种辅助因子组成。分别是丙酮酸脱羧酶(辅酶是 TPP)、二氢硫辛酸乙酰基转移酶(辅酶是硫辛酸和 CoA)、二氢硫辛酸脱氢酶(辅酶是 FAD 和 NAD^+)。

(3)三羧酸循环。乙酰 CoA 经过一个循环反应被分解为 CO_2 和 H_2O，该循环以草酰乙酸与乙酰 CoA 缩合生成柠檬酸为起点，到重新生成草酰乙酸结束。因为柠檬酸含有三个羧基，所以称为三羧酸循环，简称为 TCA 循环，也称为柠檬酸循环。三羧酸循环包括八步酶促反应，全部在线粒体中进行。

①草酰乙酸与乙酰 CoA 缩合成柠檬酸。这是三羧酸循环的第一个反应，草酰乙酸与乙酰 CoA 在柠檬酸合酶催化下，缩合形成柠檬酸。该反应不可逆，所需能量来自乙酰 CoA 中的高能硫酯键的水解。

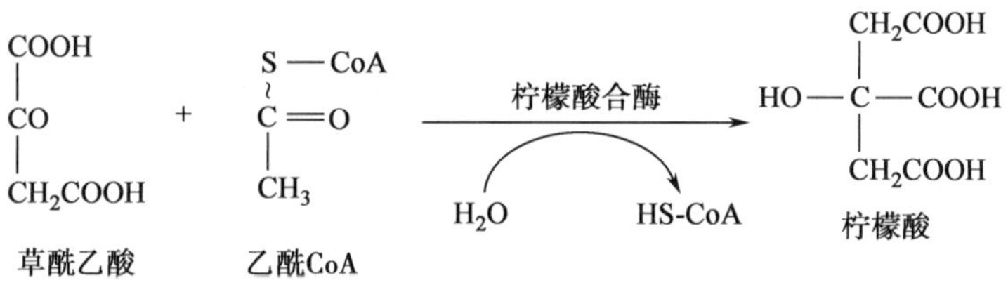

②柠檬酸异构为异柠檬酸。在顺乌头酸酶催化下，柠檬酸脱水生成顺乌头酸，然后再加水生成异柠檬酸。

③异柠檬酸氧化脱羧生成 α-酮戊二酸。异柠檬酸在异柠檬酸脱氢酶催化下，脱氢氧化生成中间产物草酰琥珀酸，后者脱羧形成 α-酮戊二酸。该反应为不可逆反应，需要 Mn^{2+} 参与。

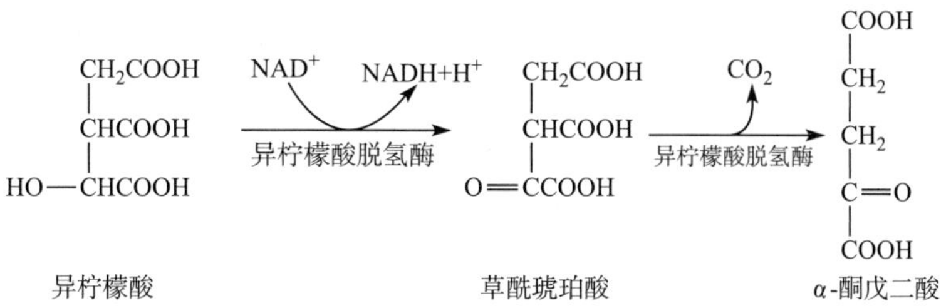

④α-酮戊二酸氧化脱羧生成琥珀酰 CoA。α-酮戊二酸在 α-酮戊二酸脱氢酶系催化下，氧化脱羧生成琥珀酰 CoA。反应过程及酶的作用模式与丙酮酸氧化脱羧相似。循环进行到此，被氧化的碳原子(生成 2 个 CO_2)数目刚好等于进入三羧酸循环的碳原子数(乙酰 CoA 中乙酰基的 2 个碳)。

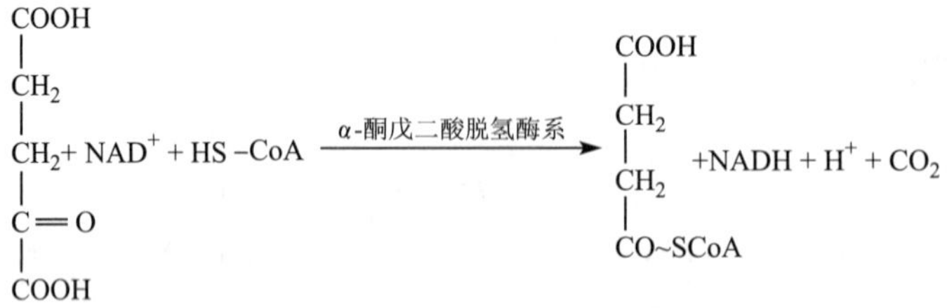

α-酮戊二酸　　琥珀酰CoA

⑤琥珀酰 CoA 转移硫酯键后生成琥珀酸。琥珀酰 CoA 在琥珀酰 CoA 合成酶(或称为琥珀酸硫激酶)催化下转化为琥珀酸。琥珀酰 CoA 的高能硫酯键水解释放的能量驱动 GDP 磷酸化为 GTP(在植物、细菌中则合成 ATP)。这是三羧酸循环中唯一的一步底物水平磷酸化反应。

琥珀酰CoA　　琥珀酸

⑥琥珀酸脱氢生成延胡索酸。此反应由琥珀酸脱氢酶催化，辅酶是 FAD。

琥珀酸　　延胡索酸

⑦延胡索酸经水合作用生成 *L*-苹果酸。延胡索酸酶具有立体异构专一性，它催化延胡索酸的反式双键水合形成 *L*-苹果酸。

延胡索酸　　*L*-苹果酸

⑧*L*-苹果酸脱氢生成草酰乙酸。在苹果酸脱氢酶催化下，*L*-苹果酸脱氢生成草酰乙酸。至此，完成一次三羧酸循环。

L-苹果酸　　草酰乙酸

三羧酸循环的总反应过程见图 11-6。

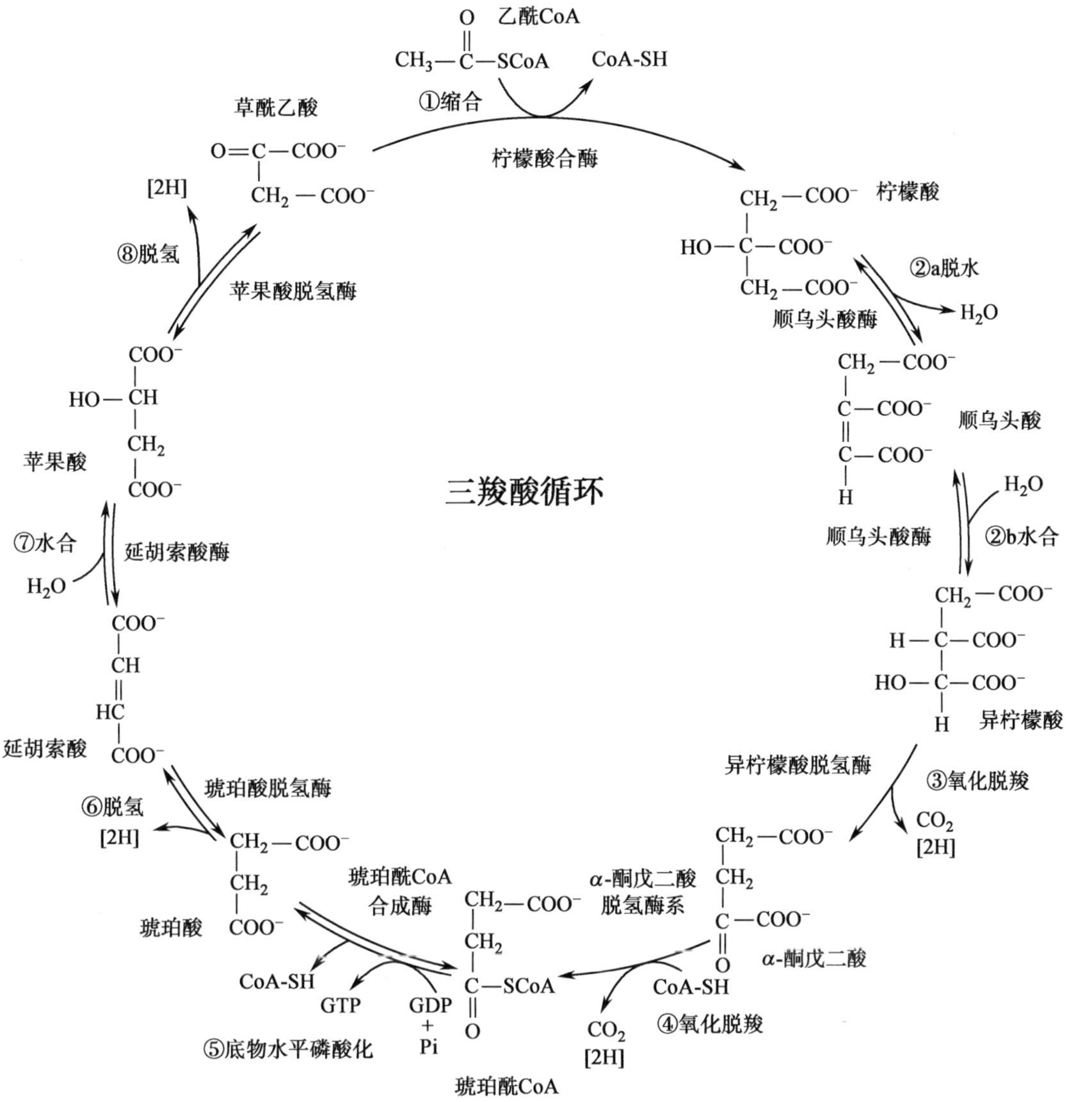

图 11-6 三羧酸循环总反应式

3. 三羧酸循环的特点

(1)由柠檬酸合酶、异柠檬酸脱氢酶、α-酮戊二酸脱氢酶系催化的反应是不可逆的，因此整个循环是不可逆的。上述三种酶是三羧酸循环的关键性酶，它们的活性与细胞内的能量水平（ADP/ATP）有关。当细胞内 ATP 水平高时，三羧酸循环的速度下降。

二维码 11-2 糖代谢中的三羧酸循环

(2)一次三羧酸循环分解掉 1 分子 CH_3CO^- 基，产生 2 分子 CO_2。

(3)循环中有 4 次氧化还原反应，脱去 4 对氢原子，受氢体是 3 个 NAD^+，1 个 FAD。循环中有 1 次底物水平磷酸化，生成 1 分子 GTP。因此，一次三羧酸循环可生成 12 个 ATP。

(4)糖有氧氧化中 ATP 的生成 1 分子葡萄糖有氧氧化，可生成 38 或 36 分子 ATP（表 11-2）。

表 11-2 1分子葡萄糖有氧氧化产生 ATP 的分子数

反应阶段及酶	还原型辅酶	ATP 数
酵解：		
己糖激酶		−1
磷酸果糖激酶		−1
3-磷酸甘油醛脱氢酶	NADH	(3 或 2)×2
磷酸甘油酸激酶		1×2
丙酮酸激酶		1×2
丙酮酸氧化脱羧：		
丙酮酸脱氢酶系	NADH	3×2
三羧酸循环：		
异柠檬酸脱氢酶	NADH	3×2
α-酮戊二酸脱氢酶系	NADH	3×2
琥珀酰 CoA 合成酶		1×2
琥珀酸脱氢酶	$FADH_2$	2×2
苹果酸脱氢酶	NADH	3×2
合计		38 或 36

在糖有氧氧化的第一阶段，3-磷酸甘油醛脱氢产生的 NADH 经呼吸链氧化生成水，并产生 ATP。位于细胞液中的 NADH 可以通过磷酸甘油穿梭作用或苹果酸穿梭作用进入线粒体。在动物的肌肉和神经组织中，1 分子 NADH 通过 α-磷酸甘油穿梭作用进入线粒体，经 $FADH_2$ 呼吸链氧化，可以产生 2 分子 ATP；在肝脏和心肌等组织中，1 分子 NADH 通过苹果酸穿梭作用进入线粒体，经 NADH 呼吸链氧化，可以产生 3 分子 ATP。所以，有氧条件下，1 分子葡萄糖降解为 2 分子丙酮酸，可净生成 8 或 6 分子 ATP。

2 分子丙酮酸氧化脱羧可以产生 2 分子 NADH，生成 6 分子 ATP；2 次三羧酸循环可以产生 24 分子 ATP；所以，1 分子葡萄糖有氧氧化可产生 38 或 36 分子 ATP。

4. 三羧酸循环的生理意义

(1)三羧酸循环是生物体利用糖类获取能量的最有效的途径。

(2)三羧酸循环是机体有机物质氧化分解为 CO_2 和 H_2O 的共同途径和互变枢纽。如脂肪分解代谢中产生的脂肪酸、甘油，氨基酸分解代谢产生的 α-酮酸都可以形成乙酰 CoA 后进入三羧酸循环，彻底氧化分解。一些非糖物质可以转化为三羧酸循环的中间产物，从而异生为葡萄糖。

(3)三羧酸循环中的一些中间产物是生物体内合成代谢的原料。如柠檬酸可以合成脂类、固醇；草酰乙酸转化为天冬氨酸，可参与某些氨基酸、尿素、核苷酸的合成；琥珀酰 CoA 是合成血红素的前体等。

三羧酸循环不仅具有重要的生理意义，在食品工业生产上也有重要意义。如发酵工业上生产柠檬酸、谷氨酸都与微生物的三羧酸循环代谢途径有关。

5. 草酰乙酸的回补反应

如前所述，三羧酸循环是糖类、脂类、蛋白质等物质代谢的共同途径和互变枢纽。由于三羧酸循环的中间产物经常因为参加其他物质的合成而被移去，因此必须从别的途径加以补充才能保证循环的顺利进行。草酰乙酸是三羧酸循环的起始物质，又是循环的终产物，草酰乙酸的浓度对三羧酸循环的进行非常重要。草酰乙酸浓度低时，乙酰 CoA 无法进入三羧酸循环。从其他途径补充草酰乙酸的反应，称为草酰乙酸的回补反应。生物体中草酰乙酸的回补有两条途径，一条是丙酮酸的羧化，这是动物体中最重要的回补反应；另一条途径是磷酸烯醇式丙酮酸的羧化，存在于高等植物、酵母及细菌中。

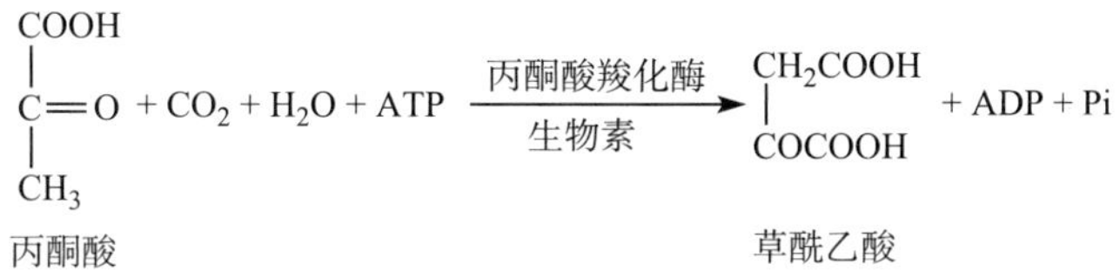

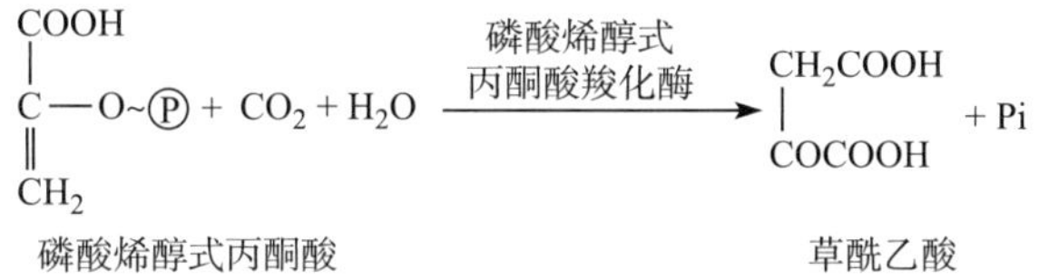

(三)磷酸戊糖途径

1. 定义

磷酸戊糖途径是除有氧氧化和无氧分解之外的又一条重要的糖代谢途径。该途径是葡萄糖被磷酸化为 6-磷酸葡萄糖后，经过氧化脱羟为磷酸戊糖，再经系列变化，重新变为葡萄糖，生成 H_2O 和 CO_2，并产生能量的过程。由于此途径的中间产物有磷酸戊糖，故称为磷酸戊糖途径。磷酸戊糖途径中的酶都存在于细胞液中。

2. 磷酸戊糖途径的反应过程

磷酸戊糖途径可以分为两个阶段：氧化阶段和非氧化阶段。

(1)氧化阶段。从葡萄糖-6-磷酸开始，在葡萄糖-6-磷酸脱氢酶和 6-磷酸葡萄糖酸脱氢酶的催化下，经历两次脱氢反应，生成磷酸戊糖、NADPH 和 CO_2。

(2)非氧化阶段。非氧化阶段是一条转换途径，通过基团之间的转移反应，磷酸戊糖转换为糖酵解的中间产物果糖-6-磷酸和 3-磷酸甘油醛。磷酸戊糖途径的反应过程见图 11-7。

磷酸戊糖途径的总反应方程式：

$$3(6\text{-磷酸葡萄糖})+6NADP^+ \longrightarrow 2(6\text{-磷酸果糖})+3\text{-磷酸甘油醛}+6NADPH+H^+ +3CO_2$$

3. 磷酸戊糖途径的生理意义

磷酸戊糖途径具有特殊的生理意义，主要表现在：

(1)产生 NADPH。NADPH 的作用不同于 NADH，不是进入呼吸链产能，而是为物质合成提供还原力。脂肪酸、胆固醇、四氢叶酸等许多物质的生物合成需要 NADPH 为供氢体。因此，磷酸戊糖途径在生物合成脂肪酸、胆固醇的组织中最为活跃。此外，NADPH 还能维持谷胱甘肽(GSH)的还原状态，保护巯基酶的活性。

(2)为生物合成提供原料。磷酸戊糖途径中产生的 5-磷酸核糖是合成核苷酸的重要原料，

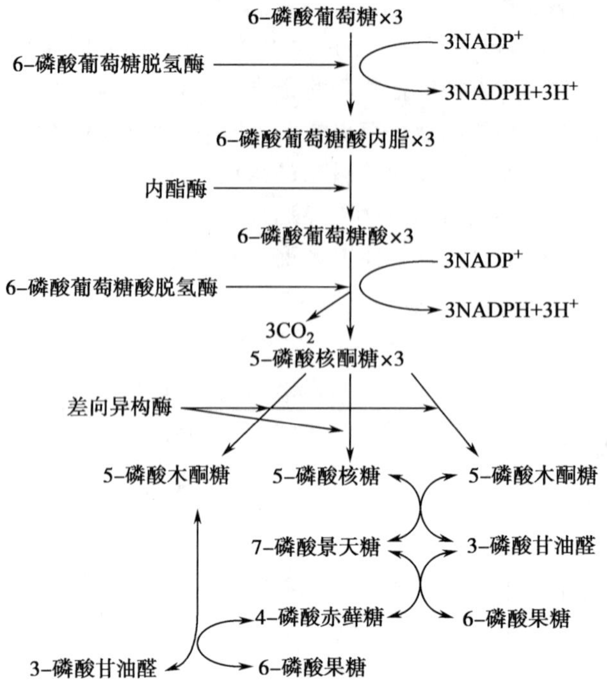

图 11-7 磷酸戊糖途径

也是 NAD^+、$NADPH^+$、FAD 等辅酶的组成成分。

(3)沟通了戊糖代谢与己糖代谢之间的联系。通过转酮基反应、转二碳基团、转三碳基团，使丙糖、丁糖、戊糖、己糖及庚糖相互转变。

三、糖类的合成代谢

植物和某些微生物可以通过光合作用合成糖类物质。人和动物不能从无机物合成糖类，只能利用食物中的糖获取能量，也可以利用非糖物质异生为糖。

(一)糖的异生作用

1. 定义

糖的异生作用是由非糖物质合成葡萄糖的过程。这些非糖物质主要有乳酸、丙酮酸、甘油、丙酸、生糖氨基酸等。糖异生作用主要在肝脏中进行，肾脏也可以进行糖异生作用，但比肝脏弱。

2. 糖异生作用的途径

非糖物质先转化为糖酵解或三羧酸循环中的某一中间产物，然后再转变成葡萄糖。由丙酮酸异生为葡萄糖的途径，大部分是糖酵解的逆反应。糖酵解中己糖激酶、磷酸果糖激酶及丙酮酸激酶催化的反应是不可逆的，因此，由丙酮酸到磷酸烯醇式丙酮酸、果糖-1，6-二磷酸到果糖-6-磷酸、葡萄糖-6-磷酸到葡萄糖的反应是由另外的酶催化的。

(1)丙酮酸生成磷酸烯醇式丙酮酸(PEP)。这一过程由两步反应完成。首先，在丙酮酸羧化酶催化下，丙酮酸羧化为草酰乙酸，反应消耗 1 分子 ATP；然后，草酰乙酸在磷酸烯醇式丙酮酸羧激酶(PEP 羧激酶)催化下，生成磷酸烯醇式丙酮酸，消耗 1 分子 GTP。这一过程称为丙酮酸羧化支路。

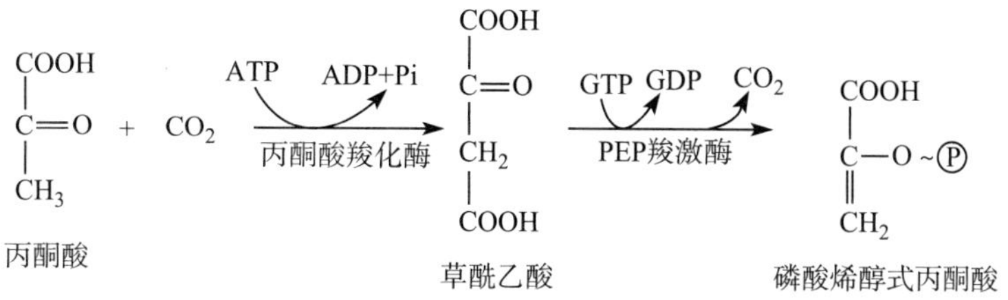

丙酮酸羧化酶存在于线粒体中，其辅基是生物素。PEP 羧激酶存在于细胞液中。因此，线粒体中生成的草酰乙酸必须进入细胞液才能成为 PEP 羧激酶的底物。

(2)果糖-1,6-二磷酸水解生成果糖-6-磷酸。

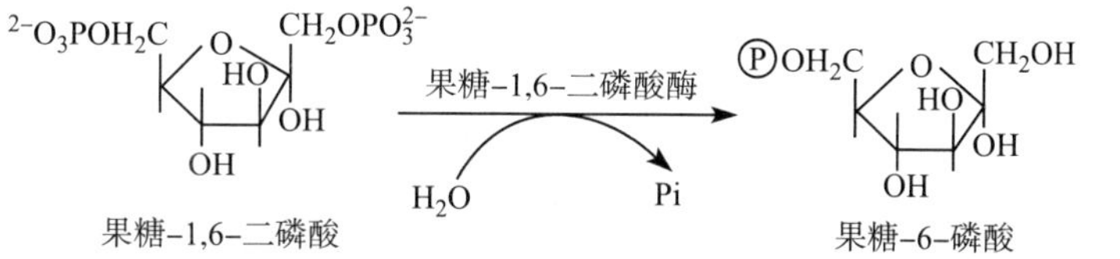

(3)葡萄糖-6-磷酸水解生成葡萄糖。

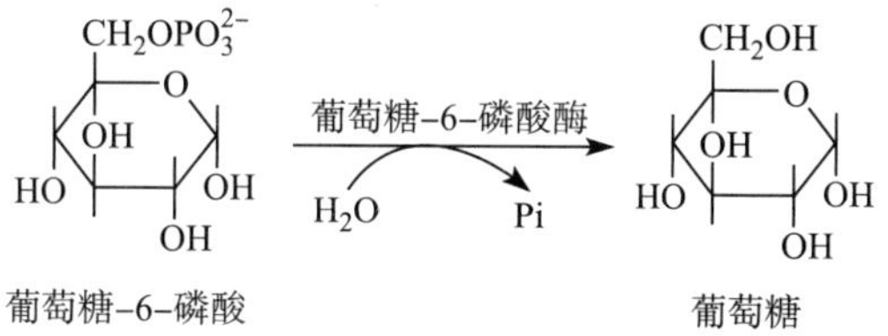

以上过程可以看出，糖异牛作用是个需能过程，由 2 分子丙酮酸合成 1 分子葡萄糖需要 4 分子 ATP 和 2 分子 GTP，相当于消耗 6 分子 ATP。

3. 糖异生作用的生理意义

(1)维持血糖浓度的恒定。糖异生作用最重要的生理意义在于糖来源不足时(如饥饿、剧烈运动等)，利用非糖物质转化为葡萄糖，从而维持人体血糖浓度的恒定。这对于那些主要依靠葡萄糖供能的组织(特别是大脑和红细胞)具有非常重要的意义。

(2)清除乳酸积累，防止酸中毒，间接补充血糖。乳酸的生糖作用可以消除酵解中产生的乳酸积累，防止乳酸过多引起的酸中毒。同时，可以使肌糖原酵解产生的乳酸重新生成葡萄糖加以利用，这样，就使不能直接补充血糖的肌糖原间接地转变为血糖。

(二)糖原的合成

食物中的葡萄糖被吸收后，一部分被转化为糖原。糖原合成的场所主要是肝脏和肌肉组织。糖原的合成不是直接由 α-D-葡萄糖以 α-1,4-糖苷键和 α-1,6-糖苷键相连，而是需要活化的葡萄糖作为单糖供体，同时还需要引物(图 11-8)。催化糖原合成的酶与催化糖原降解的酶不同。

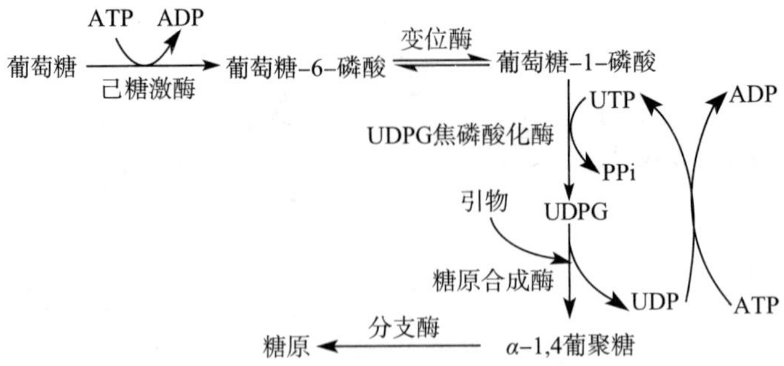

图 11-8 糖原合成的过程

第三节 脂类代谢

一、脂类的酶促水解

生物体利用脂肪作为能源时，必须将脂肪降解为甘油和脂肪酸。甘油和脂肪酸能彻底氧化分解为 CO_2 和 H_2O，并释放出能量。食物中的脂肪是在小肠被消化吸收的。催化脂肪水解的酶是脂酶。脂酶的活性受激素的调节。

(一)脂肪酸的分解代谢

脂肪酸氧化分解的途径有 3 条：β-氧化、α-氧化、ω-氧化，其中最主要的途径是 β-氧化。α-氧化和 ω-氧化只存在于生物的某些组织中，并不普遍。

1. 定义

所谓 β-氧化，是指脂肪酸在一系列酶的作用下，羧基端的 β-碳原子上发生氧化，碳链在 α-位和 β-位碳原子之间断裂，生成一个乙酰 CoA 和少两个碳原子的脂酰 CoA，这个过程不断重复，直至脂肪酸全部生成乙酰 CoA。

2. 饱和脂肪酸的氧化分解

细胞内脂肪酸彻底氧化分解可分为四个阶段：脂肪酸在细胞液中被激活形成脂酰 CoA；脂酰基被转运进线粒体；脂酰 CoA 经 β-氧化过程降解为乙酰 CoA；乙酰 CoA 进入三羧酸循环彻底氧化分解。

(1)脂肪酸的活化。脂肪酸在进行 β-氧化之前，需要在脂酰 CoA 合成酶催化下，与 HS-CoA 结合成活化状态的脂酰 CoA，反应需要 ATP 供能。

$$\underset{\text{脂肪酸}}{\mathrm{ROOH}}+\mathrm{HS\text{-}CoA}+\mathrm{ATP}\xrightarrow[\mathrm{Mg^{2+}}]{\text{脂酰 CoA 合成酶}}\underset{\text{脂酰 CoA}}{\mathrm{RCO{\sim}SCoA}}+\mathrm{AMP}+\mathrm{PPi}$$

活化 1 分子脂肪酸，需要消耗 1 分子 ATP 的 2 个高能键。

(2)脂酰 CoA 的转运。脂肪酸的活化是在细胞液中进行的，而 β-氧化在线粒体中进行。脂酰 CoA 不能透过线粒体内膜，因此，必须由一种物质携带进入线粒体。这种物质是肉毒碱，也称为肉碱。肉毒碱是一种载体，可以把脂酰基从线粒体内膜外运进线粒体。

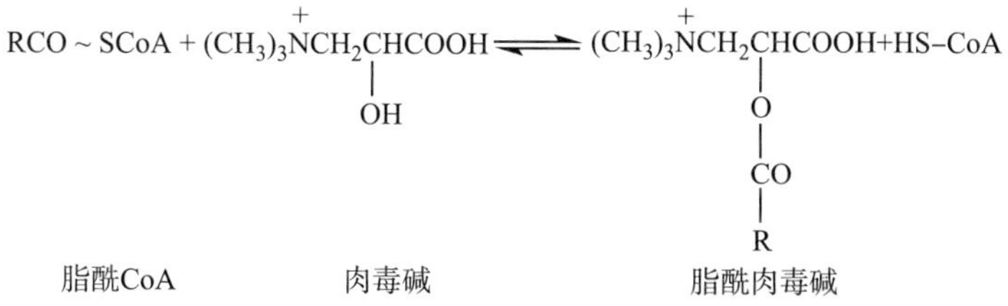

催化该反应的酶分别是肉毒碱脂酰转移酶Ⅰ和肉毒碱脂酰转移酶Ⅱ。转移酶Ⅰ位于线粒体内膜外侧，转移酶Ⅱ位于线粒体内膜内侧。脂酰 CoA 与肉毒碱在转移酶Ⅰ催化下形成脂酰肉毒碱，脂酰肉毒碱通过线粒体内膜的移位酶穿过内膜，在转移酶Ⅱ的催化下，与线粒体基质中的 HS-CoA 交换脂酰基，重新生成脂酰 CoA 和游离的肉毒碱，肉毒碱在移位酶作用下，重回细胞液中(图 11-9)。

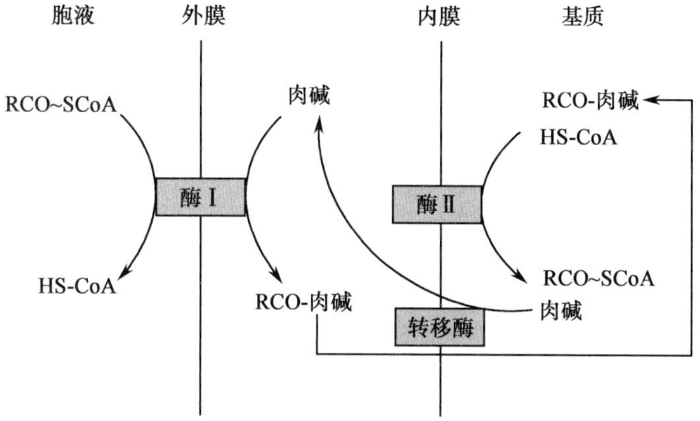

图 11-9 脂酰 CoA 进入线粒体的过程

(3)脂肪酸 β-氧化的反应历程。进入线粒体的脂酰 CoA，经过 β-氧化作用，生成乙酰 CoA。一次 β-氧化包括四步化学反应。

①脱氢。在脂酰 CoA 脱氢酶(辅基是 FAD)催化下，脂酰 CoA 在 α-位和 β-位碳原子上脱氢，形成 α,β-反烯脂酰 CoA(Δ^2-反烯脂酰 CoA)。

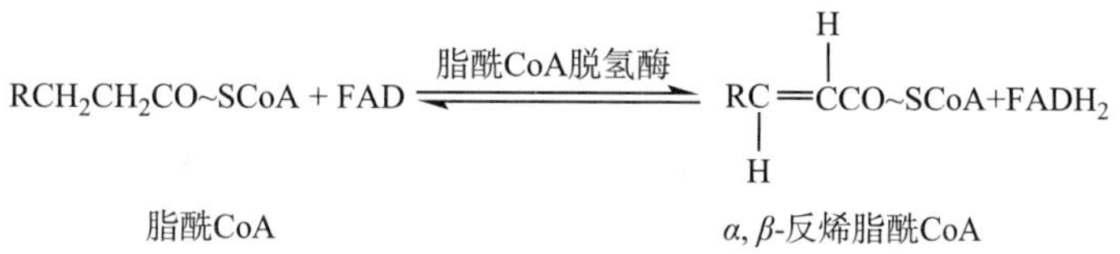

②水化。在烯脂酰 CoA 水化酶催化下，α,β-反烯脂酰 CoA 水化生成 L-β-羟脂酰 CoA。

③再脱氢。在 β-羟脂酰 CoA 脱氢酶（辅酶是 NAD^+）催化下，L-β-羟脂酰 CoA 脱氢生成 β-酮脂酰 CoA。

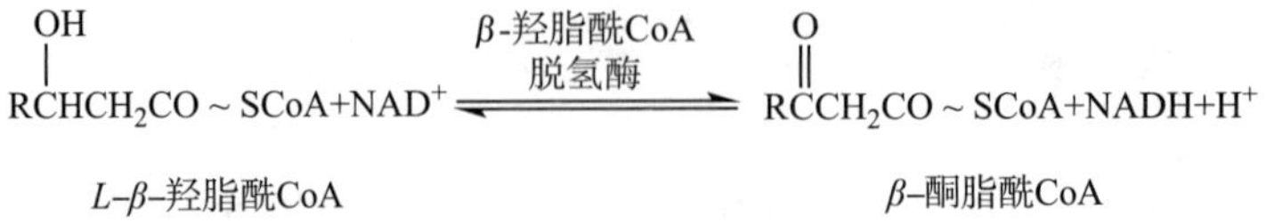

④硫解。在硫解酶催化下，β-酮脂酰 CoA 与 1 分子 HS-CoA 作用，生成 1 分子乙酰 CoA 和 1 分子失去两个碳的脂酰 CoA。

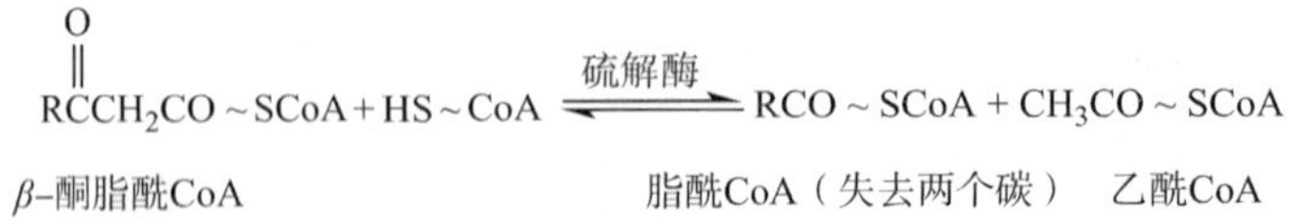

失去两个碳的脂酰 CoA 再作为底物，重复脱氢、水化、再脱氢、硫解反应，直至整个脂酰 CoA 都生成乙酰 CoA。

虽然 β-氧化的四步反应均是可逆反应，但是硫解反应是高度放能反应，所以整个 β-氧化过程趋向裂解方向，难以逆向反应。脂肪酸 β-氧化作用的全过程见图 11-10。

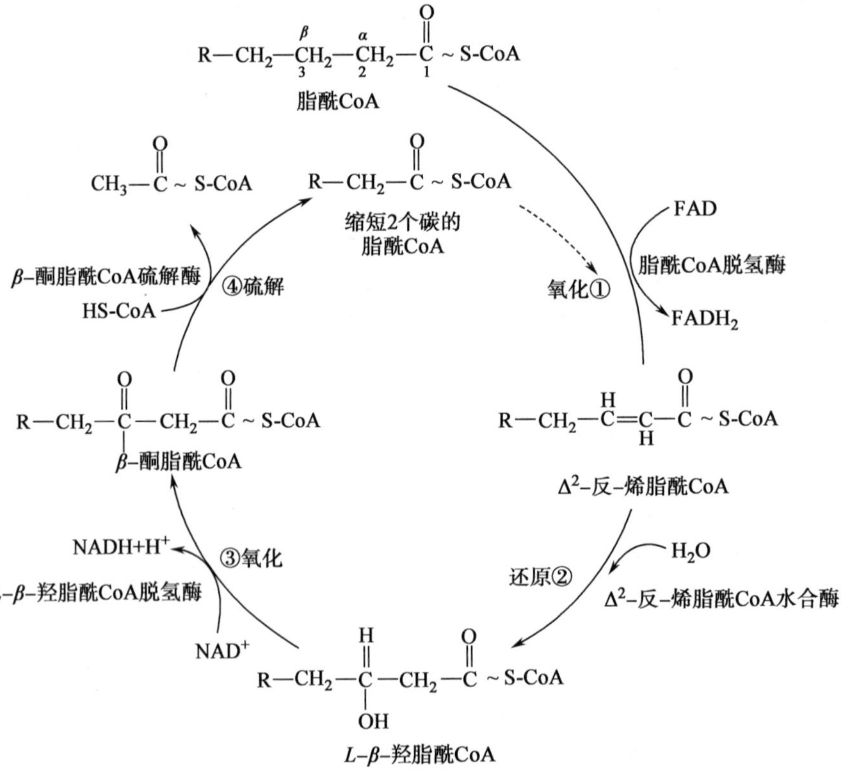

①脂酰 CoA 脱氢酶；②烯脂酰 CoA 水化酶；③β-羟脂酰 CoA 脱氢酶；④β-酮脂酰 CoA 硫解酶

图 11-10　脂肪酸的 β-氧化

(4)乙酰 CoA 的去路。脂肪酸 β-氧化的终产物是乙酰 CoA。乙酰 CoA 的代谢去向有：

①进入三羧酸循环。在人和动物体及一般的植物组织中，β-氧化在线粒体中进行，乙酰 CoA 进入三羧酸循环彻底氧化分解。

②进入乙醛酸循环。在发芽的油料作物种子中，β-氧化在乙醛酸循环体中进行。2 分子乙酰 CoA 通过乙醛酸循环合成 1 分子琥珀酸。

乙醛酸循环是植物细胞内脂肪酸氧化分解为乙酰 CoA 之后，在乙醛酸循环体内生成琥珀酸、乙醛酸和苹果酸；此琥珀酸可用于糖的合成过程。动物和人类细胞中没有乙醛酸循环体，无法将脂肪转变为糖。植物和微生物有乙醛酸循环体。油料植物种子（花生、油菜、棉籽等）萌发时存在着能够将脂肪转化为糖的乙醛酸循环。

③合成其他物质。乙酰 CoA 除氧化产能外，还可以参加生物体的合成反应。如合成脂肪酸、酮体等。

(5)脂肪酸氧化分解产生的能量。以软脂酸为例计算脂肪酸氧化分解产生的能量：一次 β-氧化有两次脱氢反应，产生 1 个 $FADH_2$ 和 1 个 NADH。软脂酸经 7 次 β-氧化，产生 7 个 $FADH_2$ 和 7 个 NADH、8 个乙酰 CoA。7 次 β-氧化和 8 次三羧酸循环共产生 131 个 ATP ($7\times2+7\times3+8\times12$)。软脂酸活化时消耗 1 个 ATP 的 2 个高能键（看作消耗 2 个 ATP），所以，1 分子软脂酸完全氧化分解为 CO_2 和 H_2O，净产生 129 分子 ATP。

3. 酮体的代谢

在正常情况下，脂肪酸在心肌、肾脏、骨骼肌等组织中能彻底氧化成 CO_2 和 H_2O。但在肝脏细胞中氧化则不完全，经常生成一些中间产物，即乙酰乙酸、β-羟丁酸和丙酮，三者统称为酮体。

(1)酮体的生成。酮体主要在肝细胞线粒体中由乙酰 CoA 缩合而成。在动物体内，当糖供应缺乏时，便动用脂肪分解供能。脂肪分解主要在肝脏中进行。由于糖的缺乏，使草酰乙酸的来源显著减少，而脂肪酸降解所产生的大量乙酰 CoA，因草酰乙酸的不足不能进入三羧酸循环彻底氧化。这样乙酰 CoA 在肝细胞线粒体内活性较强的酮体合成酶系的催化下合成酮体。

(2)酮体的利用。肝脏中虽有活性较强的酮体合成酶系，但是肝脏氧化酮体的酶活性却很低。肝脏产生的酮体透过细胞膜随血液送到肝外组织进行氧化分解。

(3)酮体的生理意义。酮体是脂肪酸在肝脏中氧化分解时产生的正常中间产物，是肝脏输出能源的一种方式。酮体是小分子水溶性物质，能通过肌肉毛细血管壁和血脑屏障，因此能成为肌肉和大脑组织的能源。肌肉组织对脂肪酸利用能力有限，可以优先利用酮体以节约葡萄糖。脑组织在正常代谢时主要以葡萄糖为能源，但在饥饿时，脑组织可利用酮体代替其所需葡萄糖的 25%左右，而不能利用脂肪酸。可见，酮体与脂肪酸相比，能更有效地代替葡萄糖。

(二)甘油的降解及转化

甘油是在肝、肾等组织中被利用的。甘油在甘油激酶的催化下，磷酸化生成 α-磷酸甘油，然后在磷酸甘油脱氢酶催化下，转变为磷酸二羟丙酮。磷酸二羟丙酮可以异构为 3-磷酸甘油醛进入糖酵解途径生成丙酮酸，再经三羧酸循环彻底氧化为 CO_2 和 H_2O；也可以异生为葡萄糖。

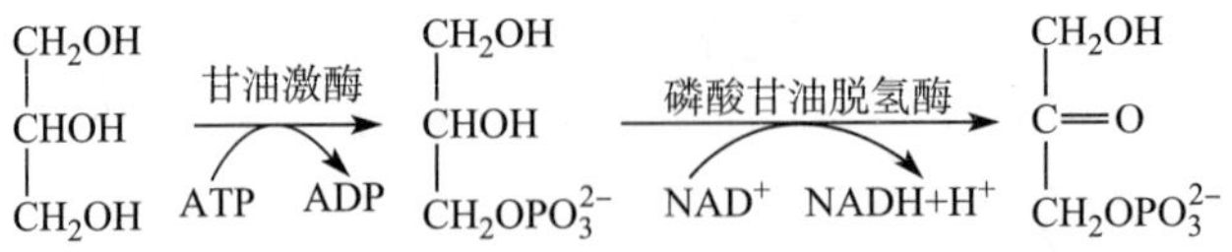

甘油　　α-磷酸甘油　　磷酸二羟丙酮

甘油在脂肪分子中只占很小的一部分，因此脂肪产生的能量主要来自脂肪酸的氧化。

三、脂类的合成代谢

脂肪是一分子甘油与三分子脂肪酸形成的酯。甘油和脂肪酸不能直接形成酯键，必须转化为活化形式 α-磷酸甘油和脂酰 CoA，才能合成脂肪。

(一)α-磷酸甘油的生物合成

α-磷酸甘油的生物合成有两条途径：一是由糖酵解产生的磷酸二羟丙酮还原而成；二是脂肪水解产生的甘油与 ATP 作用而成。脂肪组织中缺乏有活性的甘油激酶，因此，脂肪组织中合成脂肪所需的 α-磷酸甘油来自糖代谢。

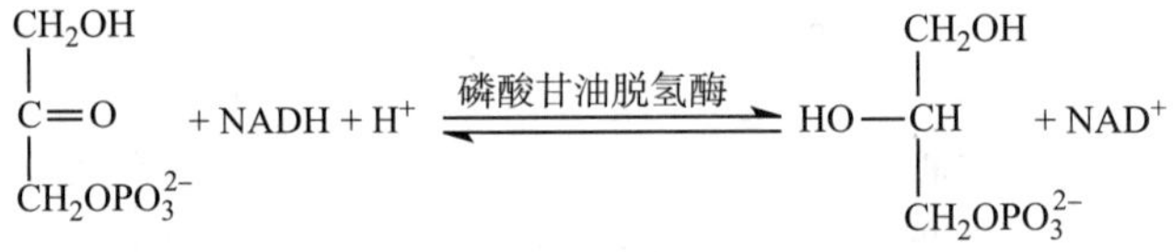

磷酸二羟丙酮　　L-α-磷酸甘油

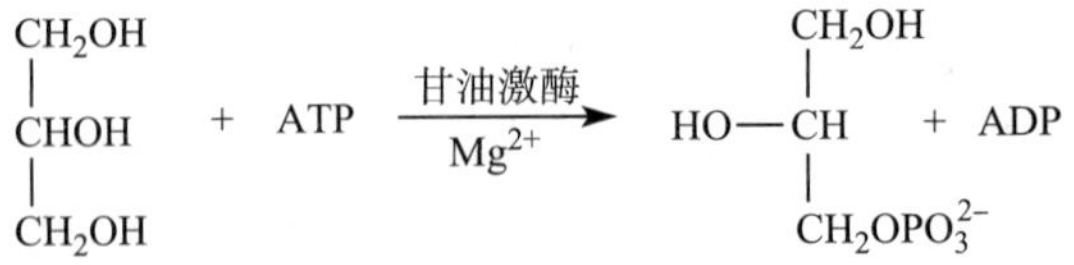

甘油　　L-α-磷酸甘油

(二)脂肪酸的生物合成

合成脂肪酸的原料是乙酰 CoA。乙酰 CoA 来自丙酮酸氧化脱羧，也来自氨基酸降解和长链脂肪酸的 β-氧化过程。在脂肪酸合成酶系催化下，由乙酰 CoA 合成脂肪酸的过程，称为脂肪酸的从头合成。

脂肪酸合成酶系存在于细胞液中，能催化 16 个碳原子以下脂肪酸的生物合成。脂肪酸碳链的进一步延长则需要另外的酶。

1. 饱和脂肪酸的从头合成

(1)乙酰 CoA 的转运。乙酰 CoA 是在线粒体中产生的，而脂肪酸的合成在细胞液中进行，所以乙酰 CoA 必须从线粒体转运到细胞液。乙酰 CoA 的转运是通过一个循环系统完成的，即柠檬酸-丙酮酸循环。

(2)丙二酸单酰 CoA 的生成。乙酰 CoA 在乙酰 CoA 羧化酶催化下，羧化形成丙二酸单酰 CoA。乙酰 CoA 羧化酶是脂肪酸合成反应中的一个限速酶，受柠檬酸的激活，受软脂酸的反馈抑制，其辅基是生物素。

$$CH_3CO\sim SCoA + ATP + CO_2 \xrightarrow[\text{生物素}]{\text{乙酰 CoA 羧化酶}} HOOCCH_2CO\sim SCoA + ADP + Pi$$

乙酰 CoA　　　　　　　　　　　　　丙二酸单酰 CoA

在脂肪酸合成反应中，丙二酸单酰 CoA 转化为丙二酸单酰 ACP，作为二碳单位的供体。

(3)脂肪酸合酶复合体。脂肪酸合酶复合体包括 7 种成分：乙酰 CoA-ACP 转酰酶、丙二酸单酰 CoA-ACP 转酰酶、*β*-酮脂酰 ACP 合酶（合酶-SH）、*β*-酮脂酰 ACP 还原酶、*β*-羟脂酰 ACP 脱水酶、烯脂酰 ACP 还原酶和酰基载体蛋白（ACP-SH）。

酰基载体蛋白（ACP-SH）的功能是携带和转移酰基，其功能基团是—SH。ACP-SH 的辅基是磷酸泛酰巯基乙胺。不同来源的 ACP-SH 氨基酸组成不同，但其辅基是相同的。磷酸泛酰巯基乙胺的结构见下图 11-11。

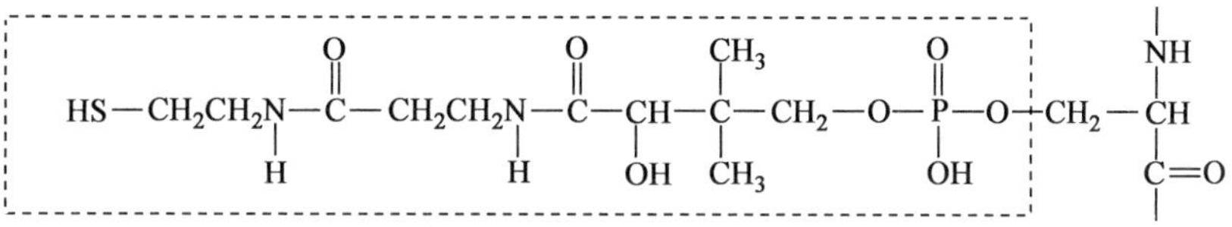

磷酸泛酰巯基乙胺

图 11-11　酰基载体蛋白的辅基

(4)脂肪酸生物合成的过程

① 原初反应。在乙酰 CoA-ACP 转酰酶催化下，乙酰 CoA 中的乙酰基转移到 ACP-SH 上，形成乙酰-ACP 和 CoA-SH。

$$CH_3CO\sim SCoA + HS\text{-}ACP \rightleftharpoons CH_3CO\sim S\text{-}ACP + HS\text{-}CoA$$

乙酰-ACP

$CH_3CO\sim S$-ACP 中的 CH_3CO-随即转移到 *β*-酮脂酰 ACP 合酶（合酶-SH）上，释放出 HS-ACP。

$$CH_3CO\sim S\text{-}ACP + \text{合酶-SH} \rightleftharpoons CH_3CO\sim S\text{-合酶} + HS\text{-}ACP$$

②丙二酸单酰基转移反应。在丙二酸单酰 CoA-ACP 转酰酶催化下，丙二酸单酰 CoA 中的丙二酸单酰基转移到 HS-ACP 上，形成丙二酸单酰-ACP 和 HS-CoA。

$$HOOCCH_2CO\sim SCoA + HS\text{-}ACP \rightleftharpoons HOOCCH_2CO\sim S\text{-}ACP + HS\text{-}CoA$$

丙二酸单酰 CoA　　　　　　　　　　丙二酸单酰-ACP

③缩合反应。在 *β*-酮脂酰 ACP 合酶催化下，$CH_3CO\sim S$-合成酶与丙二酸单酰-ACP 缩合形成 *β*-酮丁酰-ACP，脱去合酶-SH 和 CO_2。

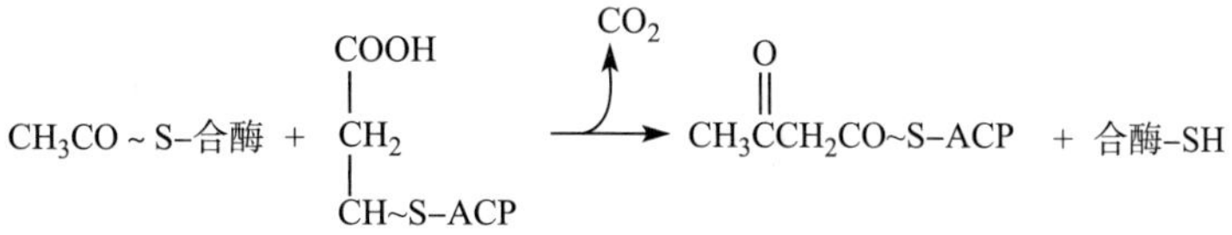

丙二酸单酰-ACP　　　*β*-酮丁酰-ACP

④还原反应。在β-酮脂酰 ACP 还原酶催化下，β-酮丁酰-ACP 被 NADPH 还原为β-羟丁酰-ACP。

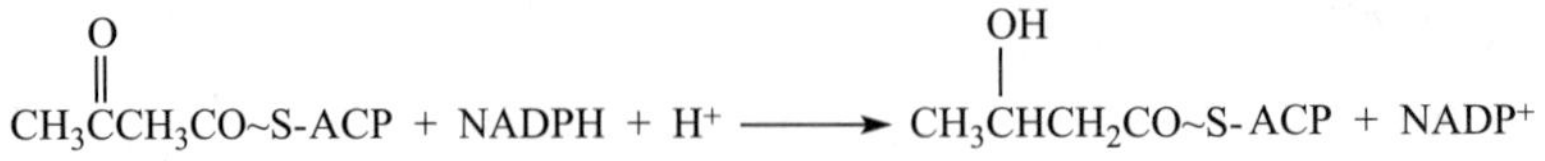

β-酮丁酰-ACP　　β-羟丁酰-ACP

⑤脱水反应。在β-羟脂酰 ACP 脱水酶催化下，β-羟丁酰-ACP 脱水，在α、β碳原子之间形成反式双键。

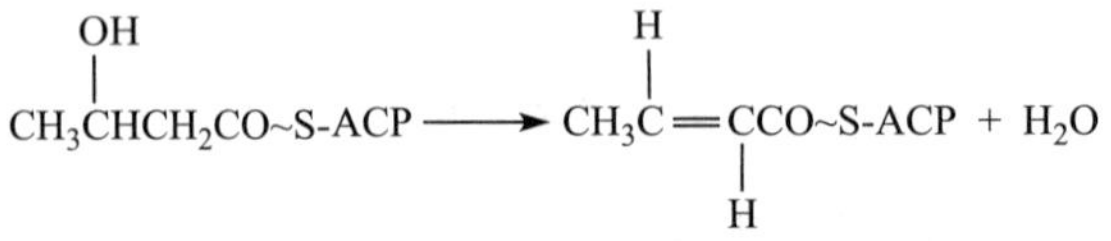

β-羟丁酰-ACP　　α,β-反烯脂酰-ACP

⑥再还原。在烯脂酰 ACP 还原酶催化下，α,β-反烯脂酰-ACP 被 NADPH 还原为丁酰-ACP。

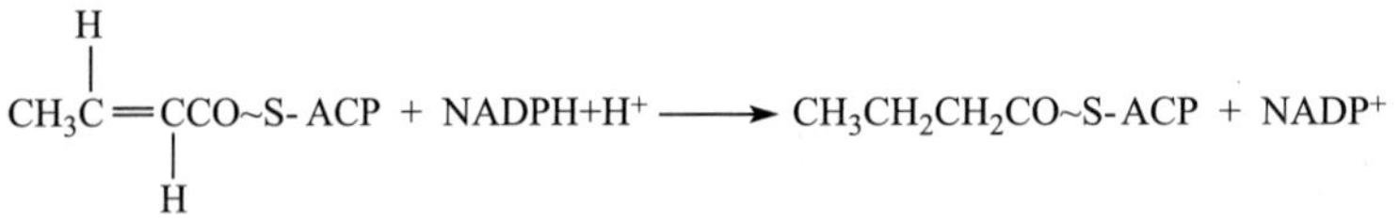

α,β-反烯脂酰-ACP　　丁酰-ACP

在上述反应中，经过缩合、还原、脱水、再还原四步反应，由两个二碳的乙酰基便合成了一个四碳的丁酰-ACP。接下来，再以丙二酸单酰-ACP 作为二碳供体，重复缩合、还原、脱水、再还原四步反应，又可以使碳链延长 2 个碳原子。不断重复上述过程，碳链可以延长到 16 个碳原子，即形成软脂酰-ACP。软脂酰-ACP 在转酰基酶催化下，与 HS-CoA 作用形成软脂酰 CoA；也可以在硫酯酶作用下水解，转化为软脂酸。

软脂酰-ACP＋HS-CoA ⟶ 软脂酰-CoA＋HS-ACP

软脂酰-ACP＋H_2O ⟶ 软脂酸＋HS-ACP

(5)NADPH 的来源。脂肪酸合成过程中的两次还原反应需要的 NADPH 主要来自磷酸戊糖途径。细胞液中产生的 NADPH 不能迅速被线粒体氧化，通过脂肪酸的合成，可以使 $NADP^+$ 得以再生，保证磷酸戊糖途径顺利进行。NADPH 也可以由柠檬酸-丙酮酸循环提供。

2. 饱和脂肪酸碳链的延长

饱和脂肪酸的从头合成是在细胞质中进行的，最常见的产物是软脂酸。动物体内，催化脂肪酸碳链延长的酶存在于线粒体和微粒体中。

(1)线粒体系统饱和脂肪酸碳链的延长。利用乙酰 CoA 作为二碳供体。软脂酰 CoA 与乙酰 CoA 缩合形成β-酮十八碳脂酰 CoA，再经还原、脱水、再还原，形成硬脂酰 CoA。重复缩合、还原、脱水、再还原，一般可以使碳链延长至 24 个碳原子。

(2)微粒体系统饱和脂肪酸碳链的延长。利用丙二酸单酰 CoA 作为二碳供体。在软脂酰 CoA 基础上进行缩合、还原、脱水、再还原，形成硬脂酰 CoA，然后重复循环，生成二十碳以上的脂酰 CoA。微粒体系统中饱和脂肪酸碳链的延长以 NADPH 作为供氢体，以 HS-CoA 作为酰基载体。

3. 不饱和脂肪酸的合成

生物体内不饱和脂肪酸的合成有两条途径，即需氧途径和厌氧途径。

(1)需氧途径。该途径存在于一切真核生物中。植物体中可以合成单不饱和脂肪酸和多不饱和脂肪酸。哺乳动物体内只能合成单不饱和脂肪酸。不饱和脂肪酸是饱和脂肪酸在去饱和酶作用下形成的。

去饱和酶是一种连接还原剂和 O_2 的单加氧酶。它催化的反应是：O_2 中的一个 O 接受来自饱和脂酰基中的 2 个 H，另一个 O 接受来自还原剂的 2 个 H，形成 2 分子 H_2O 和不饱和脂酰基(Δ^9-顺)。

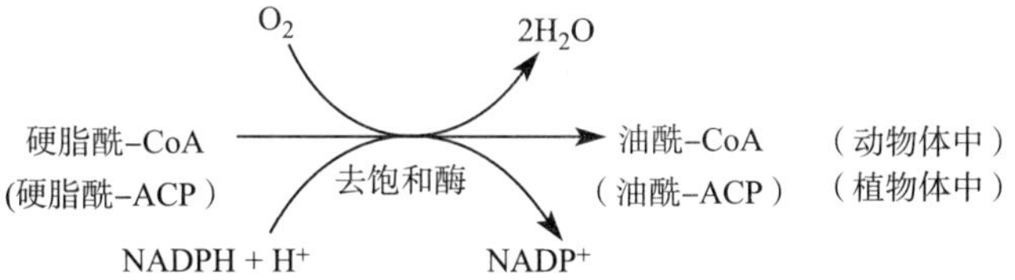

在去饱和过程中传递 4 个电子，从还原剂到分子氧的电子传递体在动植物中有所不同，植物体中是黄素蛋白和铁氧还蛋白，动物体中是细胞色素 b_5 还原酶和细胞色素 b_5。不饱和脂肪酸形成过程中的电子传递见图 11-12。

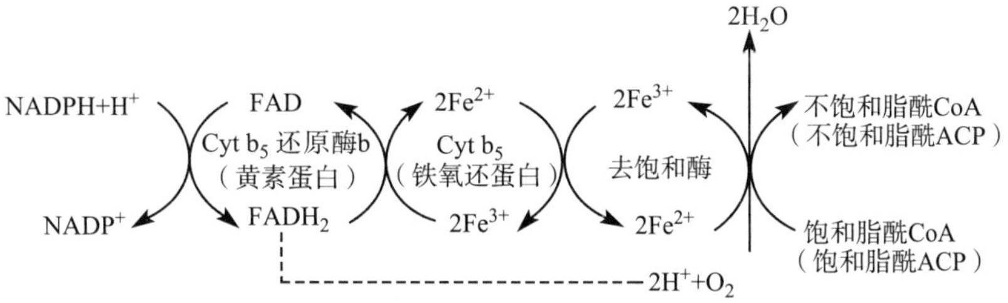

图 11-12　不饱和脂肪酸形成过程中的电子传递

植物体中单不饱和脂酰-ACP 可以继续在专一性的去饱和酶作用下，形成多不饱和脂酰-ACP。

(2)厌氧途径。此途径仅存在于原核生物中。细菌中的不饱和脂肪酸都是单不饱和脂肪酸。先由脂肪酸合成酶系催化形成十个碳的 β-羟癸酰-ACP，然后在 β、γ 碳原子间脱水，形成 β,γ-顺癸烯脂酰-ACP，再以丙二酸单酰-ACP 为二碳供体，形成碳链长度不同的单烯脂酰-ACP。

脂肪酸生物合成的总反应方程式：

$$8CH_3\text{-}\overset{\overset{\displaystyle O}{\|}}{C}\sim SCOA + 7ATP + 14NADPH^+ + 14H^+ \longrightarrow CH_3(CH_2)_{14}COOH + 14NADP^+ + 8CoA\text{-}SH + 7ADP + 7Pi + 6H_2O$$

(三)脂肪的生物合成

脂肪由一分子 *L*-*α*-磷酸甘油和三分子脂酰 CoA 缩合而成。脂酰 CoA 的生成：

$$脂酰\text{-}ACP + H_2O \xrightarrow{硫酯酶} 脂肪酸 + HS\text{-}ACP$$

$$脂肪酸 + HS\text{-}CoA + ATP \xrightarrow{硫激酶} 脂酰\ CoA + AMP + PPi$$

脂肪的合成过程见图 11-13。

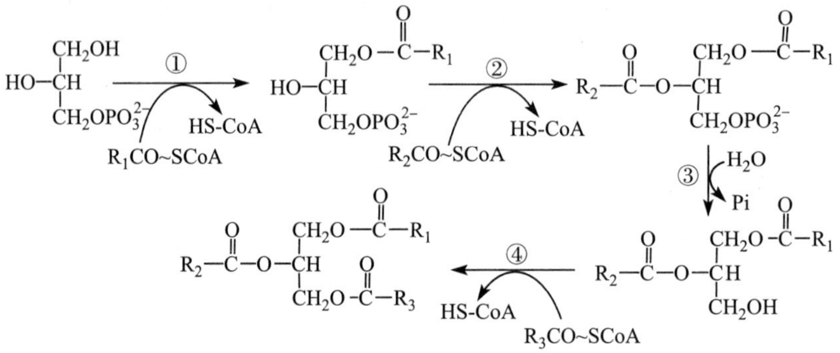

①磷酸甘油脂酰转移酶 ②溶血磷脂酸脂酰转移酶 ③磷脂酸酶 ④甘油二酯转酰酶

图 11-13 脂肪的生物合成

第四节 蛋白质代谢

一、蛋白质酶促降解

人体从食物中摄取的蛋白质不能直接进入细胞，必须在消化道内经蛋白酶水解为小分子的氨基酸才能被吸收利用。水解蛋白质的酶统称为蛋白酶，广泛地存在于生物体内。按照作用部位，蛋白酶可以分为内肽酶、外肽酶和二肽酶。内肽酶水解蛋白质多肽链内部的肽键，对组成肽键的氨基酸有特异性，水解蛋白质的产物是长度不等的肽链；外肽酶从肽链的一端水解肽键，将氨基酸逐一从肽链上切下来，又可以分为氨肽酶(从 N-端水解肽键)和羧肽酶(从 C-端水解肽键)；二肽酶水解二肽中的肽键，把二肽水解为氨基酸(图 11-14)。食品加工中常用的蛋白酶主要来自植物和微生物体内。

人体从食物中获得的氨基酸为外源氨基酸；组织蛋白质降解产生的氨基酸和体内合成的氨基酸为内源氨基酸。通常把分布于血液及各个组织中的游离氨基酸称为氨基酸代谢库。氨基酸代谢在蛋白质代谢中处于枢纽位置(图 11-15)。

一部分未被消化的小部分蛋白质和多肽，在大肠内被腐败菌分解，产生胺、酚、吲哚、硫化氢等有毒有害物质及一些低级脂肪酸、维生素等有用物质。正常时，腐败产物大部分随粪便排

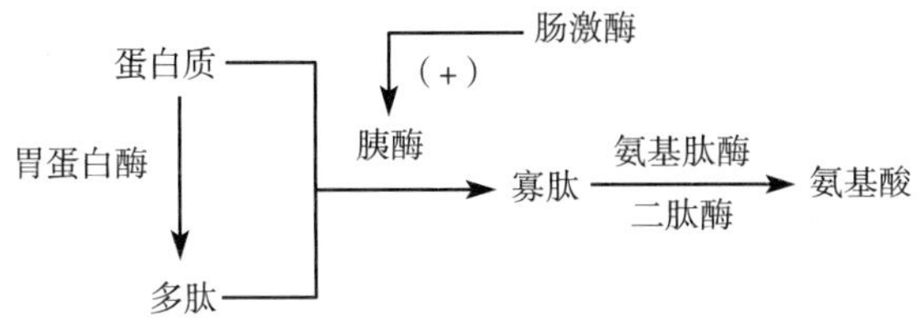

图 11-14　蛋白质的消化

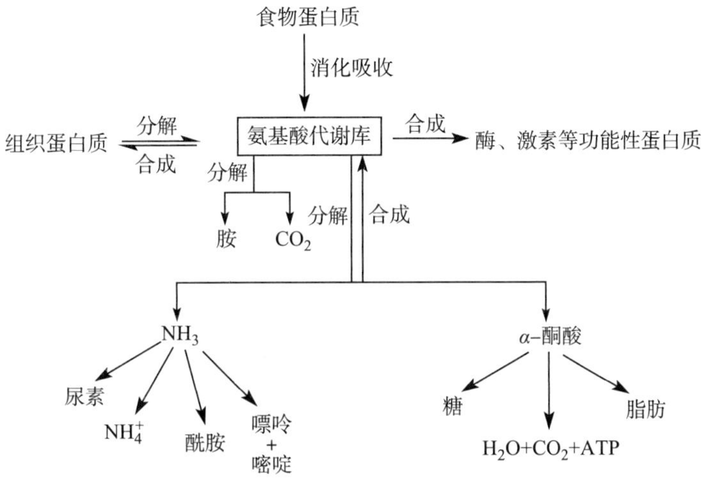

图 11-15　氨基酸在体内的转化示意图

出体外，少量被肠黏膜吸收后经肝脏解毒。患严重胃肠疾病时，如肠梗阻，由于肠内容物在肠道停留时间过长，腐败产物增多，大量腐败产物被吸收，在肝内解毒不完全，则引起自体中毒。

二、氨基酸分解代谢

(一)氨基酸分解代谢的一般途径

氨基酸分解代谢的途径有两条：脱氨基作用和脱羧基作用。脱氨基作用是氨基酸分解代谢的主要途径。

1. 氨基酸的脱氨基作用

氨基酸脱去氨基的过程称为脱氨基作用，是氨基酸分解代谢的主要途径，产物是氨和 α-酮酸。氨基酸脱氨基作用的方式主要有氧化脱氨基作用、转氨基作用和联合脱氨基作用等(图 11-16)。人和动物体中，脱氨基作用主要在肝脏中进行。

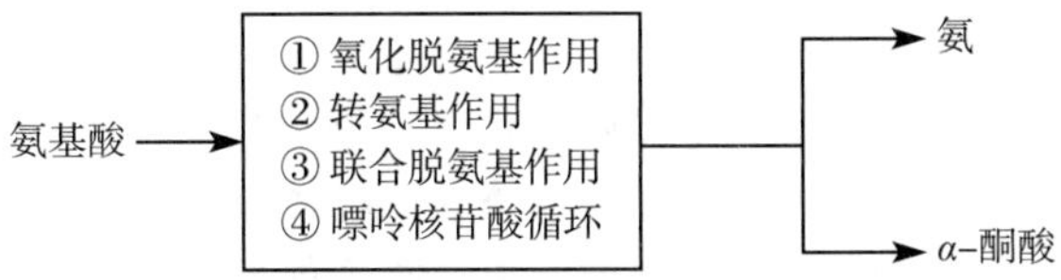

图 11-16　氨基酸在体内的脱氨基作用

(1)氧化脱氨基作用。氨基酸在酶的催化下,发生脱氨、水解两步反应,脱去氨基后生成 α-酮酸的过程,称为氧化脱氨基作用。催化氨基酸氧化脱氨基作用的酶有两类,即氨基酸氧化酶和 L-谷氨酸脱氢酶。

①氨基酸氧化酶催化的反应。氨基酸氧化酶属于需氧脱氢酶,以 FAD 或 FMN 为辅基,有 L-氨基酸氧化酶和 D-氨基酸氧化酶两类。氨基酸氧化酶催化的反应如下:

氨基酸　　　　α-酮酸

氨基酸氧化酶不是催化氨基酸氧化脱氨基作用的主要酶类,因为 L-氨基酸氧化酶在体内分布不广,生理条件下活性不高(其最适 pH 为 10);D-氨基酸氧化酶虽然分布广,活性高,但体内的 D-氨基酸很少。

②L-谷氨酸脱氢酶催化的反应。L-谷氨酸脱氢酶为不需氧脱氢酶,辅酶是 NAD(或 NADP),其催化的反应如下:

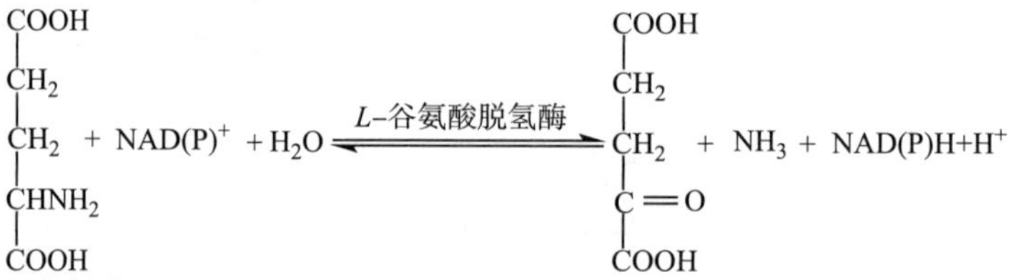

L-谷氨酸　　　　α-酮戊二酸

L-谷氨酸脱氢酶广泛存在于动植物体和微生物体内,且活性很强,是催化氨基酸氧化脱氨基作用的主要酶类。食品工业上可以利用此反应的逆反应生产味精。

(2)转氨基作用。在转氨酶的作用下,氨基酸分子的 α-氨基转移到 α-酮酸的羰基位置上,α-酮酸转变为新的 α-氨基酸,原来的氨基酸转变为相应的 α-酮酸,这一过程称为转氨基作用。

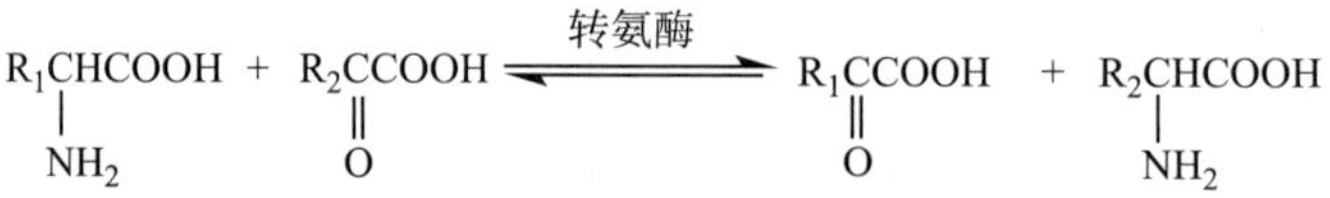

α-氨基酸　　α-酮酸　　　　α-酮酸　　α-氨基酸

转氨基作用普遍存在于生物体内,除个别氨基酸外(如赖氨酸),其他的氨基酸都可以参加转氨基作用。转氨酶种类很多,分布广泛,其辅酶是磷酸吡哆醛。磷酸吡哆醛起氨基传递体的作用。磷酸吡哆醛接受氨基酸的氨基成为磷酸吡哆胺,氨基酸转变为 α-酮酸;磷酸吡哆胺把氨基转移给另一分子 α-酮酸,本身又转变为磷酸吡哆醛。转氨酶催化氨基酸转氨基作用的过程见图 11-17。

体内最重要的两个转氨酶是谷丙转氨酶(GPT)和谷草转氨酶(GOT),前者催化谷氨酸和丙酮酸之间的转氨基反应,后者催化谷氨酸和草酰乙酸之间的转氨基反应(图 11-18)。

转氨基作用具有重要的生理意义。转氨基作用是一种可逆反应,氨基酸是氨基供体,α-酮酸是氨基受体,氨基酸和 α-酮酸可以互相转化。因此,转氨基作用不仅是氨基酸分解代谢的开始步骤,也是体内合成非必需氨基酸的重要途径。同时,转氨基作用还沟通了糖代谢和蛋白

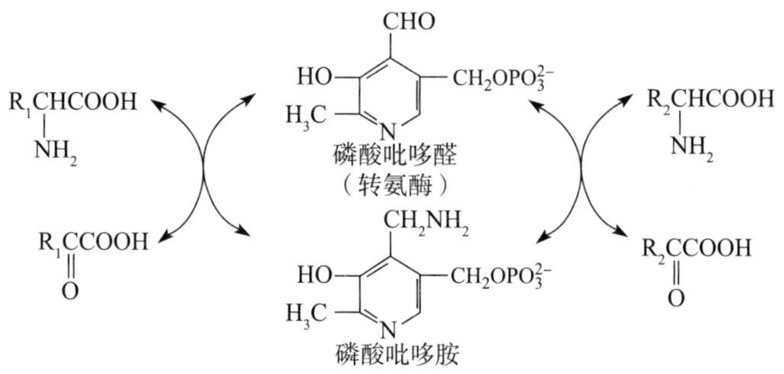

图 11-17 氨基酸的转氨基作用

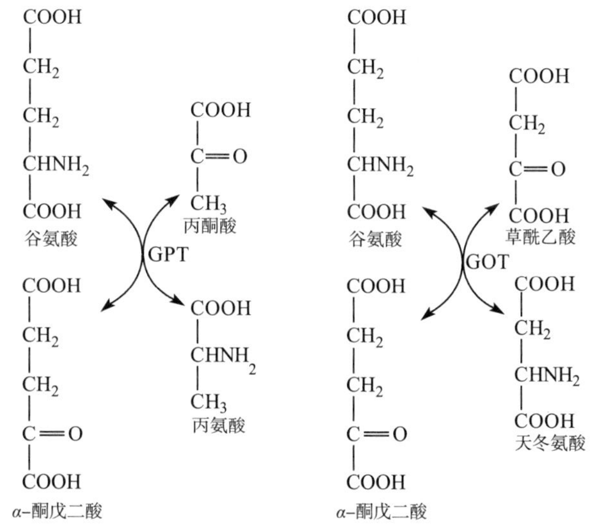

图 11-18 谷氨酸的转氨基反应

质代谢之间的联系。如糖代谢中产生的丙酮酸、草酰乙酸和α-酮戊二酸，可以通过转氨基作用形成丙氨酸、天冬氨酸和谷氨酸；同样，蛋白质分解产生的丙氨酸、天冬氨酸和谷氨酸也可以转变为丙酮酸、草酰乙酸和α-酮戊二酸，再进入三羧酸循环。

(3)联合脱氨基作用。由转氨基作用与氧化脱氨基作用偶联进行的脱氨基方式称为联合脱氨基作用。虽然转氨基作用在生物体内普遍存在，但是实际上转氨基作用未能将氨基真正脱去，只是把氨基传递给了α-酮酸。如前所述，催化氧化脱氨基作用的酶主要是L-谷氨酸脱氢酶，此酶的专一性很强。因此，一般认为联合脱氨基作用是氨基酸脱氨基作用的主要方式。

联合脱氨基作用的过程是：首先α-氨基酸与α-酮戊二酸在相应转氨酶催化下，进行转氨基作用，生成α-酮酸和谷氨酸；然后在L-谷氨酸脱氢酶催化下，谷氨酸氧化脱氨基生成α-酮戊二酸和氨(图 11-19)。

(4)嘌呤核苷酸循环。在动物的骨骼肌、心肌等组织中，L-谷氨酸脱氢酶的活性较低，所以在这些组织中氨基酸脱氨基作用的方式是一种特殊的联合脱氨基作用，即嘌呤核苷酸循环。嘌呤核苷酸循环脱氨基作用的过程：α-氨基酸与α-酮戊二酸进行转氨基作用，生成α-酮酸和谷氨酸；谷氨酸与草酰乙酸进行转氨基作用，生成α-酮戊二酸和天冬氨酸；天冬氨酸与次黄嘌呤

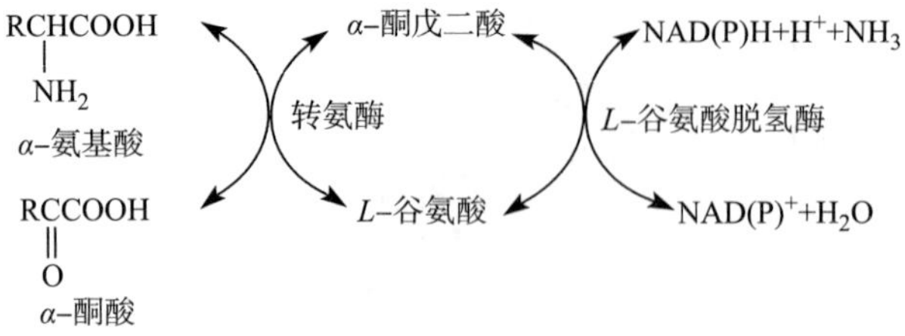

图 11-19 联合脱氨基作用

核苷酸在腺苷酸琥珀酸合成酶催化下，利用 GTP 供能，合成腺苷酸琥珀酸；腺苷酸琥珀酸在腺苷酸琥珀酸裂解酶催化下，裂解为延胡索酸和腺苷酸；腺苷酸在脱氨酶作用下，水解脱去氨基，重新生成次黄嘌呤核苷酸；同时，延胡索酸经转化形成草酰乙酸。

除上述脱氨基作用方式外，还存在非氧化脱氨基作用，包括水解脱氨基、还原脱氨基等，主要存在于微生物体内。另外，芳香族氨基酸还可以进行羟化脱氨基作用。

2. 氨基酸的脱羧基作用

氨基酸在脱羧酶作用下，脱去羧基形成胺的过程称为脱羧基作用。

$$\underset{\text{氨基酸}}{\underset{\displaystyle NH_2}{\underset{|}{RCHCOOH}}} \xrightarrow{\text{氨基酸脱羧酶}} \underset{\text{胺}}{RCH_2NH_2} + CO_2$$

氨基酸脱羧酶在生物体内分布广泛，专一性很强，除组氨酸外，所有的氨基酸脱羧酶都需要磷酸吡哆醛作为辅酶。脱羧基作用不是氨基酸分解代谢的主要途径。

氨基酸脱羧基后产生的胺类大多数对机体有毒害作用，如体内存在大量胺类能引起神经或心血管功能紊乱。胺氧化酶能催化胺类分解。胺先氧化为醛，醛再进一步氧化为酸，酸再分解为 CO_2 和 H_2O。

$$RCH_2NH_2 + O_2 + H_2O \xrightarrow{\text{胺氧化酶}} RCHO + NH_2 + H_2O_2$$

$$RCHO + \frac{1}{2}O_2 \xrightarrow{\text{醛氧化酶}} RCOOH \longrightarrow CO_2 + H_2O$$

有些氨基酸脱羧基后产生的胺类有重要的生理活性。下面列举几种有生理活性的胺类。

(1) γ-氨基丁酸。脑组织中 L-谷氨酸脱羧酶的活性很高，可催化谷氨酸脱羧形成 γ-氨基丁酸。γ-氨基丁酸是一种存在于中枢神经系统的神经递质，对中枢神经有普遍性抑制作用。

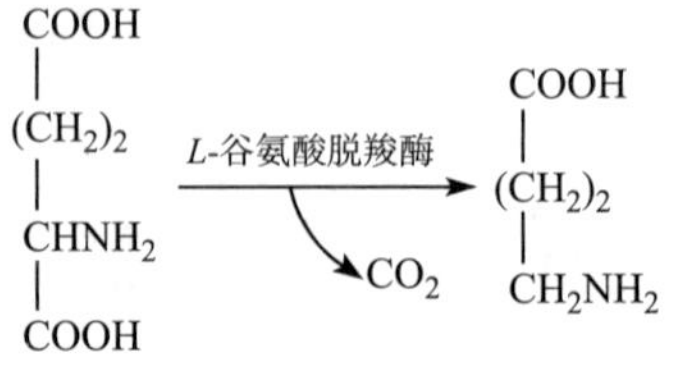

谷氨酸　　　　γ-氨基丁酸

(2) 乙醇胺和胆碱。丝氨酸脱羧后生成乙醇胺，乙醇胺甲基化可以生成胆碱。乙醇胺和胆碱分别是脑磷脂和卵磷脂的成分。

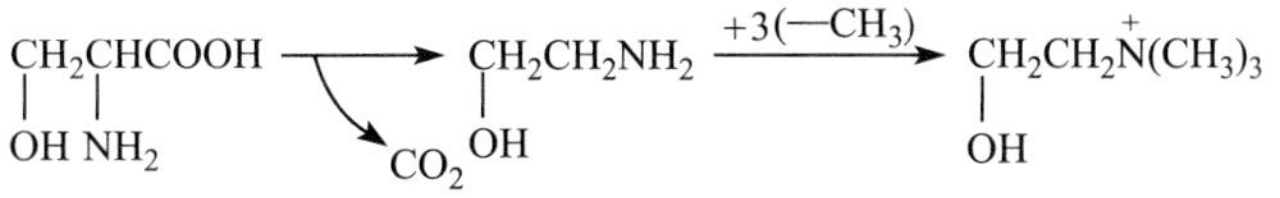

(3)组胺。组氨酸脱羧后生成组胺。在乳腺、肺、肝、肌肉中组胺含量较高。组胺是一种强烈的血管扩张剂,可引起血压下降和局部水肿;组胺的释放与过敏症状密切相关;组胺还有刺激胃黏膜分泌胃蛋白酶和胃酸的功能。

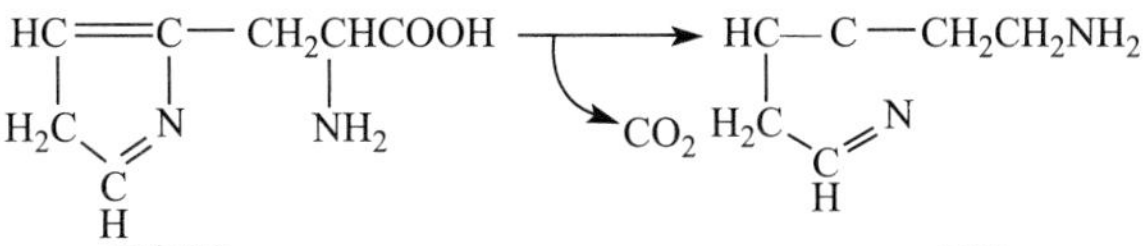

(4)多巴胺。酪氨酸在酪氨酸酶催化下发生羟化生成3,4-二羟苯丙氨酸,简称多巴,多巴脱羧即产生多巴胺(3,4-二羟苯乙胺),多巴胺可进一步转化为去甲肾上腺素和肾上腺素。

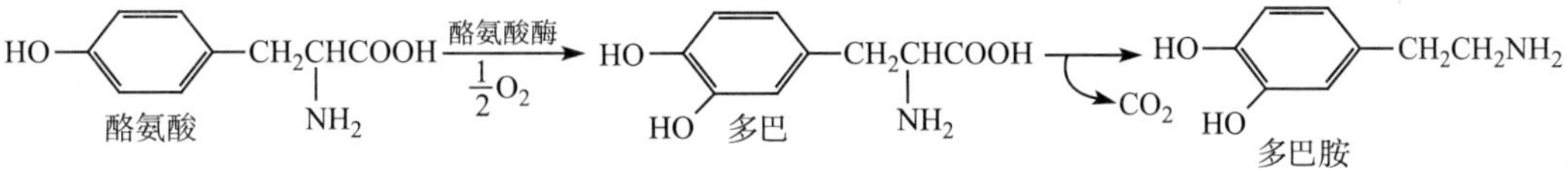

另外,多巴和多巴胺经氧化、聚合等反应可以形成黑色素。马铃薯中含有丰富的酪氨酸和酪氨酸酶,所以在受机械损伤后会发生褐变。

(5)多胺。鸟氨酸脱羧生成腐胺,S-腺苷甲硫氨酸脱羧生成S-腺苷-3-甲硫基丙胺。在精脒合成酶催化下,S-腺苷-3-甲硫基丙胺将分子中的丙胺基转移到腐胺上,形成精脒和甲硫腺苷。然后再在精胺合成酶催化下,S-腺苷-3-甲硫基丙胺将分子中的丙胺基转移给亚精胺,形成精胺和甲硫腺苷。腐胺、亚精胺和精胺总称多胺。多胺是调节细胞生长的重要物质,对核酸及蛋白质合成的某些环节有促进作用。

(二)氨和 α-酮酸的转化

1.氨的转化

组织中氨基酸的分解生成的氨是体内氨的主要来源。膳食中蛋白质多时,这一部分氨的生成量也增多。氨是有毒物质,人体必须及时将氨转变成无毒或毒性小的物质,然后排出体外。氨的主要去路是在肝脏合成尿素并随尿排出;一部分氨可以合成谷氨酰胺和天冬酰胺,也可以合成其他非必需氨基酸;少量的氨可直接经尿排出体外,尿中排氨有利于排酸(图11-20)。

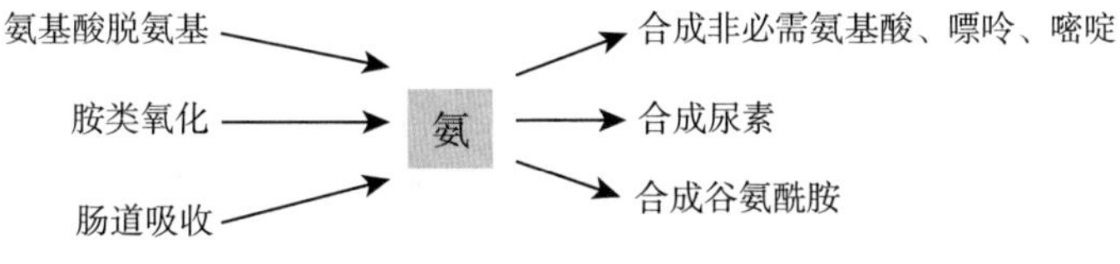

图11-20　氨的转化途径

2.α-酮酸的转化

氨基酸脱氨基后,剩下的碳骨架是α-酮酸。α-酮酸在体内的代谢途径有三条:再合成氨基酸，转变为糖及脂肪，氧化生成 CO_2 和 H_2O（图 11-21）。

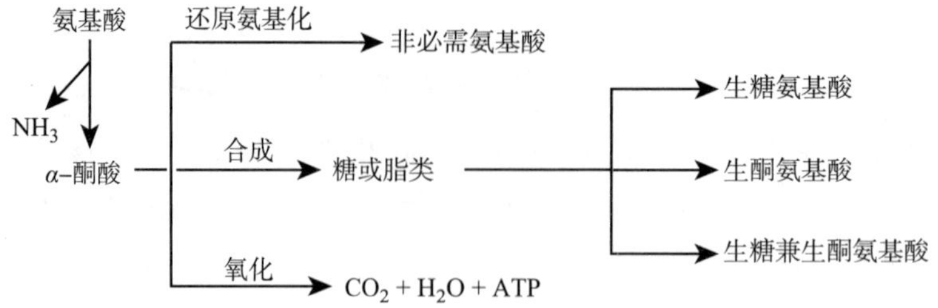

图 11-21　α-酮酸的转化示意图

当体内能量供应充足时，α-酮酸可以转化为糖或脂肪。生糖氨基酸及生酮氨基酸都可以转化为脂肪。

三、氨基酸合成代谢

各类生物合成氨基酸的能力不同。植物和许多微生物能合成所有的氨基酸。动物不能合成全部的氨基酸，有些氨基酸只能从食物中摄取，称为必需氨基酸。人体中有 8 种必需氨基酸，即缬氨酸、亮氨酸、异亮氨酸、甲硫氨酸、苏氨酸、苯丙氨酸、色氨酸和赖氨酸。

合成氨基酸的原料是氨和 α-酮酸。植物和微生物可以把硝酸盐和亚硝酸盐还原为氨，少数微生物可以通过固氮作用把大气中的氮转变为氨，动物体内的氨则主要来自氨基酸的脱氨基作用。α-酮酸主要来自糖代谢的中间产物，如丙酮酸、草酰乙酸、α-酮戊二酸等，也可以由氨基酸脱氨基作用提供。

四、蛋白质的生物合成

中心法则指出，遗传信息的表达是最终合成出具有特定氨基酸顺序的蛋白质，这种以 mRNA 上所携带的遗传信息到多肽链上所携带的遗传信息的传递，就像以一种语言翻译成另一种语言，所以称以 mRNA 为模板的蛋白质合成过程为翻译。

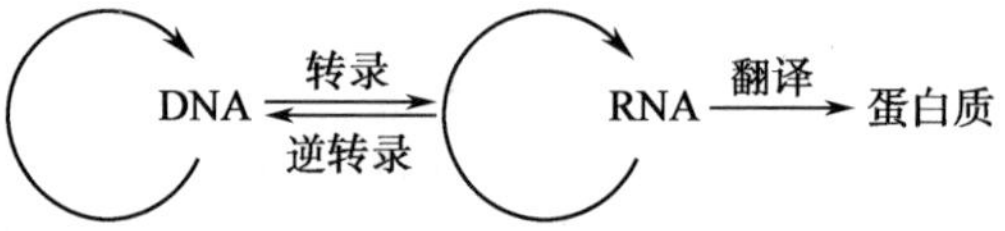

翻译过程十分复杂，需要 mRNA、tRNA、rRNA 和多种蛋白因子参与。在此过程中，以 mRNA 为合成的模板，tRNA 为运输氨基酸的工具，rRNA 和蛋白质一起构成核糖体，是合成蛋白质的场所。

合成蛋白质所需要的原料首先是 20 种编码氨基酸，还需要酶和蛋白因子（氨基酰-tRNA 合成酶、转肽酶、起始因子 IF、延长因子 EF、释放因子 RF 等）、供能物质（ATP、GTP）、无机离子（Mg^{2+}、K^+）等。

第五节　物质代谢相互关系

动物有机体的新陈代谢是一个完整而统一的过程，各种物质的代谢过程是密切联系和相互影响的，主要表现在各种代谢的中间产物可以相互转变。蛋白质是机体主要的结构物质和功能物质，糖的氧化分解是机体获得能量的主要方式，脂肪是机体能量的贮存形式。蛋白质和脂类代谢进行的程度取决于糖代谢进行的程度；当糖和脂类不足时，蛋白质的分解就增强，当糖多时又可以减少脂类的消耗。

在一定条件下，可以通过共同的中间产物如丙酮酸、乙酰 CoA、草酰乙酸及 α-酮酸等相互转变；可以通过三羧酸循环被彻底氧化分解为二氧化碳、水，并释放出能量。同时由于各自的生理功能不相同，在氧化供能方面以糖和脂肪为主，现将糖、蛋白质、脂类的代谢关系概述如下。

一、糖类代谢与脂类代谢的相互联系

糖类代谢与脂类代谢有密切的关系。乙酰 CoA 和磷酸二羟丙酮是糖类代谢和脂类代谢的共同中间产物。

糖可以转化为脂肪。乙酰 CoA 是糖类代谢的重要中间产物，也是合成脂肪酸的原料。糖类代谢的另一中间产物磷酸二羟丙酮则是合成 α-磷酸甘油的前体。脂肪酸生物合成需要的还原剂 NADPH 主要由磷酸戊糖途径提供。由此可见，糖类可以转化为脂肪。另外，乙酰 CoA 也是合成胆固醇的原料。动物体内糖转化为脂肪的作用是很普遍的。如家畜、家禽的饲料中若以糖类为主，则脂肪会大量积累；又如，人体若长期进食高糖食物，即使不摄取脂肪，也会引起高血脂及肥胖症。

脂肪降解产生甘油和脂肪酸。在人和动物体内，脂肪酸氧化分解产生的乙酰 CoA 不能逆行生成丙酮酸，所以脂肪酸不能转化为糖；而甘油代谢的中间产物磷酸二羟丙酮，既可以沿糖酵解途径生成丙酮酸，然后继续降解，也可以异生为糖。但甘油在脂肪分子中只占很小的比例，因此，脂肪转化为糖的量很小。

一些油料作物的种子萌发时，脂肪酸 β-氧化产生的乙酰 CoA 可以经乙醛酸循环形成琥珀酸，在三羧酸循环中琥珀酸形成草酰乙酸，再转化成磷酸烯醇式丙酮酸，异生为葡萄糖。

总之，糖可以大量转化为脂肪，脂肪则不能大量转化为糖。

二、糖类代谢与蛋白质代谢的相互联系

蛋白质酶促降解产生游离的氨基酸，氨基酸代谢与糖类代谢有共同的中间产物，即 α-酮酸。糖类可以转化为氨基酸。糖代谢的中间产物 α-酮酸如丙酮酸、草酰乙酸和 α-酮戊二酸可以通过转氨基作用形成丙氨酸、天冬氨酸和谷氨酸。其他氨基酸虽然不能由糖代谢的中间产物直接合成，但可以经过若干酶促反应后形成。另外，糖分解产生的能量供合成蛋白质之需。

氨基酸可以转化为糖。构成蛋白质的 20 种氨基酸中，除赖氨酸和亮氨酸外，都能转变为糖。这些氨基酸经脱氨基作用后生成 α-酮酸可以转化为糖代谢的中间产物，在酶的催化下转化成磷酸烯醇式丙酮酸，再异生为葡萄糖。

三、脂类代谢与蛋白质代谢的相互联系

蛋白质可以转化为脂类。蛋白质降解产生的氨基酸中，无论是生酮氨基酸、生糖兼生酮氨基酸，还是生糖氨基酸，其脱氨基后形成的 α-酮酸都能转变为乙酰 CoA，从而合成脂肪酸或胆固醇。丝氨酸可以形成胆胺或胆碱，是合成磷脂的原料。

动物体内，由脂肪转变为蛋白质则很困难。如前所述，脂肪分解产生的甘油可以异生为

糖，从而转化为氨基酸。但是脂肪酸氧化分解产生的乙酰 CoA 则很难转化为氨基酸。因为乙酰 CoA 虽然能进入三羧酸循环产生 α-酮戊二酸，但必须有草酰乙酸的参与，所以从脂肪酸合成氨基酸是受限制的。因此，动物是不能在体内利用脂肪来合成蛋白质的。

四、核酸代谢与糖类、脂类、蛋白质代谢的相互联系

核酸代谢与糖类、脂类、蛋白质代谢有密切的联系。核酸作为遗传的物质基础，在蛋白质的生物合成中起着决定性的作用，DNA 分子的碱基组成决定了蛋白质多肽链中氨基酸的排列顺序。物质代谢是在酶的催化下进行的，酶是蛋白质，有些核苷酸是辅酶的组成成分，所以，核酸直接或间接影响一切代谢过程。体内一些游离的核苷酸在物质代谢中起重要作用，如 ATP 是能量转换的工具，ATP、GTP 参与蛋白质的合成，UTP 参与多糖的合成，cAMP、cGMP 是代谢的调节物质等。

此外，核酸代谢也受其他物质代谢的影响，其中受蛋白质的影响最大。蛋白质分解代谢中产生的氨基酸，如甘氨酸、天冬氨酸、谷氨酰胺等以及某些氨基酸代谢产生的一碳单位，是合成嘌呤碱和嘧啶碱的原料。核酸的合成也需要酶和多种蛋白质因子参与。糖代谢产生的磷酸戊糖也为核苷酸的合成提供了原料。

总之，糖类、脂类、蛋白质和核酸等物质在代谢过程中是彼此相互联系和影响的。任何一种物质代谢出现异常，必然会影响其他物质的代谢。三羧酸循环是各类物质代谢的互变枢纽。

实验一　脂肪转化成糖的定性实验

一、实验目的

(1)进一步学习通过费林试剂检测还原糖的实验方法。

(2)学习作物种子的发芽技术。

(3)学习和了解生物体内脂肪转化为糖的过程和检验方法。

二、实验原理

在含油植物种子发芽过程中，种子的油脂可以转化为葡萄糖，以提供生命活动所需要的能量。葡萄糖可以采用费林试剂进行定性检测。

三、试剂与器材

1. 器材

试管及试管架、试管夹、研钵、白瓷板、烧杯(100 mL)、小漏斗、滤纸、吸量管、吸量管架、量筒、水浴锅、铁三脚架、石棉网

2. 试剂

费林试剂、碘试剂、5%葡萄糖溶液、5%蔗糖溶液、黄豆汁滤液、花生汁滤液、发芽后的黄豆汁滤液、发芽后的花生汁滤液(蓖麻籽亦可)。

四、实验步骤

(1)取两支试管，分别加入约 2 mL 的 5%葡萄糖溶液、5%蔗糖溶液，再加入约 5 滴费林试

剂，于约 90℃的热水中水浴加热，直至其中一支试管底部出现砖红色沉淀为止。正确的实验结果应该是装葡萄糖溶液的试管底部会出现砖红色沉淀，而装蔗糖溶液的试管底部不会出现。

(2)将黄豆、花生、发芽后的黄豆、发芽后的花生加热熟化或烘干、晒干，碾成粉末后加适量水调和，取其滤液备用。

在白瓷板上依次滴加上述 4 种滤液，加 1 滴碘化钾-碘溶液，观察溶液是否变蓝，以此检验其中是否有淀粉的存在。

取上述 4 种滤液约 5 mL 放入 4 支试管，加入 1 mL 费林试剂，混匀，在沸水中煮 2～3 min，观察试管底部是否出现砖红色沉淀。

五、思考题

(1)通过实验我们可以得出什么样的结论？

(2)为什么要检查淀粉的存在与否？

(3)简述生物体内糖和脂肪代谢的相互关系。

实验二　糖发酵实验

一、目的要求

(1)了解食品中常见的几种糖在肠道细菌作用下的代谢情况。

(2)掌握通过糖发酵的实验鉴别不同微生物的方法。

二、基本原理

糖发酵试验是最常用的生化反应之一，在肠道细菌的鉴定上尤为重要。绝大多数细菌都能利用糖类作为碳源和能源，但是它们在分解糖的能力上有很大的差异，有些细菌能分解某种糖并产酸(如乳酸、醋酸、丙酸等)和气体(如氢、甲烷、二氧化碳等)；有些细菌只产酸不产气。例如，大肠杆菌能分解乳糖和葡萄糖产酸并产气；伤寒杆菌能分解葡萄糖产酸不产气，不能分解乳糖；普通变形杆菌分解葡萄糖产酸产气，不能分解乳糖。

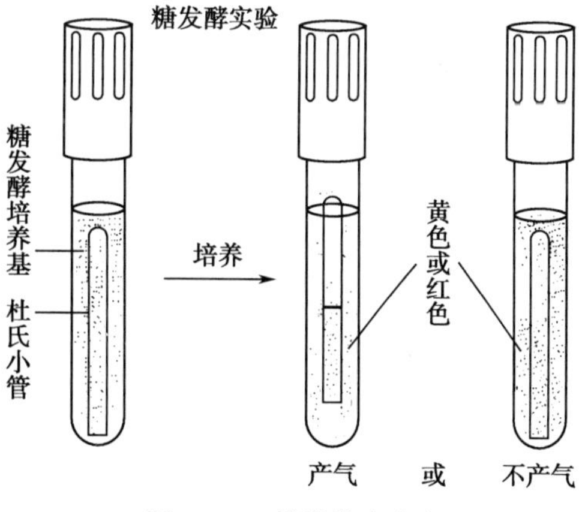

图 11-22　糖类发酵试验

酸的产生可利用指示剂来断定。在配制培养基时预先加入溴甲酚紫[pH 5.2(黄色)～6.8(紫色)]，当发酵产酸时，可使培养基由紫色变为黄色。气体的产生可由发酵管中倒置的杜氏小管中有无气泡来证明(图 11-22)。

三、实验材料

1. 器材

恒温培养箱、试管(6 支)、杜氏小管(6 支)、试管架、酒精灯、接种环。

2. 试剂

葡萄糖发酵培养基、乳糖发酵培养基、溴甲酚紫指示剂。

3. 菌种

大肠杆菌和普通变形杆菌(*Proteus vulgaris*)斜面各1支。

四、操作步骤

1. 培养基准备

取6支试管,依次编号,前3支装入葡萄糖发酵培养基,后3支乳糖发酵培养基,并加入溴甲酚紫指示剂适量,使培养液呈紫色。

2. 接种

往葡萄糖发酵培养基中接种大肠杆菌、普通变形杆菌,第3支不接种,作为对照。乳糖发酵培养基接种大肠杆菌、普通变形杆菌,第3支不接种,作为对照(图11-23)。

3. 培养

将上述已接种的6支试管置37℃温室中培养24 h。

注意事项:接种后应轻轻摇动试管,使其均匀,防止倒置的小管进入气泡。否则会影响实验结果,得出错误答案。

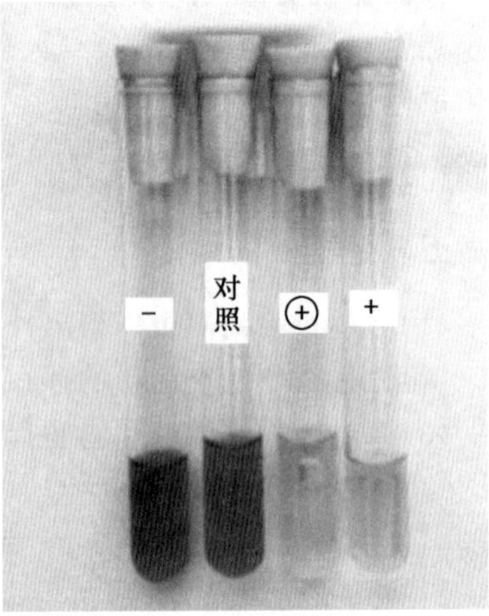

－表示不产酸不产气;＋表示产酸;
⊕表示产酸产气

图11-23 糖类发酵试验现象观察

五、观察结果

观察结果时,看各管颜色变化及杜氏小管有无气泡。产酸产气用"⊕"表示;只产酸不产气用"＋"表示;不产酸也不产气用"－"表示(表11-3)。

表11-3 实验结果记录

糖	大肠杆菌	普通变形杆菌	对照
葡萄糖			
乳　糖			

六、思考题:

(1)为什么要将上述已接种的6支试管置37℃温室中培养?

(2)假如某种微生物可以有氧代谢葡萄糖,发酵试验应该出现什么样的结果?

实验三　糖酵解中间产物的鉴定

一、实验目的

了解糖酵解过程的某一中间步骤及利用抑制剂来研究中间代谢的方法。

二、实验原理

利用碘乙酸对糖酵解过程中3-磷酸甘油醛脱氢酶的抑制作用，使3-磷酸甘油醛不再继续变化而积累。硫酸肼作为稳定剂，可用来保护3-磷酸甘油醛使其不自发分解。然后用2,4-二硝基苯肼与3-磷酸甘油醛在碱性条件下形成2,4-二硝基苯肼-丙糖的棕色复合物，其棕色程度与2-磷酸甘油醛含量成正比。

三、试剂与器材

1. 原料

新鲜酵母。

2. 试剂

(1)2,4-二硝基苯肼：0.1 g 2,4-二硝基苯肼溶于100 mL 2 mol/L盐酸溶液中，贮于棕色瓶中备用。

(2)0.56 mol/L硫酸肼溶液。

(3)5%葡萄糖溶液。

(4)5%三氯乙酸溶液。

(5)0.75 mol/L NaOH溶液。

(6)0.002 mol/L碘乙酸溶液。

3. 器材

离心管(10 mL)，吸量管(1 mL、2 mL、3 mL)，恒温水浴锅，烧杯(50 mL)。

四、操作步骤

1. 取3支10 mL离心管，编号，分别称取并加入干酵母0.1 g，再按表11-4加试剂，加完试剂后，每管中插入一支玻璃棒，搅拌，玻璃棒留在管中，然后按表11-4操作。

表11-4　糖酵解中间产物鉴定试验

试剂	管号		
	1	2	3
5%葡萄糖/mL	5	5	5
5%三氯乙酸/mL	1	—	—
0.002 mol/L碘乙酸/mL	0.5	0.5	—
0.56 mol/L硫酸肼/mL	0.5	0.5	—
37℃水浴保温10 min，观察气泡多少，并记录			
5%三氯乙酸/mL	—	1	1
0.002 mol/L碘乙酸/mL	—	—	0.5
0.56 mol/L硫酸肼/mL	—	—	0.5
混匀、静置3 min			

2. 离心

将上述 3 支离心管中的反应液进行离心操作(3 000 r/min,3 min),然后留上清液备用。

3. 显色和观察结果

取 3 支 15 mL 试管,编号,分别加入上述相应的上清液 0.5 mL,并按表 11-5 加入试剂并静置处理,每加完一种试剂,各管均要摇匀。最后,观察各管颜色有无差异。

表 11-5 显色试验

试剂	管号		
	1	2	3
上清液/mL	0.5	0.5	0.5
0.75 mol/L NaOH/mL	0.5	0.5	0.5
室温静置,1 min			
2,4-二硝基苯肼/mL	0.5	0.5	0.5
室温静置,1 min			
0.75 mol/L NaOH/mL	3.5	3.5	3.5

五、注意事项

(1)本实验虽为定性鉴定,但在称重和量取操作时仍要求相对准确。

(2)应随实验材料来源不同,确定适宜的保温时间。

六、问题与讨论

实验中哪一发酵管生成的气泡最多?哪一管最后生成的溶液颜色最深?为什么?

实验四 肌糖原酵解作用

一、实验目的

(1)学习检验糖酵解作用的原理和方法。

(2)了解酵解作用在糖代谢过程中的地位及生理意义。

(3)了解有关组织代谢实验应注意的一些问题。

二、实验原理

在动物、植物、微生物等许多生物机体内,糖的无氧分解几乎都按完全相同的过程进行。本实验以动物肌肉组织中肌糖原的酵解过程为例,即肌糖原在缺氧的条件下,经过一系列的酶促反应,最后转变成乳酸的过程。肌肉组织中的肌糖原首先磷酸化,经过己糖磷酸酯、丙糖磷酸酯、甘油酸磷酸酯、丙酮酸等一系列中间产物,最后生成乳酸。该过程可综合成下列反应式:

$$1/n(C_6H_5O_5)_n + H_2O \longrightarrow 2CH_3CHOHCOOH$$

糖原　　　　乳酸

肌糖原的酵解作用是糖类供给组织能量的一种方式。当机体突然需要大量的能量,而又供氧不足时(如剧烈运动时),则糖原的酵解作用可暂时满足能量消耗。在有氧条件下,组织内糖原的酵解作用受到抑制,有氧氧化为糖代谢的主要途径。

糖原酵解作用的实验,一般使用肌肉糜或肌肉提取液。在用肌肉糜时,必须在无氧条件下进行;而用肌肉提取液,则可在有氧条件下进行。因为催化酵解作用的酶系统全部存在于肌肉提取液中,而催化呼吸作用(即三羧酸循环和氧化呼吸链)的酶系统,则集中在线粒体中。糖原或淀粉的酵解作用,可由乳酸的生成来观测。在除去蛋白质与糖后,乳酸可以与硫酸共热变成乙醛,后者再与对羟基联苯反应产生紫色物质,可根据颜色的显现而加以鉴定。

该法比较灵敏,每毫升溶液含 1～5 μg 乳酸即可出现明显的颜色反应。若有大量糖类和蛋白质等杂质存在,会严重干扰测定,因此实验中应尽量除去这些物质。另外,测定时所用的仪器应严格地清洗干净。

三、试剂与器材

1. 原料

大鼠或兔。

2. 试剂

0.5%糖原溶液(或 0.5%淀粉溶液),15%三氯乙酸溶液,液体石蜡,氢氧化钙(粉末),浓硫酸,饱和硫酸铜溶液,0.067 mol/L 磷酸缓冲液(pH 7.4),1.5%对羟基联苯试剂。

3. 器材

试管及试管架,移液管(5 mL、2 mL、1 mL、0.5 mL),滴管,量筒(10 mL),沸水浴锅,恒温水浴锅,剪刀及镊子,电子天平,漏斗,冰浴锅。

四、操作步骤

1. 处死动物

研究机体的新陈代谢,首先要注意使所测得的结果需尽量符合生活机体的真实情况。杀死动物的方法与获得真实情况有直接关系。

实验中采用的处死方法很多,下面介绍常见的几种。

(1)液氮固定。液氮的沸点是−196℃,可以极迅速地将动物冷冻固定,使各种机能状态的机体的代谢过程在十几秒之内固定于某一阶段。实验时,先用小杜瓦瓶或广口保温瓶盛取液氮,然后将动物(如大白鼠)迅速投进液氮中,动物因体温骤然下降而死去,机体中各个酶系及生化成分均被固定,保持到骤冷时的天然状态 2 min 后,将动物取出置室温下,待液氮挥发尽,此时动物组织变得酥脆。取一把锋利的刀,架在动物身体上,再用锤击刀背,将动物劈开后,砍取肌肉,取若干肌肉硬块放到乳钵中,迅速研成细粉,备用。

(2)注入空气。取家兔,于兔耳上找好静脉血管,将灌入空气的注射器针头插入比较粗的静脉血管中,注入空气,动物于 1～2 min 内死去。

(3)击毙。用铁锤敲击家兔或大白鼠的头部,动物立即死去。

(4)斩头。将一锋利的大剪刀于动物颈下张开,左手抚摸动物,使之处于自然状态,出其不意,右手突然用力猛剪,使动物断头而死去。此法适用于体型较小的动物,如大白鼠及小白鼠。

2. 制备肌肉糜

将动物(兔或鼠)杀死后,放血,立即割取背部和腿部肌肉,在低温条件下用剪刀尽量把肌肉剪碎即成肌肉糜。注意,应在临用前制备。

3.肌肉糜的糖酵解

取4支试管,按表11-6操作。

表11-6 肌肉糜的糖酵解试验

管号	试验管		对照管	
	1	2	3	4
新鲜肌肉糜/g	0.5	0.5	0.5	0.5
pH 7.4磷酸缓冲液/mL	3	3	3	3
0.5%淀粉溶液/mL	1	1	1	1
15%三氯乙酸溶液/mL	—	—	2	2
用玻璃棒将肌肉碎片打散、搅匀				
管号	试验管		对照管	
	1	2	3	4
液体石蜡/mL	1	1	1	1
37℃水浴保温1 h				
15%三氯乙酸/mL	2	2	—	—
混匀、过滤				
滤液/mL	4	4	4	4
饱和硫酸铜溶液/mL	1	1	1	1
混匀				
氢氧化钙粉末/g	0.4	0.4	0.4	0.4
间断振荡30 min,过滤				
滤液/mL	0.25	0.25	0.25	0.25
冰浴冷却				
预冷浓硫酸(逐滴加入,边加边摇)/mL	1.5	1.5	1.5	1.5
沸水浴5 min,冷却				
对羟基联苯试剂(滴到液面上)/滴	2	2	2	2
充分摇匀,室温放置20 min,其间混摇数次				
如显色慢,可沸水浴90秒后再比较颜色				

注:用 $CuSO_4$ 与 $Ca(OH)_2$ 作用生成的 $CaSO_4$ 和 $Cu(OH)_2$ 胶状沉淀可吸附糖类而去掉样本中糖的干扰。

五、注意事项

(1)对羟基联苯试剂一定要经过纯化,使其呈白色。

(2)在乳酸测定时,试管必须洁净、干燥,防止污染物影响结果。所用滴管大小尽可能一致,减少误差。如显色较慢,可将试管放入37℃恒温水浴锅中保温10 min,再比较各管颜色。

六、问题与讨论

(1)本实验在保温前不加液体石蜡是否可以？为什么？

(2)本实验如何检验糖酵解作用？

单元小结

生物氧化是生物体中的糖、蛋白质和脂肪在有氧的条件下彻底分解生成二氧化碳和水，并释放出大量能量的过程。其中，二氧化碳是通过有机酸脱羧产生的，水是通过呼吸链产生，体内 ATP 的产生有底物水平磷酸化和氧化磷酸化两种方式，氧化磷酸化是主要方式。

糖类代谢包括糖原的合成与分解、葡萄糖的分解和糖异生。淀粉主要通过水解酶的作用产生葡萄糖，葡萄糖通过无氧氧化、有氧氧化、磷酸戊糖途径分解，其中有氧氧化途径是主要的方式。由非糖物质如乳酸、丙酮酸、甘油、丙酸、生糖氨基酸等经过糖异生合成葡萄糖，活化的葡萄糖作为单糖供体，在引物的作用下合成糖原。

脂肪在脂肪酶的作用下水解，生成甘油和脂肪酸，甘油的中间产物磷酸二羟丙酮，一部分转变为丙酮酸进入三羧酸循环，另外一部分可沿糖异生途径转变为糖原或葡萄糖；脂肪酸经过 β—氧化途径分解产生乙酰 COA，进入三羧酸循环彻底氧化。脂肪是一分子甘油与三分子脂肪酸形成的酯，其中甘油由糖酵解产生的磷酸二羟丙酮还原生成或者是脂肪水解产生的甘油与 ATP 作用而成；脂肪酸的合成则是以乙酰 CoA 为原料，经过脂肪酸从头合成途径完成，然后甘油和脂肪酸经过甘油一酯途径和磷脂酸途径合成甘油三酯。

蛋白质的代谢分解代谢和合成代谢。蛋白质首先水解为氨基酸，氨基酸通过脱氨基作用生成 NH_3 和 α-酮酸，这是氨基酸的主要代谢方向，脱氨基的方式主要有氧化脱氨、转氨、联合脱氨等。生成非必需氨基酸、氧化生成 CO_2 和水、转变为糖和酮体是 α-酮酸的主要去向。氨基酸也可以通过脱羧基作用生成 CO_2 和胺。蛋白质的合成以氨基酸为原料，必需氨基酸是由食物蛋白质分解得到；非必需氨基酸必须由体内自身合成，蛋白质的合成过程就是氨基酸分子相互结合形成肽链，并且在不断伸长的肽链上由氨基端到羧基端逐个加上氨基酸分子的过程。

课后练习

一、判断题

1. 生物氧化是在体温、pH 近中性的条件下进行的。(　　)
2. 生物氧化过程是一系列酶促反应，并逐步氧化、逐步释放能量。(　　)
3. 生物氧化的最终产物是水、二氧化碳和能量。(　　)
4. 生物氧化所产生的能量均以 ADP 磷酸化为 ATP 的形式贮存起来。(　　)
5. 酒精燃烧属于生物氧化。(　　)
6. 有机物在生物体内氧化过程中所脱下的氢原子，不是直接与氧原子结合生成水的。(　　)
7. 动物体内，糖和脂肪是可以相互转化的。(　　)
8. 生物氧化是燃料分子在细胞中分解氧化同时产生可供利用的化学能的过程。(　　)
9. 体内 CO_2 的生成不是碳与氧的直接结合，而是有机酸脱羧生成的。(　　)

10. 动物体内高能磷酸化合物的生成方式有氧化磷酸化和底物水平磷酸化两种。(　　)
11. 生物氧化只有在氧气的存在下才能进行。(　　)
12. NADH 和 NADPH 都可以直接进入呼吸链。(　　)
13. 磷酸肌酸、磷酸精氨酸等是高能磷酸化合物的贮存形式,可随时转化为 ATP。(　　)
14. ATP 虽然含有大量的自由能,但它并不是能量的贮存形式。(　　)
15. ATP 是生物氧化中能量的暂时贮存形式。(　　)
16. 饥饿时,肝脏和肌肉中的糖原储备用于为其他组织特别是大脑提供葡萄糖。(　　)
17. 生物在无氧或缺氧的情况下也会产生部分能量。(　　)

二、单项选择题

1. 下列生化过程既可在胞液又可以在线粒体中进行的是(　　)。
A. 脱氢　B. 脱羧　C. 脱电子　D. 与氧结合
2. 下列化合物中,不含有高能磷酸键的是(　　)。
A. 乙酰 CoA　B. 烯醇式丙酮酸　C. 琥珀酰 CoA　D. 丙酮酸
3. 生物氧化是氧化还原过程,在此过程中没有(　　)参与。
A. 酶　B. 维生素　C. 电子传递体　D. 核酸
4. 下列反应中随着底物水平磷酸化反应的是(　　)。
A. 苹果酸→草酰乙酸　B. 甘油酸-1,3-二磷酸→甘油酸-3-磷酸
C. 柠檬酸→α-酮戊二酸　D. 琥珀酸→延胡索酸
5. 下列不是催化底物水平磷酸化反应的酶是(　　)。
A. 磷酸甘油酸激酶　B. 磷酸果糖激酶
C. 丙酮酸激酶　D. 琥珀酸硫激酶
6. 生物活细胞主要的供能物质是(　　)。
A. 糖　B. 脂肪　C. 蛋白质　D. 核酸
7. 胞液中形成的 $NADH+H^+$ 经苹果酸穿梭后,其每摩尔产生 ATP 的物质的量是(　　)。
A. 1 mol　B. 2 mol　C. 3 mol　D. 4 mol
8. 下列陈述错误的是(　　)。
A. 乙酰 CoA 是糖、脂和氨基酸分解代谢的共同中间产物
B. 三羧酸循环是糖、脂和氨基酸彻底氧化的共同途径
C. 植物体内糖类、脂肪可以相互转化
D. 蛋白质不可以转化为糖、脂肪
9. 下列与能量代谢相关联的过程中,不在线粒体内进行的是(　　)。
A. β-氧化　B. 氧化磷酸化　C. EMP　D. TCA
10. 饥饿时,下列过程增强的是(　　)。
A. 糖酵解　B. 糖原合成　C. 磷酸戊糖途径　D. 糖异生
11. 人体各种活动能量的直接供给者是(　　)。
A. 蛋白质　B. 脂肪　C. 葡萄糖　D. 三磷酸腺苷
13. 关于生物氧化下列说法不正确的是(　　)。
A. 氧化环境温和　B. 反应逐步进行　C. 能量逐级释放　D. 全部转化为 ATP
14. 关于生物氧化的叙述,其中错误的是(　　)。

A. 生物氧化只能发生在细胞的线粒体内

B. 呼吸链是产生 ATP，生成 H_2O 的主要方式

C. NADH 和 FAD 氧化呼吸链产生的能量是不一样的

D. EMP 过程中产生的 2H 也是可以进入呼吸链被氧化的

15. 1 mol 琥珀酸脱下的氢通过呼吸链传递，在氧存在时，可生成（　　）。

A. 1 mol ATP 和 1 mol H_2O　　B. 1 mol ATP

C. 2 mol ATP 和 1 mol H_2O　　D. 2 mol ATP

16. 调节氧化磷酸化的重要激素是（　　）。

A. 肾上腺素　　B. 甲状腺激素　　C. 肾皮质激素　　D. 胰岛素

17. 人体各种活动能量的直接供给者是（　　）。

A. 蛋白质　　B. 脂肪　　C. 葡萄糖　　D. 三磷酸腺苷

18. 在动物肠道等处才能进行固氮的微生物称为（　　）。

A. 自生固氮菌　　B. 共生固氮菌　　C. 联合固氮菌　　D. 都不对

19. 糖代谢的中间产物可通过氨基化生成（　　）。

A. 苏氨酸　　B. 赖氨酸　　C. 苯丙氨酸　　D. 谷氨酸

三、简答题

1. 以葡萄糖为例，比较体内氧化和体外氧化的异同。

2. 什么是巴斯德效应？其在食品加工过程中有什么应用？

二维码 11-3　第十一章 课后练习参考答案

参考文献

[1] 杜克省.食品生物化学[M].2版.北京:中国轻工业出版社,2017.

[2] 杨玉红.食品生物化学[M].武汉:武汉理工大学出版社,2018.

[3] 于国萍,邵美丽.食品生物化学[M].北京:科学出版社,2014.

[4] 王克夷.糖类的生物学意义[J].生命的化学,2009,29(2):162-168.

[5] 季尧虎,窦华亭,吴厚玖,等.低聚糖抗菌活性的研究进展[J].食品科学,2016,37(13):237-242.

[6] 朱安远,郭华珍.青蒿素之母——2015年诺贝尔生理学或医学奖新科得主屠呦呦(四)[J].中国市场,2016(22).

[7] 葛喜珍,李映,韩永萍,等.科学与思政视角的屠呦呦与青蒿素[J].教育教学论坛,2020(16):59-62.

[8] 李琪,张娴.多不饱和脂肪酸的生理功能概述[J].食品安全导刊,2019,243(18):64-64.

[9] 郝涤非.食品生物化学[M].大连:大连理工大学出版社,2014.

[10] 邵颖.食品生物化学[M].北京:中国轻工业出版社,2015.

[11] 孙延春.食品化学[M].武汉:武汉理工大学出版社,2016.

[12] 潘宁.食品生物化学[M].北京:化学工业出版社,2010.

[13] 徐月.肉类嫩化酶及其在畜产品加工中的应用研究[J].现代食品,2020(1):44-45.

[14] 王瑞琴,陈德昭,韦尚升,等.酶在食品工业中的研究进展及应用[J].中国调味品,2019,44(04):184-186.

[15] 陈龙.微生物酶技术在食品加工保鲜中的应用[J].食品科技.2020,4.

[16] 张峰,蔡云飞.食品生物化学[M].北京:中国轻工业出版社,2015.

[17] 刘春娟.食品生物化学[M].北京:中国医药科技出版社,2019.

[18] 张忠.食品生物化学[M].北京:中国轻工业出版社,2015.

[19] 彭志宏.食品生物化学[M].北京:机械工业出版社,2011.

[20] 廖亚金,易成功,彭志鑫,等.新型冠状病毒诊断技展望[J].军事医学,2020(4):1-7.

[21] 邵秀芝.食品化学实验[M].郑州:郑州大学出版社,2013.

[22] 丁芳林.食品化学[M].武汉:华中科技大学出版社,2017.

[23] 梁文珍,蔡智军.食品化学[M].北京:中国农业大学出版社,2009.

[24] 王丽琼.食品营养与卫生[M].北京:化学工业出版社,2015.

[25] 车云波,贾强.功能性食品开发与应用[M].北京:中国医药科技出版社,2019.

[26] 张小莺,孙建国,陈启和.功能性食品学[M].北京:科学出版社,2017.

[27] 胡秋红,谢玮.食品营养与卫生[M].北京:北京理工大学出版社,2017.

[28] 张全军.功能性食品技术[M].北京:对外经济贸易大学出版社,2013.

[29] 陈小利,吕俊芳.微量元素硒与人体健康[J].延安大学学报(自然科学版),2001(2):64-67.
[30] 吴茂江.镁与人体健康[J].微量元素与健康研究,2006,23(2):65-66.
[31] 石荣丽,邹春琴,张福锁.籽粒铁、锌营养与人体健康研究进展[J].广东微量元素科学,2006,13(7):1-8.
[32] 林险峰,马永纯,赵晓艳.火焰原子吸收光谱法测定玉米中的钙镁铜锌[J].吉林师范大学学报(自然科学版),2006,27(4):15-16.
[33] 冯雅辉,裴柳.氟与人体健康[J].生物学教学,2007(3):43-44.
[34] 张瑞丽,王士杰,单保恩,等.碘与人体健康的关系及临床应用[J].河北医药,2009,31(5):578-580.
[35] 魏强华,姚勇芳.食品生物化学与应用[M].重庆:重庆大学出版社,2015.
[36] 黄泽元,迟玉杰.食品化学[M].北京:中国轻工业出版社,2017.
[37] 李红.食品化学[M].北京:中国纺织出版社,2015.
[38] 秦卫东.食品添加剂学[M].北京:中国纺织出版社,2014.
[39] 迟玉杰.食品添加剂[M].北京:中国轻工业出版社,2013.
[40] 刘婧.食品生物化学[M].北京:中国农业出版社,2007.
[41] 曹铭.紫胶色素提取与性质研究[D].云南:昆明理工大学,2005.
[42] 王星明.胭脂虫红色素的提取精制及其应用的研究[D].天津:天津科技大学,2009.
[43] 郑君花.姜黄色素的提取、稳定化及其应用研究[D].贵州:贵州大学,2015.
[44] 曾习,曾思敏,龙维贞.食品感官评价技术应用研究进展[J].中国调味品,2019,44(3):198-200.
[45] 徐琳.单宁对红葡萄酒颜色和花色苷的影响[D].北京:中国农业大学,2007.
[46] 夏之云.水果产业链追溯技术及系统构建研究[D].陕西:西北农林科技大学,2014.
[47] 牟心泰,杜险峰.电子鼻与电子舌在食品行业的应用[J].现代食品,2020,3(5):118-119,126.
[48] 肖海峻.生物化学[M].北京:科学出版社,2014.
[49] 肖海峻.生物化学及实验技术[M].重庆:重庆大学出版社,2014.